高等学校
建筑环境与能源应用工程系列教材

建筑设备安装技术（第2版）

主　编／邓沪秋

副主编／董惠民　薛韩玲

参　编／吴乐颂　张燕妮

重庆大学出版社

内容提要

本书主要讲述了:工程材料的基本知识,管道安装、供热系统安装、给排水系统安装、燃气系统安装、通风空调系统安装、工业锅炉安装、空调用制冷系统安装等常用的材料、设备、机具和施工程序、工艺、方法及技术、质量要求等,以及管道与设备的防腐和绝热、建筑设备安装工程施工安全基本知识。

本书注重理论联系实际,较系统地介绍了建筑设备安装工程施工的传统工艺以及近年来新取得的技术成果。所编内容符合当前最新规范和技术标准,内容翔实,资料新颖,实用性强,适用面广。可作为建筑环境与设备工程专业教材,也可供相关专业的广大师生和有关设计、施工、监理、咨询、造价和审计等单位的工程技术人员参考。

图书在版编目(CIP)数据

建筑设备安装技术 / 邓沪秋主编.—2版.—重庆:
重庆大学出版社,2016.11(2024.1重印)
高等学校建筑环境与能源应用工程系列教材
ISBN 978-7-5624-5054-2

Ⅰ.①建… Ⅱ.①邓… Ⅲ.①房屋建筑设备—建筑安
装—高等学校—教材 Ⅳ.①TU8

中国版本图书馆 CIP 数据核字(2016)第 264304 号

高等学校建筑环境与能源应用工程系列教材
建筑设备安装技术
(第 2 版)
主 编 邓沪秋
副主编 董惠民 薛韩玲
策划编辑:林青山 张 婷

责任编辑:文 鹏 版式设计:林青山
责任校对:谢 芳 责任印制:赵 晟

*

重庆大学出版社出版发行
出版人:陈晓阳
社址:重庆市沙坪坝区大学城西路 21 号
邮编:401331
电话:(023) 88617190 88617185(中小学)
传真:(023) 88617186 88617166
网址:http://www.cqup.com.cn
邮箱:fxk@ cqup.com.cn(营销中心)
全国新华书店经销
重庆新荟雅科技有限公司印刷

*

开本:787mm×1092mm 1/16 印张:22.5 字数:534 千
2016 年 11 月第 2 版 2024 年 1 月第 5 次印刷
印数:10 001—11 000
ISBN 978-7-5624-5054-2 定价:49.00 元

特别鸣谢单位

（排名不分先后）

天津大学	重庆大学
广州大学	江苏大学
湖南大学	南华大学
东南大学	扬州大学
苏州大学	同济大学
西华大学	东华大学
江苏科技大学	上海理工大学
中国矿业大学	南京工业大学
南京工程学院	华中科技大学
南京林业大学	武汉科技大学
武汉理工大学	山东科技大学
天津工业大学	河北工业大学
安徽工业大学	合肥工业大学
广东工业大学	重庆交通大学
福建工程学院	重庆科技学院
江苏制冷学会	西安交通大学
解放军后勤工程学院	西安建筑科技大学
新疆伊犁师范学院	安徽建筑工业学院
江苏省建委定额管理站	

前 言

（第 2 版）

本教材自 2010 年 9 月出版至今，已经过去了近 6 年的时间。在此期间，专业名称由"建筑环境与设备工程"改为"建筑环境与能源应用工程"，国家及行业对一大批相关标准、规范进行了更新，与本专业相关的新材料、设备和技术等得到了应用。为适应上述发展变化，有必要对原书进行修订再版。

本次修订的主要内容是：

1. 对原书文字进行了修订，补充、更换了部分插图；

2. 对原书相关内容按最新标准、规范进行了更新；

3. 删除了部分陈旧内容，增加了相关的新技术内容。如新型管材及连接技术、燃气管道室外穿越施工技术、燃气及燃气壁挂锅炉安装技术、新型（下送、置换、顶棚）空调安装技术、新型（袋式）除尘与脱硫设备安装技术等。

本书主编为西京学院邓沪秋（原长安大学教师），副主编为董惠民、薛韩玲。编写人员及分工为：长安大学吴乐颂编写了第 1、4 章；邓沪秋编写了第 3、9 章；西安工程大学董惠民编写了第 2、5、7 章；西安科技大学张嬿妮编写了第 8 章、薛韩玲编写了第 6、10 章。

本书在编写过程中参考了本专业领域的部分文献资料，包括专著、教材、规范、标准、手册和图集等，在此谨向原作者表示衷心的感谢。

因编者水平所限，书中缺点和不妥之处在所难免，欢迎广大师生和读者批评指正。

编 者

2016 年 5 月

前 言

（第 1 版）

建筑设备安装技术是高等院校建筑环境与设备工程专业的专业技术课之一。具有知识面广、系统性与实践性强、理论联系实际紧密和更新速度快等特点。本专业学生和广大技术人员不仅要熟悉建筑设备安装工程的材料、设备、机具和施工程序、工艺及方法，而且要了解和掌握相关的技术、质量标准。

从新中国成立初到改革开放之前，我国建筑设备安装行业从无到有，逐步发展成为一支初具规模并具有较高素质的专业队伍，完成了大量建设项目的设备安装工程，为新中国的建设和国民经济体系的建成作出了应有的贡献。

改革开放以来，我国经济建设取得了令人瞩目的成就，建筑设备安装行业也取得了长足的发展。随着新材料、新设备的不断涌现，新技术、新工艺的不断发展和新标准、新规范的颁布施行，只有不断加强学习、提高技术业务素质，努力培养和提高分析、解决工程实际问题的能力，才能成为新时期合格的建设人才，为国家和社会作出更大的贡献。

为使建筑设备安装技术的课程教学符合培养应用型技术人才的要求，从当今社会的实际需求出发，我们组织有关高校的教师编写了本教材。编写中力求做到：既反映传统的施工技术，又反映当前的新技术成果；既符合最新标准、规范，又便于组织教学和学生自学；既满足本科教学要求，又可供本专业及相关专业的广大读者使用或参考；尽量反映本学科领域的新材料、新设备、新技术和新工艺，同时注重理论联系实际和充分考虑编写内容的准确性和实用性。

参加本书的编写人员有：长安大学吴乐颂（第 1*、4 章），西安工程大学董惠民（第 2、7章），长安大学邓沪秋（第 3、9 章），西安科技大学张嬿妮（第 5、8 章）、薛韩玲（第 6、10 章）。全书由邓沪秋主编，董惠民、薛韩玲任副主编。

本书编写过程中参考了许多文献、资料，包括专著、教材、标准、规范、手册、图集和工艺标准等，在此谨向原作者表示衷心的感谢！

因编者水平所限，书中缺点和不妥之处在所难免，欢迎广大师生和读者赐教、斧正。

编　者
2010 年 7 月

＊ 该章由吴乐颂撰写初稿，集体完稿。

目 录

1

工程材料基本知识

1.1　管道与技术标准

　　管道又称为管路,用于输送各种流体。管道通常由管子、管路附件和接头零件组成,它们通称为管道元件。管路附件是指附属于管路的部件,如阀门、补偿器等。接头零件包括管件(如弯头、三通等)和连接件(如螺栓、螺帽等)。

1.1.1　技术标准

　　我国技术标准分为国家标准、行业标准、地方标准和企业标准等。技术标准由标准代号和标准名称组成,其中,标准代号包括标准类别代号、标准编号和标准颁发年号三部分。例如:GB 50242—2002《建筑给水排水及采暖工程施工质量验收规范》,表示标准类别为国家标准,编号为50242,2002 年颁发,名称为"建筑给水排水及采暖工程施工质量验收规范"。

　　常用标准的类别代号及含义见表1.1。

表 1.1　常用标准类别代号及含义

类别代号	含　义	类别代号	含　义
GB	国家标准	SL	水利行业标准
GB/T	国家推荐标准	DL	电力行业标准
GBJ	国家工程建设标准	SD	水利电力行业标准
JB	机械行业标准	JC	建材行业标准
YB	冶金行业标准	JG、JGJ	建筑行业标准
SY	石油行业标准	CJ、CJJ	城镇建设行业标准
HG	化学行业标准	CECS	工程建设标准化协会标准

1.1.2 管道元件的通用标准

1)公称直径

公称直径一般是指为使管道元件能够通用而规定的名义直径,以 DN 与数字表示,其中,DN 后面数值若不标明单位则默认单位为 mm。GB/T 1047—2005《管道元件 DN(公称尺寸)的定义和选用》定义 DN 为:用于管道系统元件的字母和数字组合的尺寸标志,它由字母 DN 和后跟无因次的整数数字组成。例如:DN100 表示管道元件的公称直径为 100 mm。

公称直径又称为公称通径、公称口径,它是公称管子尺寸(NPS)之一。公称直径优先选用的系列数值见表 1.2。

表 1.2 公称直径优先选用系列

单位:mm

6	8	10	15	20	25	32	40	50
65	80	100	125	150	200	250	300	350
400	450	500	600	700	800	900	1 000	1 100
1 200	1 400	1 500	1 600	1 800	2 000	2 200	2 400	2 600
2 800	3 000	3 200	3 400	3 600	3 800	4 000	—	—

采用公称直径 DN 标志管道元件的尺寸(或规格)仅适用于部分焊接钢管、铸铁管及对应管件、阀门等。公称直径既不是管道元件内径,也不是管道元件外径;既不代表测量值,也不能用于计算目的。公称直径 DN 国际单位数值(mm)与英制螺纹单位数值(in)的对应关系见表 1.3。

表 1.3 公称直径数值(mm)与英制单位数值(in)的对应关系

mm	6	8	10	15	20	25	32	40	50	65	80	100	125	150	200
in	1/8	1/4	3/8	1/2	3/4	1	1 1/4	1 1/2	2	2 1/2	3	4	5	6	8

2)公称压力、试验压力和工作压力

(1)公称压力

公称压力一般是指管道元件在基准温度下允许承受的耐压强度,以 PN 与数字(单位:bar)表示。如 PN10 表示管道元件在基准温度下允许承受的耐压强度为 10 bar,即 1.0 MPa。

GB/T 1048—2005《管道元件 PN(公称压力)的定义和选用》把 PN 定义为:与管道系统元件的力学性能和尺寸特性相关,用于参考的字母和数字组合标志。它由字母 PN 和后跟无因次的整数数字组成。PN 的数值一般应从表 1.4 系列中选择。

表 1.4 公称压力 PN 的数值

系 列	系列值							
DIN 系列	PN2.5	PN6	PN10	PN16	PN25	PN40	PN63	PN100
ANSI 系列	PN20	PN50	PN110	PN150	PN260	PN420	—	—

注:DIN—德国工业标准,ANSI—美国国家标准。

（2）试验压力

试验压力一般是指管道元件在进行机械强度或严密性试验时承受的压力强度，以 P_s 与数字（单位：MPa）表示。如：$P_s1.6$ 表示试验压力为 1.6 MPa。

（3）工作压力

工作压力一般是指管道元件在工作温度下承受的耐压强度，以 P_t 与数字（单位：MPa）表示。其中，下标 t 取工作温度 1/10 的整数值。例如：$P_{30}2.5$ 表示在工作温度约 300 ℃ 时的工作压力为 2.5 MPa。

当管道元件的工作温度 ≤ 基准温度时，$P_t = PN$；当工作温度 > 基准温度时，$P_t < PN$。这是因为随着工作温度的升高，材料强度一般要降低。因此需要计算管道元件对应于不同温度等级的耐压强度。为便于查用，可根据计算结果制成"温度-压力等级表"（简称"温压表"）。示例见表 1.5 和表 1.6。

表 1.5　碳钢管道元件的公称压力和最大工作压力

公称压力 PN/1 MPa	工作温度/℃						
	≤200	250	300	350	400	425	450
	最大工作压力/MPa						
	P_{20}	P_{25}	P_{30}	P_{35}	P_{40}	P_{42}	P_{45}
0.1	0.1	0.1	0.1	0.07	0.06	0.06	0.05
0.25	0.25	0.23	0.2	0.18	0.16	0.14	0.11
0.4	0.4	0.37	0.33	0.29	0.26	0.23	0.18
0.6	0.6	0.55	0.5	0.44	0.38	0.35	0.27
1.0	1.0	0.92	0.82	0.73	0.64	0.58	0.45
1.6	1.6	1.5	1.3	1.2	1.0	0.9	0.7
2.5	2.5	2.3	2.0	1.8	1.6	1.4	1.1
4.0	4.0	3.7	3.3	3.0	2.8	2.3	1.8
6.4	6.4	5.9	5.2	4.7	4.1	3.7	2.9
10.0	10	9.2	8.2	7.3	6.4	5.8	4.5

表 1.6　灰铸铁及可锻铸铁管道元件的公称压力和最大工作压力

公称压力 PN/1 MPa	工作温度/℃			
	≤120	200	250	300
	最大工作压力/MPa			
	P_{12}	P_{20}	P_{25}	P_{30}
0.1	0.1	0.1	0.1	0.1
0.25	0.25	0.25	0.2	0.2
0.4	0.4	0.38	0.36	0.32

续表

公称压力 PN/1 MPa	工作温度/℃			
	≤120	200	250	300
	最大工作压力/MPa			
	P_{12}	P_{20}	P_{25}	P_{30}
0.6	0.6	0.55	0.5	0.5
1.0	1.0	0.9	0.8	0.8
1.6	1.6	1.5	1.4	1.3
2.5	2.5	2.3	2.1	2.0
4.0	4.0	3.6	3.4	3.2

(4)公称压力、试验压力与工作压力的数值关系

三种压力关系为：$P_s \geqslant PN \geqslant P_t$。

3)管螺纹

用于管道元件螺纹连接的管螺纹通常分为圆柱内螺纹和圆锥外螺纹。圆锥外螺纹如图 1.1 所示。基本尺寸见表 1.7。管螺纹的牙型、尺寸、公差、标记等详见 GB/T 7306.1—2000《55°密封管螺纹 第 1 部分：圆柱内螺纹与圆锥外螺纹》。

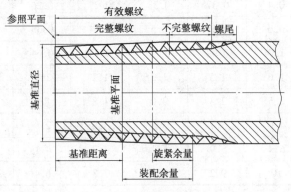

图 1.1　圆锥外螺纹

表 1.7　管螺纹基本尺寸(摘录)

尺寸代号/in	1/4	3/8	1/2	3/4	1	1 1/4	1 1/2	2	2 1/2	3	4	5	6
每 25.4 mm 牙数 n	19		14		11								
螺距 P/mm	1.337		1.814		2.309								
牙高 h/mm	0.856		1.162		1.479								

注：摘自 GB/T 7306.1—2000《55°密封管螺纹 第 1 部分：圆柱内螺纹与圆锥外螺纹》。

1.2 常用金属管材及管件

安装工程常用管材按照材质不同分为金属管材、非金属管材和复合管材三类。金属管材分为黑色金属管材和有色金属管材,前者包括钢管、不锈钢管及铸铁管等,后者包括铜管、铝管等。

1.2.1 钢管及管件

钢管按照制造工艺分为焊接钢管和无缝钢管。

1)焊接钢管及管件

(1)焊接钢管

焊接钢管分为普通焊接钢管、精密焊接钢管和不锈钢焊接钢管。GB/T 21835—2008《焊接钢管尺寸和单位长度重量》规定的分类及外径系列见表1.8。

表1.8　焊接钢管的分类及外径系列

类　型	普通焊接钢管			精密焊接钢管			不锈钢焊接钢管		
外径系列	系列1	系列2	系列3	系列1	系列2	系列3	系列1	系列2	系列3
附　注	系列1为通用系列,推荐选用;系列2为非通用系列;系列3为少数、专用系列								

碳素钢焊接钢管按照生产工艺分为直缝电焊钢管、直缝埋弧焊(SAWL)钢管和螺旋缝埋弧焊(SAWH)钢管;按照表面是否镀锌分为镀锌焊接钢管(俗称"白铁管")和非镀锌焊接钢管(俗称"黑铁管");按照壁厚分为普通焊接钢管、加厚焊接钢管和薄壁焊接钢管。

GB/T 3091—2015《低压流体输送用焊接钢管》钢牌号通常为 Q195、Q215A、Q215B、Q235A、Q235B、Q275A 和 Q275B、Q345A、Q345B 等,管端用螺纹和沟槽连接的常用公称直径规格见表1.9,外径(D)不大于 219.1 mm 的薄壁焊接钢管的公称口径、外径、公称壁厚见表1.10,外径(D)大于 219.1 mm 的钢管,其公称外径和公称壁厚应符合 GB/T 21835 的规定。适用于冷热水、空气、采暖蒸汽、燃气等低压流体的输送。

焊接钢管可采用螺纹连接、焊接、法兰连接、沟槽卡箍连接等。镀锌焊接钢管不允许焊接,否则须进行二次镀锌处理。

表1.9　管端用螺纹和沟槽连接的常用焊接钢管规格

单位:mm

	公称直径	15	20	25	32	40	50	65	80	100	125	150	200
	外　径	21.3	26.9	33.7	42.4	48.3	60.3	76.1	88.9	114.3	139.7	165.1	219.1
壁厚	普通钢管	2.8	2.8	3.2	3.5	3.5	3.8	4.0	4.0	4.0	4.0	4.5	6.0
	加厚钢管	3.5	3.5	4.0	4.0	4.5	4.5	4.5	5.0	5.0	5.5	6.0	7.0

表 1.10　外径不大于 219.1 mm 的焊接钢管常见规格参数

单位:mm

	公称直径	15	20	25	32	40	50	65	80	100	125	150	200
外径	系列 1	21.3	26.9	33.7	42.4	48.3	60.3	76.1	88.9	114.3	139.7	165.1	219.1
	系列 2	20.8	26.0	33.0	42.0	48.0	59.5	75.5	88.5	114.0	141.3	168.3	219.0
	系列 3	—	—	32.5	41.5	47.5	59.0	75.0	88.0	—	140.0	159.0	—
最小公称壁厚		2.2	2.2	2.5	2.5	2.75	3.0	3.0	3.25	3.25	3.5	3.5	4.0

注:系列 1 为通用系列;系列 2 为非通用系列;系列 3 为少数特殊、专用系列。

外径 $D \leqslant 219.1$ mm 的焊接钢管规格用公称直径 DN 表示,外径 $D > 219.1$ mm 的焊接钢管规格用 D 外径 × 壁厚(mm)表示。通常,碳素钢密度按 7.85 kg/dm³ 取值,碳素钢管单位长度理论重量按式(1.1)计算,镀锌钢管用式(1.2)计算。

$$W = 0.024\ 661\ 5(D - t)t \tag{1.1}$$

$$W' = cW \tag{1.2}$$

式中　W——钢管的单位长度理论质量,kg/m;

　　　W'——镀锌钢管单位长度理论质量,kg/m;

　　　D——钢管的外径,mm;

　　　t——钢管的壁厚,mm;

　　　c——镀锌层的质量系数,见表 1.11。

计算结果小于 1 时,保留三位小数;反之,保留两位小数。

表 1.11　镀锌层(300 g/m²)的质量系数

壁厚/mm	2.0	2.2	2.3	2.5	2.8	2.9	3.0	3.2	3.5	3.6
系数 c	1.038	1.035	1.033	1.031	1.027	1.026	1.025	1.024	1.022	1.021
壁厚/mm	3.8	4.0	4.5	5.0	5.4	5.5	5.6	6.0	6.3	7.0
系数 c	1.020	1.019	1.017	1.015	1.014	1.014	1.014	1.013	1.012	1.011
壁厚/mm	7.1	8.0	8.8	10	11	12.5	14.2	16	17.5	20
系数 c	1.011	1.010	1.009	1.008	1.007	1.006	1.005	1.005	1.004	1.004

注:摘自 GB/T 3091—2015《低压流体输送用焊接钢管》。

(2)焊接钢管管件

焊接钢管管件分为成品螺纹管件、冲压管件和焊接管件。

①螺纹管件。螺纹管件是焊接钢管螺纹连接(丝接)时使用的成品管件。其材质为 KT33—8 可锻铸铁或软钢,分为镀锌和非镀锌管件两类。按用途的分类如图 1.2 所示。

a. 管路延长连接用配件:管箍、对丝(外丝)、大小头;

b. 管路分流或合流用配件:三通、四通、异径三通、四通;

c. 管路改变方向用配件:45°、90°弯头等;

d. 节点碰头连接用配件:活接头(由任)、螺纹法兰盘、根母(六角内丝);

e. 管路变径用配件:补心(内外丝)、大小头、异径弯头;

f.管路堵口用配件:丝堵(堵头)、管堵头(管帽)。

等径管件的规格与所连接钢管公称直径一致,例如 DN32 三通、DN25 弯头等。异径管件规格以"$DN \times d_n$"表示,如 DN25 × 15 三通等。

②冲压焊接管件。这类管件采用钢板或钢带经过冷、热冲压成型,根据公称通径和制造工艺不同,允许在壳体上有一条或两条纵向焊缝,如图 1.3 所示。

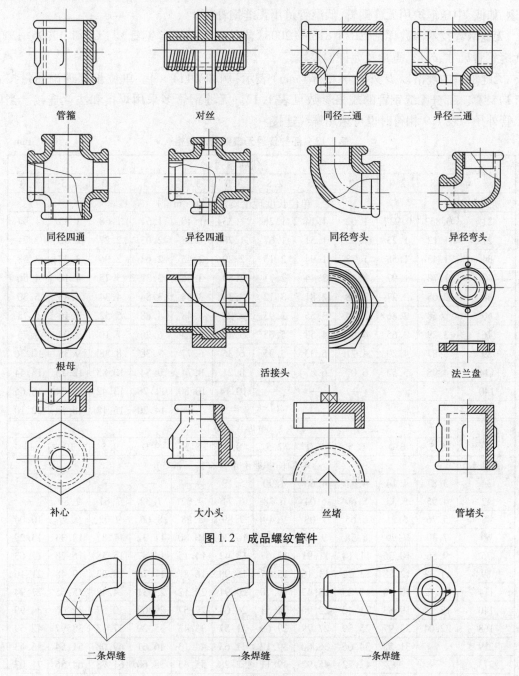

管箍　　　　　　　　对丝　　　　　　　同径三通　　　　　　异径三通

同径四通　　　　　　异径四通　　　　　　同径弯头　　　　　　异径弯头

根母　　　　　　　　　　　　活接头　　　　　　　　　　法兰盘

补心　　　　　　　　大小头　　　　　　　丝堵　　　　　　　　管堵头

图 1.2　成品螺纹管件

二条焊缝　　　　　　　一条焊缝　　　　　　　一条焊缝

图 1.3　冲压焊接管件示例

③焊制管件。这类管件主要有焊接弯头、三通及焊接异径管等,一般在现场用钢管制作。

2)无缝钢管及管件

(1)无缝钢管

无缝钢管按照制造方法分为热轧管和冷拔管;按照用途分为普通无缝钢管和专用无缝钢管。

普通无缝钢管适用于输送给水、蒸汽、燃气以及较高压力的流体。专用无缝钢管用于特定用途,如低、中压锅炉用无缝钢管、低温管道用无缝钢管等。

无缝钢管技术参数详见 GB/T 8163—2008《流体输送用无缝钢管》与 GB/T 17395—2008《无缝钢管尺寸、外形、重量及允许偏差》。

无缝钢管的规格以 D 外径 × 壁厚(mm)表示,例如 $D114 \times 4$。单位长度理论质量按式(1.1)计算。部分无缝钢管的规格参数见表1.12。无缝钢管多采用焊接和法兰连接。当厚壁、管外径与表1.9相符时也可采用螺纹连接。

表 1.12 部分普通无缝钢管的规格 单位:mm

外径	壁厚(系列1)										
	1.8	2.0	2.2	2.5	2.8	3.0	3.2	3.5	4.0	4.5	5.0
系列1	单位长度理论质量/(kg·m^{-1})										
21	0.852	0.937	1.02	1.14	1.26	1.33	1.40	1.51	1.68	1.83	1.97
27	1.12	1.23	1.35	1.51	1.67	1.78	1.88	2.03	2.27	2.50	2.71
34	1.43	1.58	1.73	1.94	2.15	2.29	2.43	2.63	2.96	3.27	3.58
42	1.78	1.97	2.16	2.44	2.71	2.89	3.06	3.32	3.75	4.16	4.56
48	2.05	2.27	2.48	2.81	3.12	3.33	3.54	3.84	4.34	4.83	5.30
60	2.58	2.86	3.14	3.55	3.95	4.22	4.48	4.88	5.52	6.16	6.78
76	3.29	3.65	4.00	4.53	5.05	5.40	5.75	6.26	7.10	7.93	8.75
89	3.87	4.29	4.71	5.33	5.95	6.36	6.77	7.38	8.38	9.38	10.36
114	4.98	5.52	6.07	6.87	7.68	8.21	8.74	9.54	10.85	12.15	13.44
140	—	—	—	—	—	10.14	10.80	11.78	13.42	15.04	16.65
168	—	—	—	—	—	—	—	14.20	16.18	18.14	20.10

外径	壁厚(系列1)										
	5.5	6.0	6.5	7.0	7.5	8.0	8.5	9.0	9.5	10	11
系列1	单位长度理论重量/(kg·m^{-1})										
34	3.87	4.14	4.41	4.66	4.90	5.13	—	—	—	—	—
42	4.95	5.33	5.69	6.04	6.38	6.71	7.02	7.32	7.61	7.89	—
48	5.76	6.21	6.65	7.08	7.49	7.89	8.28	8.66	9.02	9.37	10.04
60	7.39	7.99	8.58	9.15	9.71	10.26	10.80	11.32	11.83	12.33	13.29
76	9.56	10.36	11.14	11.91	12.67	13.42	14.15	14.87	15.58	16.28	17.63
89	11.33	12.28	13.22	14.16	15.07	15.98	16.87	17.76	18.63	19.48	21.16
114	14.72	15.98	17.23	18.47	19.70	20.91	22.12	23.31	24.48	25.65	27.94
140	18.24	19.83	21.40	22.96	24.51	26.04	27.57	29.08	30.57	32.06	34.99
168	22.04	23.97	25.89	27.79	29.69	31.57	33.43	35.29	37.13	38.97	42.59
219	—	31.52	34.06	36.60	39.12	41.63	44.114	46.61	49.08	51.54	56.43
273	—	—	42.72	45.92	49.11	52.28	55.45	58.60	61.73	64.86	71.07
325	—	—	—	—	58.73	62.54	66.35	70.14	73.92	77.68	85.18

注:摘自 GB/T 17395—2008《无缝钢管尺寸、外形、重量及允许偏差》。

（2）无缝钢管管件

无缝钢管管件一般用钢管在现场制作,也可采用对焊管件(管子与管件对焊连接),其材质应与无缝钢管材质相同。常用管件有冲压弯头,挤压三通,预拉焊接三通,铸造、锻制三通,管帽,模锻同心异径管和偏心异径管等,如图1.4所示。

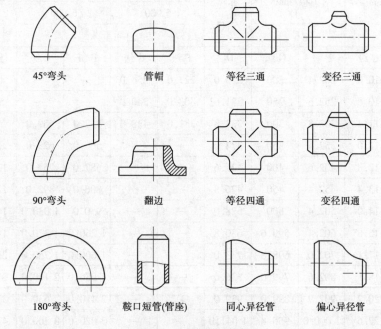

45°弯头　　　　　　管帽　　　　　等径三通　　　　　变径三通

90°弯头　　　　　　翻边　　　　　等径四通　　　　　变径四通

180°弯头　　　鞍口短管(管座)　同心异径管　　　　偏心异径管

图 1.4　对焊钢制管件

3）不锈钢管

不锈钢管按制造方式分为不锈钢焊接钢管和不锈钢无缝钢管;按壁厚分为普通不锈钢管与薄壁不锈钢管。不锈钢管可采用多种牌号的合金制造。其规格用 D 外径×壁厚(mm)表示。

不锈钢管用于输送一般流体和含有腐蚀性的介质。薄壁不锈钢管一般用于直饮水管或高标准建筑室内给水管。不锈钢管连接方式有压缩式、压紧式、推进式、焊接式等。管件材质应与管子相同,不得与碳钢材料混用。

不锈钢管技术参数详见 GB/T 12771—2008《流体输送用不锈钢焊接钢管》、GB/T 14976—2012《流体输送用不锈钢无缝钢管》和 GB/T 3089—2008《不锈钢极薄壁无缝钢管》。

1.2.2　铸铁管及管件

铸铁管分为承压铸铁管和排水铸铁管。

1）承压铸铁管及管件

承压铸铁管用于输送水、煤气等流体,按制造方式分为砂型离心铸铁管和连续铸铁管,按材质分为灰口铸铁管、球墨铸铁管等。

（1）砂型离心铸铁管

砂型离心铸铁管材质为灰口铸铁,用于输送水、煤气,连接方式为承插连接。公称直径为

DN200～DN1000,共12种规格,按壁厚不同分为P级和G级两个压力级别。承插直管的外形见图1.5,规格见表1.13。技术参数详见GB 3421—2008《砂型离心铸铁直管》。

表1.13 砂型离心铸铁管规格

公称直径/mm	壁厚/mm		内径/mm		外径/mm	有效长度/mm				直部1 m质量/kg	
						5 000		6 000			
	T		D_1			总质量/kg					
DN	P级	G级	P级	G级	D_2	P级	G级	P级	G级	P级	G级
200	8.8	10.0	202.4	200	220.0	227.0	254.0	—		42.0	47.5
250	9.5	10.8	252.6	250	271.6	303.0	340.0	—		56.3	63.7
300	10.0	11.4	302.8	300	322.8	381.0	428.0	452.0	509.0	70.8	80.3
350	10.8	12.0	352.4	350	374.0	—		566.0	623.0	88.7	98.3
400	11.5	12.8	402.6	400	425.6	—		687.0	757.0	107.7	119.5
450	12.0	13.4	452.4	450	476.8	—		806.0	892.0	126.2	140.5
500	12.8	14.0	502.4	500	528.0	—		950.0	1 030.0	149.2	162.8
600	14.2	15.6	602.4	599.6	630.8	—		1 260.0	1 370.0	198.0	217.1
700	15.5	17.1	702.0	698.8	733.0	—		1 600.0	1 750.0	251.6	276.9
800	16.8	18.5	802.6	799.0	836.0	—		1 980.0	2 160.0	311.3	342.1
900	18.2	20.2	902.9	899.0	939.0	—		2 410.0	2 630.0	379.1	415.7
1 000	20.5	22.6	1 000.0	955.8	1 041.0	—		3 020.0	3 300.0	473.2	520.6

注:摘自GB 3421—2008《砂型心铸铁直管》。

(2)连续铸铁管

连续铸铁管采用连续铸造法生产,公称直径为DN75～DN1200,共17种规格。按壁厚不同,其压力等级分为LA、A和B级。用途与连接方式同砂型离心铸铁管。承插直管外形见图1.6。壁厚与质量见表1.14。技术参数详见GB 3422—2008《连续铸铁管》。

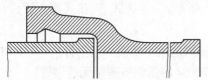

图1.5 砂型离心铸铁管承插直管

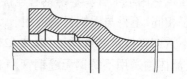

图1.6 连续铸铁管承插直管

表1.14 连续铸铁管规格

公称直径 DN/mm	外径 D_2/mm	壁厚 T/mm			有效长度 L/mm					
					4 000			5 000		
					总质量/kg					
		LA级	A级	B级	LA级	A级	B级	LA级	A级	B级
75	93.0	9.0	9.0	9.0	73.2	73.2	73.2	90.3	90.3	90.3
100	118.0	9.0	9.0	9.0	95.1	95.1	95.1	117	117	117

公称直径 DN/mm	外径 D_2/mm	壁厚 T/mm			有效长度 L/mm					
					4 000			5 000		
					总质量/kg					
		LA 级	A 级	B 级	LA 级	A 级	B 级	LA 级	A 级	B 级
150	169.0	9.0	9.2	10.0	139.5	142.3	153.1	172.1	175.6	189
200	220.0	9.2	10.1	11.0	188.2	204.6	220.6	232.1	252.6	273
250	271.6	10.0	11.0	12.0	253.3	275.7	298.5	312.5	340.5	369
300	322.8	10.8	11.9	13.0	326.7	356.7	386.3	402.9	440.4	477
350	374.0	11.7	12.8	14.0	410.6	445.4	483	506.5	550	597

注:摘自 GB 3422—2008《连续铸铁管》。

（3）球墨铸铁管（球铁管）

球铁管采用球墨铸铁制造,具有较高的强度、耐磨性和韧性,适用于输送水和中压 A 级及以下级别的燃气。公称直径 DN40～DN2600,共 30 种规格,DN≯700 用于输送气体。

球铁管按接口形式分为滑入式柔性接口（T型）、机械柔性接口（K 型、N1 型、S 型）和法兰接口等,N1 型和 S 型常用于燃气管道。法兰接口球铁管按照壁厚级别系数 K、DN 和 PN,分为离心铸造焊接法兰管、离心铸造螺纹连接法兰管和整体铸造法兰管。球铁管技术参数详见 GB/T 13295—2013《水及燃气管道用球墨铸铁管、管件和附件》。

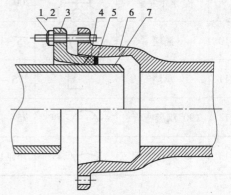

（4）柔性机械接口铸铁管

柔性机械接口灰口铸铁管用于输送给水、煤气,按壁厚分为 LA、A 和 B 级;按照接口形式分为 N（或 N1）型和 X 型胶圈机械接口,采用压兰连接。N1 型胶圈机械接口见图 1.7。技术参数详见 GB/T 6483—2008《柔性机械接口灰口铸铁管》。

图 1.7　N1 型胶圈机械接口

1—螺母；2—螺栓；3—压兰；4—胶圈；
5—支撑圈；6—管体承口；7—管体插口

（5）灰口铸铁管件

灰口铸铁管件用于承压铸铁管的转向、变径、接口等,详见 GB/T 3420—2008《灰口铸铁管件》。管件类型见表 1.15。

表 1.15　灰口铸铁管件种类、规格及图示

序号	名　称	图示符号	公称通径 DN/mm	序号	名　称	图示符号	公称通径 DN/mm
1	承盘短管		75～1 500	14	三盘丁字管		75～1 000
2	插盘短管		75～1 500	15	盲法兰盘		75～1 500
3	套管		75～1 500	16	双承丁字管		75～1 500
4	90°双承弯管	90°	75～1 500	17	承插渐缩管		75～1 500
5	45°双承弯管	45°	75～1 500	18	插承渐缩管		75～1 500
6	$22\frac{1}{2}°$双承弯管	22.5°	75～1 500	19	90°承插弯管	90°	75～700
7	$11\frac{1}{4}°$双承弯管	11.25°	75～1 500	20	45°承插弯管	45°	75～700
8	全承丁字管		75～1 500	21	$22\frac{1}{2}°$承插弯管	22.5°	75～700
9	全承十字管		200～1 500	22	$11\frac{1}{4}°$承插弯管	11.25°	75～700
10	插堵		75～1 500	23	乙字管		75～500
11	承堵		75～300	24	承插单盘排气管		150～1 500
12	90°双盘弯管	90°	75～1 000	25	承插泄水管		700～1 500
13	45°双盘弯管	45°	75～1 500	—	—	—	—

2)排水铸铁管及管件

(1)灰口铸铁排水管及管件

排水用灰口铸铁直管及管件属淘汰产品,替代产品为硬聚氯乙烯(UPVC)塑料排水管和柔性接口铸铁排水管。

(2)柔性接口铸铁排水管及管件

排水用柔性接口铸铁管及管件按接口形式分为机械式接口(A 型和 B 型)和卡箍式接口(W 型和 W1 型);按结构形式分为承插口直管及管件(如 A 型)、无承口直管及管件(如 W、W1 型)和全承口管件(B 型)。接口形式如图 1.8、图 1.9 和图 1.10 所示。技术参数详见 GB/T 12772—2008《排水用柔性接口铸铁管、管件及附件》。

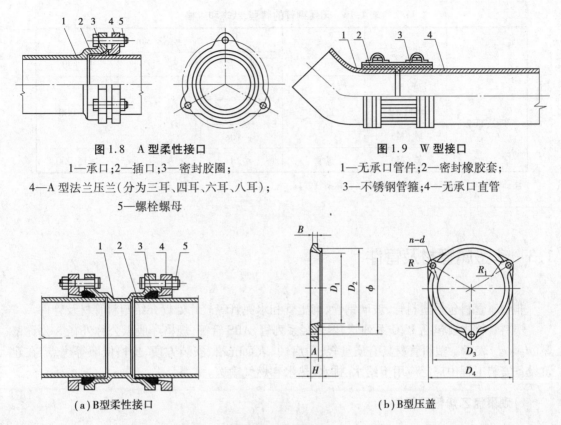

图 1.8　A 型柔性接口
1—承口；2—插口；3—密封胶圈；
4—A 型法兰压兰（分为三耳、四耳、六耳、八耳）；
5—螺栓螺母

图 1.9　W 型接口
1—无承口管件；2—密封橡胶套；
3—不锈钢管箍；4—无承口直管

（a）B 型柔性接口

（b）B 型压盖

图 1.10　B 型接口
1—B 型管件；2—W 型直管；3—橡胶密封圈；
4—B 型法兰压盖（分为二耳、三耳、四耳、六耳、八耳）；5—紧固螺栓

1.2.3　有色金属管

有色金属管有铜管、铝及铝合金管、铅管等。下面介绍常用的铜管。

1）铜管的分类及用途

铜管化学性能稳定、耐腐蚀、耐热、使用寿命长，机械性能好、耐压强度高，韧性、延展性好，具有优良的抗振、抗冲击性能。铜是人体所需的微量元素之一，对某些细菌的生长有抑制作用。

铜管按照材质分为紫铜管和黄铜管，主要用于输送饮用水、生活冷热供水、民用天然气、煤气及对铜无腐蚀的其他介质，一般采用焊接、扩口或压接等方式与管件连接。无缝铜管的牌号、状态和规格见表 1.16。

2）铜管的规格

无缝铜管的规格用 D 外径×壁厚表示。技术参数详见 GB/T 18033—2007《无缝铜水管和铜气管》。

表 1.16　无缝铜管的牌号、状态和规格

牌　号	状　态	种　类	规格/mm		
			外　径	壁　厚	长　度
TP2、TU2	硬(Y)	直管	6～325	0.6～8	≤6 000
	半硬(Y2)		6～159		
	软(M)		6～108		
	软(M)	盘管	≤28		≥15 000

注:摘自 GB/T 18033—2007《无缝铜水管和铜气管》。

1.3　非金属管材及管件

　　非金属管材包括塑料管、玻璃钢管、陶土管和水泥管等。此处仅介绍塑料管材及管件。

　　塑料管材主要包括 PVC 系列管、聚烯烃系列管、ABS 管等,规格一般以公称外径×公称壁厚($d_n × e_n$)表示。塑料管材具有质量轻、耐腐蚀、表面光滑、安装方便、价格低廉等优点,在建筑设备安装工程中广泛应用于给水、排水、热水和燃气输送。

1)硬聚氯乙烯管及管件

(1)给水用硬聚氯乙烯管及管件

　　它以 PVC 树脂为主,加入必需的添加剂生产而成,其中饮用水管材不应使用铅盐稳定剂。

　　管材按照连接方式不同分为弹性密封圈和溶剂黏接式两种。公称外径 d_n20～1 000,并分为 S20～S4 八个系列,每个 S 系列有对应的 SDR(标准尺寸比即公称外径与公称壁厚之比)和公称压力,适用于对应压力下、温度为 0～45 ℃的饮用水和一般用途水。

　　管件按连接方式分为黏接式承口管件、弹性密封圈式承口管件、螺纹接头管件和法兰连接管件。

　　技术参数详见 GB/T 10002.1—2006《给水用硬聚氯乙烯管》和 GB/T 10002.2—2003《给水用硬聚氯乙烯管件》。

(2)排水用硬聚氯乙烯塑料管及管件

　　①普通管材和管件。均以 PVC 树脂为主要原料,前者经挤出成型,后者经注塑成型。管材与管件配套使用,用于建筑物内排水。在耐化学性和耐热性允许条件下,也可用于工业排水。技术参数详见 GB/T 5836.1—2006《建筑排水用硬聚氯乙烯(PVC—U)管材》和 GB/T 5836.2—2006《建筑排水用硬聚氯乙烯(PVC—U)管件》。

　　管材按连接形式不同分为胶黏剂连接型和弹性密封圈连接型。公称外径 32～315 mm,最小壁厚 2.0～7.8 mm,见表 1.17。

　　管件有直通、异径、弯头(22.5°、45°和 90°)、多通和异径多通(45°和 90°)等。部分管件见图 1.11。

表 1.17   建筑排水用硬聚氯乙烯管材规格

单位:mm

公称外径 d_n	32	40	50	75	90	110	125	160	200	250	315
最小壁厚 e_{min}	2.0	2.0	2.0	2.3	3.0	3.2	3.2	4.0	4.9	6.2	7.8

注:摘自 GB/T 5836.1—2006《建筑排水用硬聚氯乙烯(PVC—U)管材》。

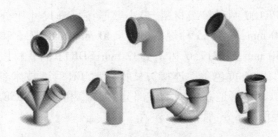

图 1.11   建筑排水用硬聚氯乙烯管件示例

②芯层发泡管材。以聚氯乙烯树脂为主要原料,加入必要的添加剂,经复合共挤成型。适用于建筑物内外或埋地无压排水,在耐化学性和耐热性允许条件下,也可用于工业排污。

管材按连接形式分为弹性密封圈连接型和胶黏剂黏接型。规格用公称外径表示。技术参数详见 GB/T 16800—2008《排水用芯层发泡硬聚氯乙烯(PVC—U)管材》。

此外,室外排水还有双壁波纹管等,详见有关书籍。

2)聚乙烯(PE)管及管件

它以聚乙烯树脂为主要原料经挤出成型,具有质量轻、柔韧性好、接口少、无毒、无垢、无菌、耐腐蚀和使用寿命长等特点。分为给水 PE 管和燃气用埋地 PE 管。

(1)给水 PE 管与管件

管材命名和分级数见表 1.18。适用于温度≯40 ℃的一般用途的压力水及饮用水。其壁面颜色为蓝色或黑色加至少三条色条,暴露在阳光下的管道必须是黑色。

表 1.18   给水用聚乙烯管材料的命名和分级

σ_{LPL}/MPa	MRS/MPa	材料分级数	材料的命名
6.30 ~ 7.99	6.3	63	PE 63
8.00 ~ 9.99	8.0	80	PE 80
10.00 ~ 11.19	10.0	100	PE 100

注:σ_{LPL}为与20 ℃、50 年、概率预测97.5%相应的静液压强度;MRS 为最小要求强度。

给水 PE 管材公称外径 d_n16 ~ 1 000 mm 分为 29 种规格,每种规格按照 SDR(SDR33 ~ SDR11)各分为五种 PN 等级(PN 0.32 ~ 1.0 MPa)。技术参数详见 GB/T 13663—2000《给水用聚乙烯(PE)管材》。

给水 PE 管件有熔接连接、机械连接和法兰连接管件。其中,熔接连接管件分为电熔管件、插口管件和热熔承插连接管件。法兰连接采用松套法兰连接。PE 管件如图 1.12 所示。技术参数详见 GB/T 13663.2—2005《给水用聚乙烯(PE)管道系统 第二部分:管件》。

图 1.12　PE 管件示例

(2)燃气用埋地聚乙烯(PE)管材和管件

管材分为 PE80 和 PE100 两种等级材料,最小壁厚按标准尺寸比分为 SDR17.6 和 SDR11 两种。公称外径 16 ~ 630 mm,分为 25 种规格。d_n < 40 mm,SDR17.6 和 d_n < 32 mm,SDR11 的管材以壁厚表征。d_n ≥40 mm,SDR17.6 和 d_n ≥32 mm,SDR11 的管材以 SDR 表征。管材颜色为黄色或黑色共挤出至少三条黄色条。连接方式同给水 PE 管。技术参数详见 GB 15558.1—2003《燃气用埋地聚乙烯(PE)管道系统　第 1 部分:管材》和 GB 15558.2—2005《燃气用埋地聚乙烯(PE)管道系统　第 2 部分:管件》。

3)交联聚乙烯(PE-X)管

(1)管材

主体原料为高密度聚乙烯,在管材成型过程中或成型后进行交联,使聚乙烯的分子链之间形成化学键,获得三维网状结构。PE-X 管具有无毒、寿命长,质地坚实、耐压强度高、导热系数小等特点,但线膨胀系数大。使用温度为 – 75 ~ 95 ℃。交联工艺有过氧化物交联、硅烷交联、电子束交联和偶氮交联等。

PE-X 管适用于建筑物内冷热水管道系统,包括工业及民用冷热水、饮用水和采暖系统等。此外还有耐热聚乙烯(PE-RT)管,适用于介质温度较高的场合。

PE-X 管按使用条件分,有 1、2、4、5 四个级别,按设计压力分为 0.4、0.6、0.8 和 1.0 MPa 四种。管子公称外径 d_e16 ~ 160 mm,壁厚 1.8 ~ 21.9 mm。技术参数见 GB/T 18992.1—2003《冷热水用交联聚乙烯(PE-X)管道系统 第 1 部分:总则》和 GB/T 18992.2—2003《冷热水用交联聚乙烯(PE-X)管道系统 第 2 部分:管材》。

(2)管件

一般为铜制管件,主要用于管子接头。技术参数见 GB/T 22051—2008《交联聚乙烯(PE-X)管用滑紧卡套冷扩式管件》。

4)聚丙烯(PP)管

(1)管材

冷热水用聚丙烯管道按照使用树脂原料分为均聚聚丙烯(PP-H)管、耐冲击共聚聚丙烯(PP-B)管、无规共聚聚丙烯(PP-R)管三类。根据使用条件(设计温度)分为四个应用等级,使用压力为 0.4、0.6、0.8 或 1.0 MPa,按尺寸分为 S5、S4、S3.2、S2.5、S2 五个管系列。技术参数详见 GB/T 18742.1.2.3—2002《冷热水用聚丙烯管道系统》。适用于建筑物内冷热水管道系统,包括工业与民用冷热水、饮用水和采暖系统。

管子公称外径 d_n12 ~ 160 mm,共分 14 种规格,壁厚 2.0 ~ 32.1 mm。管材、管件的接口形式有热熔连接、电熔连接和带金属螺纹接头连接。

管材规格用管系列 S、公称外径 d_n × 公称壁厚 e_n。例如:管系列 S5、公称外径 32 mm、公称壁厚 2.9 mm 的管材表示为:S5 d_n32 × e_n2.9 mm。

（2）管件

分为 PP-H、PP-B 和 PP-R 管件，与管材配套使用。管件标示应注明原料名称、公称外径和 S 系列。如：等径管件标记为 $d_n20\ S3.2$；异径管件标记为 $d_n40\times20\ S3.2$；带螺纹管件标记为 $d_n20\times1/2\ S3.2$。PP-R 管件示例见图 1.13。

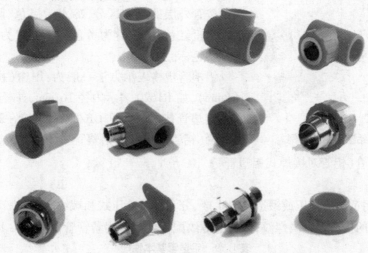

图 1.13　PP-R 管件示例

5）氯化聚氯乙烯（PVC-C）管

PVC-C 管材具有良好的强度和韧性，还具有耐化学腐蚀、耐老化、自熄性阻燃、热阻大等特点。管材规格 15～300 mm，PN 1.0 MPa 和 1.6 MPa，使用温度 -40～95 ℃，采用黏接、螺纹、焊接等方式连接。主要用于空调系统、饮用水管道、地下水管道等。

6）ABS 管

ABS 管材是由丙烯腈-丁二烯-苯乙烯三元共聚物加工而成。工作介质温度为 -40～80 ℃，工作压力小于 1.0 MPa，用于稀酸液和生活水管。

此外，还有玻璃钢管、陶土管、混凝土管和钢筋混凝土管等，此处从略。

1.4　复合管材及管件

1.4.1　铝塑复合管及管件

（1）管材

铝塑管是以聚乙烯（PE）或交联聚乙烯（PE-X）为内外层，中间夹以焊接铝管，并在铝管内外表面涂覆胶黏剂与塑料层黏接，通过一次或两次复合成型的管材。

铝塑管耐腐蚀、耐高温、不回弹、防渗透，抗老化及抗静电性能好。强度和塑性适中、易弯曲、密度小，流通能力大。高温型可在 95 ℃介质中连续工作。

夹层铝管有搭接焊和对接焊式。搭接焊式铝塑管有聚乙烯型（PAP）和交联聚乙烯型

聚乙烯层
胶黏层
连续的纵向叠焊铝层
胶黏层
聚乙烯层

图 1.14　铝塑管结构示例

（XPAP）。对接焊式按内外层材料分为一～四型。前者外径有 12～75 mm 九种规格。后者外径有 16～50 mm 六种规格。铝塑管结构见图 1.14。基本性能见表 1.19。

铝塑管适用于输送冷、热水、燃气和特种流体。适用介质按管外层的颜色区分，冷水为黑色、蓝色或白色，热水管为橙红色，燃气管为黄色。室外管为黑色并有表示用途的色标。

铝塑管规格表示方法一般为：用途（拼音）＋内径外径（mm），如 R1620 表示内径 16 mm、外径 20 mm 的热水管。铝塑管技术参数见 GB/T 18997.1—2003《铝塑复合压力管（铝管搭接焊式铝塑管）》和 GB/T 18997.2—2003《铝塑复合压力管（铝管对接焊式铝塑管）》。

（2）管件

其管件采用黄铜冷挤压或锻造材料生产，分为金属冷压式和螺纹压紧式。种类、功能与金属管件类似，有的接口带金属螺纹，以便与螺纹配件连接。铝塑管管件见图 1.15。

表 1.19　铝塑管基本性能

流体类别		用途代号	搭接焊式			对接焊式		
			代号	长期工作温度 T_0/℃	允许工作压力 P_t/MPa	代号	长期工作温度 T_0/℃	允许工作压力 P_t/MPa
水	冷水	L	PAP	40	1.25	PAP3、PAP4	40	1.40
						XPAP1、XPAP2		2.00
	冷热水	R	PAP	60	1.00	PAP3、PAP4	60	1.00
				75	0.82			
				82[a]	0.69			
			XPAP	75	1.00	XPAP1、XPAP2	75	1.50
				82	0.86	XPAP1、XPAP2	95	1.25
燃气	天然气	Q	PAP	35	0.40	PAP4	35	0.40
	液化气				0.40			0.40
	人工煤气				0.20			0.20
特种流体		T		40	0.50	PAP3	40	1.00

图 1.15　铝塑管卡套连接管件

1.4.2　钢塑复合管及管件

（1）管材

以钢管为基管内衬热塑性塑料管制成。基管除镀锌钢管外,有直缝焊接钢管、螺旋缝埋弧焊钢管、无缝钢管。按照输送介质不同,内衬塑料有 PE、PE-X、PP-R、PVC-U、PVC-C 等。外防腐有镀锌层、外覆塑料或外涂塑料层。

钢塑管主要用于输送生活冷热水或其他类似介质。规格为 DN15～DN500。连接方式有螺纹、沟槽、承插或法兰(管端焊有承口或法兰)连接等。技术参数见 CJ/T 136—2007《给水衬塑复合钢管》。

衬塑钢管标志由衬塑钢管代号(表1.20)、衬塑材料代号(表1.21)和公称直径组成。如 SP-CR-(PE-RT)-DN100 表示热水用衬塑钢管、衬塑材料为 PE-RT,公称直径为 100 mm。

表 1.20　衬塑钢管代号

用　途	冷水		热水	
代　号	SP-C	PSPC-C	SP-CR	PSPC-CR
含　义	衬塑钢管	外涂塑衬塑钢管	衬塑钢管	外涂塑衬塑钢管

表 1.21　衬塑材料代号

衬塑材料代号	PE	PE-RT	PE-X	PP-R	PVC-U	PVC-C
含　义	聚乙烯	耐热聚乙烯	交联聚乙烯	聚丙烯	硬聚氯乙烯	氯化聚氯乙烯

（2）管件

在可锻铸铁管件内注 PVC-U、PVC-C 、PP-R 等塑料制成,与钢塑管配套使用。管件种类、用途与可锻铸铁管件基本相同,见图1.16。适用于工作压力≯1.6 MPa、DN≯150 的场合。技术参数见 CJ/T 137—2008《给水衬塑可锻铸铁管件》。

图 1.16　可锻铸铁衬塑管件

除以上两种复合管材外,常见的还有不锈钢塑料复合管、钢骨架塑料复合管、内衬不锈钢复合钢管等,详见相关资料。

1.5　阀门与法兰

1.5.1　阀门

阀门是在流体系统中用来启闭介质,调节、控制流体的压力、流量、方向等参数的机械装置。通常由阀体、阀盖、阀座、启闭件、驱动机构、密封件和紧固件等组成。

1)阀门型号

阀门型号按照 JB/T 308—2004《阀门型号编制方法》规定由 7 个单元组成,如图 1.17 所示。其中,第六单元(压力代号),当阀门使用的压力等级符合公称压力(GB/T 1048)的规定时,采用公称压力标准 10 倍的单位(MPa)数值表示;当介质最高温度超过 425 ℃时,标注最高工作温度下的工作压力代号。各单元代号及表示方法见表 1.22—表 1.27。

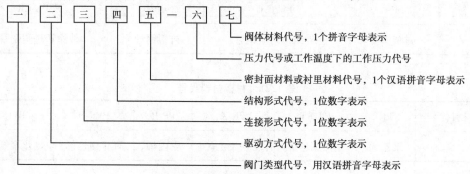

图 1.17　阀门型号表示方法

表 1.22　阀门类型及代号

阀门类型	弹簧安全阀	蝶阀	隔膜阀	杠杆式安全阀	止回阀和底阀	截止阀	节流阀	排污阀	球阀	蒸汽疏水阀	柱塞阀	旋塞阀	减压阀	闸阀
代号	A	D	G	GA	H	J	L	P	Q	S	U	X	Y	Z

注:当阀门还具有其他功能作用或带有其他特异结构时,在阀门类型代号前再加注一个汉语拼音字母,见 JB/T 308—2004。

表 1.23　阀门驱动方式及代号

驱动形式	电磁动	电磁-液动	电-液动	涡轮	正齿轮	锥齿轮	气动	液动	气-液动	电动
代号	0	1	2	3	4	5	6	7	8	9

注:①代号 1、2 及 8 是用在阀门启闭时,需有两种动力源同时对阀门进行操作。

②安全阀、减压阀、疏水阀、手轮直接连接阀杆操作结构形式的阀门省略第二单元的代号。

③气动或液动机构操作的阀门,常开式用 6K、7K 表示,常闭式用 6B、7B 表示;防爆电动装置的阀门用 9B 表示。

表 1.24　阀门连接形式及代号

连接形式	内螺纹	外螺纹	法兰式	焊接式	对夹	卡箍	卡套
代　号	1	2	4	6	7	8	9

表 1.25　阀门结构形式及代号

名　称	0	1	2	3	4	5	6	7	8	9
闸阀	弹性楔式闸板	阀杆升降式(明杆)				阀杆非升降式(暗杆)				—
		刚　性								
		楔式		平行式		楔式		平行式		
		单闸板	双闸板	单闸板	双闸板	单闸板	双闸板	单闸板	双闸板	
截止阀 节流阀 柱塞阀	—	阀瓣非平衡式				阀瓣平衡式				
		流道								
		直通	Z形	三通	角式	直流	直通	角式		
球阀	固定球	浮动球					固定球			
	半球	流道			三通流道		流道		三通流道	
	直通	直通	Y形三通	—	L形	T形	四通	直通	T形	L形
蝶阀	密封型					非密封型				
	单偏心	中心 垂直板	双偏心	三偏心	连杆机构	单偏心	中心 垂直板	双偏心	三偏心	连杆机构
隔膜阀	流　道									
	—	屋脊			直流	直通		Y形角式	—	
旋塞	填料密封					油密封				
	流道									
	—	—	直通	T形三通	四通	—	直通	T形三通		
止回阀	升降式阀瓣			旋启式阀瓣			蝶形 止回式			
	—	直通 流道	立式 结构	角式流道	单瓣结构	多瓣结构	双瓣结构			
安全阀	弹簧荷载弹簧封闭结构			—		带控制机构全启式	荷载弹簧 不封闭带扳手		脉冲式	
	带散热片 全启式	微启式	全启式	—	带扳手 全启式		微启式	全启式		
	杠杆式			荷载弹簧不封闭带扳手	杠杆式					
	—	—	单杠杆	微启式 双联阀	双杠杆					
减压阀	—	薄膜式	弹簧 薄膜式	活塞式	波纹管式	杠杆式	—			—
蒸汽 疏水阀	—	浮球式	—	浮桶式	液体或固体膨胀式	钟形 浮子式	压力式 膜盒式	双金属 片式	脉冲式	圆盘热 动力式
排污阀	液面连续排放					液底间断排放				
	—	截止型 直通式	截止型 角式			截止型 直流式	截止型 直通式	截止型 角式	浮动闸板 型直通式	—

表 1.26 阀门密封面或衬里材料及代号

密封面或衬里材料	代号	密封面或衬里材料	代号	密封面或衬里材料	代号
锡基轴承合金(巴氏合金)	B	衬胶	J	塑料	S
搪瓷	C	蒙乃尔合金	M	铜合金	T
渗氮钢	D	尼龙塑料	N	橡胶	X
氟塑料	F	渗硼钢	P	硬质合金	Y
陶瓷	G	衬铅	Q	—	—
Cr13 系不锈钢	H	奥氏体不锈钢	R	—	—

注:①阀门密封副材料均为阀门的本体材料时,密封面材料代号用"W"表示。
②除隔膜阀外,当密封副的密封面材料不同时,以硬度低的材料表示。
③隔膜阀以阀体表面材料代号表示。

表 1.27 阀门阀体材料及代号

阀体材料	代号	阀体材料	代号	阀体材料	代号
碳钢	C	铬镍系不锈钢	P	钛及钛合金	Ti
Cr13 系不锈钢	H	球墨铸铁	Q	铬钼钒钢	V
铬钼系钢	I	铬镍钼系不锈钢	R	灰铸铁	Z
可锻铸铁	K	塑料	S	—	—
铝合金	L	铜及铜合金	T	—	—

注:对于 PN≤1.6 MPa 的灰铸铁阀体和 PN≥2.5 MPa 的碳素钢阀体,在型号编制时省略第七单元代号。

例如:Z941T-10 DN100 表示阀门为闸阀,由电动机驱动,法兰接口,结构为明杆楔式单闸板,密封面材料为铜合金,PN =1.0 MPa,阀体材料为灰铸铁,阀门接口规格 DN100 mm。

2)阀门参数和标志

阀门型号、公称压力、适用介质类别、极限温度和公称直径等参数是阀门选用的重要依据。为从外部判断、区分阀门,便于验收和安装,阀体正面通常标明 PN、DN 和介质流动方向(箭头)等,无安装方向性的阀门,在其阀体正面以横线标识。阀体材料的识别色一般涂在阀体和阀盖上。密封材料的识别色涂在手轮、手柄上。衬里材料识别色涂在法兰外圆表面。

3)常用阀门

(1)截止阀

截止阀通过启闭件沿阀座中心线升降以开启或关闭介质通道。主要起切断作用,也可在一定范围调整流量和压力。适用于热水、蒸汽等严密性要求较高场合。

截止阀按结构形式分,有直通式、直流式和角式,见图 1.18—图 1.20;按阀杆螺纹是否可见分,阀杆有明杆和暗杆。传动方式为手动或电动等。

截止阀具有密封性较好、关闭严密、检修方便等特点,但流动阻力、结构尺寸和启闭力较大。安装时注意流向应"低进高出"。

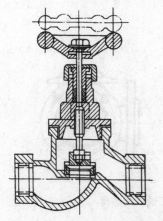

图1.18 直通式流线型截止阀

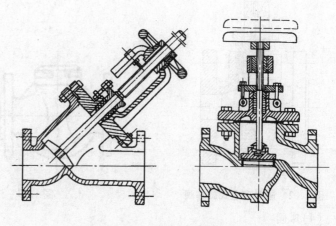

图1.19 直流式截止阀

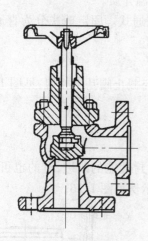

图1.20 直角式截止阀

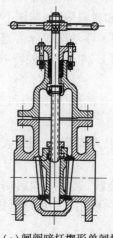

（a）闸阀暗杆楔形单闸板

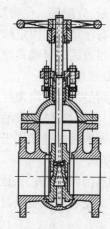

（b）明杆平行式双闸板

图1.21 闸阀

（2）闸阀

闸阀启闭件为闸板，闸板由阀杆带动，沿阀座密封面作升降运动以开启或关闭介质通道。主要用于冷、热水系统的启闭或大口径蒸汽系统的常闭场合。

闸阀按结构分，有平行闸板和楔形闸板。平行闸板有单闸板和双闸板。楔形闸板分为单闸板、双闸板和弹性闸板。阀杆有明杆和暗杆，如图1.21所示。

闸阀具有无流向限制，流动阻力和安装长度小等特点，但闸板及密封面易擦伤，使其密封性能降低，且密封面检修困难。使用时应"全开全关"。

（3）旋塞阀

旋塞阀利用启闭件（塞子）绕阀体中心线旋转实现启闭，主要用作启闭和分配等。常用于低压、小口径和介质温度不高的场合。因严密性较差，不宜于流量调节。

旋塞阀按进、出口通道分为直通式、三通式和四通式。前两种见图1.22和图1.23。

旋塞阀具有结构简单、启闭迅速，操作方便、流体阻力小、质量轻等特点，但密封面维修较困难，当介质参数较高时，密封性和启闭灵活性较差。

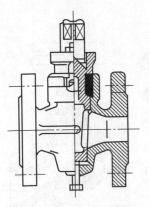

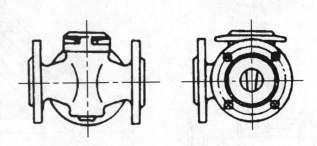

图1.22　法兰直通式旋塞阀　　　　　　　　图1.23　法兰三通式旋塞阀

（4）球阀

球阀与旋塞阀属同一类型,启闭件为球体,球体绕阀体中心线作旋转来实现快速启闭,主要用于切断、分配等。受密封结构和材料限制,球阀不宜用于高温介质。

球阀有浮动球和固定球两大类。浮动球式分为直通式和三通式。固定球式分为直通式、三通式和四通式。浮动式球阀见图1.24。球阀的特点同旋塞阀。

（5）柱塞阀

柱塞阀是根据径向密封原理设计的阀门,结构和工作原理与截止阀基本相似,见图1.25。适用于水、蒸汽、气体以及油类等流体。

柱塞阀的密封性能优于截止阀、无需填料,但较大阻力。

（6）蝶阀

蝶阀启闭件(蝶板)绕固定轴旋转,通常用做启闭。随着密封性能的改进,有的也可用作流量调节。受密封性能限制,蝶阀一般用于中低压系统。蝶阀示例见图1.26。

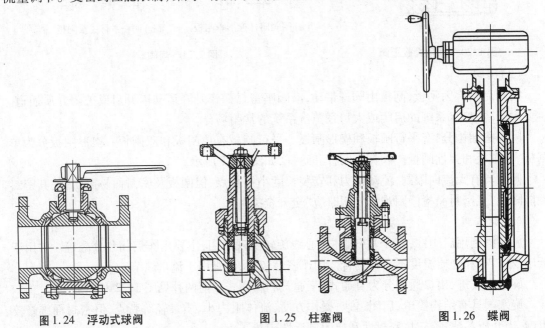

图1.24　浮动式球阀　　　　图1.25　柱塞阀　　　　图1.26　蝶阀

蝶阀具有结构简单、质量轻、流动阻力和操作力矩小、长度短等特点,但密封性稍差。

(7)止回阀

止回阀启闭件依靠介质作用力自动防止管道中介质倒流,用于防止介质倒流的场合。按结构分,止回阀有升降式、旋启式和蝶形止回式等。底阀也是一种止回阀,用于水泵吸入管端,以保证水泵正常启动抽水。止回阀见图1.27。

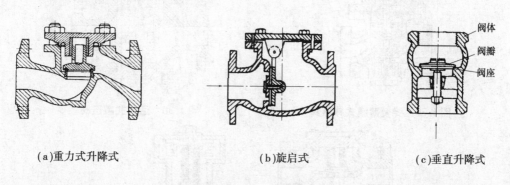

(a)重力式升降式　　　(b)旋启式　　　(c)垂直升降式

图1.27　止回阀

(8)蒸汽疏水阀

蒸汽疏水阀是一种自动阀门,能自动排除蒸汽系统的凝结水,阻止蒸汽通过,同时可排除系统中的不凝性气体。按启闭件的驱动方式分,蒸汽疏水阀有机械型、热静力型和热动力型。机械型由凝结水液位变化驱动,热静力型是由凝结水温度变化驱动,热动力型是由凝结水动态特性驱动。蒸汽疏水阀见图1.28。

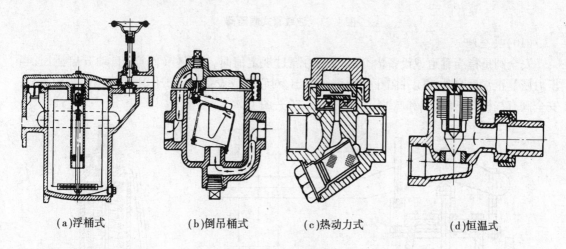

(a)浮桶式　　　(b)倒吊桶式　　　(c)热动力式　　　(d)恒温式

图1.28　蒸汽疏水阀

(9)减压阀

减压阀是通过启闭件(阀瓣)节流,将介质压力降低,并借阀后压力的作用,使后部压力自动保持在一定范围内,主要用于空气、蒸汽、水等系统。按敏感元件及结构分,减压阀有薄膜式、弹簧薄膜式、活塞式、波纹管式和杠杆式等,见图1.29—图1.31。

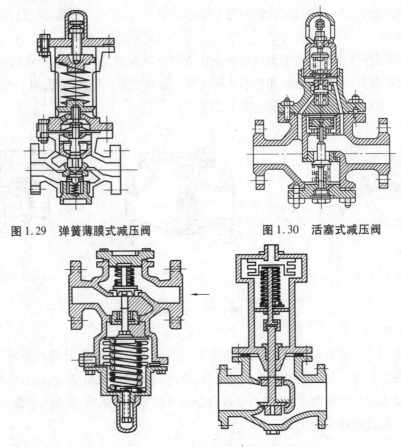

图 1.29　弹簧薄膜式减压阀　　　　图 1.30　活塞式减压阀

图 1.31　波纹管式减压阀

（10）安全阀

安全阀是指当管道或设备内介质的压力超过规定值时,启闭件(阀瓣)自动开启泄压;当压力恢复正常后自动关闭并阻止介质继续流出,对管道或设备起保护作用的阀门。按构造分,安全阀有杠杆式、弹簧式和脉冲式等,见图 1.32—图 1.34。

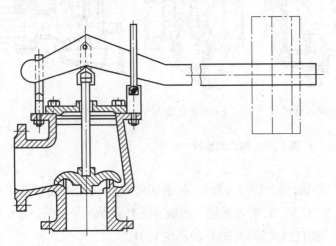

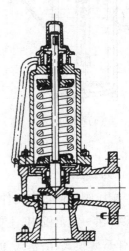

图 1.32　杠杆式安全阀　　　　　　　　图 1.33　弹簧式安全阀

（11）其他阀门

①浮球阀、液压水位控制阀。通常安装在水箱、水池等开式容器中，用以控制最高液位。如图 1.35 和图 1.36 所示。

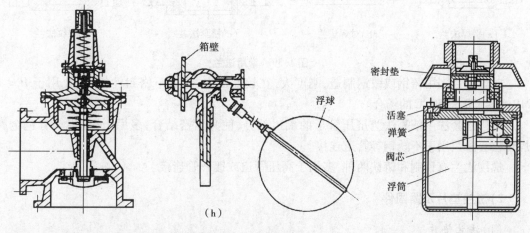

图 1.34　脉冲式安全阀　　　　　　图 1.35　浮球阀　　　　　　图 1.36　液压水位控制阀

②平衡阀。分为动态平衡阀和静态平衡阀两种。

动态平衡阀属于自力式，用于流体管网流量调节的控制装置，克服大流量、小温差及不合理运行工况，如图 1.37 所示。

静态平衡阀也称为数字锁定平衡阀，其内升降结构可进行精确的圈数显示，具有等百分比特性并可锁定，如图 1.38 所示。

图 1.37　动态平衡阀　　　　　　　图 1.38　静态平衡阀

1.5.2　法兰

法兰在管道系统中主要用于连接部件、设备等，具有强度高、严密性好、拆卸方便等特点。法兰由法兰片、密封垫片和螺栓、螺母等组成。

1）法兰的分类

法兰按照材质分为金属法兰和非金属法兰两类，如钢、铸铁、塑料法兰等；按密封面形式分为平面、凸面、榫槽面法兰等；按连接工艺分为松套式、整体式、螺纹式法兰等，见图 1.39。

平焊法兰一般用钢板制作，成本低，应用较广，但刚度差，当温度、压力较高时易泄露。主要用于 $P_t \leqslant 2.5$ MPa，$t \leqslant 300$ ℃的场合。

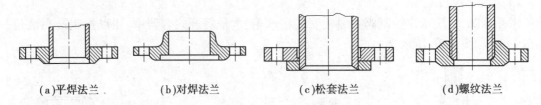

（a）平焊法兰　　（b）对焊法兰　　　　（c）松套法兰　　　　（d）螺纹法兰

图 1.39　常用法兰

对焊法兰多用铸钢或锻钢制造,刚度大,在较高压力、温度下密封性好,主要用于 $P_t \leqslant 20$ MPa, $t \leqslant 350 \sim 450$ ℃的场合。

翻边松套法兰依靠法兰挤压管子的翻边部分,使其紧密结合,多用于铜、铝等有色金属。焊环松套法兰用于不锈钢等管道连接。

螺纹法兰有钢制和铸铁两种,多用于高压管道或镀锌管连接。

2）法兰垫片及紧固件

（1）法兰垫片

为保证法兰接口的严密性,法兰之间需安装法兰垫片。法兰垫片的材质应根据介质特性、参数(温度和工作压力)选用。常用法兰垫片及适用范围见表1.28。

（2）法兰用紧固件

法兰用紧固件包括螺栓、螺母和垫圈。螺栓、螺母有粗制、半精制和精制六角螺栓、螺母。螺栓有单头和双头六角螺栓。螺栓规格通常用"M 直径×长度(mm)"表示,如 M12×80。

表 1.28　常用法兰垫片及其适用范围

输送介质	PN/MPa	介质温度/℃	法兰类型	垫片类型
水、盐水、碱液、乳化液、酸类	≤1.0	<60	光滑面平焊	工业橡胶板
	≤1.0	<90		低压橡胶石棉板
热水、化学软水、水蒸气、冷凝液	≤1.6	≤200	光滑面平焊	低、中压橡胶石棉板中压橡胶石棉板
	2.5	≤300		
	2.5	301～450	光滑面对焊	缠绕式垫片
	4.0	≤450	凹凸面对焊	缠绕式垫片
	6.4～20	<660		金属齿形垫片
压缩空气惰性气体	≤1	<60	光滑面平焊	工业橡胶板
	1.6	<150		低、中压橡胶石棉板中压橡胶石棉板
	2.5	<200		
天然气、半水煤气、氮气、氢气	≤1.6	≤300	光滑面平焊	低、中压橡胶石棉板
	2.5	≤300		中压橡胶石棉板
	4.0	<500	凹凸面对焊	缠绕式垫片
	6.4	<500		金属齿形垫片

输送介质	PN/MPa	介质温度/℃	法兰类型	垫片类型
氨气、液氨	≤1.6	≤150	凹凸面平焊或对焊	低、中压橡胶石棉板
	2.5	≤150	凹凸面对焊	中压橡胶石棉板
乙炔、甲烷、乙烯等易燃、易爆气体、油品、油气、液化气、氢气、催化剂、溶剂、浓度<25%的尿素	≤2.5	≤200	凹凸面平焊	耐油橡胶石棉板
	4.0	≤200	凹凸面对焊	缠绕式垫片
	≤1.6	≤200	光滑面平焊	耐油橡胶石棉板
	≤1.6	201～250	光滑面对焊	缠绕式垫片
	2.5	≤200	光滑面平焊	耐油橡胶石棉板
	2.5	201～550	光滑面对焊	缠绕式垫片
	4.0	≤550	凹凸面对焊	缠绕式垫片
	6.4	≤550	凹凸或梯形槽面对焊	金属齿形或椭圆形
	10.0～16.0	<550	梯形槽面对焊	金属椭圆形垫片
具有氧化性的气体	0.6	300	光滑面平焊	浸渍过的白石棉

1.6　板材与型材

1.6.1　板材

安装工程常用板材有金属板、非金属板及复合板。

1)金属板材

金属板材按照材质分为钢板、不锈钢板、铝和铝合金板等。

钢板按照厚度分为薄钢板(厚度≤4 mm)和中、厚钢板(厚度>4 mm);按照有无镀锌层分为普通薄钢板和镀锌薄钢板;按照制造工艺分为冷、热轧钢板和钢带等。

板材、钢带的规格通常以"厚度×宽度×长度(mm)"和"厚度×宽度(mm)"表示。

薄钢板、镀锌薄钢板常用于制作风管,中、厚钢板用于制作水箱、容器等。钢带一般用于制作风管。

不锈钢板用于制作洁净通风、空调风管等。铝及铝合金板用于制作防爆系统的风管。

常用钢板的种类及用途见表1.29。

表1.29　常用钢板种类、尺寸及用途

单位:mm

种　类	公称厚度	公称宽度	公称长度	用　途	标准代号	标准名称
冷轧钢板、钢带	0.30～4.00	600～2 050	1 000～6 000	一般排风管支架(钢带)	GB/T 708—2006	冷轧钢板和钢带的尺寸、外形、质量及允许偏差

续表

种 类		公称厚度	公称宽度	公称长度	用 途	标准代号	标准名称
热轧钢板钢带	钢板	3~400	600~4 800	2 000~20 000	防排烟风管、水箱等	GB/T 709—2006	热轧钢板和钢带的尺寸、外形、质量及允许偏差
	钢带	0.8~25.4	600~2200	—	支架、加固圈等		
镀锌薄钢板		0.20~5.0	≮600	定尺带卷	一般通风空调风管	GB/T 2518—2004	连续热镀锌钢板及钢带

2)非金属板材

非金属板材按照材质分为橡胶板、PVC 板和玻璃钢板等。

（1）橡胶板

橡胶板有普通橡胶板、石棉橡胶板和耐油石棉橡胶板等。普通橡胶板主要用作常温低压场合的橡胶垫、密封垫片、缓冲垫板等。石棉橡胶板是以石棉为主要原料、以橡胶为黏合剂，经辊压形成的用于制造耐热密封垫片的板材。

石棉橡胶板等级牌号及适用范围见表 1.30。

表 1.30　石棉橡胶板等级牌号和适用范围

等级牌号	表面颜色	适用条件		
		温度/℃	压力/MPa	介 质
XB510	墨绿色	≤510	≤7	
XB450	紫色	≤450	≤6	
XB400	紫色	≤400	≤5	
XB350	红色	≤350	≤4	非油非酸
XB300	红色	≤300	≤3	
XB200	灰色	≤200	≤1.5	
XB150	灰色	≤150	≤0.8	

（2）PVC 板

PVC 板的材质、性能与 PVC 管相同，使用温度为 -10~60 ℃，常用于制作输送腐蚀性气体的风管和防腐风机等。

（3）玻璃钢板

玻璃钢板分为无机玻璃钢板和有机玻璃钢板。

无机玻璃钢板的厚度取决于玻璃丝布层数、树脂和填料的厚度。工程中常用上述原材料和模具制作带法兰的玻璃钢风管。

有机玻璃钢板可用于制造冷却塔壳体等。

3）复合板材

复合板材由两种或以上材料复合而成。安装工程常用复合板材有钢塑复合板、复合保温板等。

（1）钢塑复合板

钢塑复合板是在钢板或镀锌板表面喷涂 0.2 ~ 0.4 mm 厚塑料层，以提高钢材的耐腐蚀性。钢塑板风管常用于有防尘要求的空调系统和温度 ≯70 ℃的耐腐蚀通风系统。

（2）复合保温板

复合保温板是用两层耐磨非金属材料并在其中夹有一定厚度的绝热材料加工而成。用复合保温板制作的风管具有一定强度、刚度和良好的保温性能。

1.6.2 型材

安装工程常用型材有圆钢、扁钢、角钢、槽钢和工字钢等。

1）圆钢和扁钢

圆钢规格用 d（直径）表示，如 d 20 的圆钢表示其直径为 20 mm。扁钢规格用"一边宽 × 厚度"表示，如—25 × 3 表示扁钢的宽度为 25 mm，厚度为 3 mm。

圆钢在管道工程中大量用于制作管道支架及吊架，较大直径的圆钢还用于加工部分设备的地脚螺栓等。扁钢在管道工程中常用于制作风管法兰连接的法兰。扁钢的尺寸、理论质量见表1.31。圆钢和扁钢的技术参数详见 GB/T 702—2008《热轧钢棒尺寸、外形、质量及允许偏差》。

表 1.31　热轧扁钢常见尺寸及理论质量

公称宽度/mm	厚度/mm									
	3	4	5	6	7	8	9	10	11	12
	理论质量/(kg·m⁻¹)									
10	0.24	0.31	0.39	0.47	0.55	0.63				
12	0.28	0.38	0.47	0.57	0.66	0.75				
14	0.33	0.44	0.55	0.66	0.77	0.88				
16	0.38	0.50	0.63	0.75	0.88	1.00	1.15	1.26		
18	0.42	0.57	0.71	0.85	0.99	1.13	1.27	1.41		
20	0.47	0.63	0.78	0.94	1.10	1.26	1.41	1.57	1.73	1.88
22	0.52	0.69	0.86	1.04	1.21	1.38	1.55	1.73	1.90	2.07
25	0.59	0.78	0.98	1.18	1.37	1.57	1.77	1.96	2.16	2.36
28	0.66	0.88	1.10	1.32	1.54	1.76	1.98	2.20	2.42	2.64
30	0.71	0.94	1.18	1.41	1.65	1.88	2.12	2.36	2.59	2.83
32	0.75	1.00	1.26	1.51	1.76	2.01	2.26	2.55	2.76	3.01
35	0.82	1.10	1.37	1.65	1.92	2.20	2.47	2.75	3.02	3.30
40	0.94	1.26	1.57	1.88	2.20	2.51	2.83	3.14	3.45	3.77

注：摘自 GB/T 702—2008《热轧钢棒尺寸、外形、质量及允许偏差》。

2) 角钢、槽钢和工字钢

(1) 角钢

角钢分为等边角钢和不等边角钢。等边角钢的规格用"∟边宽度×边厚度(mm)"表示，不等边角钢用"∟长边宽×短边宽×边厚度(mm)"表示。长度为 4 000～19 000 mm。角钢外形如图 1.40 所示。等边角钢的型号、尺寸见表 1.32。角钢主要用于制作管道与设备支架、风管法兰及加固框等。

表 1.32　等边角钢规格(摘录)

型号	截面尺寸/mm			截面面积/cm²	理论质量/(kg·m⁻¹)	外表面积/(m²·m⁻¹)	型号	截面尺寸/mm			截面面积/cm²	理论质量/(kg·m⁻¹)	外表面积/(m²·m⁻¹)
	b	d	r					b	d	r			
2	20	3	3.5	1.132	0.889	0.078	9	90	5	10	10.637	8.350	0.354
		4		1.459	1.145	0.077			7		12.301	9.656	0.354
2.5	25	3		1.432	1.124	0.098			8		13.944	10.946	0.353
		4		1.859	1.459	0.097			9		15.566	12.219	0.353
3.0	30	3	4.5	1.749	1.373	0.117			10		17.167	13.476	0.353
		4		2.276	1.786	0.117			12		20.306	15.940	0.352
3.6	36	3	4.5	2.109	1.656	0.141	10	100	6	12	11.932	9.366	0.393
		4		2.756	2.163	0.141			7		13.796	10.830	0.393
		5		3.382	2.654	0.141			8		15.638	12.276	0.393
4	40	3	5	2.359	1.852	0.157			9		17.462	13.708	0.392
		4		3.086	2.422	0.157			10		19.261	15.120	0.392
		5		3.791	2.976	0.156			12		22.800	17.898	0.391
4.5	45	3	5	2.659	2.088	0.177			14		26.256	20.611	0.391
		4		3.486	2.736	0.177			16		29.627	23.257	0.390
		5		4.292	3.369	0.176	11	110	7	12	15.196	11.928	0.433
		6		5.076	3.985	0.176			8		17.238	13.535	0.433
5	50	3	5.5	2.971	2.332	0.197			10		21.261	16.690	0.432
		4		3.897	3.059	0.197			12		25.200	19.782	0.431
		5		4.803	3.770	0.196			14		29.056	22.809	0.431
		6		5.688	4.465	0.196	12.5	125	8	14	19.750	15.504	0.492

注：摘自 GB/T 706—2008《热轧型钢》。

(2)槽钢和工字钢

槽钢和工字钢规格分别以"[型号"和"I 型号"表示，通常取其高度的 1/10 作为型号标志。长度 5～19 m。外形见图 1.41。[10#表示 10 号槽钢，其高度为 100 mm。槽钢常用于制作管道支架、设备底座及支撑、框架等。工字钢常用于制作设备支架等。

角钢、槽钢和工字钢的技术参数详见 GB/T 706—2008《热轧型钢》。

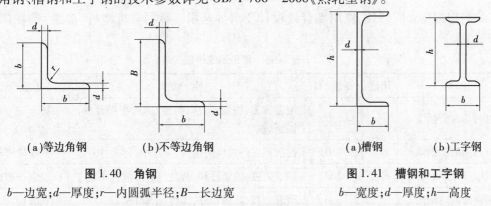

(a)等边角钢　　　　(b)不等边角钢　　　　　　(a)槽钢　　　　(b)工字钢

图 1.40　角钢　　　　　　　　　　　　　图 1.41　槽钢和工字钢

b—边宽;d—厚度;r—内圆弧半径;B—长边宽　　　b—宽度;d—厚度;h—高度

1.7　防腐蚀、绝热及焊接材料

1.7.1　防腐蚀材料

安装工程常用防腐蚀方法是在金属等材料表面涂覆隔绝层。隔绝层一般为有机涂料。

1)有机涂料(油漆)的组成

有机涂料一般由成膜物、颜料、溶剂、助剂等组成。

(1)成膜物

成膜物是涂料的组成基础,对其性质起决定作用,具有黏结其他组分形成涂膜的功能。常用成膜物质主要有合成树脂,如有醇酸树脂、丙烯酸树脂、环氧树脂等。

(2)颜料

颜料是有色涂料(色漆)的组分,可使涂料具有色彩和一定的遮盖力,还可增强涂膜的机械性能和耐久性。涂料中常用无机颜料,其次是合成颜料。

(3)溶剂

溶剂是涂料的液相组分,其作用是溶解和稀释成膜物、便于施工。溶剂原则上不构成涂膜,施工后一般都挥发至大气中。常用有机溶剂有脂肪烃、芳香烃、醇、酯和酮等。

(4)助剂

助剂是涂料的辅助组分,用于改善涂料或涂膜的特性。助剂有消泡剂、润湿剂、分散剂、乳化剂、稳定剂、增塑剂、防霉剂等。

2)涂料的命名

涂料全名 = 颜色或颜料名称 + 成膜物质名称 + 基本名称(特性或专业用途),如红丹环氧防锈漆。不含颜料清漆的全名 = 成膜物质名称 + 基本名称,如酸清漆。

涂料的分类、名称和型号详见 GB/T 2705—2003《涂料产品分类、命名和型号》。

3）涂料的选用

涂料应根据介质特性、使用场合或设计要求等选用。常用有机涂料（油漆）的性能见表1.33。

表1.33　常用油漆性能

名　称	用途	耐温/℃	性　　能	适应范围
红丹油性防锈漆	底漆	150	附着力强，防潮、防水、防锈性好，干燥较慢，漆面较软	钢铁表面。不宜暴露于大气中，须有面漆罩盖
红丹酚醛防锈漆		150	性能同红丹油性防锈漆，干燥快，防火性好	
铁红醇酸底漆		200	附着力强，防锈性和耐候性强，防潮性稍差	高温钢铁表面
硼钡酚醛防锈漆		—	附着力强，防锈性好，无毒，干燥快	钢铁表面
磷化底漆		60	对金属表面附着力强，防锈性好	有色、黑色金属。省磷化和钝化处理
各色厚漆（铅油）	底漆面漆	60	干燥较慢，漆膜较软，在热湿天气时发黏，涂刷时需清油稀释	室内钢铁等表面
银粉漆	面漆	150	对钢铁和铝附着力强，受热后不易起泡	采暖管道、散热器
油性调和漆		60	附着力强，耐候性好	室外金属等表面
酚醛调和漆		60	附着力强，耐水，漆膜硬，光泽好，耐候性差	室内外钢铁等表面
醇酸调和漆		60	附着力强，漆膜坚硬，光泽好，耐候性、耐久性、耐油性好	室外金属表面
生漆		200	附着力强，漆膜坚硬，耐酸，耐水，毒性大	金属、木材表面
过氯乙烯防腐漆		60	防腐防潮，耐酸、碱等	钢铁、木材表面

1.7.2　绝热材料

详见9.2节。

1.7.3　焊接材料

焊接材料包括焊条、焊丝、氧气、乙炔气、辅助材料（如焊剂）以及保护气体等。

1）电焊条

电焊条由焊芯和药皮组成。焊芯起连接电极、填充金属等作用。药皮是指涂在焊芯表面的涂料层。药皮中含有稳弧剂、造气剂、造渣剂、脱氧剂、合金剂、黏结剂和增塑剂等，可分解焊接过程中形成的气体和熔渣，起机械保护、冶金处理、改善工艺性能等作用。

焊条按照焊芯材质分为碳钢焊条、低合金钢焊条、不锈钢焊条和铸铁焊条等，按照药皮类型分为钛铁矿型、钛钙型、铁粉钛钙型等。

GB/T 5117—2012《非合金钢及细晶粒钢焊条》规定，焊条型号的编制方法由以下五部分组成,依次为:第1部分用字母"E"表示焊条;第2部分为两位数字,表示熔敷金属的最小抗拉强度代号;第3部分两位数字表示药皮类型、焊接位置和电流类型;第4部分为熔敷金属的化学成分分类代号,可为"无标记"或短画"－"后的字母、数字或字母和数字的组合;第5部分为焊后状态代号,其中"不标记"表示焊态,"P"表示热处理状态,"AP"表示焊态和焊后热处理两种状态均可。示例见图1.42。

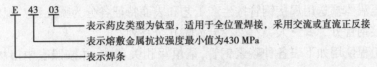

表示药皮类型为钛型,适用于全位置焊接,采用交流或直流正反接
表示熔敷金属抗拉强度最小值为430 MPa
表示焊条

图1.42　焊条型号编制方法示例

2)焊丝和焊剂

焊丝的作用是填充金属并在高温下与母材熔合。

焊丝按照形状、结构分为实芯焊丝、药芯焊丝和活性焊丝等,按照焊接方法分为埋弧焊焊丝、CO_2焊焊丝、钨极氩弧焊焊丝等。工程中应根据母材性质和焊接工艺选用,其规格和化学成分含量应符合国家标准要求。

焊剂的作用与药皮类似,并能去除气焊时熔池中形成的氧化物等杂质。

焊剂按照用途分为碳钢焊剂、合金钢焊剂等,按照熔渣性质分为酸性、中性和碱性焊剂等,可根据母材性质和焊接工艺选用。

3)乙炔气和氧气

乙炔(C_2H_2)气常用电石(CaO)与水作用分解产生。它是气焊或气割的燃料。由于乙炔气具有爆炸性,使用时应严格遵守安全技术操作规程,防止事故的发生。

氧气是"氧气—乙炔焊"的助燃剂。乙炔气和氧气多为瓶装供应,在现场经减压后使用。

4)保护气体

保护气体可在焊点附近形成保护区,防止焊缝及近缝区母材氧化或氮化,提高焊接质量。常用保护气体有CO_2和Ar。采用CO_2保护气体时,现场应有良好的通风措施。

习题1

1.1　管道通常由哪几部分组成?

1.2　我国的技术标准由哪几部分组成?

1.3　管道制品规格中的毫米尺寸与其螺纹尺寸的对应关系是怎样的?

1.4　什么是管道元件的公称直径?如何表示?

1.5　什么是管道元件的公称压力?如何表示?如何理解管道元件温度与压力的关系?

1.6　现有一副 PN2.5 MPa、用碳素钢制造的法兰盘,能否安装在介质温度为 400 ℃、工作压力为 1.8 MPa 的蒸汽管路上?

1.7 已知管路内蒸汽的工作压力为 1.3 MPa、工作温度为 194 ℃，欲在该管路上安装一个灰铸铁阀门，试问应至少选用多大公称压力的阀门？

1.8 什么是管道元件的试验压力？试验基数如何选取？

1.9 什么是管道元件的工作压力？如何表示？

1.10 同一种管道元件的公称压力、试验压力和工作压力的关系是什么？

1.11 低压流体输送用焊接钢管按生产工艺和表面特征各分为哪几种？规格如何表示？

1.12 焊接钢管分为哪三大类？外径分为哪几个系列？

1.13 某工程使用如下表各种碳素钢管，请填写相关参数，并按照表中市场价（假设）进行单价换算。

序号	材料名称	公称直径 DN/mm	外径 /mm	壁厚 /mm	理论质量 /(kg·m^{-1})	市场价 /(元·t^{-1})	价格 /(元·m^{-1})
1	焊接钢管	15				4 706.00	
2	焊接钢管	20				4 706.00	
3	焊接钢管	25				4 706.00	
4	焊接钢管	32				4 706.00	
5	焊接钢管	40				4 706.00	
6	焊接钢管	50				4 706.00	
7	镀锌焊接钢管	65				4 706.00	
8	镀锌焊接钢管	100				4 706.00	
9	螺旋缝电焊钢管		426	8.00		4 706.00	
10	无缝钢管		159	6.00		4 706.00	
11	无缝钢管		219	6.00		4 706.00	

注：焊接钢管凡未注明壁厚者均按普通壁厚进行处理。

1.14 常用成品螺纹管件有哪几种？作用各是什么？

1.15 流体输送用不锈钢焊接钢管的规格表示方法是什么？

1.16 无缝钢管的规格如何表示？

1.17 铜管有哪些种类？规格如何表示？

1.18 铸铁管按照用途分为哪几类？常用的有哪几种？管材如何分级？规格如何表示？

1.19 给水铸铁管的连接方法有哪些？

1.20 从 1#建筑加压泵房向 2#、3#、4#等建筑供应生活及消防用水（见附图），管道埋地敷设，采用承插给水铸铁管、青铅接口，管件采用标准管件。试统计管件的材料用量。阀门采用 Z45T—10 型。未标注的支管管径均为 DN75。

1.21 排水铸铁管的连接方法有哪些？

1.22 塑料管分为哪几类？规格分别如何表示？连接方式有哪几种？

1.23 铝塑复合管结构形式分为哪几种？复合组分材料分为哪几种？规格如何表示？连接形式有哪些？有哪些用途？

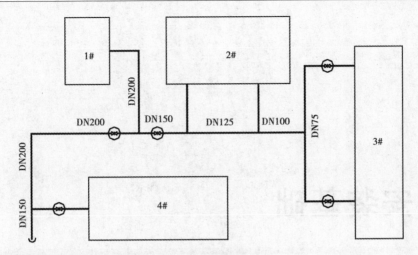

题 1.19 图

1.24 钢塑复合管规格如何表示？连接形式有哪些？

1.25 阀门由哪几部分组成？

1.26 JB/T 308—2004 标准规定阀门型号是如何编制的？

1.27 常用阀门哪些是自动阀门？哪些阀门安装具有方向性？

1.28 阀门型号中哪几个单元在什么条件下可以省略？

1.29 写出下列阀门型号的含义：

    J11X—10；J41W—10T；J41T—16K；J44H—40；Z15T—10

    Z15W—10T；Z41T—10；Z44T—10；Z45T—10；Z946T—10C

1.30 安装工程的板材按照材质分为几种？风管制作常用的板材有哪些？

1.31 如何选用橡胶板？

1.32 安装工程常用型钢有哪些？其作用分别是什么？

1.33 如何选用油漆？

1.34 非合金钢及细晶粒钢焊条的型号编制方法是怎样的？

1.35 焊接保护气体的作用是什么？常用的有哪些？

2 管道安装基础

供热工程、燃气工程、给排水工程中的介质都是用管道来输送的。为保证人们生活和生产所需要的冷热水、燃气、蒸汽及其他介质的供应及排放，必须注重管道的安装质量。

2.1 常用安装机具

2.1.1 通用机具

1)钢锯

图 2.1 可调式钢锯

钢锯是切割金属材料和小口径塑料管的一种手动工具。手工钢锯有可调式和固定式两种。常用的是图 2.1 所示的可调式钢锯，它由锯架(俗称锯弓)和锯条组成。锯架可装 200 mm、250 mm 和 300 mm 三种不同长度的锯条。

锯条的规格按 25.4 mm 长度内锯齿数，分为粗齿(14 牙)、中齿(18 ~ 24 牙)、细齿(32 牙)三类。装锯条时，应使锯齿朝向前推的方向，且松紧适当。

2)手锤

手锤用于锤击工件、捻口、凿洞、调直管子等。手锤的种类及式样较多，常用的有如图 2.2(a)所示的奶子榔头和八角锤；中间的斩口锤(俗称鸭嘴锤)用于金属薄板的手工翻边、咬口。

3)凿子(錾子)

(1)扁凿和尖头凿

扁凿和尖头凿如图 2.2(b)所示，用于打洞、凿切平面、剔除毛边，清理气割、电焊后的熔渣等。

(2)捻口凿

捻口凿如图2.2(c)所示,用于铸铁管、陶土管、混凝土管等管道承插连接时捻口。

(3)剁斧

剁斧是将扁錾制成斧子式样,装上木柄,可防敲击时伤手(参见图2.19)。

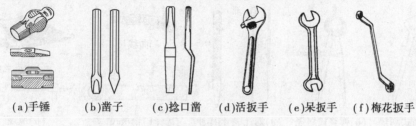

(a)手锤　　(b)凿子　　(c)捻口凿　　(d)活扳手　　(e)呆扳手　　(f)梅花扳手

图2.2　常用工具(1)

4)扳手

扳手主要用于拧紧或松开法兰、支架上的螺栓、螺母以及管堵头、管道内外螺纹接头、水嘴等,其种类有活动扳手、呆扳手、梅花扳手、套筒扳手等。

(1)活动扳手

活动扳手如图2.2(d)所示,可用于拧紧或松开多种规格的螺母和管件。活动扳手在每次扳动前,应将活动钳口收紧,使钳口紧贴螺母或螺栓的棱面,且不得在钳口内加入垫片。

(2)呆扳手

呆扳手如图2.2(e)所示,只能松紧1~2种尺寸的螺母。

(3)梅花扳手

梅花扳手如图2.2(f)所示,适用于在工作空间窄小的场合操作。

(4)套筒扳手

套筒扳手除具有一般扳手功能外,特别适用于各种特殊位置和维修场所狭窄的地方。

5)丝锥及丝锥绞杠

丝锥[如图2.3(a)所示]用于在工件上攻制内螺纹,也可用于在管路附件上攻制内螺纹,例如攻制暖气片手动跑风门的内螺纹接口。丝锥绞杠[如图2.3(b)所示]则用来夹持丝锥。

6)圆板牙及板牙架

圆板牙[如图2.3(c)所示]用于加工外螺纹,如吊杆、U形管卡端头螺纹的制作。板牙架[如图2.3(d)所示]则用来夹持圆板牙。

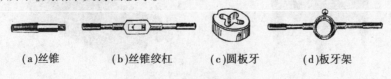

(a)丝锥　　　　(b)丝锥绞杠　　　　(c)圆板牙　　　　(d)板牙架

图2.3　常用工具(2)

7)划线、测量工具

图2.4所示是现场划线、测量等操作的常用工具。划规、划针配合钢板尺、曲线尺用来在

油毡、钢材、混凝土面上划线;如果所画圆弧半径较大,可用地规来划。样冲在手锤打击下可在钢材上作标记;皮老虎用于吹净地面。角尺、线锤用于一般要求的测量,百分表或千分表用于测量工件的几何形状及其相互位置准确性的精密测量;框架式水平仪用于检查设备安装的水平度和垂直度;激光水平仪(如图2.5所示)等先进轻便的器具也被广泛采用。

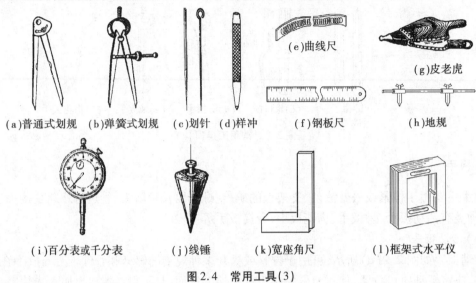

(e)曲线尺　(g)皮老虎

(a)普通式划规　(b)弹簧式划规　(c)划针　(d)样冲　(f)钢板尺　(h)地规

(i)百分表或千分表　(j)线锤　(k)宽座角尺　(l)框架式水平仪

图2.4　常用工具(3)

8)手电钻

手电钻用于不便在固定台钻上加工的金属结构件上钻孔,例如:加工管道支架上的孔、现场加工风道法兰螺栓孔等。

9)砂轮切割机(无齿锯)

砂轮切割机(如图2.6所示)利用高速旋转的砂轮(尼龙砂轮片)将材料切断,常用于金属管、塑料管及型材的切割。

图2.5　激光水平仪　　　　图2.6　砂轮切割机

10)电锤(俗称冲击钻)

电锤用于在柱、砖墙、岩石上钻孔、开槽,是安装膨胀螺栓必备的施工机具。

11）射钉枪

射钉枪结构如图2.7所示。它是一种利用弹筒内火药爆发时的推力，将特制的螺纹射钉射入钢铁、混凝土、砖砌体或岩石等硬质基体中，用于固定管道支架等的工具。管道安装工程上所用螺纹射钉规格有 M6、M8、M10、M12 四种，长度一般为 90 mm。

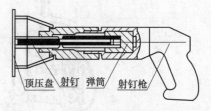

顶压盘　射钉　弹筒　射钉枪

图2.7　射钉枪

12）手工焊接工具

（1）焊钳

焊钳（如图2.8（a）所示）是用于夹持焊条进行焊接的工具，它由专用电缆线与电焊机相接。

（2）面罩

面罩上镶嵌有电焊玻璃，以免电弧的紫外线及飞溅熔珠烧伤焊工的头部和眼睛，起到防护作用。

（3）割炬

割炬［如图2.8（b）所示］是利用氧气和乙炔混合气体燃烧放出大量的热来熔化、切割黑色金属的工具。

（4）焊炬（火炬）

焊炬［如图2.8（c）所示］是利用氧气和乙炔混合气体作加热源，焊接金属材料的工具。

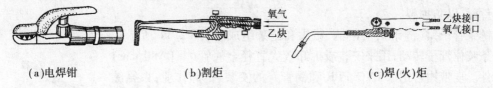

氧气
乙炔

乙炔接口
氧气接口

（a）电焊钳　　　　　　（b）割炬　　　　　　（c）焊（火）炬

图2.8　焊接工具

2.1.2　管道安装专用机具

1）压力钳（又称管子台虎钳）

图2.9所示为压力钳，用于夹紧管子，攻制管螺纹或锯、割管子等操作。压力钳应垂直牢固地安装在工作台上，钳口应与工作台边缘向平或稍往里一点。下钳口应固定牢靠，上钳口在滑道内应能自由移动。旋转压紧螺杆时，用力应适当，不得用锤击或加装套管的方法扳紧压杆手柄。

2）管钳（管子扳手）

管钳是用来转动（安装和拆卸）各种金属管及其管件的工具，也可扳动圆柱形工件，分为张开式（如图2.10所示）和链条式。

张开式管钳由钳柄、固定在钳柄上的套夹及调节螺母、活动钳口组成，通过调整螺母可调节钳口的紧度。钳口装有轮齿，用于咬紧管子及配件（参见图2.10下图）。

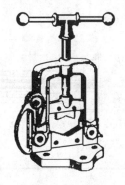

图 2.9　压力钳　　　　　　　　图 2.10　管钳

管钳按开口最大长度分为 9 种规格（见表 2.1）。使用时按管径大小选用不同规格的管钳，如 DN15 ~ 25 的管子与管件一般选用 10 ~ 14 in 的管钳，DN32 ~ 50 的管子与管件一般选用 18 in 管钳，公称直径更大的管子与管件可以选用 24 in 以上的管钳或链钳。

表 2.1　管钳的规格

管钳长度	in	6	8	10	12	14	18	24	36	48
	mm	150	200	250	300	350	450	600	900	1 200
夹持最大管子外径	mm	20	25	30	40	50	60	70	80	100

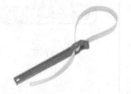

使用管钳时，右手握柄，左手虎口朝外压住钳头，四指勾住管子或管件，双手协调施力，防止打滑，操作时不得用力过猛，特别是旋紧阀门等部件时，以防损裂。

链条管子钳（链钳），由钳柄、钳头和链条组成（如图 2.11 所示），以链条咬住管子转动，用来安装或拆卸较大直径金属管（≥DN80 mm）和管件。皮带钳可用于 PVC、PPR 和铜管等的安装、拆卸作业，聚氨酯带子可防伤及管子表面，使用轻便灵活。

3）管子割刀（割管器）

图 2.11　链钳和皮带钳

图 2.12 所示为管子割刀。2#刀可用于切割 DN50 以内的钢管；3#刀用于切割 DN50 ~ 100 的钢管。

4）管子铰扳（管子丝扳，带丝）

铰扳是用于现场手工套攻钢管管端螺纹的工具，有轻便式和普通式两种。图 2.13 所示为普通式铰扳，配有 1/2″ ~ 3/4″、1″ ~ 1 $\frac{1}{4}$″、1 $\frac{1}{2}$″ ~ 2″ 三组板牙块，板牙必须同组按顺序号插入规定的位置，不可插乱；铰板的后挡板调控三爪挡脚的开启度，用以固定铰板背面与管子的同心度。

5）套丝机

图 2.14 所示为组合套丝机，它是以电机作动力，集组合管子铰扳、管子割刀、管子台钳等于一体的机械，适用于管子切断、套丝、内角倒角等操作。图 2.15 所示是手提电动套丝机及其

套丝操作,它把不同规格的管子铰板分别插入套丝机的夹头内,配带的压力钳卡住管子后夹持于套丝机上,可以很方便地完成套丝。

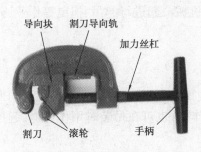

图2.12 管子割刀

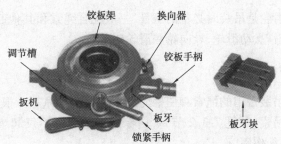

图2.13 管子铰板及板牙块

2.1.3 小型起重机具

1)千斤顶

千斤顶是用于支撑、起升重物的设备,分为手动螺旋千斤顶和立式液压千斤顶两种,亦可在安装方形补偿器时使用。

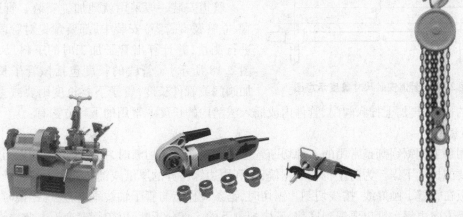

图2.14 组合套丝机   图2.15 便携式电动套丝机及操作   图2.16 倒链

2)倒链(环链式手动葫芦,神仙葫芦、滑车)

倒链(如图2.16所示)可用于安装设备或敷设大口径管道时的垂直吊升,也可用作水平方向拖动较重设备的动力。

3)绞磨

绞磨是利用人力推动(如图2.17所示)进行拖曳或起吊的简易动力工具,主要由支架、磨轴、推杠组成。支架用地锚固定,配合绳索、滑轮使用,用于设备安装或敷设大口径管道时吊装或拖动。

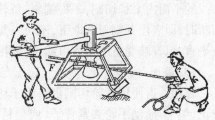

图2.17 推绞磨

4）滑轮

滑轮是吊装时必备的工具，一般配合绳索和其他起重机械一起进行起吊、拖曳等作业，分为定滑轮、动滑轮、导向轮和滑轮组等。

5）绳索

吊装常用的绳索有白棕绳、尼龙绳、钢丝绳等。根据使用需要，钢丝绳还可编制成不同形式的吊索（参见7.3.2节）。白棕绳和尼龙绳不仅起承重作用，也可在吊装时用作悠绳，起控制、平衡作用。

2.2 钢管加工及连接

2.2.1 钢管的加工

1）钢管下料

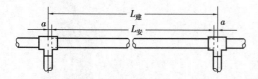

图2.18 管道安装尺寸量度示意图

管道安装一般采用就地加工安装。管道（干管、立管及支管等）安装中，都要预先对管段长度进行测量，并计算出管子加工时的下料尺寸（如图2.18所示）。管段的长度包括该管子长度上加阀门或管件长度，管子下料长度则要减去阀门和管件的长度，再加上拧入阀门、管件内或插入法兰内的长度。常用的下料方法有：

（1）锯割

利用手工钢锯锯割是常用的一种切断管道的方法。管子切断时，把管子固定在压力钳上，按所需要的长度下锯。为防止将管端锯偏，可利用边缘整齐的厚纸或油毡样板紧贴管壁，用石笔沿样板在管壁上画好线，按线切割。锯切时，锯条应保持与管子轴线垂直，发现锯偏时，应将锯弓转换方向再锯。锯口要锯到底部，不应把剩下的一部分折断，以免管壁变形。此法设备简单，灵活方便，但速度慢、费力，切口平整度较难掌握。适用于切割量不大的小管径金属管道、塑料管道或橡胶管道的切割。

（2）刀割

对于DN50 mm以内的管子常用管子割刀来切断。操作时，应始终让割刀在垂直于管子中心线的平面内平稳切割，不得偏斜，每转动1~2周，进刀一次，进刀量不宜过大。当管子快要割断时，即应松开割刀并取下，不可一割到底。此种方法比钢锯切断管子速度快，切割断面也较平直，但管端受挤压使管口缩小，需用绞刀进行扩口。

（3）磨削

磨削是指使用砂轮切割机将管子切断。切割时，将管子（或型材）划线后置于夹持器中并找正、垫平，摇动手轮夹紧管子（或型材），打开电源开关，待砂轮转速正常后，右手轻轻下压，当快切断时，应减小压力或不加压力，直至切断为止，然后切断电源，旋松夹持器手轮取下管子

(或型材)。磨削效率高,管子断面光滑,只有少数飞边,用锉刀锉去即可,但切割时噪声太大。

（4）錾切

铸铁管、陶土管、混凝土管等常采用錾切法剁断,使用的工具是剁斧(或錾子)和锤子。操作时,用两块木板将管子垫起,切断处的下部须用一块木板垫实,用剁斧和锤子沿切割线轻錾1~2圈,边錾边转动管子,剁出沟痕;再沿沟痕用力转錾,管子即可折断,如图2.19所示。錾切时最好由2~3人共同操作完成。

（5）气割

气割工作应由气焊工来操作。气割省力,速度快,能割出直线或弧形切口,但切口处氧化铁渣需要用扁錾清除掉,不平整的切口须打磨修整后才可进行下道工序。

2）钢管的弯头加工

管道安装工程中,根据弯曲半径 R 的不同,弯头有长半径($R = 1.5D_w$)和短半径($R = 1.0D_w$)之分。当 $R > 1.5D_w$ 时,称为弯管。

弯头可采用弯曲、推制、模压等冷加工和热加工方法成形,常用弯头按制作方法分为煨制弯头、冲压弯头和焊接弯头等。

（1）煨制弯管

煨制弯管具有较好的伸缩性、耐压强度大、管壁光滑阻力小、加工简便等优点,现场采用较多。管子在煨制过程中,弯头内侧金属被压缩,管壁增厚;弯头背面的金属被拉伸,管壁减薄。由于管子内外管壁厚度的变化,还使得弯曲段管子截面由圆形变成椭圆形,如图2.20所示。

图2.19 铸铁管錾切操作

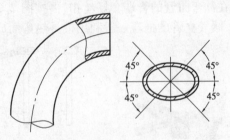

图2.20 弯管受力与变形

管子弯曲变形与管子直径、弯曲半径、弯曲角度等因素有关。管壁受力大小与其距管中心线的距离成反比,管径越大,弯曲时管壁受力也越大,因而变形也大;管子弯曲半径大,弯曲段外侧减薄量和内侧增厚量少;管子弯曲角度大,管子受力变形也越大。由图2.20不难看出,管子弯曲侧面45°范围内管子受力及弯曲变形较小,故在弯曲焊接钢管时,应将纵向焊缝置于这个范围内,防止煨弯时承受过度的拉伸或压挤而开焊。

煨制弯管可分为冷弯和热煨两种。弯管的最小弯曲半径应符合表2.2的规定。镀锌钢管不得采用热煨弯曲,也不得进行焊接。

表2.2 中、低压钢管最小弯曲半径 R

弯制方法	冷 弯	热 煨	压 制	焊 制
R	$4.0D_w$	$3.5D_w$	$1.0D_w$	$1.5D_w$

注:R 为最小弯曲半径;D_w 为钢管外径。

①钢管的冷弯。冷弯是在常温下对管子进行弯曲,管内可不充砂,无需加热,便于操作。利用机械进行冷弯的机具有电动弯管机(如图2.21所示)和液压弯管机(如图2.22所示)等。将被弯管子放到弯管机上,按事先标记的画线进行弯制。金属管道具有一定弹性,在冷弯过程中,当施加在管子上的外力撤除后,弯头会回弹一定角度,回弹角度大小与管子的材质、管壁厚度、弯曲半径等因素有关,因此,在控制弯曲角度时,应考虑增加这一回弹角度。

对管径较小的钢管煨制单弯时可利用手动弯管器,如图2.23所示。弯管器固定在工作台上,固定胎轮不转动,活动胎轮在手柄推架中转动。

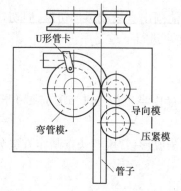

图2.21 电动弯管机示意图

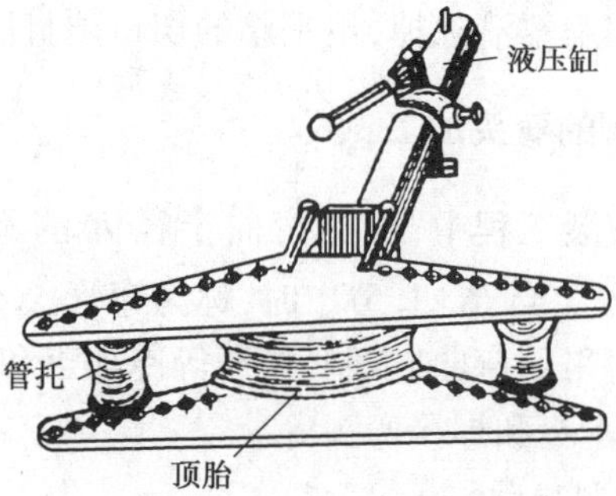

图2.22 液压弯管机

煨制散热器乙字弯时,可取一段长约60 mm、比欲弯曲管子大2号的钢管,在其下部焊一段1 m长的管子作立杆,制成一个的简易工具,如图2.24(a)所示。将立杆固定在牢固的立柱上,先在欲弯曲管的管端套好丝扣,再按图2.24(b)、(c)所示,外加一段套管,施力操作即可弯成。暖气立管的抱弯一般利用模具热弯而成。

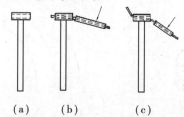

(a)　(b)　(c)

图2.23 手动弯管机

图2.24 乙字弯的冷弯

图2.25 热煨弯管

②钢管的热煨弯。钢管热弯的方法有手工充砂法和机械热弯法。目前较多采用机械热弯法,也可采用充砂法弯管。

现场煨制较大管径的弯头时,需配置笨重的相应弯管器具,且工作强度较大。目前,市场上有现成的弯管出售(如图2.25所示),安装时直接采购使用即可。

③几种热煨弯管的加工过程。

a.图2.26是中频弯管机工作示意图。将合适的管子夹头装在转臂上,调整好弯曲半径并固定,将钢管穿入加热圈并用夹头夹紧,调节加热圈,开启中频机组进行加热、煨弯,同时打开冷却水阀门对已弯曲部位喷水冷却,转臂带动管子缓慢转动对其弯曲,待达到要求角度时停机并停止加热,浇水继续冷却,使弯管冷却至常温为止。

b.图2.27是火焰弯管机工作示意图。弯管时,按要求调节转臂弯曲半径和弯曲角度,然后将管子放入滚轮内,调节好起弯点位置并固定。选择合适的火焰圈套在管外,选择转臂的旋转速度,启动机组,开启冷水阀门,对管子加热,弯曲力臂缓慢移动,边对管子加热边煨弯边冷却,直至达到所要求的角度为止。

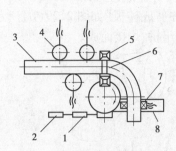

图 2.26　中频弯管机示意图
1—减速机;2—电动机;3—管子;4—支撑滚轮;
5—加热圈;6—加热区;7—夹头;8—转臂

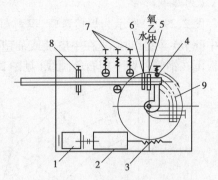

图 2.27　火焰弯管机示意图
1—电动机;2—变速机构;3—传动机构;
4—转臂;5—火焰圈;6—冷水圈;
7—调节滚轮;8—托辊;9—弯管

c.手工热煨。手工充砂热弯是现场缺少机械弯管设备情况下采用的方法。工序为:

• 准备工作。选择管材;筛选砂子并将其烘干;搭灌砂台、砌地炉和弯管平台;制作角度样板等。

• 装砂、打实。将管子一端用木塞堵紧;将管子立于装砂台边,用漏斗将砂灌入管内,边装边敲击管壁,以便振实,待声音闷实为止,然后用木塞封堵上管口。

• 画线。在灌好砂子的管壁上画出弯曲部分的起点、中点和终点,并用铅油各涂一周。

• 加热。用地炉对管子加热。炉内焦炭燃烧正常后将管子抬入,用焦炭将管子欲弯曲部分埋裹,加热时应常转动管子,使其受热均匀,直到管内砂子热透,钢管呈金红色为止。

• 弯曲。把加热好的管子抬至弯管平台上,插入挡管桩进行弯曲。要先用冷水将弯曲起点和终点以外部分浇凉再弯曲,弯曲用力要均匀;要对管子变形大的部位浇水冷却,使其变形减小。弯曲时随时用样板检查,使管子煨成所需角度。

• 除砂。管子冷却后把砂子倒出并用锤敲击倒净。砂子应堆放在干燥处以备下次使用。

（2）冲压弯头

冲压弯头属对焊弯头。对焊弯头有钢板制对焊弯头和钢制无缝对焊弯头。冲压弯头的加工方法分为冷冲压和热冲压两种。

钢板制对焊冲压弯头采用与管材相同材质的板材用冲压模具冲压成半块环形弯头,然后将两块半环弯头进行组对焊接成形,所以也称为两半焊接弯头。图 2.28(a)、(b)、(c)分别为90°、45°和异径冲压弯头。安装时,应注意到所选用弯头的外径应与管道外径相同。

(a)90°冲压弯头　　　　(b)45°冲压弯头　　　　(c)异径冲压弯头

图 2.28　冲压弯头

另外,无缝冲压弯头属于钢制无缝对焊弯头,与无缝钢管配套使用。

(3)焊制弯管

图 2.29(a)所示为焊接弯管,又称虾米腰弯管,它由若干节斜截管段组成(两个端节和 n 个中间节)。制作时,先在牛皮纸或油毡上画展开图,并剪成样板[如图 2.29(b)所示],再将样板围在钢管外壁上用石笔画线(见图 2.30),经切割、组拼、焊接而成。

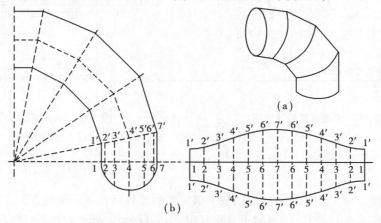

图 2.29　虾米腰弯头及展开图画法

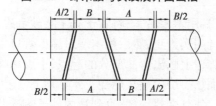

图 2.30　虾米腰弯管下料法

2.2.2　钢管螺纹连接

1)管螺纹的加工

在建筑设备安装工程中,螺纹连接(即丝接)是最常用的管道连接方法。丝接螺纹是管螺纹,通常在现场利用铰板或套丝机在管子端头攻制出来(俗称套丝),并选择相应管子配件与之连接。

套丝是管道安装工程中最基本的操作之一。手工套丝操作顺序为:先把管子夹持在压力钳上;将铰板的板牙按管子规格调插好,并将进刀手把扳到位;把铰板套到管子上并拨动后卡板,使卡爪轻微箍紧管子,以便铰板能与管子稳固;双手抓住铰板手柄,沿管子轴线稍用力推进铰板并旋转套丝,待攻入 2~3 个丝扣时,可适当扳松后卡板以减小卡爪与管子间的摩擦;丝套到 3/4 长度时,继续套丝的同时逐渐放松进刀手把,待套到要求长度后将进刀手把全松,轻轻取下铰板。依据管径的大小,每个丝头应套攻 2~3 次完成,不可一次攻成,以防丝扣出现损伤;套丝过程中,还需在切削处加机油润滑。管端螺纹的加工长度随管径大小而异,加工好的管螺纹应端正不乱扣,完整不掉扣,光滑无毛刺。螺纹攻好后,用相应的管件试试松紧程度,以用手能拧紧 3~4 扣丝为宜。

2)管道螺纹连接

加工好的管子螺纹可与管件连接。公称直径≤DN32 的供暖钢管和公称直径≤DN50 的给水钢管一般采用丝接,公称直径≤DN100 的镀锌钢管也可丝接。

管子丝接时,应先在管子螺纹上缠涂少许填料,以保证连接严密和便于拆卸。注意不要把填料挤入管腔,以免堵塞管路。填料应根据管道输送的介质选用,用于冷、热水管道上的填料有聚四氟乙烯生胶带、麻丝与铅油(白或灰厚漆);用于蒸汽管道上的填料有石棉绳与黑铅油(石墨粉加机油拌和而成),蒸汽管道不可用麻丝做填料,这是因为麻丝在高温下易碳化变脆,不能保证严密性。

管道连接时,应使管子端头的外螺纹与管件的内螺纹对正,先用手拧入3~4 扣丝,再用适当规格的管钳拧紧。管件应按旋紧方向一次装好,不得倒旋,因此,拧紧管件时需注意管件分支接口的位置、方向,以免拧过角度再回退,影响接口的严密性。上紧后管螺纹根部应有2~3 扣的外露螺纹,多余的麻丝应清理干净并作防腐处理。丝接安装的管接头不得装在墙内或楼板内。

3)丝接的碰口连接

(1)活接头连接

因管道丝接时的螺纹是正丝,当管道从两端起进行安装(例如散热器支管安装),遇到连接碰口时,大都采用活接头连接,有时也可采用长丝锁母连接。

活接头是丝接时专用于碰口连接的管件,由承口、插口、套母组成(如图 2.31 所示)。插口的一侧有与管道相接的内螺纹,另一侧为凸台插嘴;承口的一侧有与管道相接的内螺纹,另一侧为承嘴,与插口凸台插嘴相配,承嘴外侧有外螺纹,与套母的内螺纹相配。

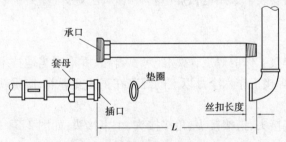

图 2.31　活接头连接示意

安装时,应先对活接头两端的管件进行找正,使其轴线重合;认真测量两端连接管段的长度,保证下料尺寸准确,并对管段套丝;将活接的承、插口分别拧到套好丝扣的管段上,注意水流方向(应为插口流向承口);将两根管段分别拧紧到两端的管件上,套母应套在插口管段上;在活接头插口上套上垫子(可分别用麻丝、石棉绳、生胶带等缠绕而成,也可用石棉橡胶板冲、剪而成),再将套母旋到承口的外螺纹上用管钳拧紧。

(2)纳子锁母连接

纳子锁母连接(如图 2.32 所示)也是管道的一种连接形式,如卫生器具的角阀(俗称八字门)、玻璃管水位计的考克阀等均属这种连接。纳子锁母一头有内丝,一头有与小管外径相应的孔。连接时,将锁母套戴在连接管上,再把小管插入要连接的配件中(如八字门),然后在连接处缠绕填料(石棉绳或橡胶圈),用扳手将锁母锁紧在连接件上即可。这种连接方式中的小管已逐渐被两端配有纳子锁母的连接软管替代(如图 2.33 所示),但在选用软管时要注意通过的介质种类及其温度。

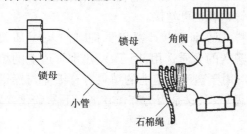 

图 2.32　纳子锁母连接示意　　　　　　　图 2.33　连接软管

4)管道安装顺序

管道安装应结合现场条件,合理安排顺序,一般为先地下,后地上;先大管,后小管;先主管,后支管。当管道发生交叉矛盾时,避让原则为:小管让大管;压力管让无压管,低压管让高压管;一般管道让高温管道或低温管道;支管道让主管道;辅助管道让物料管道,一般管道让易结晶、易沉淀管道。

2.2.3　钢管焊接

1)焊接基本知识

通过局部加热或加压的方法,将两个分离的金属件连接成一个整体,形成永久性接头的加工过程称为焊接。管道安装常采用电弧焊(电焊)和氧乙炔焊(气焊)对钢管和钢制管件进行焊接。

(1)对焊工的要求

凡参加承压管道焊接工作的焊工,必须经考试合格,并取得当地技术质量监督部门颁发的焊工执业证件;凡中断焊接工作六个月以上的焊工在正式复焊前,应重新参加焊工考试。

(2)接头的形式

常见的形式有对接接头、搭接接头、角接接头、丁字接头,如图 2.34 所示。

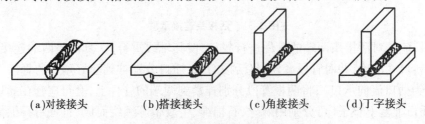

(a)对接接头　　　(b)搭接接头　　　(c)角接接头　　　(d)丁字接头

图 2.34　常见焊接接头形式

(3)焊接方式

根据焊缝的位置不同,焊接通常分为平焊、立焊、横焊和仰焊,如图 2.35 所示。其中,平焊操作方便,焊缝质量较好,所以焊接时应尽可能采用平焊方式进行焊接。

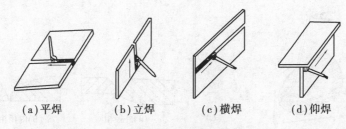

(a)平焊　　　(b)立焊　　　(c)横焊　　　(d)仰焊

图 2.35　焊接方式

（4）坡口形式

焊接前,应将焊缝两侧 15 mm 范围内的表面铁锈清除净,直到露出金属光泽。管子壁厚小于 5 mm 时,可不做坡口;壁厚大于 5 mm 的焊接端应做成坡口,以保证熔深和焊接质量。坡口形式较多,有 I、V、U 形等,可根据钢材厚度确定。管道安装常用坡口形式如图 2.36 所示。管子坡口加工可采用气焊切割和机械加工两种方法。用气焊切割出的坡口,要把残留的氧化铁熔渣、毛刺等清理干净。

（5）焊接变形的预防

由于焊接操作是在局部地点高温加热,熔池的钢水在冷却过程中会产生收缩应力,导致焊件变形,在现场利用钢管制作三通时尤为明显。为了避免此现象的发生,可在管的开孔管的背面管壁 1 m 长度范围内点焊一段角铁,以增强管段的刚度(如图 2.37 所示);焊接完毕后,收缩应力并不能消除,如果去掉角铁,变形仍会发生,可在焊接完用气焊火炬对焊缝周围范围加热,再使其慢慢冷却,即可消除收缩应力。

（6）焊接质量检验

焊接质量的好坏直接关系到管道系统或压力容器能否安全运行。焊接质量检验有外观检查、严密性检查、无损检测等。现场施工通常是在焊接完毕,随即作外观检查,焊缝处焊肉应波纹均匀、厚薄规整,无裂纹、气孔、夹渣、弧坑、咬肉或焊瘤现象;再经系统压力试验,进一步检查焊接质量。

图 2.36　焊接坡口　　　　　图 2.37　防焊接变形措施

2）管子的组对、焊接

两段管子焊接后,其中心线应在一条直线上,焊口处不得出弯、错口。壁厚相同的管子、管件组对时,其内壁应做到平齐;不同管径的管子、管件组对时,应将大管口径缩成与小管的口径相同后再进行焊接。现场施工多用气焊火炬烘烤,边烘边转动管子,使之均匀加热,然后用手锤从后向前敲打,边打边转动管子,使管口均匀收缩。如口径收缩较大,可采用抽条法焊制大小头(如图 2.38 所示)。缩口的管头,不应有皱纹和壁厚不匀等缺陷。管口应平直圆正,不应凸凹不平。不等厚壁的管子间组对对焊时,管口可按图 2.39 所示形式加工。

图 2.38　抽条大小头加工

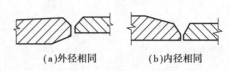

(a)外径相同　　　(b)内径相同

图 2.39　不等壁厚管子对口加工形式

管子组对时,可视现场情况及管径大小,采用适当的工具及方法对口。例如,先在管子端部的下方捆绑一段角铁(露出管端≥100 mm),再将对接的管子置于角铁之上就可方便施工,

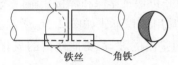

铁丝　　　角铁

图 2.40　管子对接辅助措施

如图 2.40 所示。遇较大口径的管子对接时,可将角铁点焊在管端下部。

　　组对好的管子应先作定位焊(俗称点焊),一般分上下、左右四处定位焊。经检查调直后再进行正式焊接。焊接时应尽量采用转动的方法,减少仰焊,以提高焊接速度,保证焊接质量。

　　钢管焊接,一般可采用电焊和气焊。由于电焊比气焊的焊缝强度高,而且经济,因此钢管大都应采用电焊,只有当管壁厚度小于 3 mm 时,才采用气焊连接。每道焊缝均应焊透,且不得有裂纹、夹渣、气孔、砂眼等缺陷,焊缝表面成形应良好。

3)管道焊缝位置规定

①不得在焊缝所在处开孔或接分支连接管。

②管道上对接焊缝距弯管起弯点距离不应小于管子外径且≥100 mm。

③管道连接时,两相邻的焊缝间距应大于管径,且≥200 mm。

④管道上的焊缝不得设在支架或吊架上,也不得设在穿墙或楼板等处的套管内。焊缝距支、吊架距离应≥100 mm。

2.2.4　法兰连接

　　法兰连接是将固定在管道上的一对法兰盘中间加入垫圈,然后用螺栓拉紧,使管段、阀门或设备连接成一个可拆卸整体的连接方式。法兰连接具有结合面严密性好,强度高,便于拆卸的特点,一般应装在便于检修的位置,不宜用于埋地管道上。

1)法兰的种类

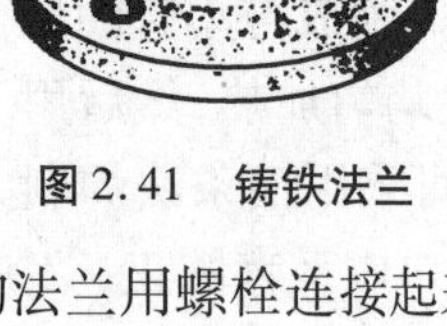

图 2.41　铸铁法兰

　　常用法兰盘按材质可分为铸铁和钢制两类;按法兰盘与管子的连接方式分,有螺纹、焊接和翻边活套法兰 3 种。由于铸铁与钢材不易焊接在一起,铸铁法兰与钢管一般采用螺纹连接,多用于低压管道。铸铁螺纹法兰(如图 2.41 所示)自身有内螺纹,连接时,在钢管端丝扣上涂缠填料(如麻丝、铅油),先将一片法兰盘拧紧在管子上,然后再将相邻的法兰用螺栓连接起来。成对的法兰盘的螺栓孔要相对应。

在安装工程中,一般多用平焊钢法兰(如图 2.42 所示),对焊法兰和翻边活套法兰则较少使用。图 2.43 所示是法兰与钢管的焊接方式。

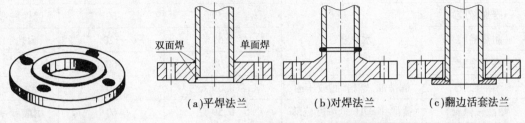

图 2.42 平焊法兰

(a)平焊法兰　　　(b)对焊法兰　　　(c)翻边活套法兰

图 2.43 法兰与钢管的连接

2)法兰选用

①先应根据管道的工作压力、介质温度及介质的性质,选用法兰的类型,再根据管子的公称直径确定法兰的结构尺寸、螺栓数目。

②与设备或阀门相连接的法兰,不仅公称直径应与阀门或设备上的法兰相一致,而且其公称压力也必须一致,否则,会由于法兰盘的直径大小不一致,螺栓将无法穿入。

3)法兰的连接

法兰安装时,应使法兰密封面与管子中心线垂直,偏差不得大于法兰盘凸台外径的0.5%,且不大于 1 mm。施工中,可用法兰靠尺或角尺对法兰的垂直度方法进行校验,如图 2.44 所示。插入法兰内的管子端部至密封面距离为管壁厚度的1.5 倍。

使用铸铁螺纹法兰时,管子与法兰连接方法同管子丝接,拧紧后,管子端部距密封面应不小于 5 mm。

连接法兰前,应将其密封面清理干净,高出密封面的焊肉应锉平;选用适当材料制作垫圈(见表 2.3),一对法兰间不允许安放双垫或偏垫;垫圈放置应平正,衬垫不得凸入管内,其外边缘以接近螺栓孔为宜。为使垫圈放置准确,宜做成如图 2.45 所示的式样;法兰与密封面上各涂铅油一遍,以利密封。法兰螺栓孔应对正,螺孔与螺栓直径配套。连接法兰的螺栓,直径和长度应符合标准,螺母应在同一侧。拧法兰螺栓时,应按对称十字顺序,分数次、均匀地拧紧,严禁先拧紧一侧再拧紧另一侧。螺栓拧紧后螺杆突出螺母的长度不应大于螺杆直径的1/2。

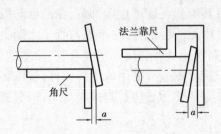

图 2.44 法兰垂直度检查

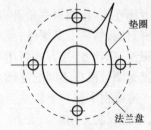

图 2.45 法兰垫片

安装法兰阀门或管件时,为防止产生拉应力,邻近法兰一侧或两侧的其他形式接口,应在法兰上所有螺栓拧紧后才可连接。

镀锌钢管如果采用法兰连接,镀锌钢管与法兰的焊接处应进行二次镀锌处理。

表2.3　常用垫圈材料与适用范围

垫圈材料	适用介质	最高工作压力/MPa	最高工作温度/℃	特　点
普通橡胶		0.59	60	弹性好
耐热橡胶	水、空气	0.59	120	耐热
夹布橡胶		0.98	60	—
耐油橡胶	润滑油、燃料油、液压油	0.59	80	耐油
耐酸碱橡胶	盐酸、NaOH、低浓度硫酸	0.59	60	耐酸碱
低压石棉橡胶板	水、空气、蒸汽、煤气	1.57	200	—
中压石棉橡胶板	水、空气、蒸汽、煤气、氯、氨、酸碱溶液	3.92	350	—
高压石棉橡胶板	蒸汽、空气、煤气	9.81	450	—

2.2.5　管道卡箍连接

管道连接还可采用图2.46所示的卡箍连接,承压较大的管道应用带凸台的卡箍,利用卡箍内的凸台与管端凹槽啮合将管道连接起来。钢管连接前须用专用滚槽机(如图2.47所示)在钢管端部轧出或机械加工出标准深度的凹槽。滚槽机的工作原理是利用转动的凹压轮带动管子转动,凸压轮在油缸作用下缓缓向管子加压,从而形成所需的凹槽。

图2.46　卡箍法兰及阀门的卡箍法兰连接　　　　　图2.47　滚槽机

管道卡箍连接时,用扳手松开卡箍的螺栓,将其卡套在管道连接部位,在凸台与管端凹槽之间夹放密封圈,然后上紧螺栓;承压小的管道可用无凸台卡箍,在卡箍与管子之间夹放密封圈后上紧螺栓。卡箍连接方式可用于连接钢管、铜管、不锈钢管、铝塑复合管、涂塑钢管、球墨铸铁管。密封圈可根据不同的流体介质选用。卡箍材质通常采用球墨铸铁件,特殊场合可采用不锈钢卡箍或铜卡箍。卡箍法兰连接处两管口应平整、无缝隙,沟槽应均匀,卡紧螺栓后管道应平直,卡箍安装方向应一致。

2.3　管道承插连接

承插连接(如图2.48所示)是指把承插式铸铁管的插口插入承口内,然后在四周的间隙内加满填料夯实打紧。承插接口的填料分为内外两层,内层用麻绳或胶圈,其作用是使承插口的间隙均匀,同时起到封挡作用,不使外层填料落入管腔;外层填料主要起密封和增强作用,填料的种类根据需要选择。

安装前,应先检查管子是否有裂纹,将承口及插头处的沥青用气焊火焰烤掉并清理干净。安装时,先将管子逐根承插好(采用橡胶圈填料时,应先将橡胶圈套进管子承口),再调整好管子的轴线位置,然后填充填料。

2.3.1 石棉水泥接口

它是将水泥和石棉绒按体积比8:2,加入适量的水后用手拌和均匀作为承插接口填料,其干湿程度以施工时的气候情况而定,一般用手轻攥成团,轻拨即散为宜。管子轴线调整好后,先按管子外周长截一段麻绳(麻绳必须清洁,粗细视承插口的间隙而定),用捻凿将其塞入承口并用榔头击实,击打时应凿凿相压,填塞密实。然后将拌和好的石棉水泥用捻凿塞入承口中(如图2.49所示),填塞时应用力,密实饱满后以锤用力击实,击时应凿凿相压,击敲两圈,紧密程度以表面呈灰黑色、锤击时有明显反弹力为止。再复填石棉水泥,满后复击两圈,再填再击,一般操作为"三填六击"。接口面凹入承口边缘的深度≤2 mm。每个接口须连续击完,中途不得间断。接口完毕后需保水养护两日。拌和好的石棉水泥应在30 min内用完。

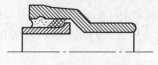

图2.48 管道承插接口

图2.49 承插口填塞填料

2.3.2 三合一水泥接口

它是以水泥、石膏粉加氯化钙水溶液拌和物作填料。水泥具有一定强度,石膏粉起膨胀作用,氯化钙则促使水泥快速凝固,水泥拌和物湿度以成橡皮泥为宜。麻绳填塞后即可将水泥塞入承口,用捻凿捣实、抹平。拌和好的三合一水泥应在5 min内操作完毕。

2.3.3 膨胀水泥接口

它是利用膨胀水泥的膨胀性,使水泥砂浆与管壁牢固地结合在一起。先将麻绳塞入承插口内,将膨胀水泥(又称自应力水泥)、砂(粒径0.5~2.5 mm)和水,按1:1:0.3的比例拌和成砂浆,拌好后塞入承插间隙,用捻凿沿承口均匀捣实,不须用锤击,抹平接口后进行养护。与石棉水泥接口相比,此法操作简便,成本和劳动强度较低,但抗震性能较差。

2.3.4 青铅接口

它是以青铅为填料的承插接口方法。接口的严密性、抗震性、刚性和弹性较其他接口好,不需养护时间,捻好口即可通水。接口如有渗漏,可随即捻打修补。但其成本较高,通常在管道穿越公路等震动性较强的地方或在抢修时采用此法。青铅接口有冷塞法和热塞法两种。

冷塞法是将铅条分层填入承插间隙中,并用捻凿打实,直至填满。其抗震性不如热塞法。

施工中常用的热塞法,是先将熔化的铅灌入承插间隙中,待铅凝固后用捻凿打实。操作程序如下:

①准备。在接口内塞打麻绳,再用麻绳围塞住承插口外沿且用泥巴外抹,上方留出漏斗形的浇铅灌入排气口。

②化铅。将铅锭截成碎块,投入铅锅,加热熔化,铅液表面微呈紫红色即可。

③灌铅。用铅勺除去熔铅表面杂质,再将熔铅徐徐灌入承插接口内,铅勺离灌口应有一定距离,以便空气排出。每个接口要一次灌满。待铅凝固后,取下封挡麻绳,用錾子剔除浇口多余的铅,再用捻凿由下而上击实,直至表面光滑。

操作时,须戴防护脚盖、帆布手套,人体不可正对浇口;铅遇水后会发生爆崩现象,化铅、灌铅应在无水条件下进行。

2.3.5 橡胶圈接口

橡胶圈接口属柔性接口,抗震性能好,操作简单,但成本较高。采用橡胶圈接口的管道,允许沿曲线敷设,每个接口的最大偏转角≤2°。

1)承插挤压接口

它是将橡胶圈放入承插间隙中,使其受压缩而将管道连接起来的接口方式。橡胶圈接口的管件及所用的胶圈都是配套定型产品。连接时先要清理承插口端部并涂润滑剂(如皂化油、肥皂水等),先将橡胶圈压成心形放入承口槽内(如图2.50(a)所示),再用力推展(如图2.50(b)所示),符合要求后将插口推入承口内即可。安装后,橡胶圈距承口外侧的距离应一致,否则应重新安装。

2)压紧法兰接口

压兰接口适用于压兰铸铁管道的连接,其接口形式分为SMJ型N型,如图2.51所示。它是由压兰对承插接口之间的密封胶圈实施压挤的一种连接方式,具有接口严密、抵抗外界震动能力强的特点。SMJ型接口是在插口端头的凹槽内放置钢制支撑环,使连接管道保持同心且接口间隙均匀,能防止管道脱出;环形接口间隙中还设一道隔离胶圈,可阻挡介质侵蚀密封胶圈。此种连接方法用于燃气管道时,可在维修时不停气更换密封胶圈。

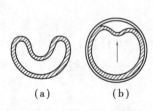

图2.50 橡胶圈放置操作

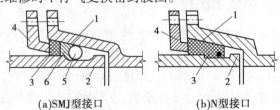

(a)SMJ型接口 (b)N型接口

图2.51 压紧法兰接口

1—承口;2—插口;3—密封胶圈;
4—压紧法兰;5—支撑钢环;6—隔离圈

3)套管接口

它是使用套管把两根直径相同的铸铁直管(无承口)连接起来,在套管和管子之间,用橡胶密封圈密封。套管接口的连接形式有多种,滑套式管接口如图2.52所示。锥套式管接口如

图2.53所示,套管的内侧密封面加工成锥状,用压紧法兰和双头螺栓将密封胶圈压挤,使连接管道密封连接。

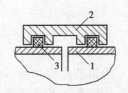 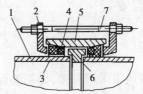

图2.52 滑套式管接口
1—铸铁直管;2—连接套管;
3—密封胶圈

图2.53 锥套式管接口
1—铸铁直管;2—压境法兰;3—密封胶圈;
4—隔离胶圈;5—套管;6—隔环;
7—双头螺栓

4)柔性套管接口

柔性套管接口如图2.54所示,用两个夹环和一个特制的橡胶套对两根铸铁直管进行连接。这种接口允许管子有较大幅度轴向位移、错动及弯曲,适用于松软地基、多地震地区。

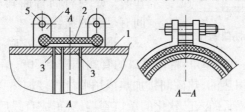

图2.54 柔性套管接口
1—铸铁直管;2—柔性套管;3—支撑环;4—夹环;5—螺栓

2.3.6 水泥砂浆接口

水泥砂浆接口适用于陶土承插管、混凝土管及钢筋混凝土管等排水管道的连接。它是在清洗干净的管接口处填(抹)配合比为1:(1.5~2.5)的水泥砂浆。其接口形式有承插式接口(图2.55)、抹带接口(图2.56)等。

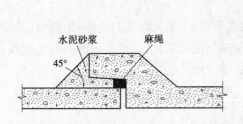 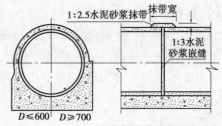

图2.55 水泥砂浆承插接口

图2.56 水泥砂浆抹带接口

2.4 塑料管安装

塑料管按材质分,有硬聚氯乙烯管(UPVC管)、聚乙烯管(PE管)、聚丙烯管(PP管)和聚丁烯塑料管(PB 管)等,近年来应用较多,本节介绍常用塑料管的安装。

2.4.1 UPVC 管安装

1)黏接

UPVC 管连接通常采用黏接,即把黏接剂均匀涂抹在管子承口的内壁和插口的外壁,等溶剂作用稍许时间后将插口插入承口并固定一段时间形成连接。连接前,应先进行外观检查,管材和管件不应有损伤,切割面应平直且与轴线垂直,接口部位不应有毛刺,结合面应不潮湿、无尘、无油污,必要时用细棉布擦净。涂刷黏接剂应快速、均匀、适量、无漏涂。管子插入时,轴向位置应准确,用力应均匀,插入深度符合所作标记并稍加旋转。然后迅速揩净溢出的多余黏接剂,以免影响美观。

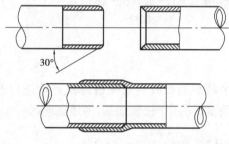

管子配件及大口径管子上的承口都已在生产厂加工妥当,安装时直接使用即可(见图2.57),操作时一定要将插管插到承口底部,以保证管子之间有足够的黏合面。

图 2.57　UPVC 管承插口制作

小口径管子连接时,承口也可现场加工,将要扩张为承口的管端倒30°～45°外角,将作插口的管端同样倒30°～45°内角;对承口管端加热至120～130 ℃使其软化(用热油、热砂间接加热或用喷灯直接加热);在插口管端标出插入深度记号,再涂以石蜡等润滑剂,插入已软化的承口管端,矫正成直线后用湿布裹包冷却,使之定型作出标记后,将插管取出;用酒精或丙酮将插口和承口管端清洗干净,涂匀黏接剂,将插口插入(一次插足)定位即可。

2)法兰连接

(1)平法兰连接

平法兰连接是将 PVC 管与法兰接头黏接在一起(见图 2.58),再按照法兰连接方式连接。在紧固法兰螺栓时,不可用力过大,以防损坏。

(2)锥形环平口接法

如图 2.59 所示,使用金属斜口法兰与锥形环做成平口,中间夹以密封垫圈,用螺栓连接起来。平口制作时先将斜口法兰套到管子上,再将管端加热使之软化,在锥形环的斜面上涂胶合剂后用力套入软化后的管端,应注意锥形环平面与管轴线保持垂直。

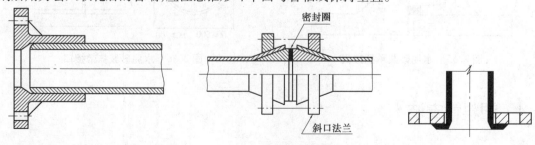

图 2.58　UPVC 管法兰接头　　**图 2.59　锥形环平口法兰接法**　　**图 2.60　活套法兰**

（3）翻边活套法兰连接

采用翻边活套法兰连接的PVC管口必须翻出卷边肩（见图2.60）。翻边操作须对管端加热并利用翻边胎具进行，加热后将管子放入外模夹具内，再插入内模，旋转内模使翻边成型，缓慢浇水冷却后退模。

3）橡胶圈连接

如图2.61所示，先从承口沟槽内取出橡胶圈，分别把橡胶圈、承口沟槽内擦拭干净后再放回，再在插管管端插入部分涂以肥皂水作润滑剂，用力插入承口，大口径管须垫上木板，用木槌击入，或用拉紧器操作。

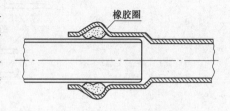

图2.61　PVC管橡胶圈接口

4）PVC管与钢管、阀件的结合

PVC管与钢管、阀件的结合可采用螺纹接头连接，也可采用法兰接头连接。螺纹接头连接是利用特制的铜-PVC接头进行结合，这种接法适用于DN50以内规格的钢管与PVC管的结合。如图2.62所示，钢管侧丝接一个管件，将特制接头的丝头端缠填料拧入上紧；将PVC管黏接于特制接头另一端承口内即可。法兰连接是PVC管与钢管、阀件连接时最常采用的方法（见图2.63）。

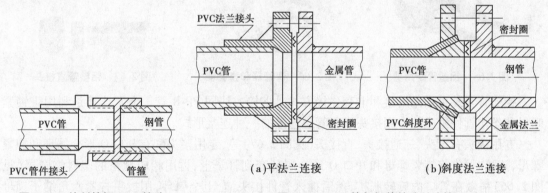

（a）平法兰连接　　　　　　（b）斜度法兰连接

图2.62　特制的铜-PVC接头　　　　　图2.63　PVC管与钢管的法兰连接

2.4.2　PP-R管安装

PP-R管耐腐蚀、内外壁光滑、不易结垢、安装方便可靠。PP-R管配有连接用的专用配套管件，如弯头、三通、直接头等，与金属配件（如水龙头、水表等）相连时采用丝接，管件上凡与PP-R管相连的接头均采用热熔方法相连。热熔的管材和管件连接端必须无损、无油、清洁、干燥。熔接时，先将PP-R管和管件放在专用工具的夹具上固定，在管壁上作出插入深度标记，将连接面套到专用工具的加热头上，利用普通单相电源加热熔化，然后对加热好的管子与管件迅速无旋转地均匀施压，使两个接触面均匀熔合在一起（见图2.64）。熔接接合面应形成一个均匀的熔接圈，且不得出现凸凹不匀或局部熔瘤现象。

2.4.3　铝塑复合管安装

铝塑复合管具有耐压、质轻、耐腐、便于安装操作的特性。小口径管材成卷供货，具有任意取长、易弯曲的特点。铝塑管截断可使用专用的剪刀(见图2.65)或用钢锯、小型割刀切割;铝塑管弯曲时,可在弯曲部分的管腔内插入专用的弹簧弯管器,相当于芯管(见图2.66),手工即可进行弯曲操作,弯曲后抽出弯管器即可,不需机械,弯曲半径一般≥100 mm。

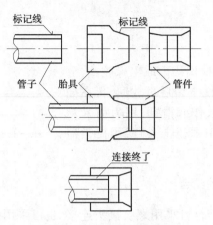

图2.64 塑料管的热熔连接

图2.65 铝塑管专用剪

图2.66 弯管器和整圆器

图2.67 铝塑管直接头

铝塑管安装可采用熔接和卡套连接方式。熔接方法同PP-R管。卡套连接是利用带锁紧螺母和丝扣管件组成的专用接头进行管道连接的一种连接形式。

专用接头有弯头、三通接头、直接头(见图2.67)等,专用接头配有开口O形金属环和锁紧螺母,连接时,先将锁紧螺母和开口O形金属环套到管子上,再用相应规格的塑料整圆器(见图2.66)稍微在管口内旋转胀扩,然后插入管件接头,套上金属环,用扳手拧紧六角纳子锁母即可完成铝塑管的连接。专用管件与钢管或金属配件相连则采用丝接。

2.5 紫铜管的加工与焊接

2.5.1 紫铜管的加工

紫铜管加工工艺包括切管、弯管、扩口等。

1)切管

切管是将管子截割成需要的管段。常用工具是切管器(见图2.68),切管时,左手抓住管子,右手控制进刀深度并绕管子旋转切管器,直到切断为止。操作时,要注意切轮的刀口要垂直压向铜管,不要歪扭或侧向扭动。由于切轮是用较脆硬的工具钢制作,如不注意直切和进刀的深度,切管很容易将刀口的边缘崩裂。切管完毕,用管口绞刀将铜管的毛刺飞边去掉。严禁用手锯在台钳上切割铜管,以免使切口不正或管子压扁变形。

2)弯管

铜管弯曲用专用弯管器手工弯曲(见图2.69)。为防止铜管内侧有扁凹,弯曲半径应不小于管径的5倍。紫铜管弯曲前应先退火,可采用把紫铜管用气焊烧红的退火方法,然后放在空气中让其自然冷却;或者是将紫铜管烧红后迅即浸入水中(仅用于紫铜管)。退火后,铜管内壁的氧化皮应予以清除,可将其放在浓度为30%左右的硝酸溶液中浸泡数分钟,取出后再放入碱水中中和,并用清水冲洗、烘干;也可以用细铁丝绑扎棉纱蘸汽油拉洗数次(每次拉洗时,都要将棉纱在汽油中浸泡清洗),最后用干棉纱拉1次。

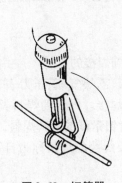

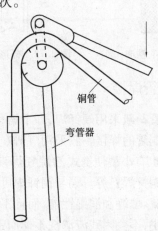

铜管

弯管器

图2.68　切管器　　　　　图2.69　紫铜管弯曲

3)扩口(扩喇叭口)

铜管用接头螺母连接时,需要扩成喇叭口,才能密封。扩口工具如图2.70所示。

紫铜管扩口时,应先将铜管端头的毛刺用刮刀刮去,需扩口的一端应退火。将铜管扩口的一端放入扩口器中(选用相匹配的扩孔)。铜管露出扩孔的高度应和扩口器的下模口的斜边长度相同。旋紧夹具,在顶尖上涂少许冷冻润滑油,相继用手旋转手柄,并使顶尖下旋3/4圈,再退出1/4圈;如此反复进行,直至喇叭口成型为止。

图2.70　铜管扩管器

扩完的喇叭口应光滑、圆正、无毛刺和裂纹,并能保证压紧螺母在铜管上灵活转动而不致卡住。扩毕可用压紧螺母套入进行检验,也可通入制冷剂后在扩口处检漏。

4)扩杯形口

杯形口是在焊接时两管相套(插入式)所需要的特殊加工形式。杯形口采用冲扩的方法成型。冲扩前应先制作一个钢冲(见图2.71)。

冲扩杯形口时,应将距欲冲扩的管端约 20 mm 区域退火。将铜管放入胀管器中夹紧;铜管上部露出 10~15 mm,将涨管器夹在台钳上,将钢冲用手锤逐渐打入,边打边转动,待达到要求后取出钢冲。冲扩完毕用砂纸将管端打光,并用干布拭净。合格的杯形口应该是杯形圆正,无扁无裂(见图 2.72)。冲扩杯形口的操作如图 2.73 所示。

图 2.71 钢冲

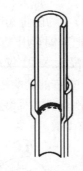

图 2.72 杯形插管形式

图 2.73 杯形口加工操作

2.5.2 紫铜管焊接

空调用铜管一般采用硬钎焊,即不熔化被焊接材料而达到焊接的目的。

空调用紫铜管的焊接一般采用气焊(主要设备有氧气瓶、乙炔气瓶、压力表、橡胶耐压软管等),近年来也有小型便携式乙烷气焊设备用于紫铜管的焊接。钎焊的焊料类型有铜磷焊料、银铜焊料、铜锌焊料等。铜与铜钎焊可选用磷铜焊料或含银量低的铜磷焊料,其价格较低,具有良好的漫流、填缝和润湿性能,而且不需要焊药。不需要焊药的焊料称为自钎性焊料,这类焊料腐蚀性小,不会因残渣清洗不掉而带来隐患。

为了确保焊接质量,掌握适当的焊接温度十分必要。紫铜受热后外表颜色随温度不同的变化见表 2.4。

表 2.4 紫铜受热后颜色与温度对照表

颜 色	暗红	鲜红	浅红	橘黄	黄	浅黄	白
温度/℃	600	725	830	900	1 000	1 080	1 180

施焊时最好采用强火焰快速焊接,尽量缩短焊接时间,以防止管道内生成过多的氧化物。氧化物会随着制冷剂流动而导致管路脏堵,甚至使压缩机受损。

空调用紫铜管的焊接常采用插管钎焊,即将焊管加工成杯形口,再将另一管插入进行钎焊。为保证焊接质量,接头插管的插入长度和两管间隙应符合表 2.5 规定。

表 2.5 焊接插管长度及间隙

管径/mm	10 以下	10~20	20	25~35
间隙/mm	0.06~0.10	0.06~0.20	0.06~0.26	0.06~0.55
插入长度/mm	6~10	10~15	>15	>15

焊接操作应按以下步骤进行:

①将被焊接管用钢冲扩成杯形口,再用砂纸将铜管接头部分打磨干净,并用干布拭净。

②使要焊接的铜管互相重叠插入(注意尺寸),并圆心对正。

③调整氧-乙炔火焰至中性焰。

④使火焰烤热铜管焊接处,当铜管受热至紫红色(为600~650 ℃)时,用焊条焊接(银基焊条或磷铜焊条)。移开火焰后将焊条靠在焊口处,使焊条熔化后流入焊口内即可(见图2.74)。应注意,焊口的四周和全长都要均匀加热,要把焊口加热到足以将焊条熔化的程度,但不要把火焰直接对准焊条。在焊口处把插焊的两根管子都加热,同时使热量均匀。千万不要把焊口加热到金属开始熔化的温度(超热)。超热将增加所焊金属与焊料金属之间的吸附力(化合),这种吸附对焊口的质量并不利。

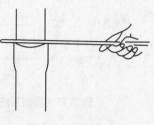

图 2.74　钎焊焊接

2.6　管道的压力试验

管道压力试验是检查已安装好的管道能否正常投入使用的必要环节。压力试验按试验性质分,有检查管道强度的强度试验和检查管道严密性的严密性试验;按试验采用的介质分,有水压试验、气压试验、真空试验及渗透试验等。使用何种介质做试验,以及试验压力的大小,应根据设计要求和施工质量验收规范确定。

2.6.1　强度试验及严密性试验

值,来检查管道的机械性能。试验时将介质充满管……表上的指示值不下降或压降不超过允许值,管道系……验合格。

2)严密性试验

严密性试验一般是将压力保持在工作压力的情况下,较长时间地观察和检查接口及附件等的渗漏情况,同时也观察压力表指示值的下降情况,在规定时间内压降不超过允许值为合格。严密性试验应包括管路系统的全部附件及仪表等。

2.6.2　压力试验的介质

1)水压试验

水压试验是管道系统强度和严密性试验常用的方法。试验加压泵与管道系统的连接见图2.75。加压泵有手动泵(见图2.76)和电动泵。为防止水倒流,进水管上须装止回阀。系统最高处设放气阀。向系统充水时,应打开放气阀,待系统内空气排净后关闭,再用加压泵加压。

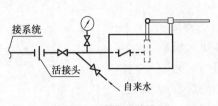

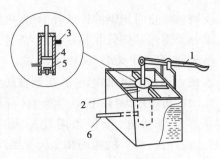

图 2.75　管道系统试压

图 2.76　手压泵

1—摇柄；2—唧筒；3—空气管；
4—活塞；5—止回阀；6—出水口

加压应分阶段进行,第一次可加压至试验压力的 50% ,对管道进行一次检查,然后逐渐提高至试验压力。试验压力越高,升压次数越多。

严密性试验在强度试验完成后进行。将放水阀打开,放出一些水,待压力降至所需数值时立即关闭,可较长时间检查系统渗漏情况。

2)气压试验

气压试验是利用压缩空气、氮气或管道拟输送的气体对系统进行压力试验。加压设备有空压机、所需气体的高压贮瓶。

对接口及附件检查时,可用毛刷把肥皂水涂在接口上,如发现有气泡,立即用色笔在漏处作出标记,以便维修。验收时,以接口不渗漏及压降率不超过规定值为合格。

3)真空试验

真空试验属于严密性试验的一种,即用真空泵将系统抽成真空状态,用真空表进行一定时间的观察,看其压力变化情况。压力回升值符合规定的允许值时为合格。制冷系统通常采用这种方法进行严密性试验。

4)渗透试验

渗透试验也是一种严密性试验,常用于阀件或设备、水箱等的焊缝检查。试验方法是将石灰水涂刷在阀门或焊缝的一侧,待其干后在另一侧涂刷煤油,利用煤油的强渗透性检查试件的严密性,以不渗油为合格。

各种承压管道系统和设备应作水压试验,非承压管道系统和设备应作灌水试验。凡试压发现缺陷需要修补的管道,修补应在泄压后进行,以免发生事故。

2.7　阀门安装

阀门安装前,应做强度和严密性试验。试验应在每批(同牌号、同型号、同规格)数量中抽查 10% ,且不少于一个。对于安装在主干管上起切断作用的闭路阀门,应逐个进行强度和严密性试验。阀门强度试验为公称压力的 1.5 倍;严密性试验压力为公称压力的 1.1 倍;试验压力在试验持续时间内应保持不变,且壳体填料及阀瓣密封面无渗漏。阀门试压的试验持续时间应不少于表2.6的规定。

建筑设备安装工程中所使用的阀门,通常有丝接和法兰连接两种安装方式,具体操作与管道的丝接和法兰连接相同,此外还应遵循如下规定:

①安装前应按设计图纸核对型号、规格,并据介质流向确定其安装方向。

②检查、清理阀门各部分的污物、铁屑、沙粒等,防止污物划伤密封面。

③检查填料是否歪斜,操作机构和传动装置是否灵活,试开关一次,看是否关闭严密。

表2.6　阀门试验持续时间

公称直径 DN/mm	最短持续时间/s		
	严密性试验		强度试验
	金属密封	非金属密封	
≤50	15	15	15
65～200	30	15	60
250～450	60	30	180

④水平管道上的阀门,阀杆一般应装在上半圆范围内;阀杆不宜倒装,倒装会使介质长期留在阀芯提升空间,检修不便且易泄露;明杆阀门不宜装于地下,以防阀杆锈蚀。

⑤并列成排安装的阀门,其阀杆应在同一平面内。

⑥安装铸铁、硅铁制的阀件时,需防止强力连接或受力不均而引起损坏。

⑦介质流过截止阀的流向应是低进高出,因这样流动阻力小、开启省力,关闭后填料与介质介质不接触,易于检修。

⑧升降式止回阀应水平安装,旋启式止回阀只要保证旋板的旋转轴呈水平,可装在水平或垂直管道上。

⑨较大阀门吊装时,绳索应拴在阀体上,切勿拴在手轮或阀杆上,以防损坏。

⑩对于安全阀、减压阀、疏水器、流量计等特定类型阀门的安装,应按照设计要求或标准图施工。

2.8　管道支(吊)架的制作与安装

2.8.1　管道支(吊)架、管座的制作

1)支架形式

管道支(吊)架的作用是承托管道,并限制管道的变形或位移,是管道安装中的重要构件之一。根据支架的用途和结构形式,管道支架分为固定支架、活动支架、管卡和钩钉等。

(1)固定支架

固定支架用于限制管道在支撑点发生径向和轴向位移,使管道只能在两个固定支架间胀

缩。固定支架要能承受较大的作用力,因此固定支架应生根于强度较大的建筑物结构上或专设的构筑物上。常用固定支架如图 2.77—图 2.81 所示。

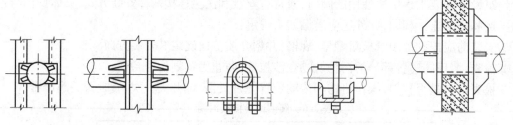

图 2.77　型钢固定支架　　　图 2.78　U 形卡固定支架　　　图 2.79　直埋管固定支座

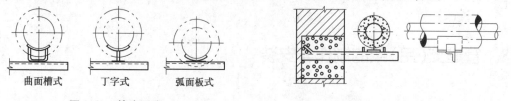

图 2.80　支墩固定支架　　　　　　　图 2.81　穿楼板管固定支架

(2)活动支架

活动支架是允许管道在支撑点处发生轴向位移的管道支架,主要承受管道的重力和因热位移摩擦而产生的水平推力,并且保证管道在发生温度变化时,能使其自由移动。活动支架分为滑动支架、滚动支架、导向支架、悬吊支架、弹簧支架等。

滑动支架由安装(卡固或焊接)在管子上的钢制管座与支承结构(多数情况为角钢横梁)组成,管座与支承结构间通常是钢与钢的摩擦。管座横截面形式有曲面槽式、丁字式和弧面板式等(见图 2.82),前两种形式,管道由管座托住,管座滑动时不会损伤保温层,而弧形板式管座滑动面贴近管壁,此处的保温层应去除。

滚动支架是在管座与支承结构之间加设辊轴、滚柱等部件构成,以减小管座滑动摩擦力。

导向支架只允许管道轴向位移,通常在滑动管座或滚动管座两侧的支架上设置导向挡板(见图 2.83)。其作用是防止管道纵向失稳,常用于管子弯曲、方形补偿器等处。

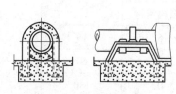

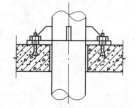

曲面槽式　　　丁字式　　　弧面板式

图 2.82　管座形式　　　　　　　　图 2.83　导向支架

悬吊支架(见图 2.84)常用于室内管道及通风管道的安装。

弹簧支架(见图 2.85)是在滑动和滚动支座下或在悬吊支架的构件中加弹簧构成。

(3)管卡、钩钉及托钩

管卡(见图 2.86)一般用于 DN50 以下管道的固定,分单管和双管管卡两种,市场上有成品出售。单管卡一头为鱼尾形相交相对,一头劈叉埋栽在建筑物中,然后用螺栓将管子固定;双管卡是两个单管卡连在一起的形式,它是用螺杆穿过卡子固定于建筑物上。钩钉(见图2.86)用于 DN25 以下的给水管道。塑料管可采用图 2.87 所示的管卡固定。托钩(见图2.88)

用于支撑散热器。

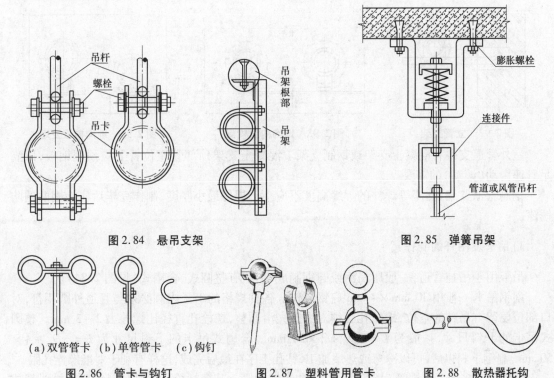

图 2.84 悬吊支架　　　　　　　　　　图 2.85 弹簧吊架

（a）双管管卡　（b）单管管卡　（c）钩钉

图 2.86 管卡与钩钉　　　图 2.87 塑料管用管卡　　　图 2.88 散热器托钩

安装工程中,管道支架一般按设计要求制作与安装。动力、供暖通风、给水排水专业的国家建筑标准设计图集,均有管道支(吊)架标准图集供施工时选用。常用支架安装形式如图2.89—图 2.94 所示。

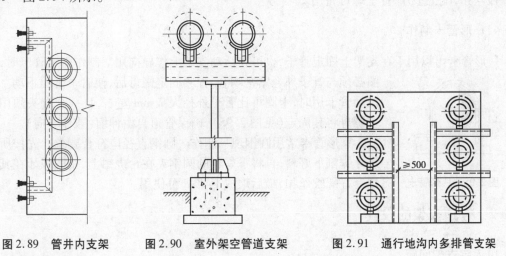

图 2.89 管井内支架　　　图 2.90 室外架空管道支架　　　图 2.91 通行地沟内多排管支架

2）支架制作

管座一般采用钢板焊制,管座上的弧形板可用相同直径的管段切割而成。管座的侧板上应钻若干小孔,用于保温时穿绑扎铁丝。

室内管道支架分为单管支架和多管支架,一般采用角钢、槽钢等型钢焊制而成。依据所承管道的规格及数量,支架可制成悬臂式或斜撑式。

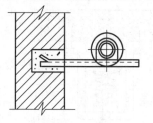

图 2.92　立管支架

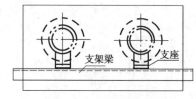

图 2.93　地沟内设横梁

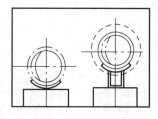

图 2.94　地沟内设支墩

室外管道支架有混凝土支架或钢制支架。混凝土支架顶部管座位置上应预埋钢板,以满足管座滑动(滚动)的需要。

钢制管道支架、支座等焊件的焊缝高度不应小于焊件最小厚度,制作完毕后应涂刷两遍防锈漆。

3)吊卡及吊杆的制作

吊卡用于吊挂管道,一般用扁钢或圆钢制成,形状有整圆式、合扇式(见图2.84)。

扁钢吊卡一般用 30 mm×4 mm 扁钢制作。各种规格的卡子内圆必须与管道外圆相符,对口部位要留有吊杆的空位,螺栓孔必须对中且光滑圆整,螺栓孔直径比螺栓大 2~3 mm。整圆式吊卡的下料尺寸,一般为 $L = \pi D_w + 2 \times 50$ mm。合扇式吊卡的下料尺寸为 $L = \pi D_w + 4 \times 50$ mm。扁钢下料以后,可以冷弯或热煨加工,钻孔工序在最后完成,这样有利于对准螺栓孔眼。

圆钢吊卡多用于铸铁管、大直径黑铁管和无缝钢管。其穿螺栓孔的部位是将圆钢端头煨成螺栓环,故用料长度较扁钢长。

吊杆用圆钢制成。按照安装长度下料,先将圆钢料的一端煨出螺栓环,另一端用圆板牙套出一段丝扣,配上垫片,拧上螺母备用。

4)U 形管卡制作

U 形管卡可以用于在支架上固定管子,也可在活动支架上作导向用。制作固定管卡时,卡圈必须与管子外径紧密吻合,拧紧固定螺母后,使管子牢固不动。作滑动管卡用时,卡圈可比管子外径大 2 mm 左右,且一个端头须用两个螺母将其固定(见图 2.95),确保管道自由伸缩(兼作导向)。

U 形管卡常用圆钢现场制作。圆钢直径应符合要求。先按所需尺寸锯割下好料,再将下好料的圆钢夹在台虎钳上,用圆板牙在其两端套好螺纹丝扣,最后煨成 U 形即可使用。

图 2.95　U 形管卡

2.8.2　管道支架的设置

1)固定支架间距

供热管道上设置固定支架的目的是为了限制管道轴向位移,通常将管道分为若干管段分别进行热补偿。固定支架是供热管道中主要受力构件,为节约投资,应加大固定支架的间距,但其间距须满足下列条件:

①管段的热伸长量不得超过补偿器的补偿量;

②管段因热胀产生的作用力不得超过固定支架所能承受的允许推力;

③管道不应产生纵向弯曲。

固定支架的最大间距可按照表2.7确定。

表2.7 固定支架最大跨距

单位:m

公称直径/mm		25	32	40	50	65	80	100	125	150	200	250	300
方形补偿器	地沟、架空	30	35	45	50	55	60	65	70	80	90	100	115
	无沟	—	—	45	50	55	60	65	70	70	90	90	110
套筒补偿器	地沟、架空	—	—	—	—	—	—	—	50	55	60	70	80
	无沟	—	—	—	—	—	—	—	30	35	50	60	65
波形补偿器	地沟、架空	—	—	—	—	—	—	—	15	15	15	15	20
	无沟	—	—	—	—	—	—	—	—	—	—	—	—

2)活动支架间距

在确保安全运行的前提下,应适当增大活动支架的间距以节省投资。支架的最大允许间距通常按强度和刚度条件来确定。钢管水平安装的支、吊架间距规定见表2.8。

表2.8 钢管管道支架的最大间距

单位:m

公称直径/mm	15	20	25	32	40	50	70	80	100	125	150	200	250	300
保温管	2	2.5	2.5	2.5	3	3	4	4	4.5	6	7	7	8	8.5
不保温管	2.5	3	3.5	4	4.5	5	6	6	6.5	7	8	9.5	11	12

采暖、给水及热水供应系统的塑料管及复合管的支架间距应符合表2.9的规定;采用金属制作的支架,应在管道与支架间加衬非金属垫或套管。

表2.9 塑料管及复合管管道支架的最大间距

单位:m

管径/mm		12	14	16	18	20	25	32	40	50	63	75	90	110
立 管		0.5	0.6	0.7	0.8	0.9	1.0	1.1	1.3	1.6	1.8	2.0	2.2	2.4
水平管	冷水管	0.4	0.4	0.5	0.5	0.6	0.7	0.8	0.9	1.0	1.1	1.2	1.35	1.55
	热水管	0.2	0.2	0.25	0.3	0.3	0.35	0.4	0.5	0.6	0.7	0.8	—	—

2.8.3 管道支架安装

1)支架(管卡)的定位方法

安装支架时,首先根据管道的设计标高、位置、坡度、管径等确定各管段的轴线位置,再按管道的标高(起点或末端)用水准仪(或激光水平仪)测出各支架轴线位置上的等高线,然后据管径、支架间距和设计坡度算出各支架的高度差,从而标出各支架的实际高度。

管道较短、对坡度要求不太严格时,可先定出管线起点和终点标高,然后在两点间拉一直线,通过目测、画线,定出各支架的位置及标高。

立管安装前,用线坠吊挂在立管的位置上,用粉囊(灰线包)在墙面上弹出垂直线,依次埋好立管卡。

2)常用支架的安装方法

管道沿墙、建筑物和构筑物敷设,支架的主要安装方法有以下几种:

（1）埋栽式安装

如图 2.96 所示,在土建施工时预留孔洞或在砖墙上凿出孔洞,再埋栽支架。埋入深度不小于 120 mm。在砖墙上埋栽支架时,应先清理洞内垃圾与积灰并浇水润湿,再填塞 C15 混凝土及卵石并捣固密实。

（2）焊接式安装

先在钢筋混凝土构件上预埋钢板,然后将支架焊接在预埋钢板上(见图 2.97)。

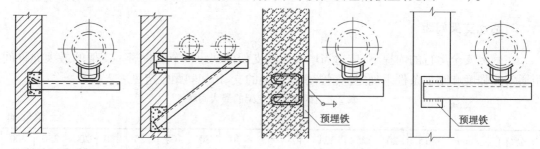

图 2.96　埋栽式安装　　　　　　　　　图 2.97　焊接式安装

（3）抱柱式安装

管道沿柱子敷设时,用卡杆螺栓将支架型钢紧固在柱子上(见图 2.98)。

（4）胀锚螺栓安装

在墙上按支架螺孔的位置钻孔,将螺栓上套上管套,拧上螺母一起打入孔内,再拧紧螺母,使螺栓的锥形尾部把开口管尾部胀开,使支架锚固于墙(柱)上(见图 2.99)。

（5）射钉安装

在无预留孔洞和预埋钢板的砖墙或混凝土墙上,用射钉枪将射钉射入墙内,然后用螺母将支架固定在射钉上(见图 2.100)。由于射钉螺栓脆性大,故此法宜用于无震动负荷的场所。

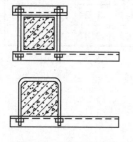
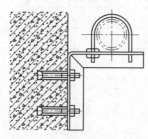
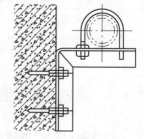

图 2.98　抱柱式安装　　　　图 2.99　胀锚螺栓安装　　　　图 2.100　射钉安装

3)管卡、钩钉、托钩的安装

立管卡用于室内小口径立管的安装,安装方式属埋栽式。钩钉、托钩的埋入深度应不小于

100 mm。钩钉用榔头钉入墙内(有时在墙内嵌入小木块再钉入)。塑料管卡一般是用冲击钻在墙体上钻孔,嵌入小木块或胀管,再用自攻螺丝固定。采暖、给水及热水供应系统的金属管道立管管卡安装应符合下述规定:

楼层高度不大于5 m时,每层必须装1个;层高大于5 m时,每层不少于两个。管卡安装高度应距地面1.5~1.8 m,两个以上管卡应匀称安装,同一房间管卡应安装在同一高度上。

4)吊杆的生根固定

吊架的吊杆上部可用螺栓、墩头、焊接、抱箍等形式固定在建筑结构上(见图2.101)。

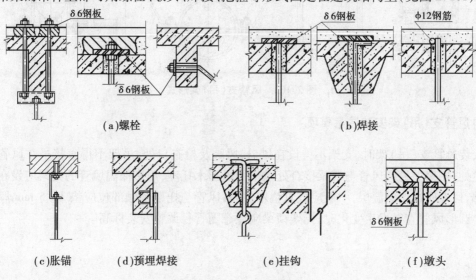

图2.101　吊杆生根方法

5)支架安装的基本要求

①位置准确,埋设应平整牢固。

②固定支架的安装位置必须按设计规定确定,不得任意移动。固定支架与管道接触应紧密,并使管道牢固地固定在支架上,用于抵抗管道的水平推力。

③滑动支架纵向位移应灵活,滑托与滑槽两侧应留有3~5 mm的间隙。管座纵向偏移量应符合设计要求,一般为该处总热伸长量的1/2。偏移方向为管道热膨胀的相反方向。

④无热伸长管道的吊架,吊杆应垂直安装。有热伸长管道的吊架,吊杆应向热膨胀的反方向偏移,倾斜值一般为该处位移值的1/2。

⑤固定在建筑结构上的管道支(吊)架不得影响结构的安全。

⑥支架的横梁长度方向应水平;顶面应与管中心线平行。

⑦靠近补偿器两侧的活动支架应安装导向支架。

2.8.4　风管支(吊)架

1)风管支(吊)架的形式

由于通风空调系统的风管截面大,支架的横梁应相对长些,吊架则需两根以上吊杆拉接。

风管支(吊)架可根据施工现场情况采用图2.102所示的形式。

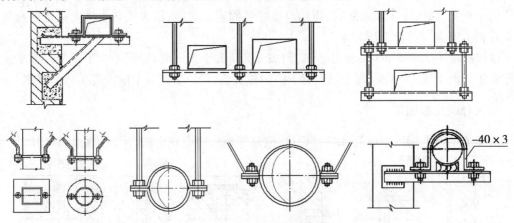

图2.102　风管支(吊)架形式

2)风管支(吊)架安装注意事项

安装风管支(吊)架时,支架不得设在风口、风阀及检查口处,吊架不得直接吊在风管的连接法兰处;托架上的圆风管与横梁接合处应垫圆弧形木托座;矩形保温风管的支架应设在保温层外部,且不应损伤保温层,一般应放置垫木;塑料风管与托架接触部位应垫3~5 mm厚的塑料板。圆形风管直径发生变化时,托架横梁应注意随管径调整安装标高。

习题 2

2.1　怎样使用管钳?

2.2　钢管下料有哪些方法?

2.3　钢管冷弯曲时为什么要超弯一定角度?

2.4　热煨钢管有哪些方法?

2.5　焊接钢管弯曲时为什么硬把焊缝置于侧面?

2.6　如何画制虾米腰弯头展开样板?

2.7　简述钢管套丝操作。

2.8　如何进行管道的丝接?

2.9　管道丝接碰口有哪些方法?

2.10　常见的焊接接头形式及焊接方式有哪些?

2.11　钢管焊接变形应如何预防?

2.12　管壁较厚的钢管焊接时为什么要打坡口?

2.13　不同管径的钢管连接时应怎样处理?

2.14　法兰选用时应注意哪些事项?

2.15　法兰连接时应如何操作?

2.16　铸铁承插管连接有哪些方法?

3

供热系统安装

供热系统一般包括热源、热网和热用户。除热源外，通常分为室内采暖系统和室外供热管网两部分。前者用于向建筑物传输热量，保持室内温度。后者用于向用户输配热量。

3.1 采暖系统安装

采暖系统主要由管道、散热设备和附属装置等组成，如图 3.1 所示。安装程序为：熟悉图纸—材料、机具准备—管件及支架加工—阀门试压—管道预制—管道支架安装—管道及附件安装—散热器组对安装—试压冲洗—防腐保温—检查验收。

管道安装顺序为先干、立管，支管安装在散热器安装后进行。

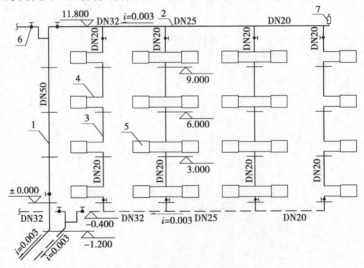

图 3.1 热水采暖系统示例

1—总立管；2—干管；3、4—散热器立、支管；5—散热器；6—阀门；7—自动排气阀

3.1.1　安装基本要求

①采暖系统安装应按照批准的设计文件、技术标准、施工组织设计或施工方案进行。施工单位应具有相应的资质。工程质量验收人员应具备相应的专业技术资格。

②采暖系统安装使用的管材、阀门、散热器等材料、设备必须具有质量合格证明文件和性能检测报告。符合要求的,准许在指定部位使用。

③管道穿过建筑物基础、墙壁和楼板,应配合土建施工预留孔洞。预留孔洞的位置、尺寸按设计图纸确定。设计未注明的,预留孔洞尺寸参照表3.1确定。

表3.1　预留孔洞尺寸　　　　　　单位:mm

管道名称	管道规格 DN	明　装	暗　装
采暖单立管	≤25	100×100	130×130
	32~50	150×150	150×150
	70~100	200×200	200×200
采暖双立管	≤32	150×100	200×130
散热器支管	≤25	100×100	60×60
	32~40	150×130	150×100
采暖主干管	≤25	300×250	—
	100~125	350×350	

④管道穿过墙壁和楼板应加装套管,套管规格一般比管道大2号。种类按设计要求采用。

安装在楼板内的套管,顶部应高出装饰地面20 mm;安装在卫生间和厨房的套管,顶部应高出装饰地面50 mm,底部与楼板底面相平,如图3.2所示。

安装在墙壁内的套管,两端与饰面相平。穿楼板套管与管道间的缝隙,应用阻燃密实材料填塞、防水油膏封口,端面应光滑。管道接口不得设在套管内。

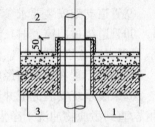

图3.2　穿楼板套管做法
1—套管;2—面层;3—结构层

⑤焊接钢管的连接,管径 DN≤32 mm,采用螺纹连接;管径 DN>32 mm,采用焊接。无缝钢管一般采用焊接。钢管与法兰阀门和设备连接,采用法兰连接。

⑥管道安装的平面位置、标高、立管的垂直度、干管和支管的坡度、坡向均应符合设计和施工质量验收规范要求。管道安装允许偏差见表3.2。

表3.2　室内采暖管道安装的允许偏差

项　目			允许偏差/mm
水平管道纵、横方向弯曲	每1 m	管径≤100 mm	1
		管径>100 mm	1.5
	全长(25 m以上)	管径≤100 mm	≯13
		管径>100 mm	≯25

续表

项　目			允许偏差/mm
立管垂直度	每 1 m		2
	全长(5 m 以上)		⟩10
弯　管	椭圆率 $\dfrac{D_{max}-D_{min}}{D_{max}}$	管径≤100 mm	10%
		管径>100 mm	8%
	折皱不平度/mm	管径≤100 mm	4
		管径>100 mm	5

注:①摘自 GB 50242—2002《建筑给水排水及采暖工程施工质量验收规范》。

②D_{max}、D_{min} 分别为管子最大外径及最小外径。

⑦水平安装管道的坡度、坡向应符合设计要求。采暖供水管坡向一般为倒坡(俗称"抬头走"),回水管为顺坡(俗称"低头走"),如图 3.1 所示。当设计未注明时,管道安装坡度应符合以下规定:

a.气(汽)、水同向流动的热水采暖管道(蒸汽管道及凝结水管道),坡度一般为 0.003,不得小于 0.002;

b.气(汽)、水逆向流动的热水采暖管道(蒸汽管道),坡度不应小于 0.005;

c.散热器支管的坡度应为 0.01,坡向应有利于排气和泄水。

⑧管道、设备安装前,应清除表面与内部的污垢和杂物。安装间歇应对敞口处进行临时封堵,以免杂物进入其中造成堵塞。

⑨管道支架安装要求参见第 2 章 2.8.3 相关内容。

⑩管道绕过门窗、洞口、梁柱、墙垛或其他部位时,若翻弯高于或低于管道水平走向,在最高、最低点应分别安装排气、泄水装置。

⑪隐蔽工程在隐蔽前经验收合格后,才能隐蔽,并形成隐蔽工程验收记录。

⑫采暖系统安装完成并试压合格后,方可进行焊口防腐和管道保温工作。系统要用清水冲洗,直到污浊物冲洗干净为止。

3.1.2　采暖管道安装

1)热力入口安装

采暖热力入口是指热网与采暖系统的接口,包括供、回水总管和入口装置。

采暖总管一般经建筑基础的预留洞口引入室内。供水(蒸汽)管应位于热媒前进方向的右侧,回水(凝结水)管位于左侧。采暖总管的坡度不小于 0.002,坡向室外。采暖供、回水总管上均设置控制阀和排水装置,并有供、回水连通管和连通阀。

设在室外的热水采暖系统的入口装置,如图 3.3 所示。入口装置也可设在室内、地沟或地下室。自力式流量控制阀一般应安装在回水管上。安装程序为:测量、下料、预制、组装。

2)总立管安装

安装前检查楼板预留孔洞,位置、尺寸和垂直度应符合要求,必要时对洞口进行修整。

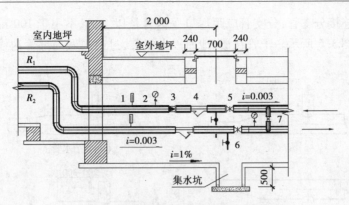

图 3.3　热水采暖入口装置安装示意图

1—温度计;2—压力表;3—热量表;4—Y 形过滤器;5—闸阀;6、7—泄水、连通阀

安装自下而上进行。为便于操作,焊口位置宜设在距楼层地面以上约 1 m 处。焊前管子应加装穿楼板套管、点焊定位,校正后全面施焊。

焊口质量应符合要求。支架安装应平整、牢固。高层建筑总立管底部应设刚性支架。

总立管及干管分支如图 3.4 所示,不得采用 T 形三通连接。两侧分支干管上的第一个支架应为滑动支架,距总立管 1.5 ~ 2 m 以内不得设置导向或固定支架。

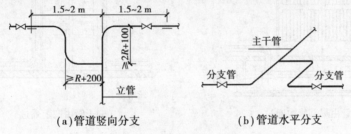

（a）管道竖向分支　　　　　　（b）管道水平分支

图 3.4　管道分支示意图

3)干管安装

安装程序:定位、划线—管道支架安装—管道预制—吊装就位—对口、连接—调整、固定。

(1)管道定位、划线、支架安装

①按设计图确定干管的位置、标高和坡度,拉钢丝线或挂线弹出管道的实际安装位置。

②根据设计或标准图集确定管道支架的类型、规格、数量和安装位置,并预先加工制作。钢管支架数量可参照第 2 章 2.8.2 相关内容确定。

③在墙上画出管道支架安装的位置,打洞、安装支架,强度合格后安装管道。

(2)管道预制、吊装就位

管道预制是指在便于操作的地点(地面或工作台上),根据吊装能力把管子、附件等预先连接成一定长度的管组,然后就位安装。

管道按施工方案或加工图预制、组装后,分段吊装就位,放置于支架之上。

(3)对口连接、调整坡度、固定管道

管道吊装就位后,进行对口、焊接。可用卷尺、水平尺等工具检查、核对管道的安装位置、坡度和坡向,进行必要的调整,合格后固定管道。

干管安装坡度、坡向应符合设计要求。最高点设排气装置,最低点设泄水装置。管子弯曲段和焊口处不得连接分支管,分支管应距焊口一倍管径以上,且不小于 100 mm。干管变径及支管接出做法如图 3.5 所示。干管在楼、地面以上安装,过门需做局部管沟或绕门通过,如图 3.6 所示。

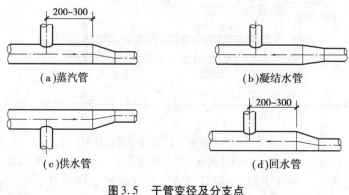

(a)蒸汽管　　　　　　　　　　　　(b)凝结水管

(c)供水管　　　　　　　　　　　　(d)回水管

图 3.5　干管变径及分支点

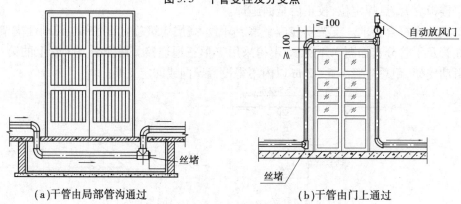

(a)干管由局部管沟通过　　　　　　(b)干管由门上通过

图 3.6　热水干管过门

对敷设在管沟内的干管,经检查、验收合格后方可隐蔽。

4)散热器立管安装

安装自上而下进行。立管上部与供水干管连接一般采用焊接,中部与立、支管连接采用螺纹连接,下部与回水干管连接多采用焊接。立管上、下侧需安装阀门。

(1)立管定位

根据施工图、现场实际确定立管位置。立管中心距后墙面一般为 50 mm。立管与侧墙应有便于操作的空间,一般距左侧墙≥150 mm,距右侧墙≥300 mm。

立管安装位置确定后,沿预留洞自顶层向底层吊铅垂线检查立管安装孔洞的垂直度。

(2)埋设管道支架

按立管安装基准线和管道支架安装高度,确定立管支架的安装位置,埋设支架。

(3)下料、安装

根据立管上阀门的安装高度、考虑弯曲段长度,确定下料尺寸。阀门下部及各层之间立管的下料尺寸,均应考虑散热器支管坡度。

下料后自上而下逐层安装。每层管段均用管道支架固定并加装穿楼板套管。对单、双管垂直式采暖系统,散热器立管应和散热器支管同时安装。

散热器立管与干管的连接方式如图 3.7 所示。其中,150 mm 为 DN≤80 mm 干管(括号内为 DN >80 mm 干管)与墙面的距离。这是考虑焊接操作需要的距离,如果管道螺纹连接距离可适当减少。散热器立管安装时需预先加工弯头和管螺纹。

先安装散热器,可为立、支管安装提供准确的定位尺寸。采暖双立管安装,供水(蒸汽)管应位于面对方向的右侧,两管间距为 80 mm。立管与散热器支管垂直水平支管交叉处,立管上要煨制弧形弯(抱弯)绕过支管。

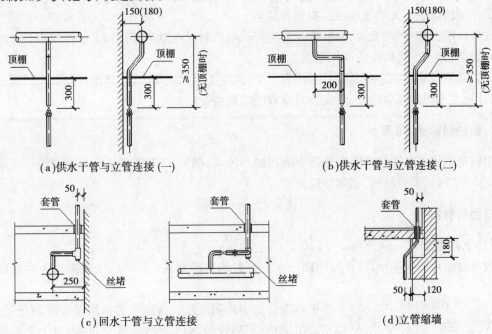

(a)供水干管与立管连接 (一)   (b)供水干管与立管连接(二)

(c)回水干管与立管连接   (d)立管缩墙

图 3.7 干管与立管的连接

5)散热器支管安装

散热器支管一般在立管和散热器安装后进行,采用螺纹连接。支管上应装乙字弯和可拆卸件。乙字弯应预先加工,可拆卸件一般为活接头。

乙字弯制作应外形规整,管子平行、间距适当。

散热器支管安装应有一定坡度、坡向。支管坡度应为 1% ,坡向如图 3.8 所示。当长度超过 1.5 m 时,支管上应装设支架。支管过墙应加设套管。

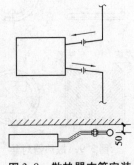

图 3.8 散热器支管安装

3.2 散热器安装

散热器种类较多,本节以铸铁柱型散热器为主,介绍散热器组对、安装的一般方法。

3.2.1 散热器组对材料

铸铁散热器包括柱型、翼型等,一般用灰口铁铸造而成,散片供货,现场组装。

1)质量检查

①散热器规格、型号和质量应符合设计要求与国家相关技术标准。

②外观检查表面无裂纹、砂眼、损伤等缺陷。

③接口端面应平整、光滑,内部螺纹要完好。可用对丝在散热器接口上试拧检查。

④散热器上、下接口应在同一平面。

⑤长翼型散热器顶部掉翼数只允许有一个,长度不得超过50 mm,侧面掉翼数不得超过两个,累计长度不得超过200 mm。安装时掉翼面应朝墙安装。

2)散热器除锈、防腐

用钢丝刷等工具逐片清除散热器表面和接口污垢,刷1~2遍防锈漆和1遍面漆。待系统安装完毕、水压试验合格后,刷第2遍面漆。

3)组对材料

(1)散热器片

散热器每片有4个接口、正反两面。正面接口为右旋螺纹(正丝),反面接口为左旋螺纹(反丝)。

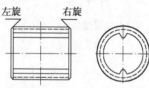

散热器分为中片和足片。落地安装每组至少有两个足片,位于每组两边;每组片数≥15片应有3个足片,且1个足片位于散热器中间;其余均为中片。挂墙安装全部为中片。

(2)散热器对丝

散热器对丝用于连接散热器片。口径为DN40,左、右螺纹各占50%,如图3.9所示。

(3)散热器补心

散热器补心用于连接散热器支管,如图3.10所示。规格有DN40×32(25、20、15)4种,分为正、反丝两类。

(4)散热器堵头

图3.9 散热器对丝

散热器堵头用于封堵散热器不连接支管的接口,口径为DN40,有正、反丝之分,如图3.11所示。对于需安装手动放风阀的散热器,应在堵头上钻孔、加工内螺纹。

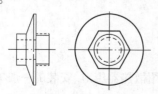

图3.10 散热器补心

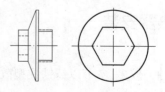

图3.11 散热器堵头

（5）散热器垫片

为保证散热器组对及接口的严密性，散热器每个组对零件均需加装垫片。垫片内径为DN40，材料为石棉橡胶或耐热橡胶。散热器组对材料计算见表3.3。

表3.3　散热器组对材料计算

名　称	规　格	单位	每组数量	组数	合　计	备　注
散热器	同设计	片	n		$\sum n \times N$	区分中片与足片
散热器对丝	DN40	个	$2(n-1)$		$\sum 2(n-1)N$	—
散热器垫片	DN40	个	$2(n+1)$	N	$\sum 2(n+1)N$	—
散热器补心	DN40×32~15	个	2		$2N$	区分连接管径与正、反丝
散热器堵头	DN40	个	2		$2N$	区分正、反丝

3.2.2　散热器组对

散热器组对是指把散热器片，按设计要求的片数组装成需要的组数。为便于施工，可按施工图预先列表统计出所需数量。

1）组对工具

（1）组装平台

组装平台（架）用于稳固、组装散热器。方木组装架如图3.12所示。

（2）钥匙

钥匙用于转动对丝，采用螺纹钢或优质圆钢制作，端部为扁圆形，以便插入对丝内孔。钥匙长度为250~500 mm，如图3.13所示。

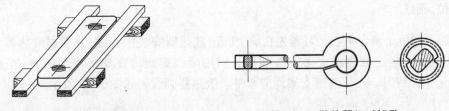

<table>
<tr><td>图3.12　方木组装架</td><td>图3.13　散热器组对钥匙</td></tr>
</table>

2）组对方法

①把散热器端片（落地安装应为足片）放在组对架内，正面朝上，如图3.12所示。

②在对丝上套入垫片，把对丝的正丝端用手右旋拧入散热器片接口2圈。

③将第二片散热器的反面放在已拧入的2个对丝之上，放置时应使两散热器片的上、下端方向一致。

④由散热器片上方插入钥匙，使其扁圆形端头卡住对丝凸缘。左旋扭动钥匙，听到轻微响声后，表明对丝的正、反丝均已戴上。

⑤用手及工具（管钳或插管）右旋转动钥匙，直到两散热器片压紧垫片。然后按上述方法，依次把散热器片（按需要的片数）组对成组。

为防止组对偏斜,造成操作困难或对丝损坏,两把钥匙转动应受力均匀、齐头并进。

⑥上堵头及补心。在组对好的散热器端口安装堵头和补心,安装时应加垫片后拧入。

3)质量检查

①散热器平直度应符合要求。

②散热器安装前每组应进行试压,以检验其强度和严密性。试验压力按设计要求确定。当设计未明确时,应为工作压力的1.5倍,但不小于0.6 MPa。

试压装置如图3.14所示。试压时散热器需先灌水、排气,之后缓慢升压至试验压力,试验时间为2~3 min,以压力不降、外观检查无渗漏为合格。试压后要排空散热器内存水。

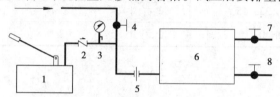

图3.14 散热试器压装置
1—手压泵;2—止回阀;3—压力表;4—截止阀;
5—活接头;6—散热器;7—排气管;8—排水管

③为便于搬运和安装,散热器的组对长度不应大于1.7 m。长翼型散热器每组不大于6片,四柱型不大于25片,两柱型不大于20片。长度超过时可分组串联安装。

3.2.3 散热器安装工艺

在建筑内墙粉刷后进行。安装程序:定位、划线—埋设支架—安装散热器—连接支管。

1)定位、画线

散热器一般位于窗台中心。可预先在墙上画出散热器安装中心线,并根据散热器安装方式和接管中心距,确定散热器支架安装高度。利用画线架画出支架的安装位置,在墙上作"十"字标记。画线时,上、下两层支架均应水平。散热器画线架如图3.15所示。

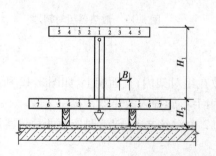
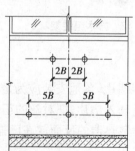

图3.15 散热器安装画线架及支架划线定位
B—单片长度;H_1—中心距;H_2—下口中心至地坪距离

2)埋设散热器支架(托钩或卡子)

按画线标记打洞、埋设支架。支架洞深一般为 130 mm,埋设时先清理杂物、浇水,再填入细石混凝土固定。散热器托钩及卡子安装如图 3.16、图 3.17 所示。

散热器支架安装应位置准确、埋设牢固。支架应垂直于墙面且平整,上、下支架均位于各自的水平线上。支架数量应符合设计和产品说明书要求,设计未注明的按表 3.4 确定。

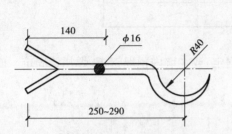

图 3.16 散热器托钩

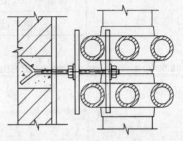

图 3.17 散热器卡子安装

表 3.4 散热器支架、托架数量

散热器形式	安装方式	每组片数	上部托钩或卡子数/个	下部托钩或卡子数/个	合计	托钩安装位置示意图
长翼型	挂墙	2 ~ 4	1	2	3	
		5	2	2	4	
		6	2	3	5	
		7	2	4	6	
柱型柱翼型	挂墙	3 ~ 8	1	2	3	
		9 ~ 12	1	3	4	
		13 ~ 16	2	4	6	
		17 ~ 20	2	5	7	
		21 ~ 25	2	6	8	
柱型柱翼型	带足落地	3 ~ 8	1	—	1	位于散热器上口之下,单个居中 两个按中心均分
		8 ~ 12	1	—	1	
		13 ~ 16	2	—	2	
		17 ~ 20	2	—	2	
		21 ~ 25	2	—	2	

3)安装散热器

散热器支架埋设强度达到规定要求后(≥设计强度 75%);按设计数量把散热器逐个放置在支架旁,抬起散热器挂装在支架上;然后用水平尺、线坠和量尺检查安装的水平度、垂直度、散热器背面与墙面的平行度和距离,进行调整并使散热器与支架(托钩)接触紧密。

散热器背面与墙面的距离一般为 30 mm。散热器安装允许偏差见表 3.5。同一房间的散热器,应位于同一水平线上。

表 3.5　散热器安装允许偏差

项　目	允许偏差/mm
散热器背面与墙内表面距离	3
与窗中心线或设计定位尺寸	20
散热器垂直度	3

散热器在混凝土墙上安装可采用膨胀螺栓固定,或在墙内预埋钢板、焊托钩固定。四柱型散热器安装如图 3.18 所示。

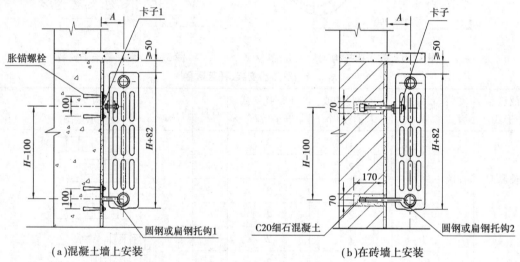

(a)混凝土墙上安装　　　　　　　　(b)在砖墙上安装

图 3.18　四柱型散热器安装
A—散热器中心与墙面距离;H—散热器接管中心距

3.2.4　其他类型散热器安装简介

1)安装方法与注意问题

铸铁长翼型等散热器的组对、安装方法与质量要求和柱型散热器基本相同。但圆翼型散热器采用法兰连接,且出口法兰为偏心法兰。

非铸铁散热器,包括钢制和铜铝制散热器等,种类较多、性能与形状各异。但基本安装程序、方法和质量要求与前述相同。需注意的不同之处是:

①非铸铁散热器一般根据设计按组供货,无需在施工现场组对、除锈和防腐。

②安装前核对散热器型号、规格,做外观检查和水压试验,不符合要求的不得使用。

③散热器表面已作防腐处理且光滑、美观,搬运和安装时应防止碰撞和损伤。

④散热器安装通常采用专用支架固定,支架安装应符合设计或产品说明书要求。

⑤在落地窗或轻型墙附近安装时,应采用支撑托架。

⑥对质量较轻的散热器,不得因支管受力不均造成散热器偏斜。

⑦散热器安装后,对其表面应采取保护措施,以防损伤。

2)安装示例

①钢管散热器安装,如图3.19所示。

②铜铝复合柱翼型散热器安装,如图3.20所示。

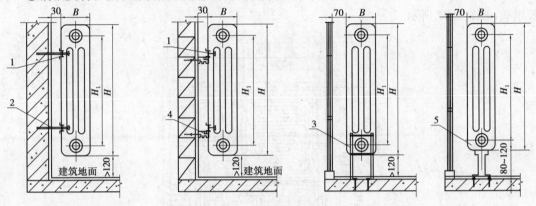

图3.19 钢管散热器安装

1—卡子;2—胀锚螺栓;3—可调支撑架;4—支架;5—散热器;B、H、H_1—散热器宽度、高度、接管中心距

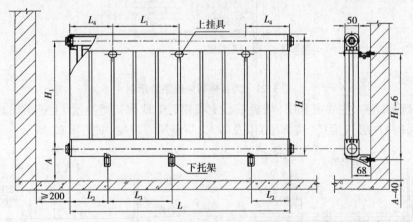

图3.20 铜铝复合柱翼型散热器安装

A—散热器下口与地面距离;L_1—上支架中心距;L_2—下支架边距;

L_3—下支架中心距;L_4—上支架边距;H、H_1—散热器高度、接管中心距

3.3 分户热计量采暖系统安装

分户热计量采暖系统有地板辐射采暖系统、分户放射式和串、并联式散热器采暖系统等。安装方法与传统采暖系统基本相同,但施工材料、工艺有较大差异,且与土建专业施工配合工作量较大。

3.3.1 低温热水地板辐射采暖系统安装

低温热水地板辐射采暖(简称地暖)具有节能、高效、舒适、节省空间等特点,易实现分户计量和分室调温。

地暖系统一般由入口装置(含热表)、集配器、管道(共用立管和加热管)、附件、保温材料等组成,如图3.21所示。

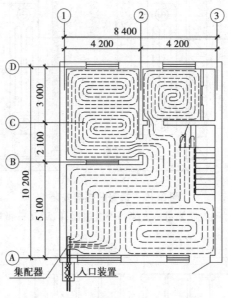

图3.21 地板辐射采暖系统示例

地暖系统的结构,主要由基层(楼板或与土壤相邻的地面)、绝热层(上部敷设加热管)、保护层、填充层(浇注层)、面层(装饰层)以及防水、防潮层等组成,如图3.22所示。

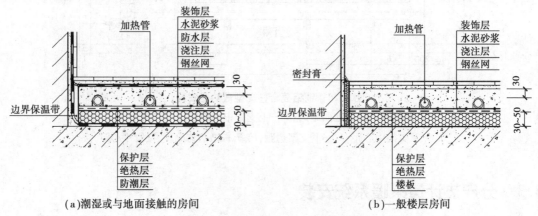

(a)潮湿或与地面接触的房间　　　　　　　(b)一般楼层房间

图3.22 地板辐射采暖的地面结构

1)常用材料

(1)管材

用户入口和共用干、立管一般为焊接钢管或镀锌钢管。加热管通常为交联聚乙烯(PE-X)

管、铝塑复合(XPAP)管、聚丁烯(PB)管、无规共聚聚丙烯(PB)管和耐热聚乙烯(PE-RT)管等。

（2）附件

附件有热媒集配器(集、分水器)、热计量表、阀门、过滤器和自动控制元件等。

（3）其他

有绝热板、钢丝网和管卡等。

2）施工程序

基层清理—放线、找平—安装集配器—铺设绝热层—安装加热管—试压—浇注填充层—面层施工等。施工时需与土建专业密切配合。

3）施工工艺

（1）清理基层和放线、找平

土建楼板结构施工完成后，清理基层的垃圾、杂物，进行楼地面抄平、放线。基层应平整，凸凹不平不得超过 10 mm，超过处用 1∶2 水泥砂浆找平。

（2）集配器安装

集配器如图 3.23 所示，材质为铜或不锈钢。先按设计位置画线安装集配器支架，再固定集配器。集配器安装应横平竖直，一般分水器在上、集水器在下。集水器中心距地面应不小于300 mm。

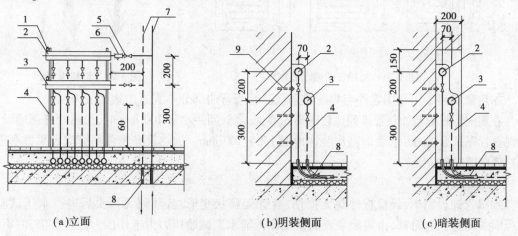

（a）立面　　　　　　（b）明装侧面　　　　　（c）暗装侧面

图 3.23　集配器安装示意图

1—排气阀；2—分水器；3—集水器；4—支架；5—球阀；6—过滤器；7—共用立管；8—套管；9—锚固螺栓

（3）绝热层施工

在地面达到平整、干燥、无杂物，墙面根部平直且无积灰后进行。

①设置伸缩缝。为吸收填充层的热膨胀，在与内外墙、柱及门等垂直物体的交接处需设置伸缩缝。伸缩缝一般采用厚度不应小于 20 mm 的聚苯乙烯板，用黏接剂贴在侧墙等处。当地板面积超过 30 m² 或边长超过 6 m 时，需设置宽度≥8 mm 的中间伸缩缝。伸缩缝应高出装饰地面，待面层施工之后再切除多余部分。

②铺设防潮层。对与土壤相邻的底层房间或有湿度侵入(如卫生间)的地面，在绝热层之

下应铺设防潮层,并在绝热层之上铺设防水层,如图3.22(a)所示。

防潮层施工在土建防水层施工并试水合格后进行,基层应干燥,铺设应全面、密封。

③铺设绝热层。绝热层一般为聚苯乙烯泡沫塑料板或面层带铝箔的复合板。在楼层之间楼板上铺设的绝热层,厚度一般为20~30 mm;与土壤或室外空气相邻的地板上的绝热层,厚度为40 mm。绝热层要按序满铺,要求平整并与地面紧贴,拼接应错缝且严密。

④铺设保护层。绝热层之上为保护层或防潮层。绝热层带有铝箔面层的,用铝箔胶带黏牢板间接缝即可。防潮层为复合聚乙烯薄膜的应满铺,接缝重叠应大于80 mm并用胶带黏牢。

在绝热层表面铺设镀锌铁丝网可防止填充层龟裂并用来绑扎加热管,应按设计要求铺设。镀锌铁丝直径应不小于1.2 mm,焊接应牢固,网格间距一般不大于100 mm。

(4)安装加热管

应选用符合设计规格和长度要求的管子,按设计标定的间距和走向敷设,用塑料卡钉固定在绝热层或绑扎在铁丝网上。加热管安装及卡钉如图3.24和图3.25所示。

加热管直管的固定点间距为0.7~1.0 m,弯曲部分为0.2~0.3 m。R一般不小于6倍管外径。加热管敷设要平直,管间距误差不大于±10 mm。安装后要检查、核对并进行调整。

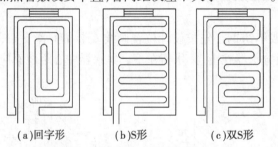

(a)回字形	(b)S形	(c)双S形

图3.24　加热管安装示意图　　　　　　图3.25　塑料卡钉

加热管安装后用专用管件与集配器连接。管子弯曲部分不宜露出地面装饰层。

在集配器附近及加热管排列比较密集的部位,当管间距小于100 mm时,加热管外部应设置柔性套管等保温措施。套管应高出装饰地面150~200 mm。加热管穿越伸缩缝应设柔性套管。加热管穿墙应加装套管。

(5)试压

加热管铺设完毕,经检查外观无损伤、弯管无扁状变形、各环路无接头后进行水压试验。试压时关闭进出口总阀,由集配装置向系统注入清水。试验压力为工作压力的1.5倍,但不小于0.6 MPa。在试验压力下稳压1 h,压降不大于0.05 MPa且系统无渗漏为合格。

(6)浇注填充层

以上工作完毕并经隐蔽工程验收合格后,配合土建施工浇注细石混凝土填充层。为便于及时发现加热管破损,浇注时管内应保持不低于0.6 MPa的水压。

(7)面层施工

在养护期满后进行。混凝土填充层的养护时间应不少于21 d,养护过程中管内水压不低于0.4 MPa。

填充层之上的面层由土建或装饰专业施工,应在填充层达到设计要求的强度后进行。施工时不得剔、凿、割、钻和钉填充层,不得向其中楔入任何物件。石材、面砖等面层在与内外墙、柱等交接处,应采用干贴并留8 mm宽伸缩缝,最后以踢脚线遮挡;铺设木地板时,伸缩缝应不小于14 mm。

3.3.2 分户热计量散热器采暖系统安装

分户热计量散热器采暖系统是指散热设备为散热器的分户采暖系统。系统形式有下(上)分双管式、水平单(双)管式和放射式等,由入口装置、干管、共用立管和散热器等组成。

下分双管同程式系统如图3.26所示。

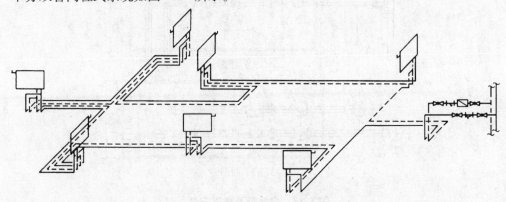

图3.26 下分双管同程式采暖系统

安装程序:热力入口安装—共用立管和户用热表安装—户内管道安装—散热器与支管安装—试压、验收。

1)热力入口安装

入口装置除常规设施外,还包括过滤器、热量表(或预留安装条件)和压差或流量自动调节装置。安装方法同一般采暖系统。

2)共用立管和户用热表安装

共用立管一般为双管下分式,多采用热镀锌钢管螺纹连接。顶点设集、排气装置,下部设泄水阀,常与锁闭(调节)阀及户用热量表组合置于管井、小室或户外箱内。户外箱如图3.27所示。安装时注意:

①用户支管应安装锁闭(控制)阀和过滤器等附件。

②过滤器应安装在热表或流量计之前。

③热表一般水平安装,以便于观察。

3)户内管道安装

(1)管道敷设部位

根据系统形式和设计要求确定。下分式系统管道通常敷设在本层楼地面上的垫层内。

(2)管道材料

户内明装采暖管道多采用热镀锌钢管。地面垫层内管道,多为铝塑复合管、聚丁烯管和交联聚乙烯管等。

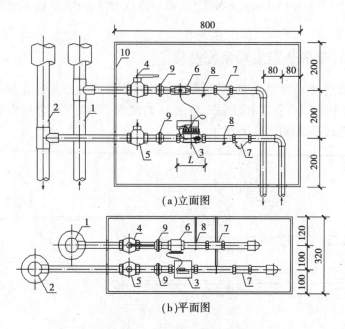

图 3.27　户外箱及热表安装

1、2—供、回水管;3—热表;4—调节阀;5—锁闭阀;6—带温度传感器阀;
7—过滤器;8—托架;9—活接头

为防止氧腐蚀,对使用钢制散热器的系统,应采用铝塑复合管等有阻氧层的管材。

（3）管道安装

由分户热表向末端散热器顺序安装,在散热器处甩出接口,待散热器安装后与之连接。安装要求除与一般采暖管道相同处之外,须注意以下几点:

①户内明装管道一般采用热镀锌钢管螺纹连接。管道安装要排列整齐有序。

②敷设在垫层内的管道,在土建楼面或管槽完成后安装。管子表面不得有污物,管道不得有接头。管子穿墙须加装套管。外径不大于 25 mm 的管道转弯,可利用管子自然弯曲,但弯曲半径不应小于 6 倍管子外径。

③为防止地面因热作用而开裂,垫层内管子周围要填充绝热材料,放射式系统管道的密集部位需加装塑料波纹套管。管道安装完毕经试压合格方可隐蔽。

管道在垫层内的做法如图 3.28 所示。管道出地面做法如图 3.29 所示。

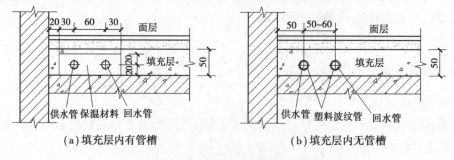

图 3.28　管道在垫层内的做法示例

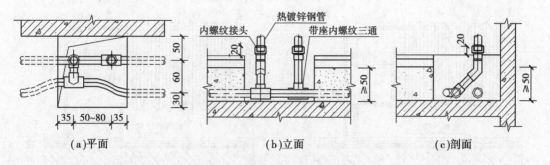

图 3.29　垫层内管道出地面做法示例

4)散热器安装与一般采暖系统的不同点

①为防止系统附件堵塞,铸铁散热器应采用内腔无砂型。

②为使用户能够自主调节各房间温度,在散热器进出口支管上应安装相应的控制阀件。

双管式和放射双管式系统,每组散热器安装高阻手动调节阀或自力式两通恒温阀。对水平串联单管跨越式系统,每组散热器安装手动三通调节阀或自力式三通恒温阀。

③为缩短管道长度,散热器不一定沿窗户中心布置,但散热器接口与管道之间应留出足够的安装距离,以便两者连接和安装阀件。

④新型散热器和阀件的使用,使散热器的接口位置和与支管的连接方式有较大变化,如表3.6 和图 3.30、图 3.31 所示,管道接头一般设在垫层之上。

表 3.6　分户热计量系统散热器支管常用连接形式

类　　别			特　点	示意图	备　注
单管	顺序式	上进下出	散热量不可调		—
		下进下出			—
	跨越式	可装两通阀	散热量可调节		阀门为高阻手动阀或温控阀
		可装三通阀			
双管	上进下出	散热器同侧接管	散热量可调节		
		散热器异侧接管			

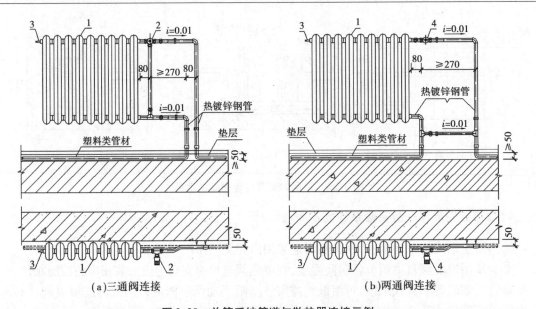

图 3.30　单管系统管道与散热器连接示例

1—散热器;2—三通调节阀或温控阀;3—散热器排气阀;4—两通调节阀或温控阀

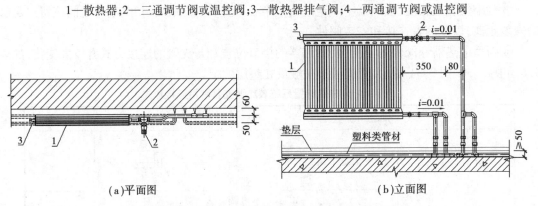

图 3.31　双管系统管道与散热器连接示例

1—散热器;2—两通调节阀或温控阀;3—散热器排气阀

3.4　采暖附属设备安装

为保证系统安全、可靠运行,室内采暖系统除管道、阀门和散热器外,一般还设有膨胀水箱、集排气装置、除污器和疏水器等附属设备。

3.4.1　膨胀水箱安装

1)膨胀水箱

膨胀水箱具有调节水量、定压和排气等作用。种类有圆形、矩形、带补水箱、开式和闭式等。开式矩形膨胀水箱如图 3.32 所示。膨胀水箱上通常设有膨胀管、循环管、溢流管、信号管和排水管。

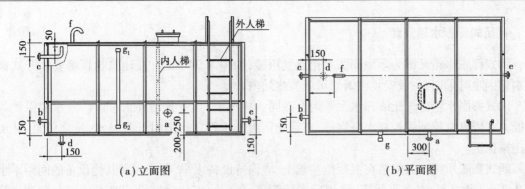

（a）立面图　　　　　　　　　　　（b）平面图

图3.32　开式膨胀水箱

a—膨胀管;b—循环管;c—溢流管;d—排水管;e—信号管;f—通气管;g—液位计接口;g_{1-2}—水位计接管

2）膨胀水箱的制作

膨胀水箱制作应根据设计选型,按标准图确定型材规格,经下料、焊接等工序加工而成。制作完毕需进行满水试验或渗漏试验,检验其强度和严密性。合格后按设计要求除锈、防腐。

3）开式膨胀水箱安装

开式膨胀水箱一般安装在系统最高点0.5～1.0 m以上。可用槽钢支架支撑,箱底和支架间需垫方木以防滑动。水箱底部距楼地面净高不小于300 mm。在非采暖房间安装应采取保温措施。

膨胀水箱开管孔、焊接短管一般在水箱就位后进行,以便根据现场实际确定开孔方向和位置。

膨胀水箱与系统连接如图3.33所示。为防止结冻、保证箱内水循环,循环管与膨胀管的间距应大于1.5～2 m,溢流管、膨胀管和循环管上不得安装阀门。

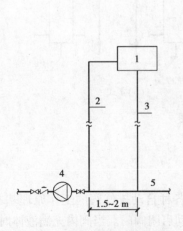

图3.33　膨胀水箱接管示意图

1—膨胀水箱;2—循环管;
3—膨胀管;4—循环泵;5—回水管

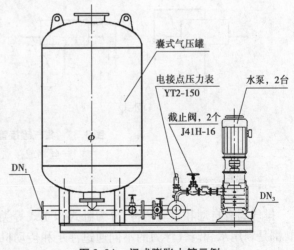

图3.34　闭式膨胀水箱示例

4)闭式膨胀水箱安装

闭式膨胀水箱又称为落地膨胀水箱或气压罐,如图3.34所示,在建筑物顶部安装开式高位水箱困难时采用,一般安装在锅炉房或换热站内。

闭式膨胀水箱由气压罐和水泵等组合在同一机座上,具有自动补水、排气、泄水和保护等功能。它依靠自控装置控制水泵启停,当系统压力低于设定压力时开泵补水,反之停泵,并由气压罐保压。

闭式膨胀水箱一般安装在混凝土基础上,应保持设备水平,与墙面和其他设备的间距不小于0.7 m。设备就位、找平找正、稳固后连接管道、阀门。安装后按设计要求试压并调试。补水量通常为系统水容量的5%且不大于10%。气压罐的设定压力一般为:

$$P_2 = P_0 + (30 \sim 50)\text{kPa} \tag{3.1}$$

$$P_1 = P_2 + (30 \sim 50)\text{kPa} \tag{3.2}$$

式中　P_1、P_2——系统定压的上、下限控制压力,kPa;

　　　　P_0——补水点压力,kPa。

3.4.2　集排气装置安装

集排气装置用于收集、排除热水采暖系统中的空气,以保证正常工作,通常包括集气罐,手动、自动排气阀等。

1)集气罐安装

集气罐用于热水采暖系统收集并定期排除空气,有卧式和立式两种,接管如图3.35所示。一般采用 DN100 ~ 250 钢管焊制而成,安装在管道最高点或空气易积聚处,但应低于膨胀水箱0.3 m,并专设支架固定。排气管上的阀门应接至便于操作处。

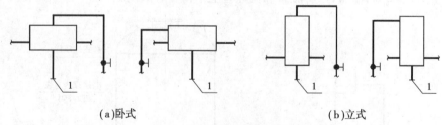

(a)卧式　　　　　　　　　　　　　　(b)立式

图3.35　集气罐接管示意图

1—丝堵或接立管

2)排气阀安装

排气阀有自动和手动两种,分为卧式和立式等类型。各种自动排气阀的工作原理基本相同,都是利用水和空气浮力的不同通过浮子和传动机构自动启闭阀门。当阀内充满液体时,浮力较大,阀门关闭;阀内有气体时,浮力下降,阀门开启排气。

ZP-I型卧式和立式自动排气阀如图3.36和图3.37所示。常用规格为 DN15 ~ DN25,一般为螺纹连接。自动排气阀应安装在系统最高点,设专门支架固定,阀前应安装手动阀以便检修时关闭,排气管需引至室外或地漏上方。

散热器自动和手动排气阀如图 3.38 所示,需在散热器堵头上钻孔、攻丝,然后安装。

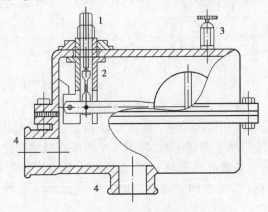

图 3.36 ZP-I 型自动排气阀
1—排气口;2—阀芯 3—跑风;4—管口

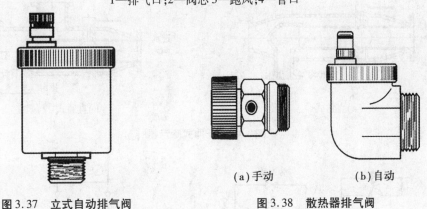

(a)手动　　　　　(b)自动

图 3.37 立式自动排气阀　　　图 3.38 散热器排气阀

3.4.3 除污器与过滤器安装

1)除污器安装

为过滤、清除管道系统内的泥沙、铁锈等杂质,防止进入设备或采暖系统,引起堵塞或其他故障,在采暖系统入口、锅炉房循环泵进水口和换热器入口等处应设置除污器。

除污器类型有立式、卧式(直通式和直角式)等。立式除污器如图 3.39 所示。卧式除污器如图 3.40 所示,接管直径一般为 DN150 ~ DN500。直角式除污器用于直角转弯处。

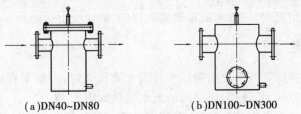

(a)DN40~DN80　　　　　(b)DN100~DN300

图 3.39 立式直通式除污器

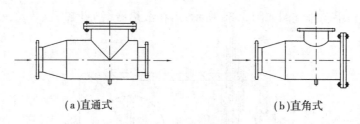

(a)直通式　　　　　　　　　　(b)直角式

图3.40　卧式除污器

反冲式除污器具有反冲洗和排污功能,如图3.41所示。当系统内污物较多时,关闭除污器内阀门停止进水,打开除污器下部排污阀,利用系统水压对过滤网进行反冲洗并排污。

除污器一般安装在地面基础或承重墙上,位于循环水泵或换热器之前。除污器与管道通常采用法兰连接,并装有阀门、仪表和旁通管,如图3.42所示。安装时注意介质流向,不得装反。

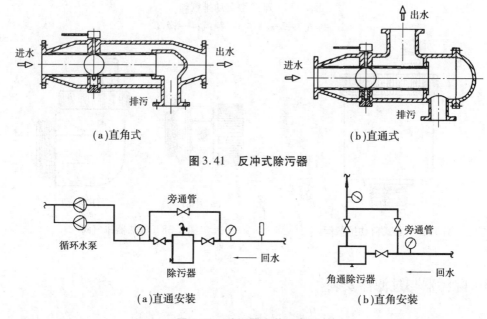

(a)直角式　　　　　　　　　　(b)直通式

图3.41　反冲式除污器

(a)直通安装　　　　　　　　　　(b)直角安装

图3.42　除污器安装示意图

2)过滤器安装

过滤器常用于热表、减压器(阀)、疏水器(阀)、空调器、冷水机组之前,体积一般较小,采用螺纹或法兰连接方式与管道组装在一起。

常用Y形过滤器如图3.43所示。

安装时应注意介质流向,一般为由单侧流向双侧,即介质由过滤器Y形的"下方"流入。

3.4.4　疏水器安装

疏水器能够自动排除蒸汽系统的凝结水并阻止蒸汽通过,一般单独或与管路附件组合成疏水装置安装。带过滤器、旁通管、止回阀的疏水装置如图3.44所示。

疏水器应安装在便于操作和检修处,安装应平整、牢固,管路应有坡度,排水管与凝结水干管相接时,应接至凝结水干管的上方。

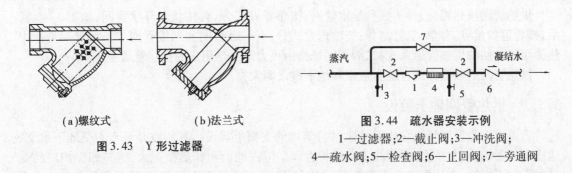

(a)螺纹式　　　(b)法兰式

图 3.43　Y 形过滤器

图 3.44　疏水器安装示例

1—过滤器;2—截止阀;3—冲洗阀;
4—疏水阀;5—检查阀;6—止回阀;7—旁通阀

3.4.5 减压阀安装

减压阀是通过节流降低介质压力并保持压力稳定的阀门。按工作原理分,有直接作用式和先导式减压阀;按结构形式分,有活塞式、膜片式和波纹管式减压阀等。

减压阀一般成组安装,如图 3.45 所示。可采用螺纹或法兰连接。

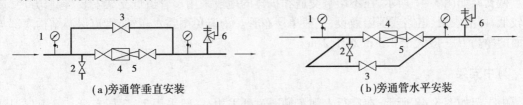

(a)旁通管垂直安装　　　　　　　(b)旁通管水平安装

图 3.45　减压阀安装示例

1—压力表;2—泄水阀;3—旁通阀;4—减压阀;5—变径管;6—安全阀

减压阀安装前应将管内杂质清除干净。阀前管径一般与阀门相同,阀后管径可比阀前管径大。阀体一般垂直安装在水平管路上,介质流向必须与阀体上的箭头一致。

减压阀两侧应安装阀门并设旁通管和旁通阀。为便于调整压力,减压阀前、后均应安装压力表。阀后应安装安全阀,安全阀排泄管应接至安全地点。

3.5　供热管网敷设

供热管网由管道和附件等组成,具有距离长、管径大、热媒参数高、受力较复杂等特点。与室内采暖系统相比,其施工工艺和安装要求均有所不同。

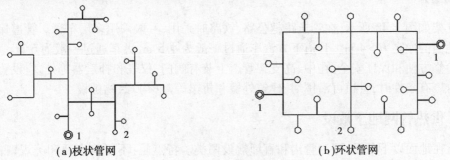

(a)枝状管网　　　　　　　　　　(b)环状管网

图 3.46　供热管网示例

1—热源;2—热用户

供热管网按热媒分,有蒸汽和热水管网;按布置方式分,有枝状和环状管网,如图 3.46 所示;按管道数量分,有单、双管制等;按输送方式分,有一级管网和二级管网。一级管网是指由热源至热力站的供热管道系统;二级管网是指由热力站至热用户的供热管道系统。

供热管网的敷设方式有地上敷设和地下敷设两大类。

3.5.1　供热管网地上敷设

管道地上敷设即管道在地面或建(构)筑物的支架上敷设。其特点是基本不受地下水文、地质条件影响,土方量小、便于施工和维护管理。但占地面积和热损失大,绝热和保护层易受气候影响而损坏,有的影响交通和美观。它适用于厂区或地下水位高、地质条件复杂和地下无管位的场合。

管道地上敷设常用支架有型钢或钢筋混凝土支架。支架形式有以下 3 种:

1)低支架

低支架如图 3.47 所示,在不影响交通和扩建的地段采用。管道低支架安装、检修方便,造价较低,可沿农田、道路或围墙敷设,一般单层布管。为避免雨雪水侵蚀,管道保温结构底部与地面的净高 H 一般大于 0.3 m 小于 2 m。

2)中支架

中支架如图 3.48 所示,在有行人和车辆通过处采用,一般采用 2 ~ 3 层布管。管道保温结构底部与地面的净高 $H \geqslant 2$ m,小于 4 m,以便行人或一般车辆通过。

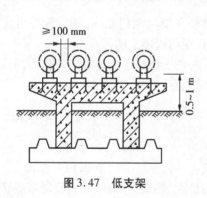

图 3.47　低支架

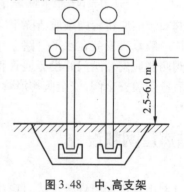

图 3.48　中、高支架

3)高支架

高支架如图 3.48 所示,在管道跨越公路、铁路时采用,一般采用多层布管。管道保温结构底部与地面的净高 $H > 4$ m。管道下方汽车通过一般为 4.5 m,火车通过一般为 6 m。

为检修方便和保证安全,在中、高支架管道上装有阀门、仪表和补偿器等处,应设置爬梯和操作平台。有条件时,管道可沿围墙、建筑外墙和桥梁等建(构)筑物敷设。

3.5.2　供热管网地下敷设

管道在地面以下敷设,分为管沟和直埋敷设两类。特点是:不影响交通和美观,占地面积小、热损失小、绝热和保护层不易损坏。但土方量大,施工、维护不便,易受地下水文、地质条件和其他地下管线影响。适用于地下水位低、地质条件好和城市规划有美观要求的场合。

1)管沟敷设

管沟敷设即管道在地沟内敷设,有以下3种形式:

①通行管沟。如图3.49所示,是指工作人员可直立通行并在内部进行检修工作的管沟,适用于管径大、管道数量多、地面不允许开挖的主干线。

通行管沟的人行道净高不小于1.8 m,净宽不小于0.7 m。人员经常进入的通行管沟应有照明和通风设施。工作人员在管沟内工作时的空气温度不得超过40 ℃。

通行管沟应设检修和事故人孔,人孔处设爬梯。蒸汽管道通行管沟的事故人孔间距不大于100 m,热水管道的事故人孔间距不大于400 m。沟底应设排水槽,纵向坡度不小于0.002,排水应排至检查井的积水坑内。

②半通行管沟。如图3.49所示,是指工作人员可弯腰通行并在内部进行一般检修工作的管沟,适用于管径较大、管道数量不多、地面不允许开挖的场合。一般单侧布置管道,人行道净高不小于1.2 m,净宽不小于0.5 m。

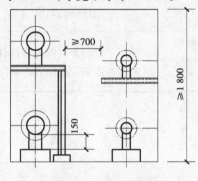

图3.49 通行管沟

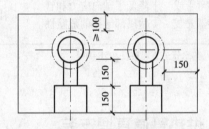

图3.50 不通行管沟

③不通行管沟。如图3.50所示,是指净空尺寸仅能满足管道安装要求,人员不能进入其中检修的管沟,适用于管径较小且数量不多的场合。

管沟可用毛石、砖或混凝土砌筑,盖板一般为钢筋混凝土预制板,由土建专业施工。供热管网管沟尺寸见表3.7,详细构造见标准图集《室外热力管道地沟》(03R411—2)。

表3.7 供热管网管沟敷设的尺寸要求

管沟类型	名称与尺寸/m					
	管沟净高	人行通道宽	管道保温表面与沟墙净距	管道保温表面与沟顶净距	管道保温表面与沟底净距	管道保温外表面间的净距
通行管沟	≥1.8	≥0.6*	≥0.2	≥0.2	≥0.2	≥0.2
半通行管沟	≥1.2	≥0.5	≥0.2	≥0.2	≥0.2	≥0.2
不通行管沟	—	—	≥0.1	≥0.05	≥0.15	≥0.2

注:①摘自《城镇供热管网设计规范》CJJ 34—2010。

②*指当必须在沟内更换钢管时,人行通道宽度还不应小于管子外径加0.1 m。

2)直埋敷设

直埋敷设的特点是:土方量少、施工周期短、热损失小并节省造价,但对绝热层和保护层要求较高。直埋热水管道敷设的方式、特点和适应范围见表3.8。

表3.8　直埋热水管道敷设方式、特点和适应范围

敷设方式	优　点	缺　点	适应范围
无补偿冷安装	安装简单 无预热和补偿器费用 管段锚固段长 施工周期短	高轴向应力 管壁局部皱结危险性大 膨胀区管段首次膨胀量大 应平行开沟防止轴向失稳	介质温度≤150 ℃ 安装温度≥10 ℃
敞开式预热安装	轴向应力较低 管壁局部皱结危险性小 无补偿器费用 管段锚固段较长	预热时应使沟槽敞开 需临时热源 施工周期长	大管径 允许敞开施工 具有临时热源条件
一次性补偿器 覆土预热安装	轴向应力较低 管壁局部皱结危险性小 管段锚固段较长 部分沟槽可回填	需增加补偿器费用	市区中心、交通要道 地下水位高和水中氯离子 浓度高的地段
补偿弯管或 补偿器安装	降低了轴向应力和管 壁局部皱结的危险性	需增加补偿器费用 补偿器维修工作量大 固定墩数量多	需保护管网薄弱部件和减 小固定墩推力的场合

注:摘自《热水管道直埋敷设》05R410。

3.6　供热管道直埋安装

安装施工程序为:测量定线—沟槽开挖、管基处理—管道安装—试压、验收—土方回填。

3.6.1　测量定线

①根据水准点、参照现场建(构)筑物,按设计文件要求确定管线的位置和高程。

②测量定线按主干线、支干线、支线的次序进行。主干线起点、终点、中间各转角点及其他特征点应在地面上设桩定位。支干线、支线的定位方法同主干线。管线中的固定支架、检查井(室)、补偿器、阀门在管线定位后,用尺量法定位。

③应先测定控制点、线的位置,经校验确认无误后,再按给定值测定管线点位。直线段上中线桩位的间距不宜大于50 m,根据地形和条件可适当加桩。定线完成后,点位应顺序编号。起点、终点、中间各转角点的中线桩应进行加固或埋设标石,并作记录。

④直埋敷设供热管道最小覆土深度和与有关设施的净距和应符合设计和规范要求,参见表3.9和表3.10。如不符合应及时与设计单位沟通,以便采取相应的技术措施。

表3.9　直埋热水管道的最小覆土深度

管道公称直径/mm	≤125	150 ~ 300	350 ~ 500	600 ~ 700	800 ~ 1 000	1 100 ~ 1 200
机动车道/m	0.8	1.0	1.2	1.3	1.3	1.3
非机动车道/m	0.7	0.7	0.9	1.0	1.1	1.2

注:摘自《城镇供热直埋热水管道技术规程》CJJ/T 81—2013。

表 3.10 直埋热水管道与设施的净距

设施名称		最小水平净距/m	最小垂直净距/m
给水、排水管道		1.50	0.15
排水盲沟		1.50	0.5
燃气管道（钢管）	≤0.4 MPa	1.0	0.15
	≤0.8 MPa	1.5	
	>0.8 MPa	2.0	
燃气管道（聚乙烯管）	≤0.4 MPa	1.0	燃气管在上 0.5 燃气管在上 1.0
	≤0.8 MPa	1.5	
	>0.8 MPa	2.0	
压缩空气或 CO_2 管		1.00	0.15
乙炔、氧气管		1.50	0.25
铁路钢轨		钢轨外侧 3.0	轨底 1.2
电车钢轨		钢轨外侧 2.0	轨底 1.0
铁路、公路路基坡底脚或边沟的边缘		1.0	—
通讯、照明或 10 kV 以下电力线路的电杆		1.0	—
高压输电线铁塔基础边缘（35～220 kV）		3.0	—
桥墩（高架桥、栈桥）		2.0	—
架空管道支架基础		1.5	—
地铁隧道结构		5.00	0.80
电气铁路接触网电杆基础		3.00	—
乔木、灌木		1.5	—
建筑物基础		2.5（DN≤250 mm）	—
		3.0（DN≥300 mm）	—
电缆	通信电缆管块	1.0	0.15
	电力及控制电缆 ≤35 kV	2.0	0.50
	≤110 kV	2.0	1.00

注：①摘自《城镇供热直埋热水管道技术规程》CJJ/T 81—2013。
②直埋热水管道与电缆平行敷设时，电缆处的土壤温度与月平均土壤自然温度比较，全年任何时候对于
10 kV 的电缆不高出 10 ℃；对于 35～110 kV 的电缆不高出 5 ℃时，可减少表中所列净距。

3.6.2 沟槽开挖、管基处理

1）沟槽开挖

测量放线后，根据现场及施工条件、土质、管道埋深和数量等确定沟槽开挖的断面形式和

尺寸。沟槽断面形式有直槽、梯形槽、混合槽和联合槽等。常用梯形槽如图3.51所示。

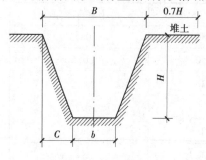

图3.51　梯形槽断面

H—槽深；B—上口宽；b—下口宽；C—边坡宽

梯形槽的沟深一般不大于5 m,边坡应根据土质确定,可参考表3.11选取。沟槽的下底宽度应根据管道外壳至槽底边的距离确定,管周围填砂时不应小于100 mm。

挖槽可采用人工或机械开挖。开挖过程应进行中线、横断面和高程校核。机械挖土应有200 mm预留量,然后由人工配合挖至槽底。直埋敷设管道的土方开挖,一般以一个补偿段作为一个工作段,逐层依次开挖至设计要求深度,在保温管接头处应设工作坑。

表3.11　梯形槽边坡尺寸

土质类别		砂　土	亚砂土	亚黏土	黏　土	干黄土
边坡比($H:C$)	槽深 $H<3$ m	1:0.75	1:0.67	1:0.33	1:0.25	1:0.20
	槽深 $H=3\sim5$ m	1:1.00	1:0.67	1:0.50	1:0.33	1:0.25

为便于安装管道,应将挖出的土堆放在沟边一侧,土堆底边距沟边0.6~1 m。当现场条件不能满足开槽上口宽度时,应采取边坡支护措施,以防沟壁塌落。

在地下水位高于槽底的地段施工应采取降水措施,将地下水位降至槽底以下后开挖。还应保证施工范围内的排水畅通,防止地面水或雨水流入沟槽。

施工现场设置护栏封闭;夜间必须设置照明、警示灯和具有反光功能的警示标志;并按需设置临时道路、便桥,以保证施工人员和行人的安全与交通。

2)管基处理

沟槽开挖不应破坏槽底的原土层。若槽底土质坚实,按设计标高找平即可。对松软土质应夯实。要求做垫层的管基,应按设计要求的材料、厚度、密实度等施工。对砾石沟槽的底部,应挖出200 mm,填入优质土并夯实。对受雨水或地下水扰动的土层,一般应铺设100~200 mm厚碎石或卵石垫层,再铺100~150 mm厚的砂枕层,并保证其坡度、坡向符合设计要求。

3.6.3　管道安装

1)管道材料

直埋供热管道通常采用预制保温管,按保温层构造不同分为单一型和复合型。单一型预制保温管一般由钢管、聚氨酯硬质泡沫塑料保温层和保护壳组成,适用于150 ℃以下的供热介质,如图3.52所示。

复合型预制保温管的保温层由两种(或以上)保温材料复合而成,内层为耐高温保温材料,如复合硅酸盐、离心玻璃棉等,外层为聚氨酯硬质泡沫塑料,适用于高温供热介质。按保护壳材料分,有高密度聚乙烯塑料、玻璃钢和钢管保护壳等。

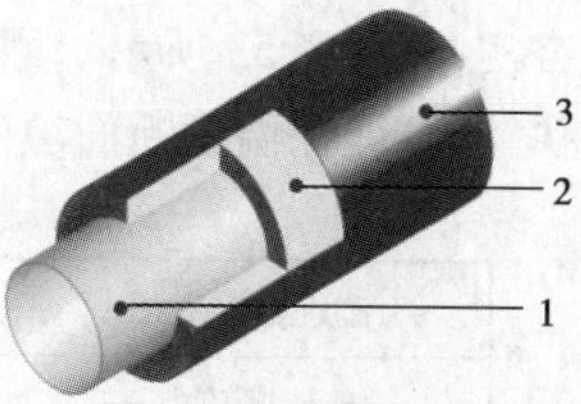

　　直埋预制保温管的种类、规格应符合设计要求。凡进入现场的预制保温管、管件和接口材料都应具有产品合格证及性能检测报告,检测值应符合国家现行产品标准的规定。保温管和管件必须逐件进行外观检验,破损和不合格产品严禁使用。

图3.52　聚氨酯预制直埋保温管
1—工作钢管;2—聚氨酯保温层;
3—高密度聚乙烯保护层

　　2)施工工艺

　　(1)检查

　　管道安装前检查沟槽底的高程、坡度、基底处理应符合设计要求,管道内杂物及砂土要清除干净。

　　(2)铺砂

　　为使直埋管道受力均匀和便于伸缩,需按设计要求在沟底铺设150～200 mm厚中细砂,并用板式振动机夯实。砂层中不得含有尖锐颗粒或石块,以免损伤管道保护壳。

　　(3)预制

　　根据管径、吊装方式和起重能力,在沟边等处把管子、阀门、附件等预先组装成一定长度的管段(也称为管组),每段长度一般为25～35 m。

　　(4)下管

　　向沟槽内吊装放管可采用人工或机械方式。吊装应采用宽50 mm的吊带或用吊索勾住钢管两端起吊,以免保护壳受损。人工下管可采用压绳法或塔架法。机械下管可采用两台吊车抬吊作业,吊点位置应使管道受力均衡,严禁将管道直接推入沟内。

　　(5)焊接

　　管道焊接前应先坡口,并检查管口和坡口质量,管口不圆的要整圆,坡口有缺陷的要修整。管道对口应齐平,轴线、坡度应一致并留有适当间隙,点焊定位后全面施焊。

　　焊工应持有符合现行国家标准《现场设备、工业管道焊接工程施工及验收规范》(GB 50236)规定的有效合格证,应在合格证准许的范围内进行焊接作业。

　　焊接材料和焊接工艺应符合设计要求和《城镇供热管网工程施工及验收规范》(CJJ 28)和《现场设备、工业管道焊接工程施工及验收规范》的规定。

　　(6)试压

　　试压方法和标准按设计要求或相关施工及验收规范执行。

　　(7)保温

　　直埋保温管和管件一般为工厂预制,现场施工仅需对焊口部分保温并加套保护壳。管道检验、试压合格后,应采用相同的材料和工艺对接口进行保温和封闭。

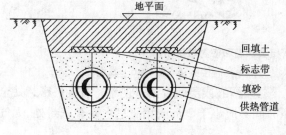

图3.53　直埋管断面示意图

　　(8)回填

　　在隐蔽工程验收合格、竣工测量后及时进行。回填前,相关构筑物(如墙体、抹灰、盖板等)的强度应达到规定要求,沟底杂物要清除干净,有积水的应先排除。

　　直埋保温管回填一般在管道周围填砂,砂层上设标志(警示)带,上部填土并分层夯实,如图 3.53 所示。回填土密实度应符合设计要求。每层回填土的虚铺厚度按表3.12规定执行,直埋保温管断面填砂厚度及相关尺寸见表 3.13。

表 3.12　回填土虚铺厚度

夯实或压实机具	振动压路机	压路机	动力夯实机	木　夯
虚铺厚度/mm	≤400	≤300	≤250	<200

注:摘自《城镇供热管网工程施工及验收规范》CJJ 28—2014。

表 3.13　直埋保温管填砂厚度及相关尺寸

项　目	距回填土/mm	距槽底/mm	距槽边/mm		净距/mm
			管径≤100	管径>100	
保温管外皮	≥150	≥100	≥100	≥150	150~250
备　注	填砂厚度				—

3.6.4　安装质量要求

①直埋管道的平面位置、标高、坡度、坡向、焊口质量、保温与防护措施、覆土厚度等均应符合相关设计和施工质量验收规范要求。

②直埋保温管道的施工分段宜按补偿段划分,当管道设计有预热伸长要求时,应以一个预热伸长段作为一个施工段。

③直埋保温管道在固定装置没有达到设计要求之前,不得进行预热伸长或试运行。

④保护套管不得妨碍管道自由伸缩,不得损坏保温层以及外保护层。

⑤现场切割直埋保温管的配管长度不宜小于 2 m。切割时,应防止外护管开裂。切割后,管道裸露长度应与原成品管的裸露长度一致。钢管外表面应清洁,不得有泡沫残渣。

⑥直埋保温管接头保温和密封如图 3.54 所示。钢管表面应干净、干燥。在焊口检验合格后,一般先做外保护套管,然后进行接口保温层的发泡。

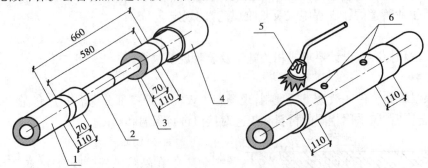

图 3.54　直埋保温管接头保温和密封做法示例
1—PE 保护管;2—工作钢管;3—保温层;4—套筒接头;5—焊枪;6—发泡孔

接头外观不应出现溶胶溢出、过烧、鼓包、翘边、褶皱或层间脱离等现象。对接头密封处全部做气密性检验,试验压力为 0.02 MPa,保压时间不应小于 2 min,用肥皂水检查密封处,无气泡为合格。

· 104 ·

⑦管道安装允许偏差和检验方法见表 3.14。

表 3.14 管道安装的允许偏差及检验方法

项 目		允许偏差/mm	检验频率		检验方法
			范 围	点 数	
高程*		±10	50 m	—	水准仪
中心线位移		每 10 m≤5 全长≤30	50 m	—	挂边线、尺量
立管垂直度		每 m≤2 全高≤10	每根	—	垂线、尺量
对口间隙*/mm	管道壁厚 4~9 间隙 1.5~2.0	±1.0	每 10 个口	1	焊口检测器
	管道壁厚≥10 间隙 2.0~3.0	−2.0 +1.0			

注:①摘自《城镇供热管网工程施工及验收规范》CJJ 28—2014。

②*为主控项目,其余为一般项目。

⑧对预热安装及使用一次性补偿器的供热管道,安装方法参见《城镇供热管网施工与验收规范》(JCC 28)。

⑨对直埋蒸汽管道,由于蒸汽介质的特殊性,安装方法和质量要求与热水管道有所不同,详见《城镇供热直埋蒸汽管道技术规程》(CJJ 104)。

3.7 供热管道管沟和架空安装

施工程序一般为:测量定线—支架安装—管道安装—防腐保温—竣工验收。对管沟内管道,安装前需挖槽、砌沟,管道安装后用盖板封闭并回填。

3.7.1 测量定线

根据设计图纸给定的管道走向、坐标和标高,按照主干线、次干线、支线的次序,采用测距仪或钢尺等测量仪器、工具进行现场测量,确定管道的安装位置,然后用划线法或埋桩法进行标示。测量定线的程序、方法和要求同直埋管道。

3.7.2 管道支架(座)安装

管沟内及架空管道均安装在管道支架(座)之上,安装前需先安装支架。施工程序如下:

1)预埋铁件

在土建管沟(或架空支架)施工时,由土建专业或安装专业施工人员配合按设计要求预埋管道支架安装铁件。

2）支架制作

根据设计要求或标准图集，按选用的管道支架类型、规格预先加工制作管道支架，并除锈、防腐。

3）检查、修整

检查管沟（或支撑物）的强度、高度、坡度、平面位置和轴线同心度，同时检查预埋件的位置和尺寸，进行必要的修整，合格后安装管道支架。

4）安装支架

在管沟内壁（或支撑物上）按设计标高及坡度拉线（或弹线），标出管道支架安装位置，安装预先加工好的管道支架。

3.7.3 管道安装

1）吊装就位

管道吊装应在管道中心线和管道支架高程测量复核无误、支架强度达到设计要求后进行。可根据起重能力在地面把管道及附件预制成管组，管组长度一般应不小于两倍支架间距。吊装应使用专用吊具，沟内及管道下方不得站人，管道放置稳妥后方可脱开吊装机械和吊索，吊放在架空支架上的钢管应采取必要的临时固定措施。

2）对口连接

对接管口的平直度误差应在允许范围之内；在距接口中心 200 mm 处测量，允许误差为 1 mm；全长范围内，最大误差不应超过 10 mm。对口处要采取临时措施稳固，防止在焊接过程中产生错位和变形。

管道对口并检查无误后，按点焊定位、检查校正、全面施焊的程序连接管道。

设有波形补偿器的热力管道在地沟内安装如图 3.55 所示。

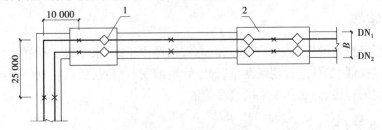

图3.55　热力管道在地沟内安装
1—波形补偿器；2—检查室

3）检查、试压

管道安装完毕，应对安装质量进行全面检查。除检查、复核管道安装的位置、标高、坡度等外，应重点检查焊口质量。焊口质量的检查包括外观检查、水（气）压试验和无损探伤。

3.7.4 其他施工

管道及其附件安装完毕并经检验合格后,应进行防腐、保温等工作。管沟内管道在隐蔽工程验收后,用盖板封闭并回填。

3.7.5 质量要求

①管道安装位置、标高等应符合设计要求。施工中遇障碍需移位或绕行时,应征得原设计部门同意。

②管道焊接工艺、材料和质量应符合设计与施工质量验收规范要求。

③管道穿越建(构)筑物的墙壁、楼板、基础等处应按设计要求加装套管。套管与管道之间的缝隙应采用柔性材料填塞,两端用沥青防水油膏密封。

④管道安装允许偏差和检验方法见表 3.14。

3.8 供热管路附件安装

供热管路附件是供热管路上管件、阀门、补偿器、支架等的总称。它们与供热管道共同构成管道系统,以满足供热管网的调节需要和保证安全运行。

3.8.1 管件安装

供热管路上的管件包括弯头、三通、异径管等。管件安装应符合以下要求:

①施工用管件的规格、质量应符合设计要求,其材质、壁厚、外径等应与管材一致。公称直径不大于 500 mm 的弯头应采用机制弯头,管件宜采用机制管件。

②弯头的弯曲半径应符合设计要求。

③管道弯曲起点距管端不小于钢管外径,且大于 100 mm。

④水平管道变径,蒸汽管应采用底平偏心异径管,热水管应采用顶平偏心异径管。

⑤在管道上直接开孔焊接分支管道时,切口的线位应采用校核过的样板画定。蒸汽支管应由主管的上方或侧面接出。

⑥管件与管道连接一般采用焊接,管件安装对口间隙允许偏差及检验方法见表 3.15。

⑦设计要求补强的弯头和焊制三通,应按要求进行补强。

表 3.15 管件安装对口间隙允许偏差及检验方法

项　目		允许偏差/mm	检验频率		量　具
			范　围	点　数	
对口间隙/mm	管件壁厚 4~9 间隙 1.0~1.5	±1.0	每个口	2	焊口检验器
	管件壁厚 ≥10 间隙 1.5~2.0	−1.5 +1.0			

注:①摘自《城镇供热管网工程施工及验收规范》CJJ 28—2014。

②表中为主控项目。

3.8.2 阀门安装

供热管道上的阀门一般采用钢制阀门。阀门安装方法及质量要求见2.7节。在供热管道的起点、终点和分支点应装控制阀,在长直管段上每隔一定距离装分段阀。管道最高点安装排气阀,最低点安装排水阀。蒸汽管道需安装启动疏水装置和经常疏水装置。

3.8.3 补偿器安装

1)管道的热伸长

由于供热管道的工作温度高于安装温度,管道工作时将产生热伸长,计算式为:

$$\Delta l = \alpha(t_1 - t_2)L \tag{3.3}$$

式中　Δl——管道的热伸长量,mm;

　　　α——管子的线膨胀系数,钢管一般取 $\alpha = 0.012$ mm/(m·℃);

　　　L——管道的计算长度,m;

　　　t_2——管内介质的最高温度,℃;

　　　t_1——管道安装时的环境温度,℃。对采暖地区,t_1 取室外采暖计算温度;对非采暖地区,取最冷月平均温度。

管道的热伸长若受到约束,就会在管壁上产生热应力。为使管道的热应力小于管材的许用应力,防止破坏,保证系统安全运行,供热管道上一般应设置补偿器。供热管道直管段允许不装补偿器的最大长度见表3.16。

表3.16　供热管道直管段允许不装补偿器的最大长度

热水温度/℃	60	70	80	90	95	100	110	120	130	140	143	151	158	164	170	179	183	188
蒸汽压力/MPa	—	—	—	—	—	0.05	0.1	0.18	0.27	0.3	0.4	0.5	0.6	0.7	0.8	0.9	1.0	1.2
民用建筑/m	55	45	40	35	33	32	30	26	25	22	22	—	—	—	—	—	—	—
工业建筑/m	65	57	50	45	42	40	37	32	30	27	27	27	25	25	24	24	24	24

2)补偿器安装

供热管道的补偿方式有自然补偿和专用补偿器补偿两种。自然补偿是指利用管道自身的弯曲进行补偿。专用补偿器是指安装在管道上,专门起补偿作用的管路附件。

（1）自然补偿器

自然补偿器利用弯曲管段的弹性变形吸收管道的热胀冷缩。有L形和Z形两种,如图3.56所示。安装方法同管道安装,一般位于两个固定支架之间。利用管道自然补偿可降低造价,但应注意弯曲角度小时不能作为补偿器使用。L形补偿器的长臂不能过长,短臂不能过短。Z形补偿器安装可按两个L形补偿器考虑。

（2）方形补偿器

方形补偿器如图3.57所示,可用管子煨制或用管子与弯管焊制。

①方形补偿器制作。一般采用整根无缝钢管煨制。当尺寸较大整根管子长度不够时可采

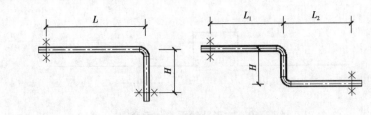

图 3.56　L 形和 Z 形补偿器

H—短臂;L、L_1、L_2—长臂

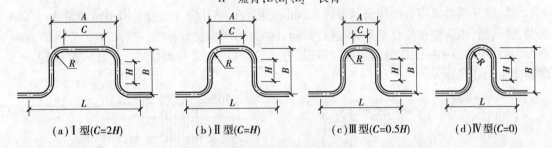

(a)Ⅰ型(C=2H)　　(b)Ⅱ型(C=H)　　(c)Ⅲ型(C=0.5H)　　(d)Ⅳ型(C=0)

图 3.57　方形补偿器的类型

L—补偿器总长度;A、B—补偿器的平行臂、外伸臂长度;C、H—平行臂、外伸臂的直段长度;R—弯曲半径

用焊接,但焊缝应位于受力和变形最小的外伸臂中部, 如图 3.58 所示 b 点。外伸臂中部的焊缝,当 DN<200 mm 时,焊缝与外伸壁垂直;当 DN≥200 mm 时,焊缝与管子轴线成 45°夹角。对大管径方形补偿器,受加工能力限制,可采用管子与弯管焊接。制作完成的方形补偿器,弯头应呈 90°且 4 个弯头位于同一平面,两条外伸臂长度应相等,补偿器两侧应留有足够长度的直管段。

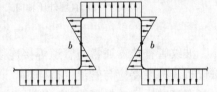

图 3.58　方形补偿器受力分析

②方形补偿器安装。一般水平安装,坡度与管道坡度相同。垂直安装时,需在最高点装排气阀、最低点装排水阀。补偿器安装时应冷紧,即在管道热伸长的反方向对补偿器进行预拉伸,否则补偿能力减半。冷紧可增加其补偿能力或减少对固定支座的推力。冷紧量为补偿量的 1/2。冷紧可采用撑拉螺杆、拉管器等机具。

撑拉螺杆冷紧如图 3.59 所示。在管道两侧固定的情况下,把补偿器的一端与管道的一侧焊接,再经拉伸把补偿器的另一端与管道另一侧对口、点焊定位,然后焊接,如图 3.60 所示。

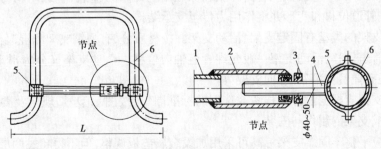

图 3.59　撑拉螺杆冷紧示意图

1—撑杆;2—短管;3—螺帽;4—螺杆;5—夹圈;6—补偿器

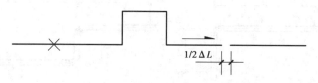

图3.60　方形补偿器冷紧示意图

（3）波纹管补偿器

波纹管补偿器依靠有波状突起部件的波形变化进行热补偿。一般采用不锈钢制造。有轴向型、横向型、角向型和复合型等，可进行轴向、横向、角向和复合补偿。按安装方式分，有直埋敷设、非直埋敷设和一次性补偿器等；按连接方式分，有法兰式和焊接式。焊接式波纹管补偿器如图3.61所示。

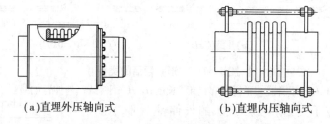

（a）直埋外压轴向式　　　　　（b）直埋内压轴向式

图3.61　波纹管补偿器示例

波纹管补偿器通常与管道焊接连接，冷紧和焊接要求同上，冷紧可采用调整外部螺栓等方法进行。补偿器应与管道保持同轴。

有流向标记的补偿器，安装方向应与介质流向一致。直埋式补偿器回填后固定端应可靠锚固，活动端应能自由活动。一次性补偿器安装应在管道预热温度达到设计值时把补偿器的活动端与管道焊接。

（4）其他补偿器

除上述外，供热系统还有套筒补偿器、球形补偿器等，安装方法基本相同，但球形补偿器应成对安装。

应注意，套筒补偿器等其他类型的补偿器安装时也应进行冷紧。冷紧系数一般为0.5。

3.8.4　供热管道支架安装

供热管道支架用于承受管道、管内介质和保温结构的重力荷载，管道内压力、热应力和外部荷载等，限制管道位移和变形并将作用力传至支承结构。

供热管道支架的类型有固定支架、活动支架。按材质分，有型钢支架和混凝土支架等。固定支架不允许管道位移，活动支架一般允许管道轴向位移。活动支架又分为滑动支架和滚动支架。此外，还有弹簧支吊架、导向支架等。

供热管道支架应根据设计大样图或选用的标准图集，按图示型号、规格及要求制作，并在管道安装前完成支架的制作与安装。

支架安装应平整牢固。支架标高可采用加设金属垫板调整，但不得超过两层，垫板应与预埋铁件或钢结构进行焊接。支架安装允许偏差见表3.17。管道支座的偏移量按设计要求确定，设计未明确时取计算位移量的1/2，如图3.62所示。

表 3.17　供热管道支架安装允许偏差及检验方法

项　目		允许偏差/mm	量　具
支、吊架中心点平面位置		0～25	钢尺
支架标高*		−10～0	水准仪
两固定支架间的其他支架中心线	距固定支架每 10 m 处	0～5	钢尺
	中心处	0～25	钢尺

注:①摘自《城镇供热管网工程施工及验收规范》CJJ 28—2014。

②＊为主控项目,其余为一般项目。

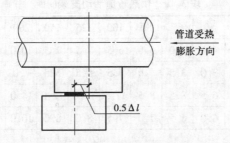

图 3.62　支座安装的偏移量

补偿器与管道固定支架安装如图 3.63 所示。支架结构的接触面应干净、平整;固定支架卡板和支架结构接触面应贴实;导向支架、滑动支架和吊架不得有歪斜和卡涩现象。为减少活动支架的摩擦力,可在支架与支座间加装聚四氯乙烯垫板。在有补偿器的管段,管道支架应配合补偿器安装。在补偿器安装前,管道和固定支架之间不得进行固定。

供热管道支架应按设计间距安装,设计未明确的,可参考表 3.18 和表 3.19 确定。

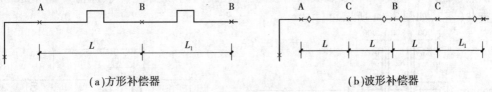

（a）方形补偿器　　　　　　　　　　（b）波形补偿器

图 3.63　补偿器与固定支架安装

A—端部固定支架;B—中间固定支架;C—次中间固定支架;L—固定支架间距;L_1—末端固定支架间距

表 3.18　供热管道固定支架最大间距　　　　　　　　　　　　单位:m

补偿器形式	管道敷设方式	公称直径 DN/mm														
		25	32	40	50	65	80	100	125	150	200	250	300	350	400	450	500
方形补偿器	架空与管沟	30	35	45	50	55	60	65	70	80	90	100	115	130	130	130	130
	直埋	—	—	45	50	55	60	65	70	80	90	110	110	125	125	125
波形补偿器	轴向复式					50	50	50	50	70	70	70	80	80	80
	横向复式							60	75	90	110	120	140	140	140
套筒补偿器	架空与管沟	—	—	—	70	70	70	85	85	85	105	105	120	120	140	140	140

续表

补偿器形式	管道敷设方式	公称直径 DN/mm														
		25	32	40	50	65	80	100	125	150	200	250	300	350	400	450	500
球形补偿器	架空	—	—	—	—	—	—	100	100	120	120	130	130	140	140	150	150
L 形补偿器	长臂最大长度	15	18	20	24	24	30	30	30	30	—	—	—	—	—	—	—
	短臂最小长度	2	2.5	3.0	3.5	4.0	5.0	5.5	6.0	6.0	—	—	—	—	—	—	—

表 3.19　供热管道活动支架间距　　　　　　　　　　　　　单位:m

公称直径 DN/mm		40	50	65	80	100	125	150	200	250	300	350	400	450
保温	架空敷设	3.5	4.0	5.0	5.0	6.5	7.5	7.5	10.0	12.0	12.0	12.0	13.0	14.0
	管沟敷设	2.5	3.0	3.5	4.0	4.5	5.5	5.5	7.0	8.0	8.5	8.5	9.0	9.0
不保温	架空敷设	6.0	6.5	8.5	8.5	11.5	12.0	12.0	14.0	16.0	16.0	16.0	17.0	17.0
	管沟敷设	5.5	6.0	6.5	7.0	7.5	8.0	8.0	10.0	11.0	11.0	11.0	11.5	12.0

采用波纹管轴向补偿器时,管道上应安装防止波纹管失稳的导向支座。采用其他形式补偿器,补偿管段过长时,也应设置导向支座。导向支座的型号、规格、数量与安装位置按设计要求确定。

3.8.5　供热管道检查井(室)

供热管道地下敷设时,在安装波形与套筒补偿器、阀门、放水、排气、除污装置等处一般应设检查井(室),如图 3.64 所示。

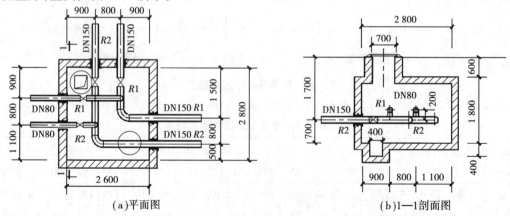

（a）平面图　　　　　　　　　　　（b）1—1剖面图

图 3.64　供热管道检查室示例

检查井(室)采用砖或混凝土砌筑,净空高度不应小于 1.8 m,人行通道不应小于 0.6 m,干管保温结构底部距检查室底不应小于 0.6 m。检查室人孔直径为 0.7 m,一般设两个,呈对角布置。当检查室净空面积小于 4 m² 时,可设 1 个人孔。检查室底部应设积水坑且位于人孔下方。检查室地面应低于管沟内底不小于 0.3 m。检查室砌筑一般由土建专业施工,管道及附件安装前应检查平面位置、标高和强度等,符合要求后方可进行安装。

3.9 供热系统试压与验收

3.9.1 采暖系统试压、验收

采暖系统试压包括隐蔽工程试压和系统试压。前者在隐蔽前进行,后者在系统全部安装完毕后进行,均应形成试压记录。

1)采暖系统试压

①试验压力按设计要求或表3.20确定,以不超过散热器承压能力为原则。对高层建筑,当底部散热器所受静压超过其承压能力时,应分区进行水压试验。

②试压前封闭系统开口部分,自系统底部充入自来水并由顶部排气。

③用手动或电动试压泵向系统注水加压。升压过程应缓慢,压力升至1/2试验压力时,停止加压、进行检查,若无渗漏继续升压,如有渗漏则修理后再试。当升至试验压力,停止加压、关闭进水阀,在保压状态下按表3.20规定检查。

④试压结束,应将试压用水排至下水道并关闭各泄压阀门。

表3.20　室内采暖系统试验压力

系统类别	管材	强度试验		严密性试验	
		试验压力/MPa	合格标准	试验压力	合格标准
蒸汽、热水采暖系统	钢管	系统顶点工作压力+0.1且顶点试验压力≮0.3	试验压力下10 min内压降≯0.02 MPa	工作压力	外观检查各连接处不渗不漏
高温热水采暖系统		系统顶点工作压力+0.4			
热水采暖系统	复合管	系统顶点工作压力+0.2且顶点试验压力≮0.4	试验压力下1 h内压降≯0.05 MPa	1.15倍工作压力	
	塑料管				

注:根据《建筑给水排水及采暖工程施工质量验收规范》GB 50242—2002整理。

2)采暖系统清洗

在水压试验合格后进行,以清除系统内泥沙、铁锈、焊渣等杂物,确保系统正常运行。

热水系统可采用水清洗,即将系统充满水,然后打开系统最低点的泄水阀门,使系统中的水连同杂质一起排出,如此反复多次,直到排出的水清澈透明为止。

蒸汽系统可采用蒸汽吹洗,吹洗时应打开疏水装置的旁通阀,然后缓慢打开送汽阀,直到排汽口排出干净的蒸汽为止。

注意,对暂时不冲洗或已冲洗的管段可通过阀门隔断。凡是不允许冲洗的附件,如除污器、过滤器、流量调节阀、调压孔板和热计量表等,应拆除后用短管代替,冲洗后再恢复。

3)采暖系统调试

①一般从最远环路开始。通过设在各房间的温度计测定,调节远端散热器立管上的阀门使室温符合设计要求,然后由远至近、逐个环路地调整每一根散热器立管上阀门的开启度。

②以上过程需反复进行,方可使系统各环路供热及各房间的室温达到均衡。

③同程式系统的各环路调节,一般中间环路的立管流量偏小,应将该立管上的阀门适当开大,把最近与最远立管上的阀门适当关小。

4)采暖系统验收

采暖系统应按分项、分部和单位工程验收。单位工程验收应在分项、分部工程验收的基础上进行,验收时应有施工、监理、设计、建设单位参加并形成验收记录。各分项、分部工程的施工质量均应符合设计要求及采暖工程施工质量验收规范中的规定。设计变更要有依据,各项试验应有记录,质量是否合格要有质量检验记录。各项安装技术与质量检验资料应准确、及时、完整。

3.9.2 热力管道试压、验收

1)管道试压

(1)管道系统试压应具备的条件

①试压管道安装完毕,并符合设计要求和有关规范的规定。

②管道支架安装完毕,固定支架强度达到设计要求,回填土及填充物满足设计要求。

③焊接与热处理工作结束,并经检验合格。焊缝及其他需检查部位未涂漆和保温。

④管道安装的坐标、标高、坡度及管基、垫层等复查合格;管道焊接质量外观检查合格。

⑤试验用压力表已经过检验并合格,精度不低于1.5级。表盘刻度值为最大试验压力的1.5~2倍,压力表数量不少于两块。

⑥试验方案已经上报,并经主管部门批准。

(2)试压压力

根据设计要求确定。设计未明确的,强度试验压力应为1.5倍设计压力;严密性试验压力应为1.25倍设计压力,且均不得小于0.6 MPa。

(3)压力试验方法与合格判定标准(见表3.21)

表3.21 室外供热管道压力试验方法与合格判定

项 目	试验方法与合格判定		检验范围
强度试验*	升压至试验压力,稳压10 min无渗漏、无压降后降至工作压力稳压30 min无渗漏、无压降为合格		每个试验段
严密性试验*	升压至试验压力,当压力趋于稳定后,检查管道、焊缝、管路附件及设备等无渗漏,固定支架无明显变形等		全段
	一级管网及站内	稳压在1 h,前后压降不大于0.05 MPa为合格	
	二级管网	稳压30 min,前后压降不大于0.05 MPa为合格	

注:①摘自《城镇供热管网工程施工及验收规范》CJJ 28—2014。

②*为主控项目。

(4)注意事项

管道系统压力试验前,应将不参与试验的管段、设备、仪表及附件等用盲板或阀门隔断,但阀门两侧温差不应超过100℃,并将安全阀、爆破板拆除。试验过程中如有泄露,不得带压修理,须泄压、消除缺陷后重新进行试验。

水压试验的充水点和加压装置,应位于系统低点,以利于排气。充水前,系统内的阀门应全部打开,同时打开排气阀。然后向系统充水,待系统中空气全部排净、放气阀仅出水时,关闭放气阀和进水阀,全面检查系统有无漏水现象,如有漏水,应及时进行修理。

由于热力管道的直径大,距离长,一般试验时都是分段进行的。如两节点或两检查井之间的管段为一试压段,这样有利于流水作业,并能及时发现问题并加以解决。

当在室外温度0℃以下试压时,应先把水加热到40~50℃,然后灌入管道内试压,且其管长不宜超过200 m。试压后应立刻将水排出,以免把管子冻裂。

管网上用的预制三通、弯头等零件,在加工厂用两倍的工作压力试验,阀门在安装前用1.5倍工作压力试验。

系统试验合格后,应将试验用介质排至安全地点,并及时拆除所有临时盲板,核对记录,填写"管道系统试验记录"。

2)吹扫与清洗

在管道系统试压合格后进行,吹洗前应拟订详细的吹洗方案。对各种仪表采取保护措施,必要时拆除,待吹洗后重新装上。对于不吹洗的管道和设备应予以隔离。

吹洗的管道系统和末端排放口处,支架应牢固可靠,必要时应采取加固措施。排放管应能保证安全,顺利放水。吹洗的顺序一般可按主管、干管、支管依次进行。

吹洗过程中,应沿管线进行检查,并用小锤敲击管子以增强吹洗效果,对焊缝、转角和容易积存脏物的死角应着重敲打,但不应损伤管子。吹洗合格后,应及时填写记录,封闭排放口,将所拆掉的仪表及阀芯复位。

工作介质为液体的管道,一般进行水冲洗,当不能用水冲洗或不能满足清洁要求时,可用空气进行吹扫,但应采取相应的安全措施。

冲洗时,应以管内可能达到的最大流量或不小于1.5 m/s的流速进行。排放管的截面不应小于被冲洗管截面的60%,并接入邻近的排水井或沟中,以保证排泄通畅和安全。冲洗应连续进行,以出口的水色和透明度与入口处目测一致,且无粒状物为合格。

管道冲洗过后应将水排净,必要时可用压缩空气吹干或采取其他保护措施。

蒸汽管道应采用蒸汽吹扫,吹扫前应关闭减压阀或疏水器前的阀门,打开旁通管阀门,用阀门控制蒸汽流量进行暖管。蒸汽吹扫的流量为设计流量的40%~60%,吹扫压力约为设计工作压力的75%。在开启阀门前,应将管内凝结水由启动疏水管放掉。蒸汽阀的开启和关闭都应缓慢,以免引起水锤而使阀件破裂。

蒸汽吹扫是按升温、暖管、恒温、吹扫的顺序反复进行的,反复吹扫不少于3次。注意每次恒温时间为1 h,然后再进行吹扫,每次吹扫时间为15~20 min。

蒸汽吹扫的排气管应引至安全处,管口应朝上倾斜,并加以明显标记。排气管应具有牢固的支承,以承受反作用力。排气管直径不应小于被吹扫管的管径,长度应尽量短捷。绝热管道的吹扫,一般宜在绝热施工前进行。蒸汽吹扫的检查,对于一般蒸汽管道,可用刨光的木板置于排汽口处,以板上无铁锈、脏物为合格。

3)热力管道的验收

(1)验收内容

热力管道施工完毕后应检查其工程是否符合设计及施工规范的质量要求,按《城镇供热管网工程施工及验收规范》(CJJ 28)、《建筑给水排水及采暖工程施工质量验收规范)(GB 50242)的规定验收。检查支吊架配置的坚固性和正确性,以及管道安装质量和位置、坡度;补偿器、排水装置等各部件安装的正确性,管道直径与变径位置是否正确,管道的材质、阀门、管件是否有合格证等。

(2)应提交的技术资料

竣工验收时,施工单位应提交各项质量检验和试验记录、竣工图纸等技术文件资料。

习题 3

3.1　简述采暖系统的安装程序。

3.2　为保证采暖系统正常运行,系统安装应注意哪些问题?

3.3　采暖管道的坡度、坡向和立管垂直度有何要求?

3.4　采暖管道分支为何不能采用丁字连接,应如何连接?

3.5　简述采暖管道的过门措施和注意问题。

3.6　简述铸铁散热器的组对与试压方法及注意事项。

3.7　根据下表和下图中 A、B 两种支管连接方式,计算散热器组对所需材料,要求按挂装和落地安装分别计算。已知散热器为铸铁 4 柱 760 型,散热器垫片为石棉橡胶垫,散热器支管管径为 DN15。

片　数	10	12	14	16	18
组　数	2	4	6	4	2

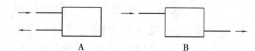

3.8　简述散热器安装质量要求。

3.9　散热器支管安装的坡度、坡向有何要求。

3.10　如何确定散热器托钩的数量、位置?

3.11　根据3.7题条件,计算所需散热器托钩的数量。

3.12　分户热计量采暖系统的热表可安装在何处,各有何特点?

3.13　简述低温热水地板辐射采暖系统的安装程序和质量要求。

3.14　简述分户计量采暖系统常用管材和连接方式。

3.15　简述分户计量采暖散热器系统的安装程序和质量要求。

3.16　热水采暖系统集排气装置有哪些,各安装在何处?

3.17　简述膨胀水箱的作用、配管和安装注意问题。

3.18　简述除污器的作用、安装位置和附件。

3.19　简述疏水器的作用、安装位置和附件。

3.20 如何确定闭式膨胀水箱(定压罐)的上、下限压力?

3.21 简述热力管网的敷设方式、特点和适用范围是什么?

3.22 简述热力管网管沟敷设的种类、特点和适用范围。

3.23 简述热力管网架空敷设的种类、特点和适用范围。

3.24 简述热力管网直埋敷设的种类、特点和适用范围。

3.25 简述热力管网支架的种类及适用范围。

3.26 热力管道与建筑(构)物及其他管道等的间距有何要求?

3.27 简述热力管网管沟尺寸要求。今有 $D108$ 的热力管道两根,保温及保护层厚度共 60 mm,求不通行管沟的净尺寸。

3.28 热力管网的热媒管道在平面上应位于哪一侧?

3.29 如何设置热力管网上的阀门?

3.30 室外热水管道为什么要设排水和排气装置,各设在何处?

3.31 简述热力管道管沟敷设安装程序、方法和注意事项。

3.32 简述热力管道架空敷设安装程序、方法和注意事项。

3.33 简述热力管道直埋敷设安装程序、方法和注意事项。

3.34 简述热力管网补偿器的种类、适用范围及安装注意问题。

3.35 某热力管道,$L = 180$ m,$DN = 200$ mm,已知热媒温度 184 ℃,安装温度 20 ℃,求热伸长量并选择方形补偿器。

3.36 制作方形补偿器,当一根管子长度不够时允许焊接,焊缝应在什么位置?

3.37 补偿器安装时,为什么要进行冷拉(或冷压),冷拉或冷压量是多少?

3.38 简述采暖系统的试压程序和方法。

3.39 简述热力管道的试压方法及要求。

给排水系统安装

建筑给排水系统包括室内和室外系统两部分。本章介绍其安装方法及质量要求。室内给水排水系统示例如图4.1所示。

4.1 室内给水系统安装

4.1.1 室内给水系统的分类

室内给水系统按照用途分为生活给水系统、生产给水系统、消防给水系统和组合给水系统。

4.1.2 室内给水系统的组成

1) 引入管(或称进户管)

引入管用于把水从室外管网引入室内。

2) 水表节点(水表井)

水表节点在单独计量建筑物用水量的给水系统的引入管上设置,并且水表前后应按设计设置控制阀和止回阀、泄水装置等,必要时设旁通管及旁通阀。

3) 室内给水管道

室内给水管道包括水平干管、主立管、支管(水平支管、立支管等)。

4) 给水管道附件

给水管道附件通常有阀门、水嘴、过滤器等,用以控制、分配水量和清洁用水等。

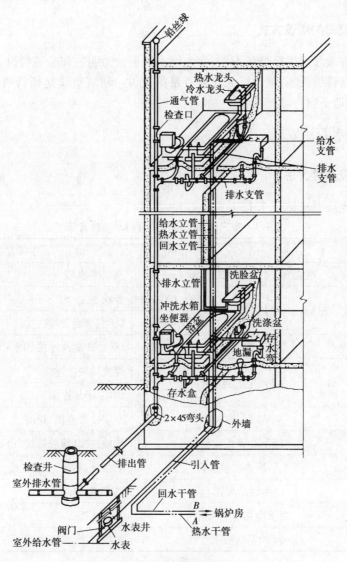

图4.1　室内给排水系统

5)升压和贮水设备

升压设备包括水泵、气压升压装置等。贮水设备有水池和高位水箱等。

6)消防设备

消防设备通常有普通消火栓、自喷喷头、泡沫灭火装置等。

4.1.3　室内给水管道的布置与敷设

1)室内给水管道的布置

室内给水管道的布置一般分为下分式、上分式、中分式和环状式等。

2)室内给水管道的敷设方式

根据建筑物性质和卫生标准的不同,室内给水管道分为明装和暗装敷设。

明装敷设是指管道沿墙、梁、柱、天花板等暴露敷设。暗装敷设是指管道沿管沟、管道井、管廊、墙内管槽和地下室等隐蔽敷设。

4.1.4 室内给水管道安装

1)常用管材及连接方法

常用管材及连接方法见表4.1。

表4.1 室内给水管道常用管材及连接方法

管　材	用　途		连接方法
给水铸铁管	建筑给水引入管 DN > 150 mm		承插连接
镀锌钢管	冷热给水、消防管道	DN ≤ 100 mm	螺纹连接
		DN > 100 mm	法兰、卡套、卡箍连接
焊接钢管	生产、消防给水管		DN ≤ 32 螺纹连接、DN > 32 焊接
无缝钢管	生活、生产给水管		焊接或法兰连接
不锈钢管			焊接、卡压连接
铜管	生活热水给水管		专用接头连接、焊接
PVC 给水管	生活、生产给水管		承插连接(橡胶圈接口)、焊接、粘接
PE-X 管	生活冷热水给水管		电熔接、粘接、卡套连接
PP-R 管	生活给水管		热熔接、电熔接
铝塑复合管	生活冷热水给水管		卡套连接
钢塑复合管	生活、消防给水管		螺纹连接、卡箍连接

2)安装程序及方法

(1)安装程序

给水管道一般按引入管—干管—立管—横支管—支管的顺序施工。

(2)室内给水系统安装基本要求

①建筑给水系统所用主要材料、成品、半成品、配件、器具和设备应有中文质量合格证明文件,规格、型号及性能检测报告应符合有关技术标准和设计要求。

②管道穿越建筑物基础、墙、楼板时的孔洞和暗装时在墙体上的管槽,应配合土建施工预留。

③穿过地下室或地下构筑物外墙的管道,应采取防水措施。防水套管分为刚性防水套管和柔性防水套管两种,应按设计要求选用。防水套管与被套管道规格相同。

④一般套管有钢套管、铁皮套管和塑料套管。管道过墙壁和楼板应采用金属或塑料套管。

安装在楼板内的套管,顶部应高出装饰地面 20 mm;安装在卫生间及厨房内的套管,顶部应高出装饰地面 50 mm,底部与楼板底面相平;安装在墙壁内的套管,两端与饰面相平。

一般套管的规格通常比被套管道规格大两号。穿楼板套管与管道之间的缝隙应用阻燃密实材料和防水油膏填实,端面光滑。穿墙套管与管道之间的缝隙宜用阻燃密实材料填实,且端面光滑。管道接口不得设在套管内。

⑤管道穿过结构伸缩缝、抗震缝及沉降缝敷设时,应采取保护措施。

⑥明装管道成排安装的直线部分应互相平行。曲线部分无论管道是水平还是垂直并行,都应与直线部分保持等距;管道水平上下并行时,弯管部分的曲率半径应保持一致。

⑦给水立管和装有 3 个或 3 个以上配水点的支管始端,均应安装可拆卸的连接件。

⑧冷、热水管道同时安装时应符合下列规定:

a.上、下平行安装时,热水管应在冷水管上方;

b.垂直平行安装时,热水管应在冷水管左侧。

(3)引入管安装

引入管的敷设方式有直接埋地和地沟敷设两种。直接埋地时管顶的覆土厚度不得小于 500 mm,且埋设深度须在当地最大冻土深度以下,当敷设在动荷载下时,埋设深度不小于 700 mm。引入管安装的不同情况,如图 4.2 至图 4.5 所示,若穿过地下室墙体,通常使用防水套管。

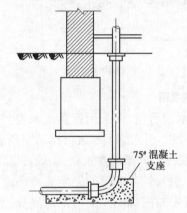

图 4.2 给水管穿过浅基础

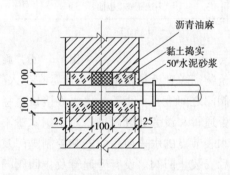

图 4.3 给水管穿过砖基础

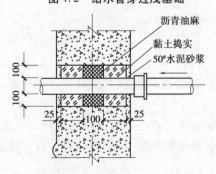

图 4.4 给水管穿过混凝土基础(干土壤区)

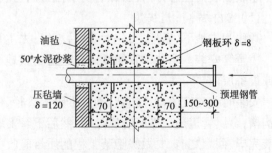

图 4.5 给水管穿过混凝土基础(湿土壤区)

对直埋铸铁管、钢管等金属管道,应作好防腐处理。铸铁管可涂刷热沥青一道,钢管刷沥青一道,缠包玻璃丝布一层,再刷沥青一道。

（4）水表安装

①水表的分类。用于计量用水量的水表有旋翼式、螺翼式和翼轮复式水表等。

旋翼式（叶轮式）水表分为干式和湿式两种。湿式水表应用较广。旋翼式水表内设有与水流方向垂直的旋转轴，轴上装有竖向叶片，水通过时，冲动叶片带动旋转轴，旋转轴将转数通过若干齿轮组反映在各个大小计量表盘上。

螺翼式水表分为水平式和垂直式两种。螺翼式水表的翼轮轴与水流方向平行，水阻力小，计量精度较高，适宜制成大口径水表，多用于测量较大流量。

翼轮复式水表配有主表和副表，主表前设有开闭器。当水流量较小时，开闭器自闭，水流经旁路通过副表计量用水量；当水流量较大时，水力会顶开开闭器，水流同时从主、副表通过，两表同时计量用水量。

②水表安装。室内用户需单独计量用水量时，应在每户给水分支管上设置水表，水平安装如图4.6所示。

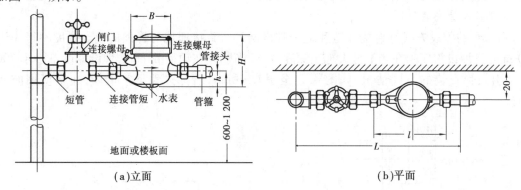

（a）立面　　　　　　　　　　　　（b）平面

图4.6　分户旋翼式水表安装图

建筑物需单独计量用水量时，通常在引入管上设置水表节点，多采用螺翼式水表，并要求表前与阀门之间应有不小于8倍水表接口直径的直线管段。引入管上水表节点的安装形式分为不设旁通管和设旁通管两种。对于用水量不大、供水又可以间断的建筑物，一般可以不设旁通管。水表节点的水表前后应安装控制阀门及泄水阀。引入管处有可能发生流体倒流时，应在水表后安装止回阀。设有旁通管及止回阀的水表节点安装图如图4.7所示，安装尺寸详见国家标准图集。

水表安装需注意方向性，即管内水流方向与表壳上的箭头一致。

（5）室内给水管道安装

顺序为先地下、后地上；先大管、后小管；先主管、后支管。

①干管安装。明装干管通常设在建筑物或地下室的顶板下。暗装干管通常设在顶棚、地沟或设备层内。

安装时首先按照设计图纸，确定干管的管径、位置和标高。直埋管道应事先在规定位置挖出沟槽，金属管道还应做好防腐处理，然后下管安装。管道安装的坡度、坡向应符合设计要求。安装完毕、回填之前，要做好隐蔽工程的质量验收工作。

对于敷设在顶棚、地沟、设备层内及顶板下的干管，首先按设计要求和标准图集制作、安装管道支吊架，然后将干管安装在支吊架上。管道支架安装的最大间距见第2章。

②立管安装。根据给水配件或卫生设备的种类，确定支管的安装高度，在墙面上画出支管

位置横线,再用线坠吊出立管的位置,在墙面上弹画出立管安装位置线,按照规范要求栽埋立管卡,然后量测各段立管的长度下料并将立管安装在立管卡上。

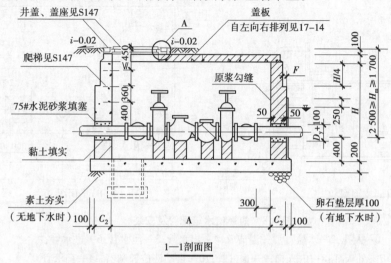

1—1剖面图

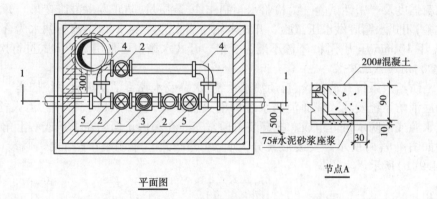

平面图

节点A

图4.7 水表节点安装图

1—水表;2—阀门;3—止回阀;4—90°弯头;5—等径三通

给水及热水供应系统的金属管道立管管卡设置与安装要求见2.8.3节管道支架安装。

③支管安装。安装支管前,先按立管上预留的管道接口在墙面上依次画出或弹出各水平支管的安装位置横线,再用实测方法进行各段支管的下料、安装。横支管支架(管卡)的间距应根据与管材对应的最大间距表确定。

支管安装时,宜有0.002~0.005的坡度,坡向立管或配水点。

(6)水箱安装

①水箱分类。按外形分,有圆形和矩形水箱;按与大气是否相通分,有闭式水箱和开式水箱;按材质分,有金属水箱、钢筋混凝土水箱(池)、玻璃钢水箱等。金属水箱有碳素钢板(焊接)水箱、不锈钢板(装配式)水箱等。

②水箱附件。水箱通常设有进水管、出水管、溢流管、泄水管、通气管、液位计、人孔等,如图4.8所示。水箱进水管与箱顶的距离 $h_1 \geqslant 75$ mm,出水管与箱底的距离 $h_2 \geqslant 75$ mm,溢流管与箱顶的距离 $h_3 \geqslant 85$ mm,且 h_1、h_2 和 h_3 随水箱型号的增大而增大。

③水箱安装。水箱通常安装在槽钢、工字钢或钢筋混凝土制作的支座或支墩上。水箱底

部距地面净高应满足水箱底部安装泄水管(阀)及操作要求且检修方便。

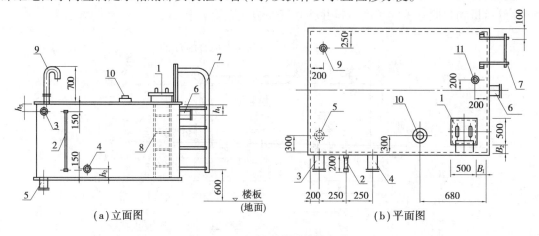

(a)立面图　　　　　　　　　　　　　(b)平面图

图4.8　矩形给水箱配管及安装

1—人孔;2—水位计;3—溢流管;4—出水管;5—泄水管;6—进水管;

7—外人梯;8—内人梯;9—透气管;10—自动液位控制器;11—药液管

④水箱强度及严密性试验。为检验水箱制作、安装质量,防止发生鼓胀变形。开式水箱应做满水试验,闭式水箱应做水压试验。开式水箱应满水静置24 h,以不渗不漏水为合格。闭式水箱在 P_s 下 10 min 压力不降、不渗不漏为合格。开式水箱也可采用渗透方式进行检漏。

(7)室内消防系统安装

室内消防给水系统有消火栓、自动喷水系统、水幕及水喷雾消防灭火系统四类。

①普通消防系统安装。普通消防系统即消火栓系统,它由水枪、水龙带、消火栓、报警装置、管网、水源或消防水泵等组成。报警装置通常安装在箱内正面的左上角或右上角。室内消火栓装置如图4.9(a)所示。安装形式分为明装(外凸式)、半明装(半凸式)、暗装(凹式)三种,如图4.9(b)所示。

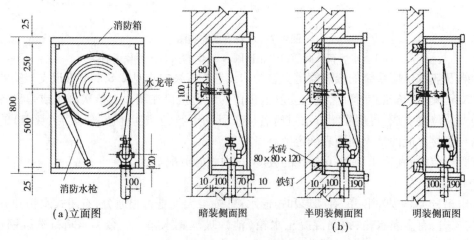

(a)立面图　　　暗装侧面图　　　半明装侧面图　　　明装侧面图

(b)

图4.9　室内消火栓装置及安装

室内消火栓给水系统安装与室内给水系统基本相同。消火栓宜设置在右侧,位置以手轮开启时不受妨碍为宜,避免安装在门轴侧,且栓口应向外,栓口中心距地面为1.1 m。消火栓安装前应进行严密性试验。安装后应取屋顶层(或水箱间内)试验消火栓和首层取两处消火栓做试射试验,达到设计要求为合格。

②自动喷水灭火系统和水幕消防系统安装。自喷系统由喷头、管网、信号阀和火警讯号器等组成,如图 4.10 所示。水幕系统由洒水喷头、管网和控制阀组成,如图 4.11 所示。

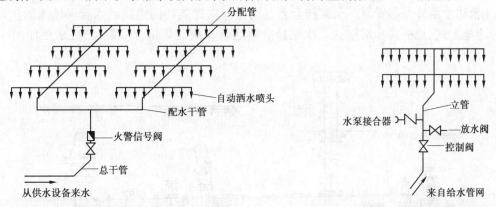

图 4.10　自动喷水消防给水系统　　　　　图 4.11　水幕消防系统

自动喷水灭火系统的管材可采用热镀锌焊接钢管或无缝钢管。安装前应校直管道,并清除管道内部的杂物。在腐蚀性的场所,安装前应按设计要求对管道、管件等进行防腐处理。热镀锌钢管安装应采用螺纹、沟槽式管件或法兰连接。

配水干管(立管)与配水管(水平管)连接,应采用沟槽式管件,不应采用机械三通;当管道变径时,宜采用异径接头;在管道弯头处不应采用补心,当需要采用补心时,三通上可用 1 个,四通上不应超过 2 个,公称直径大于 50 mm 的管道不应采用活接头。法兰连接可采用焊接法兰或螺纹法兰,焊接法兰焊接处应做防腐处理,并宜重新镀锌后再连接。

管道应固定牢固,管道支架或吊架之间的距离不应大于表 4.2 的规定。

表 4.2　管道支架或吊架之间的间距

公称直径/mm	25	32	40	50	70	80	100	125	150	200	250	300
间距/m	3.5	4.0	4.5	5.0	6.0	6.0	6.5	7.0	8.0	9.5	11.0	12.0

管道支架、吊架的安装位置不应妨碍喷头的喷水效果;管道支架、吊架与喷头之间的距离不宜小于 300 mm,与末端喷头之间的距离不宜大于 750 mm。配水支管上每一直管段、相邻两喷头之间的管段设置的吊架均不宜少于 1 个,吊架的间距不宜大于 3.6 m。

当管道的公称直径大于或等于 50 mm 时,每段配水干管或配水管设置防晃支架不应少于 1 个,且防晃支架的间距不宜大于 15 m,当管道改变方向时,应增设防晃支架。竖直安装的配水干管除中间用管卡固定外,还应在其始端和终端设防晃支架或采用管卡固定,其安装位置距地面或楼面的距离宜为 1.5～1.8 m。

自喷系统的喷头分为闭式和开式两类。闭式喷头安装前应进行密封性试验,以无渗漏、无损伤为合格。试验数量宜从每批中抽查 1%,但不得少于 5 只,P_S 应为 3.0 MPa,保压时间不小于 3 min。当两只及两只以上不合格时,不得使用该批喷头。当仅有一只不合格时,应再抽查 2%,但不少于 10 只,重新做密封性能试验,仍有不合格时,该批喷头也不得使用。

喷头安装应在系统试压、冲洗合格后进行。当喷头的公称直径小于 10 mm 时,应在配水干管或配水管上安装过滤器。

③水喷雾灭火系统安装。系统组成与自动喷水灭火系统类似,由开式水雾喷头、喷雾配水

管网、雨淋阀组、火灾探测控制系统和高压给水设备组成。

水雾喷头分为离心雾化型喷头和撞击雾化型喷头两种。

④消防水泵接合器安装。水泵结合器是消防车向建筑物内消防给水管网输水的接口设备,分为地上式、地下式和墙壁式。水泵接合器通常与阀门等组合安装,安装示例如图 4.12 所示。

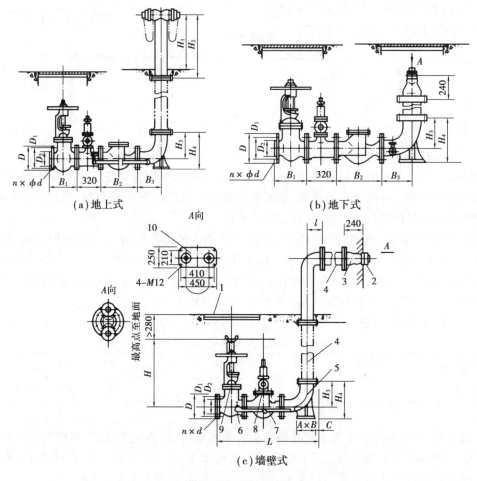

(a)地上式　　　　　　　　(b)地下式

(c)墙壁式

图 4.12　水泵结合器

1—井盖;2—接扣;3—本体;4—接管;5—弯管;6—防水阀;7—止回阀;8—安全阀;9—闸阀;10—标牌

4.2　室内排水系统安装

4.2.1　室内排水系统的分类

室内排水系统按照其所排水体的性质划分为三类,即生活污水排水系统、工业污(废)水排水系统和屋面雨、(雪)水排水系统。

4.2.2　室内排水系统的组成

室内生活污水排水系统如图 4.13 所示,主要由以下部分组成:

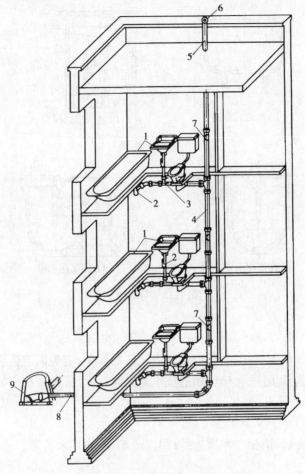

图 4.13　室内排水系统
1—排水设备;2—存水弯;3—排水横支管;4—排水立管;
5—通气管;6—铅丝球;7—检查口;8—排出管;9—检查井

1)污、废水收集器

污、废水收集器即用水设备,如洗脸盆、洗涤池、浴盆等。

2)排水管道

排水管道包括设备排水支管、排水横支管、排水立管、排水干管、排出管等。

3)水封装置

水封装置设在卫生设备下部,用于隔绝排水管道防止其中臭气进入室内污染环境。
常用的水封装置有地漏和存水弯。
地漏有普通式、直通式和新型地漏,如图 4.14 所示。普通式地漏因阻力大、易堵塞,已较少使用。直通式地漏本身无水封,需在其下部加装存水弯。新型地漏的种类较多,均能满足水封深度不小于50 mm的要求。

存水弯有P形、S形,分为带清通丝堵和不带清通丝堵等类型,如图4.15所示。

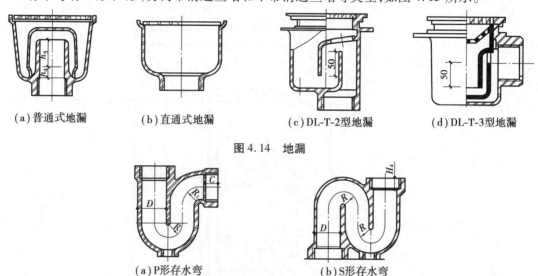

（a）普通式地漏　　　（b）直通式地漏　　　（c）DL-T-2型地漏　　　（d）DL-T-3型地漏

图4.14　地漏

（a）P形存水弯　　　　　　（b）S形存水弯

图4.15　存水弯

4）通气管

通气管使排水系统与大气相通,起稳定管内气压的作用,避免因卫生设备同时排水造成局部满流、喷溅,或产生局部负压、抽吸作用造成水封破坏,并可排除系统中的臭气。

5）清通部件

清通部件包括检查口、清扫口和检查井,用以清理、疏通排水管道。

6）提升设备

建筑物内部地坪低于室外排水管网标高时,需用潜污泵等提升设备将其内部污水排出。

7）污水局部处理设备

当排水水质不符合排放标准时,需在排放到市政管网等前预先进行局部处理。常用污水局部处理设备有隔油池、酸碱中和池、化粪池等,医院排水系统还有沉淀消毒设备等。

4.2.3　室内排水管道的布置与敷设

1）室内排水管道布置原则

排水管道应力求短直、转弯少。不得布置在遇水会引起原料、产品和损坏的地方;不得穿过卧室、客厅、贵重物品储藏室和变、配电室及通风小室等处;也不宜穿越容易引起自身损坏的地方,如建筑物的沉降缝、伸缩缝,必须穿越时,应采取保护措施。

2)室内排水管道敷设

室内排水管道敷设有明装和暗设敷设两种。

（1）设备排水支管

设备排水支管是连接用水设备和排水横管的管段，除了自带水封装置的卫生设备外，一般应在设备排水管上装设存水弯。

（2）排水横支管

排水横支管是连接设备排水支管和立管的管段。应力求短直，一般是沿墙布置，吊装于楼板下方。有的可在用水设备下的地面上沿墙敷设，也可设在当层地面下的专用管沟内。

最低横支管接入排水立管，与仅设伸顶通气管的立管底的垂直距离应符合表4.3的要求。

表4.3　最低横支管接入排水立管处与立管底的垂直距离

立管连接卫生设备的层数	≤4	5~6	7~12	13~19	≥20
垂直距离/m	0.45	0.75	1.2	3.0	6.0

注：①当与排出管连接的立管底部放大一号管径或横干管比与之连接的立管大一号管径时，可将表中垂直距离缩小一档。

②当塑料排水立管的排水能力超过上表中铸铁排水立管排水能力时，不宜执行上表。

排水横支管应按照设计要求敷设成一定的坡度，坡向排水立管。

（3）排水立管

排水立管承接各层排水横支管的来水，底部与水平干管相接或与底层的排出管直接相接。排水立管一般布置在墙角或沿墙、柱布置，不应穿越卧室、病房，也不应穿越对卫生、安静要求较高的房间，也不宜靠近与卧室相邻的内墙。

（4）排水干管与排出管

排水干管汇集排水立管的来水，其排水能力远小于立管，因此不宜过长并能将水尽快排至室外。排水干管通常直埋敷设或设在管沟、地下室内。

排出管作用是将室内污水排至室外，沿水平方向接入室外污水检查井。

（5）通气管

伸顶通气管一般将排水立管的上端伸出屋面300 mm，且不小于当地最大积雪厚度，对于上人屋面，应高出屋面2 m。

排水量大的多层建筑或高层建筑，应设置专用通气管。

4.2.4　室内排水管道安装

1)常用管材及连接方法

室内排水系统常用管材及连接方法见表4.4。

表4.4　室内排水系统常用管材及连接方法

管　材	用　途	连接方法
塑料排水管	生活污水管、雨水管	粘接、胶圈接口
铸铁排水管	生活污水管、雨水管	承插连接
混凝土管		承插连接
陶土管	生活污水管、工业污废水管	
镀锌钢管	卫生设备排水短管、雨水管	螺纹连接
焊接钢管		螺纹连接、焊接

2)安装程序及方法

(1)安装程序

室内排水管道的安装应遵循"先地下,后地上"的原则。安装顺序一般为:排出管—排水横干管—排水立管(含通气管)—楼层排水横支管—设备排水支管。

(2)室内排水管道安装基本要求

①生活污水铸铁管和塑料管的坡度应符合设计要求或表4.5、表4.6的规定。

表4.5　生活污水铸铁管道的坡度

管径/mm	50	75	100	125	150	200
标准坡度/‰	35	25	20	15	10	8
最小坡度/‰	25	15	12	10	7	5

表4.6　生活污水塑料管道的坡度

管径/mm	50	75	110	125	160
标准坡度/‰	25	15	12	10	7
最小坡度/‰	12	8	6	5	4

②悬吊式雨水管道的敷设坡度不小于5‰;埋地雨水管道的最小坡度见表4.7。

③排水塑料管应按设计要求及位置装设伸缩节。污水横支管、横干管、设备通气管、环形通气管和汇合通气管上无汇合管件的直线管段大于2 m时应设伸缩节,但最大间距不大于4 m。

表4.7　地下埋设雨水排水管道的最小坡度

管径/mm	50	75	100	125	150	200～400
最小坡度/‰	20	15	8	6	5	4

④金属排水管道上的吊钩或卡箍应固定在承重结构上。固定件间距:横管不大于2 m;立管不大于3 m。楼层高度小于或等于4 m,立管可安装1个固定件。

⑤排水塑料管道支、吊架间距应符合表4.8的规定。

表4.8　排水塑料管道支、吊架最大间距

管径/mm	50	75	110	125	160
立管/m	1.2	1.5	2.0	2.0	2.0
横管/m	0.5	0.75	1.10	1.30	1.6

⑥用于室内排水的水平管道与水平管道、水平管道与立管之间的连接,应采用45°三通或45°四通和90°的斜三通或90°斜四通。

⑦生活污水管道上设置的检查口或清扫口,当设计未明确时,应符合下列规定:

a.立管上应每隔一层设置一个检查口,但在最底层和有卫生设备的最高层必须设置。如为两层建筑时,可仅在底层设置立管检查口。检查口中心高度距操作地面一般为1 m,检查口朝向应便于维修。暗装立管的检查口处应安装检修门。

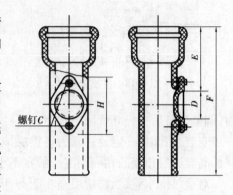

图4.16　检查口

b.连接2个及2个以上大便器或3个及3个以上卫生设备的污水横管上应设置清扫口。

c.转角小于135°的污水横管上,应设检查口或清扫口。

d.污水横管直管段应按设计要求设检查口或清扫口。

检查口如图4.16所示。清扫口如图4.17所示,其中Ⅰ型用于管道末端,Ⅱ型用于干管中途;Ⅲ型用于地下室管道末端。

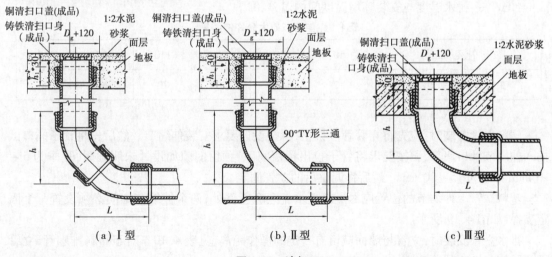

(a)Ⅰ型　　　　　　(b)Ⅱ型　　　　　　(c)Ⅲ型

图4.17　清扫口

3)排出管安装

排出管与立管底部连接的弯管处应设支墩或采取固定措施。当排出管穿过地下室的墙体时,也需设置防水套管。图4.18为排出管穿墙或穿基础时的一般做法。

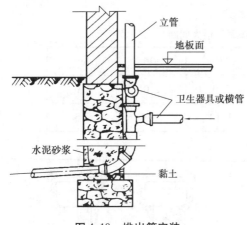

图4.18 排出管安装

当排出管穿过墙壁或基础必须下返时,应采用45°三通和45°弯头连接,并应在垂直管段顶部设置清扫口。排出管与立管的连接处,应采用两个45°弯头或曲率半径不小于4倍管径的90°弯头。

当建筑物不小于5层时应尽可能采用底层单独排水方式。

4) 排水立管安装

排水立管安装在排出管安装后进行。应先安装支架再进行立管吊装。吊装时,通常先将立管管段吊正,然后将其下端插口平直插入承口中,调整合格后进行立管固定和封口。

安装立管时,一定要注意为各楼层排水横支管预留合适的接口标高和接口方向位置。接口标高与当层顶板的相隔距离一般宜不小于250 mm,但不得大于300 mm。

对塑料排水管,当楼层层高小于等于4 m时,污水立管和通气立管应每层设置一个伸缩节。当层高大于4 m,伸缩节的数量应根据设计伸缩量和伸缩节允许伸缩量确定。塑料管道设计伸缩量按式(4.1)计算,伸缩节允许伸缩量见表4.9。

$$\Delta L = L\alpha\Delta t \tag{4.1}$$

式中 ΔL——管道伸缩量,m;

L——管道长度,m;

α——线膨胀系数,取 $6 \times 10^{-5} \sim 8 \times 10^{-5}$ m/(m·℃);

Δt——排水温度与安装环境温度间的温差,℃。

表4.9 伸缩节最大允许伸缩量

管径/mm	50	75	90	110	125	160
最大允许伸缩量/mm	12	15	20	20	20	25

塑料立管安装时,应先将立管管段扶正,再按设计要求安装伸缩节。然后先将管子插口试插入伸缩节承口底部,再按要求将管子拉出预留间隙,预留间隙如设计未明确时,夏季为5~10 mm,冬季为15~20 mm。最后将调整后的立管固定。

塑料立管上伸缩节的位置应尽量靠近水流汇合管件处,两个伸缩节之间必须设置一个固定支撑,如图4.19所示。

排水立管安装时,立管与墙面应留有一定的操作距离,见表4.10。对于塑料排水管,立管承口外侧与饰面的距离应控制在20~50 mm。

排水立管穿楼板处必须按照设计及施工要求做好防水措施。塑料排水管常用的防水措施是在立管穿越楼板处,粘接与塑料管材同材质的止水翼环,并采用C20细石混凝土对立管管孔缝隙进行分层施工防水封闭。

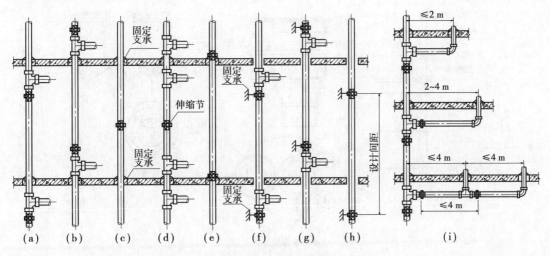

图 4.19　伸缩节安装

表 4.10　立管与墙面距离及楼板留洞尺寸

管径/mm	50	75	100	150
管轴线与墙面距离/mm	100	110	130	150
楼板预留洞尺寸/mm	100×100	200×200	200×200	300×300

当塑料管穿过楼板、防火分区时,应加装防火套管或阻火圈,如图 4.20 所示。

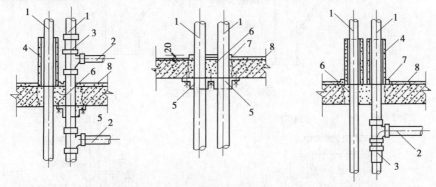

图 4.20　立管穿过楼板阻火圈、防火套管安装

1—UPVC 立管;2—UPVC 横支管;3—立管伸缩节;4—防火套管;
5—阻火圈;6—细石混凝土二次嵌缝;7—阻火圈;8—混凝土楼板

高层建筑的排水若采用单立管排水系统时,为了防止系统中的水封被破坏,常采用特殊的
排水配件,如图 4.21 至图 4.23 所示。

5)排水横支管安装

立管安装后,应按卫生设备的位置和管道规定的坡度和坡向进行排水横支管安装。排水
横支管通常是在地面上先预组装,然后在顶板下安装规定数量的吊架,再将组装好的排水横支
管吊装就位,最后将与排水立管的接口封闭即可。吊架的间距不得大于 2 m,且必须装在承口
部位。塑料排水横支管的吊架间距见第 2 章。

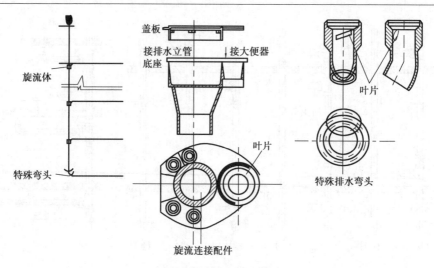

图 4.21　旋流排水配件

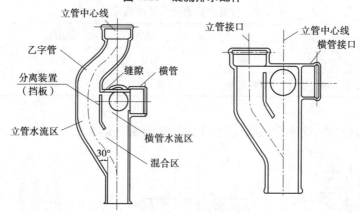

图 4.22　汽水混合器

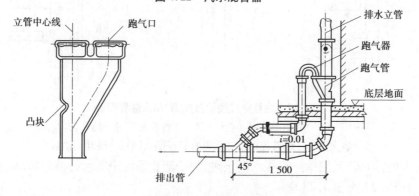

图 4.23　跑气器安装图

排水横支管组装时,应根据卫生设备的类型准确预留排水支管的位置。

为了不影响下层用户,现代建筑室内排水横支管尽可能设在当层地面下的沟槽中。

6)设备排水支管安装

安装设备排水支管前,应先按卫生设备和排水设备附件的种类、规格型号,检查预留孔洞的位置、尺寸是否符合图纸及规范要求。检查无误后,先在地面上按正确尺寸画出大于管径的十字坐标线,修好孔洞后,可按此十字中心尺寸配制设备排水支立管。设备排水立支管按照卫生设备的种类不同留够高出地面的长度尺寸,最后将楼板孔洞按照防水要求封闭好。对于塑料排水管,其防水措施与立管相同。

连接卫生设备的排水支管的管径和最小坡度,如设计未明确,应符合表4.11的规定。

表4.11　连接卫生设备的排水横支管管径和最小坡度

项次	卫生设备名称		排水管管径/mm	管道的最小坡度/‰
1	污水盆(池)		50	25
2	单、双格洗涤盆(池)			
3	洗手盆、洗脸盆		32 ~ 50	
4	浴盆		50	20
5	淋浴器			
6	大便器	高、低水箱	100	12
		自闭式冲洗阀		
		拉管式冲洗阀		
7	小便器	手动、自闭式冲洗阀	40 ~ 50	20
		自动冲洗水箱		
8	化验盆(无塞)			25
9	净身器			20
10	饮水器		20 ~ 50	10 ~ 20
11	家用洗衣机		50(软管为30)	

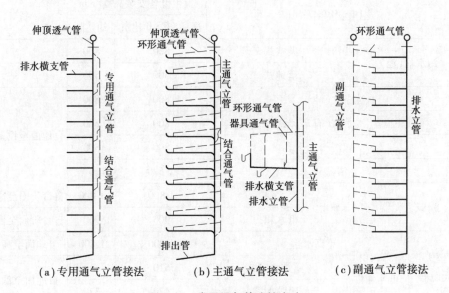

(a)专用通气管接法　　(b)主通气立管接法　　(c)副通气立管接法

图4.24　常见通气管连接方法

7)通气管安装

通气管穿过建筑物的屋面时,应做好防水措施,通常是在穿屋面时做刚性防水套管。高层建筑通气管的安装形式如图4.24所示。

4.3 卫生设备安装

4.3.1 卫生设备分类

卫生设备是对厨房、卫生间、盥洗室或其他场所用以卫生、清洁的各种器具的总称。

卫生设备的材质有陶瓷、搪瓷生铁、塑料、玻璃钢、人造大理石、人造石、亚克力、不锈钢等。按照用途分为便溺用、盥洗及沐浴用、洗涤用和专用卫生设备四大类。

便溺用卫生设备包括大、小便器(槽)等。其中,大便器分为坐式大便器和蹲式大便器。盥洗及沐浴用卫生设备包括洗脸盆、浴盆、淋浴器、盥洗槽等。其中,淋浴器分为管件淋浴器和成品淋浴器。洗涤用卫生设备包括洗涤盆、化验盆、污水盆等。专用卫生设备包括倒便器、妇女净身器、水疗设备及饮水器等。

4.3.2 卫生设备安装一般规定

卫生设备安装应采用预埋螺栓或膨胀螺栓固定。卫生设备及给水配件的安装高度,如设计未明确,应符合表4.12及表4.13的规定。卫生设备交工前应做满水和通水试验。要求满水后各个连接件不渗不漏;通水试验要求给水及排水部分畅通。

表4.12 卫生设备安装高度

项次	卫生设备名称		卫生设备安装高度/mm		备 注
			居住和公共建筑	幼儿园	
1	污水盆(池)	架空式	800	800	—
		落地式	500	500	—
2	洗涤盆(池)		800	800	自地面至设备上边缘
3	洗脸盆、洗手盆(有塞、无塞)		800	500	
4	盥洗槽		800	500	
5	浴盆		≮520		
6	蹲式大便器	高水箱	1 800	1 800	自台阶面至高水箱底
		低水箱	900	900	自台阶面至低水箱底
7	坐式大便器	高水箱	1 800	1 800	自地面至高水箱底
		低水箱 外露排水管式	510		自地面至低水箱底
		低水箱 虹吸喷射式	470	370	

项次	卫生设备名称		卫生设备安装高度/mm		备 注
			居住和公共建筑	幼儿园	
8	小便器	挂式	600	450	自地面至下边缘
9		小便槽	200	150	自地面至台阶面
10		大便槽冲洗水箱	≮2 000		自台阶面至水箱底
11		妇女卫生盆	360		自地面至设备上边缘
12		化验盆	800		自地面至设备上边缘

表 4.13 卫生设备给水配件安装高度

项次	给水配件名称		配件中心距地面高度/mm	冷热水龙头距离/mm
1	架空式污水盆(池)水龙头		1 000	—
2	落地式污水盆(池)水龙头		800	—
3	洗涤盆(池)水龙头			150
4	住宅集中给水龙头		1 000	—
5	洗手盆水龙头			—
6	洗脸盆	水龙头(上配水)		150
		水龙头(下配式)	800	150
		角阀(下配式)	450	—
7	盥洗槽	水龙头	1 000	150
		冷热水管上下并行 热水龙头	1 100	150
8	浴盆	水龙头(上配水)	670	150
9	淋浴器	截止阀	1 150	95
		混合阀		—
		淋浴喷头下沿	2 100	—
10	蹲式大便器(台阶面算起)	高水箱角阀及截止阀	2 040	—
		低水箱角阀	250	—
		手动式自闭冲洗阀	600	—
		脚踏式自闭冲洗阀	150	—
		拉管式冲洗阀(从地面算起)	1 600	—
		带防污助冲器阀门(从地面算起)	900	—
11	坐式大便器	高水箱角阀及截止阀	2 040	—
		低水箱角阀	150	—

续表

项次	给水配件名称	配件中心距地面高度	冷热水龙头距离
12	大便槽冲洗水箱截止阀(从台阶面算起)	≮2 400	—
13	立式小便器角阀	1 130	—
14	挂式小便器角阀及截止阀	1 050	—
15	小便槽多孔冲洗管	1 100	—
16	实验室化验水龙头	1 000	—
17	妇女卫生盆混合阀	360	—

注:装设在幼儿园内的洗手盆、洗脸盆和盥洗槽水嘴中心离地面安装高度应为 700 mm,其他卫生设备给水配件的安装高度,应按卫生设备实际尺寸相应减少。

4.3.3 卫生设备安装

1)安装要求

(1)准确性
平面和立面位置应准确。安装允许偏差应符合表 4.14 的规定。
(2)严密性
卫生设备安装应保证正常使用时各给、排水接口严密。
(3)稳固性
卫生设备安装应保证其各部位及支、托架等牢固稳定。
(4)可拆性
当卫生设备损坏或需要更换时,本身及给、排水管道接口应能够拆卸。
(5)美观性
卫生设备安装应平整、美观。

表4.14 卫生设备安装的允许偏差和检验方法

项次	项	目	允许偏差/mm	检验方法
1	坐标	单独设备	10	拉线、吊线和尺量检查
		成排设备	5	
2	标高	单独设备	±15	
		成排设备	±10	
3	设备水平度		2	用水平尺和尺量检查
4	设备垂直度		3	吊线和尺量检查

卫生设备给水配件安装标高的允许偏差应符合表 4.15 的规定。

表4.15　卫生设备给水配件安装标高的允许偏差和检验方法

项次	项　目	允许偏差/mm	检验方法
1	大便器高、低水箱角阀及截止阀	±10	尺量检查
2	水　嘴	±10	
3	淋浴器喷头下沿	±15	
4	浴盆软管淋浴器挂钩	±20	

卫生设备排水管道安装的允许偏差应符合表4.16的规定。

表4.16　卫生设备排水管道安装的允许偏差及检验方法

项次	检查项目		允许偏差/mm	检验方法
1	横管弯曲度	每1 m长	2	用水平尺量检查
		横管长度≤10 m,全长	<8	
		横管长度>10 m,全长	10	
2	卫生设备的排水管口及横支管的纵横坐标	单独设备	10	用尺量检查
		成排设备	5	
3	卫生设备的接口标高	单独设备	±10	用水平尺和尺量检查
		成排设备	±5	

2)常用卫生设备安装

卫生设备形式较多,安装方法各异。除国家标准图集09S304《卫生设备安装》外,一些省、区也编制了地方性标准图集。其中列出了各种形式卫生设备的具体安装尺寸、主要材料表以及安装要求,可供安装时参照执行。下面介绍几种常用卫生设备安装。

(1)洗脸盆安装

洗脸盆分为台式、立柱式和壁挂式3种,安装方式很多。单柄单孔龙头背挂式洗脸盆安装如图4.25所示,材料表见表4.17。安装程序为:

①洗脸盆就位。根据排水管道在地面上或墙面上的甩口位置以及洗脸盆的安装高度,在墙面上画出螺栓孔水平中心线及脸盆安装垂直中心线,垂直中心线的位置应使洗脸盆排水栓中心与地面排水甩口的间距满足使用的存水弯的结构尺寸,标出螺栓孔的位置,钻孔并安装膨胀螺栓,然后挂装洗脸盆,并用膨胀螺栓固定好。

②安装水嘴。在洗脸盆水嘴进水口的外螺纹上加胶皮垫后插入脸盆的上水孔,由下方加垫后用锁紧螺母紧固。

③安装角式截止阀。将冷水、热水的角式截止阀(也称为角阀和八字门)的入口端分别与预留的冷水、热水内螺纹接口相连接,另一端连接短管或成品软管,并分别接至水嘴的冷水、热水接口,并注意接管保证水嘴出水为左热右冷。

④安装排水栓。将排水栓加橡胶垫后插入脸盆下水口中,并从盆底用锁紧螺母紧固。

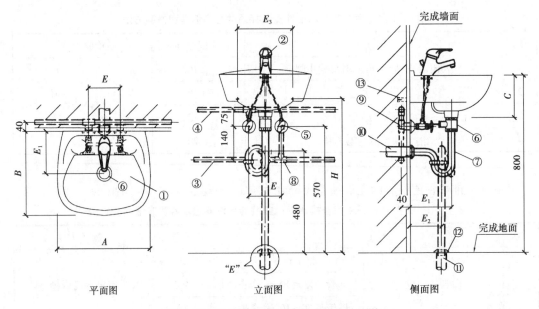

平面图　　　　　　立面图　　　　　　侧面图

图4.25　单柄单孔龙头背挂式洗脸盆安装

表4.17　单柄单孔龙头背挂式洗脸盆主要材料表

编　号	1	2	3	4	5	6	7
名　称	背挂式洗脸盆	单柄单孔龙头	冷水管	热水管	角式截止阀	提拉排水装置	存水弯
编　号	8	9		10	11	12	13	—
名　称	异径三通	内螺纹弯头		排水管	排水管	罩盖	套筒式膨胀螺栓	—

　　⑤安装提拉排水装置及存水弯。将提拉排水装置安装于排水栓下口,存水弯下部套上罩盖插入地面预留的排水管口内,并用石棉绳等柔性材料封堵两管缝隙。存水弯上部通过锁紧螺母与提拉排水装置锁紧,存水弯下部与地面预留的排水管口处用罩盖封好。

　　(2)蹲式大便器安装

　　蹲式大便器分为低水箱式、高水箱式、液压脚踏阀式、自闭冲洗阀式、感应冲洗阀式等。图4.26为一台阶式高水箱蹲式大便器安装图,主要材料见表4.18。安装程序为:

　　①划线定位。由预留在地面上的蹲便器的排水口中心引直线于便器后墙,并以此引线为基线在墙面上划垂线,以此确定冲洗管的安装位置。按照水箱的安装高度,以此垂线为纵向中心画出水箱螺栓孔的水平中心线,并画出螺栓孔的具体位置。

　　②高位水箱安装。先将水箱所附带各种附件(铜活)在水箱上安装完毕。在画好的水箱螺栓孔位置上钻孔并打入膨胀螺栓后将水箱固定于其上。

　　③蹲便器安装。将油灰堆抹于预留的蹲便器的排水口周边并高出排水口边缘,将蹲便器出水口插入排水承口内,按实校正后在用小砖块垫牢。然后在砖砌体与蹲便器的缝隙间灌入白灰膏或粗砂并压实,保持比台阶面低约1 cm即可。

　　④各接管安装。水箱接管包括进水管和出水管。进水管一般使用硬塑料管或成品金属软管,两端分别与给水管上的角式截止阀的外螺纹及水箱浮球阀的外螺纹连接。在接出的一根水箱的出水管(即蹲便器的冲洗管)上先加工好乙字弯和弯管,并在弯管的端头用锉刀锉出两

道环形沟槽,在墙上栽埋管卡,乙字弯一端管口插入水箱出水口的栓口,并用锁紧螺母紧固,下端套上胶皮碗,并将胶皮碗的另一端套在蹲便器的进水口上,用14号铜丝把胶皮碗两端绑扎牢固,填充粗砂。将出水管用管卡固定于墙上。

⑤抹灰施工。用细砂混凝土将蹲便器周边的填砂层上部抹平,并用硅酮密封膏嵌缝。

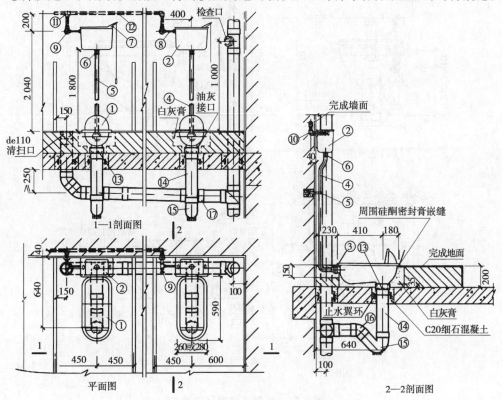

图4.26 高水箱蹲式大便器安装

表4.18 高水箱蹲式大便器主要材料表

编　号	1	2	3	4	5	6
名　称	蹲式大便器	高水箱	胶皮碗	高水箱冲洗管	管卡	高水箱配件
编　号	7	8	9	10	11	12
名　称	高水箱拉手	金属软管	角式截止阀	内螺纹弯头	异径三通	冷水管
编　号	13	14	15	16	17	—
名　称	便器接头	排水管	P型存水弯	45°弯头	90°顺水三通	—

(3)坐便器安装

坐便器分为落地式和壁挂式,具体安装又分为挂箱式、坐箱式、连体式、自闭冲洗阀式等多种。图4.27为挂箱式坐便器的安装图,材料表见表4.19。安装程序为:

①低水箱安装。先组装好水箱内的各种附件(铜活),再以预留的蹲便器的排水管口中心为中心在地面上画线,延伸与背墙垂直的坐标线至墙面,并将此线在背墙上向上引垂直线,以此垂线为立面中心线,按照水箱的安装高度画出固定水箱的膨胀螺栓位置,然后钻孔埋设膨胀螺栓,挂装固定水箱。

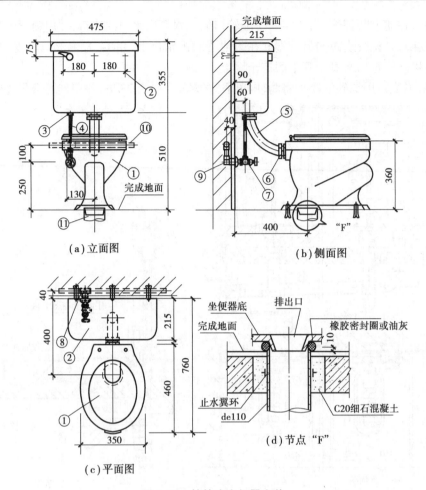

（a）立面图 （b）侧面图

（c）平面图 （d）节点"F"

图 4.27　挂箱式坐便器安装

表 4.19　挂箱式坐便器主要材料表

编号	1	2	3	4	5	6
名称	坐便器	壁挂式低水箱	进水阀配件	水箱进水管	角尺弯	锁紧螺母
编号	7	8	9	10	11	—
名称	角式截止阀	异径三通	内螺纹弯头	冷水管	排水管	—

②坐便器安装。以地面上已经画好的直角坐标为基准线,量取坐便器实物的四个地脚螺栓的尺寸并标注在地面坐标系中,钻孔埋设胀管。将橡胶密封圈套在预留排水口外或将油灰堆放在预留排水管口外缘,然后将坐便器排水口对准插入排水管口内,在木螺丝上套上垫片固定坐便器。

③接管及其他安装。将角尺弯分别连接至水箱底部的出水口和坐便器的进水口,并用锁紧螺母固定。将水箱进水管两端接至给水管上的角阀和水箱进水阀的外螺纹口上,并用锁紧螺母紧固。

（4）小便器安装

小便器安装方式分为落地式和壁挂式两种。按冲洗方式分,有手动阀、自闭冲洗阀、感应

冲洗阀等。自闭式冲洗阀斗式小便器安装如图4.28所示,材料表见表4.20。安装程序为:

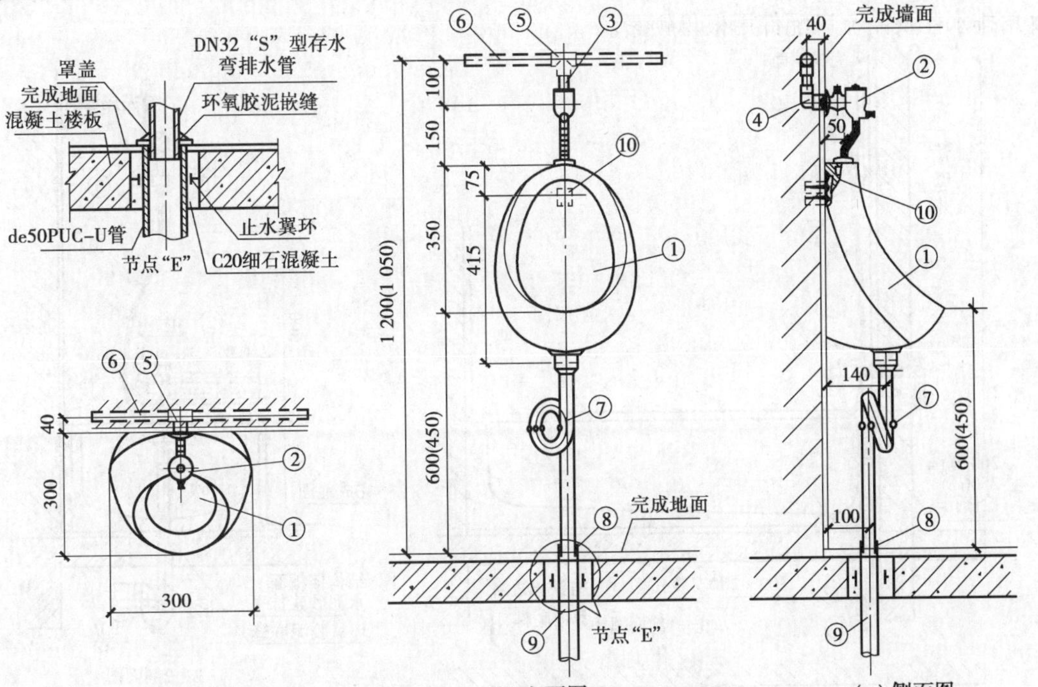

（a）平面图　　（b）立面图　　（c）侧面图

图4.28　自闭式冲洗阀斗式小便器安装

表4.20　自闭式冲洗阀斗式小便器主要材料表

编　号	1	2	3	4	5
名　称	斗式小便器	自闭式冲洗阀	冷水管	内螺纹弯头	异径三通
编　号	6	7	8	9	10
名　称	冷水管	存水弯	罩盖	排水管	挂钩

①小便器安装。以给水三通中心及在地面上预留的排水管口连线为立面中心线,按照小便器的安装高度将挂钩安装于墙面上,挂装并固定好小便器。

②安装自闭式冲洗阀及进水管。将自闭式冲洗阀安装于预留的给水管口上,把小便器进水管的一端用锁紧螺母与自闭式冲洗阀的出水口锁紧,另一端套上护口盘及配套的橡胶圈并插入小便器顶部进水孔,封好护口盘。

③安装排水栓及存水弯。将排水栓先锁紧在小便器的排水孔处,然后把存水弯下端插入地面上预留的排水管口内,上端套上胶圈插入排水栓下口内并用锁紧螺母锁紧。

（5）浴盆安装

浴盆分为单柄龙头普通浴盆、双柄龙头普通浴盆、入墙式单柄龙头普通浴盆等。单柄龙头裙边浴盆安装如图4.29所示,材料表见表4.21。安装程序为:

①浴盆就位。对于自身带支撑的浴盆,就位后需要检查裙边的水平度是否满足安装要求及稳固要求,必要时应该在支撑处进行加垫校平。

②排水配件安装。分别将直角排水栓用锁紧螺母固定在浴盆底部排水孔处,把直角溢流

口配件锁紧在浴盆上部溢流孔处。然后把排水三通插入预留的排水管内,另外两个口分别与直角排水栓及溢流口配件用根母锁紧。

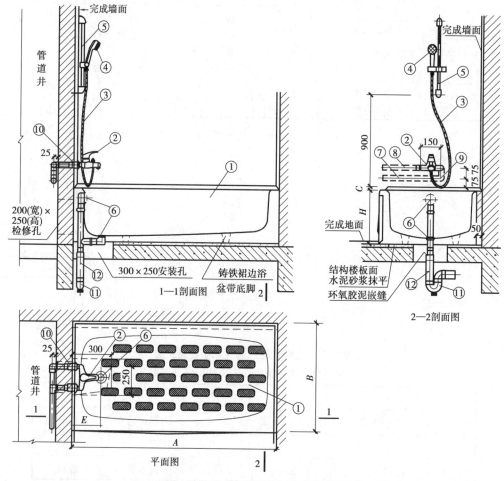

图 4.29　单柄龙头裙边浴盆安装

表 4.21　单柄龙头裙边浴盆主要材料表

编　号	1	2	3	4	5	6
名　称	裙边浴盆	单柄浴盆龙头	金属软管	手提式花洒	滑杆	排水配件
编　号	7	8	9	10	11	12
名　称	冷水管	热水管	90°弯头	内螺纹接头	存水弯	排水管

③浴盆龙头及花洒安装。将外螺纹浴盆龙头的两口分别与冷热水管预留的内螺纹接头相连接,并将护口盘紧靠墙面。根据要求高度在浴盆龙头上部安装滑杆,把金属软管分别与浴盆龙头出水口和手提式花洒的进水口用根母紧固,并将手提式花洒插入滑杆的滑卡中。

(6)双管管件淋浴器安装

其安装如图 4.30 所示,材料表见表 4.22。安装方法如下:

①画线及安装支架。先在墙上画出冷水管、热水管及混合管的垂直中心线和阀门水平中

心线,并在混合管垂直中心线上栽埋单管立管支架。

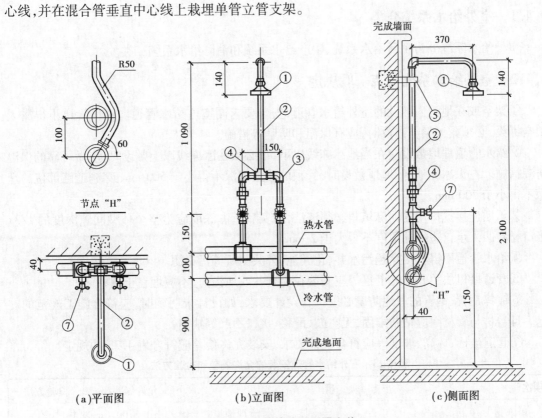

（a）平面图　　　　　（b）立面图　　　　　（c）侧面图

图 4.30　双管管件淋浴器安装

表 4.22　双管管件淋浴器主要材料表

编　号	1	2	3	4	5	6	7
名　称	莲蓬头	混合水管	弯头	三通	单管立式支架	活接头	淋浴器阀

②管道、管件及莲蓬头安装。按画好的管线垂直中心线和阀门水平中心线位置及尺寸配管。在冷水管上配抱弯后安装阀门,并依次安装短管、弯头、对丝、三通。热水管上接出短管并依次装上阀门、对丝、活接头,然后将弯头一端通过对丝与三通相接,另一端通过对丝与活接头连接,然后紧固活接头。最后将混合管与三通相接,并用单管立式支架固定,安装莲蓬头弯管及莲蓬头。

4.4　室外给水系统安装

室外给水管网包括民用建筑群(住宅小区)、庭院、厂区给水管网和城市给水管网。对于城市给水管网的安装可参考其他资料,本节仅介绍建筑群、庭院及厂区给水管网的管道安装及相关内容。

4.4.1 室外给水系统分类

室外给水系统分为生活给水系统、生产给水系统和消防给水系统三类。

4.4.2 室外给水系统安装一般规定

①架空或在地沟内敷设的室外给水管道,安装要求同室内给水管道。塑料管道不得露天架空铺设,必须露天架空铺设时,应有保温和防晒等措施。

②给水管道埋地敷设应在当地冰冻线以下,如必须在冰冻线以上敷设时,应做可靠的保温防潮措施。在无冰冻地区,埋地敷设时,管顶的覆土埋深不得小于 500 mm,穿越道路部位的埋深不得小于 700 mm。

③承插连接捻口用的油麻填料必须清洁,捻实后所占深度应为整个环型间隙深度的 1/3。接口材料凹入承口边缘的深度不得大于 2 mm。

④给水管道不得直接穿越污水井、化粪池、公共厕所等污染源。

⑤管道接口法兰、卡扣、卡箍等应安装在检查井或地沟内,不应埋在土壤中。

⑥镀锌钢管、钢管的埋地防腐必须符合设计要求,如设计未明确时,应符合施工规范的规定。且卷材与管材间应粘贴牢固,无空鼓、滑移、接口不严等缺陷。

⑦管道坐标、标高、坡度等应符合设计要求,安装允许偏差应符合表 4.23 的规定。

表 4.23 室外给水管道安装的允许偏差和检验方法

项次	项　目			允许偏差/mm	检验方法
1	坐标	铸铁管	埋地	100	拉线和尺量检查
			敷设在沟槽内	50	
		钢管、塑料管、复合管	埋地	100	
			敷设在沟槽内或架空	40	
2	标高	铸铁管	埋地	±50	
			敷设在地沟内	±30	
		钢管、塑料管、复合管	埋地	±50	
			敷设在地沟内或架空	±30	
3	水平管纵横向弯曲	铸铁管	直段(25 m以上)起点至终点	40	
		钢管、塑料管、复合管		30	

⑧塑料给水管道上的水表、阀门等设施,其重力或启闭装置的扭矩不得作用于管道上。当管径不小于 50 mm 时,必须设独立的支撑装置。

⑨消防水泵接合器和消火栓的位置标志应明显,栓口的位置应方便操作。当采用墙壁式安装时,如设计未明确时,进、出水栓口的中心安装高度距地面应为 1.10 m,其上方应设有防坠落物打击的措施。

⑩室外消火栓和消防水泵接合器的各项安装尺寸应符合设计要求,栓口安装高度允许偏差为 ±20 mm。

⑪地下式消防水泵接合器顶部进水口或地下式消火栓的顶部出水口与消防井盖底面的距离不得大于 400 mm,井内应有足够的操作空间。寒冷地区井内应做防冻措施。

4.4.3 室外给水管道安装

1)常用管材及连接方法

常用管材及连接方法见表4.24。

表 4.24 室外给水管道常用管材及连接方法

管 材	连接方法
给水铸铁管	承插连接(胶圈或石棉水泥接口等)
镀锌焊接钢管	螺纹、法兰、卡套式、卡箍连接
给水塑料管	粘接、胶圈接口
复合管道	螺纹、法兰、卡箍连接

2)安装程序及方法

室外给水管道通常采用直接埋地敷设方式。给水铸铁管安装方法如下:

(1)施工程序

测量放线—管沟开挖—沟底找坡—沟基处理—下管—管道安装—水压试验—管沟回填土。饮用水管道试压后应冲洗消毒。

对口、安装程序:管材检查—管材防腐及管口处理—下管、对口—打口、养护—试压—管沟回填。

(2)安装方法

①测量放线。根据设计施工图标注位置在施工现场进行勘测,画出管线位置,并确定每一处沟槽的开挖宽度和深度。

②开挖沟槽。沟槽开挖前,应充分了解沟槽开挖地段的土质及地下水位情况,根据不同情况及管径、埋设深度、施工季节和地面上建筑物等情况来确定具体沟槽的开挖形式。

沟槽形式通常有直槽、梯形槽、混合槽和联合槽四种,如图4.31所示。

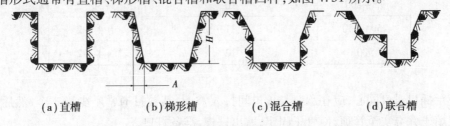

(a)直槽	(b)梯形槽	(c)混合槽	(d)联合槽

图 4.31 沟槽断面形式

建筑给水管道的埋深一般较浅,通常采用直槽形式开挖。管沟基层处理和井室地基应符合设计要求。管沟的沟底层应是原土层或是夯实的回填土。沟槽挖好后,沟底应处理平整、坡度应顺畅,不得有尖硬的物体、块石等。

如沟基为岩石、不易清除的块石或为砾石层时,沟底应下挖 100 ~ 200 mm,填铺细沙或粒径不大于 5 mm 的细土,夯实到沟底标高后方可铺设管道。

③管材检查、防腐处理及管口清理。给水铸铁管在使用前应进行管子的外观检查和质量检查。有裂纹的管子不得使用。对于管子原有防腐层有破损的,应在下管前补涂。

检查合格的铸铁管,应用氧气-乙炔火焰或用喷灯将承口内及插口外的防腐层烧烤掉,并用钢丝刷打净,将管子依据管径大小、按照承口迎着水流方向沿管沟排开。下管前应将管内壁用抹布拖净。

④下管。下管前,应在预测的承插接口处开挖接口工作坑,如图 4.32 所示。

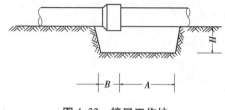

图 4.32 接口工作坑

下管方法可根据管径、沟槽和施工机具装备情况确定。建筑群、庭院以及厂区给水管网的管径通常较小,一般采用人力或人力配合小型机具方法下管,如木槽溜管法、塔架下管法及人工压绳下管法等。

⑤对口。下到沟槽中的管道,对口前应先清理好管端的泥土,然后根据管径大小选择好对口方法。管径小于 400 mm 的管子,可用人工或用撬杠顶入对口;管径大于或等于 400 mm 的管子,用吊装机械或倒链对口。

给水铸铁管承插连接的对口间隙应不小于 3 mm,最大间隙不得大于表 4.25 的规定。

表 4.25 铸铁管承插接口的对口最大间隙

管径/mm	沿直线敷设/mm	沿曲线敷设/mm
75	4	5
100 ~ 250	5	7 ~ 13
300 ~ 500	6	14 ~ 22

给水铸铁管沿直线敷设时,承插接口连接的环型间隙应符合表 4.26 的规定。沿曲线敷设,每个接口允许有 2° 转角。

表 4.26 铸铁管承插接口的环型间隙

管径/mm	标准环型间隙/mm	允许偏差/mm
75 ~ 200	10	+3 −2
250 ~ 450	11	+4 −2
500	12	+4 −2

为使承插口对口同心,应在承口与承口间打入铁楔,其数目通常不少于 3 个;然后在管节中部分层填土并夯实至管顶,使管子固定,取出铁楔,准备打口。

⑥打口及养护。管子打口即管道接口。给水铸铁管一般为承插连接。常用接口的方式有油麻石棉水泥接口、自应力水泥砂浆接口、橡胶圈接口、青铅接口等。

打好口的石棉水泥接口(见图 4.33)、自应力水泥砂浆接口应及时进行养护。可在接口处绕上草绳,或盖上草带、麻袋布、破布或土等,并在它们上面洒少量水,且每隔 6 ~ 8 h 洒水一次。养护时间不少于48 h。

橡胶圈接口的特点是速度快、省人工、可带水作业。橡胶圈接口安装不得使胶圈产生扭曲、裂纹等缺陷。每个橡胶圈接口的最大偏转角不得超过表4.27的规定。

橡胶圈接口的埋地给水管道,若埋设地的土壤或地下水对橡胶圈有腐蚀时,在回填土前应用沥青胶泥、沥青麻丝或沥青锯末等材料封闭橡胶圈接口。

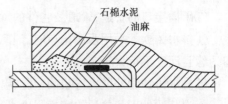

图4.33 承插式铸铁管油麻石棉水泥接口

表4.27 橡胶圈接口最大允许偏转角

公称直径/mm	100	125	150	200	250	300	350	400
允许偏转角度/(°)			5			4		3

青铅接口具有速度快、弹性好、抗震动、接口严密性好、施工方便、不需要养护的优点。冷铅接口还可以在带水环境中操作。

⑦水压试验。给水管道水压试验前,除接口外,管道两侧及管顶以上均应回填土,且回填土的高度不应小于0.5 m。水压试验合格后,应及时回填其余部分。

⑧管沟回填。除设计要求自然沉实的不必回填外,其他均应从管道两侧开始分层回填、分层夯实。回填至管顶时,为保护管子,应加大管顶回填厚度至500 mm后再进行夯实,之后每回填200~300 mm夯实一次,直至与地面相平。

4.5 室外排水系统安装

4.5.1 室外排水系统的分类

室外排水系统分为生活污水排水系统、生产污废水排水系统和雨水排水系统三类。

4.5.2 室外排水管网安装一般规定

①排水管道的坡度必须符合设计要求,严禁无坡或倒坡。
②管道的坐标和标高应符合设计要求,安装的允许偏差应符合表4.28的规定。

表4.28 室外排水管道安装的允许偏差和检验方法

项次	项 目		允许偏差/mm	检验方法
1	坐 标	埋地	100	拉线尺量
		敷设在沟槽内	50	
2	标 高	埋地	±20	用水平仪、拉线和尺量
		敷设在沟槽内	±20	
3	水平管道纵横向弯曲	每5 m 长	10	拉线尺量
		全长(两井间)	30	

③承插接口的管道,管道及管件的承口应与水流方向相反。

④排水铸铁管采用水泥捻口时,油麻填塞应密实,接口水泥应密实饱满,其接口面凹入承口边缘且深度不得大于 2 mm。

⑤排水铸铁管外壁在安装前应除锈,涂二遍石油沥青漆。

⑥沟基的处理和井池的底板强度必须符合设计要求。

⑦排水检查井、化粪池的底板及进出水管的标高必须符合设计,允许偏差为 ±15 mm。

4.5.3 室外排水系统安装

1)常用管材及连接方法

室外排水系统采用的管材及连接方法见表 4.29。

表 4.29 室外排水常用管材及连接方法

管　材	连接方法
混凝土管	承插、抹带、套环连接
钢筋混凝土管	
排水铸铁管	承插连接
排水塑料管	粘接、胶圈连接
陶土管	承插连接

2)安装程序及方法

(1)施工程序

施工程序与室外给水管网安装程序基本相同,但排水管道一般为重力流且管径较大,埋设深度会因管道长度的增加而增加,由此带来沟槽排水、铺筑管基等问题。

(2)安装施工方法

①沟槽排水。为保证开挖的沟槽不被地下水浸泡、破坏天然土基,通常使用较多的简单方法是明沟排水,如图 4.34 所示。排水明沟一般深为 300 mm,集水井的底应比排水沟低 1 m 左右,集水井的间距可根据地质及地下水量的大小确定,通常为 50 ~ 150 m。集水井可做成木板支撑式、木框式或用混凝土短管、钢筋混凝土短管制成。

图 4.34　明沟排水

②铺筑管基。管基因排水管材的不同而异。陶土管的管径通常在内径 300 mm 以内,它的管基有素土基础、沙垫层基础和混凝土枕基三种。

排水铸铁管的管径一般在内径 200 mm 以内,通常使用素土基础。

混凝土管的管径较大、距离长、埋深也较大,运行易受地下结构影响,通常需设置管基。常用管道基础有混凝土带状基础等。

③管道接口。排水铸铁管的接口形式为承插连接。塑料排水管的接口多为粘接和胶圈接口连接。混凝土管的端口形式较多,接口形式也较多,详见国家标准图集《排水管道基础及接口》04S516。

4.6 给排水系统试压与验收

给排水系统安装完毕,承压管道需做水压试验,非承压管道需做灌水和通球试验。系统试验条件及要求如下:

①试验管段的管道已经全部安装完毕,并符合设计要求和有关规范的规定。

②支、吊架配置正确、安装完毕,并且牢固可靠。

③试压前,各管道接口连接处不应涂漆,需要绝热的管道试验之前不允许绝热。埋地敷设的管道试压前必须覆土的,其各个连接口必须外露。

④试验采用的临时加固措施经检查确认安全可靠。

⑤试验用压力表应经过检验校正,其精度等级不应低于1.5级,表的满刻度为最大被测压力的1.3~1.5倍,公称直径不应小于150 mm。

⑥系统试验应做好试验记录。

1)给水系统试验

试验目的是检查给水系统各个连接接口的安装质量,试验内容是强度和严密性试验。试验压力应符合设计要求。当设计未明确时,应符合表4.30的规定。

表4.30 给水系统试验压力

类 别			工作压力 P_t/MPa	强度试验压力 P_s/MPa	
				P_s	要 求
室内管道	给水	金属、复合管、塑料管	—	$1.5P_t$	≥0.6
		生活热水供应:塑料管、复合管、镀锌钢管和铜管	—	顶点 P_t +0.1	≥0.3
	自动喷水灭火	镀锌钢管	≤1.0	$1.5P_t$	≥1.4
			>1.0	P_t +0.4	—
室外管道	给水	生活给水:塑料管、复合管、镀锌钢管或给水铸铁管	—	$1.5P_t$	≥0.6
	消防	消防水泵接合器及室外消火栓安装	—	$1.5P_t$	≥0.6

(1)试压步骤及要求

系统压力试验通常以水作为试验介质。

①室内给水系统检验。对金属管及复合管,在试验压力下观测10 min,压力降不应大于

0.02 MPa,然后降到工作压力进行检查,应不渗不漏。塑料管在 P_S 下稳压 1 h,压降不得超过 0.05 MPa,然后在工作压力的 1.15 倍状态下稳压 2 h,压力降不得超过 0.03 MPa,同时检查各连接处不得渗漏。

应注意,给水系统交付使用前必须进行通水试验并形成记录。生活给水系统在交付使用前应进行冲洗和消毒,并经有关部门取样检验,符合国家《生活饮用水标准》后方可使用。

②室内热水供应系统安装完毕,管道保温之前应进行水压试验。检验方法:

钢管或复合管在 P_S 下 10 min 内压力降不大于 0.02 MPa。降至工作压力后检查,压力应不降,且不渗不漏。塑料管在 P_S 下稳压 1 h,压降不大于 0.05 MPa,然后在工作压力 1.15 倍状态下稳压 2 h,压降不大于 0.03 MPa,连接处不得渗漏。

③自动喷水灭火系统强度试验应为系统最低点。先注水将管网内空气排净,然后慢慢升压,达到 P_S 后稳压 30 min,以管网无泄漏、无变形,并且压力降不大于 0.05 MPa 为合格。

强度试验和管网冲洗合格后做严密性试验。在设计工作压力下稳压 24 h 无渗漏为合格。

自动喷水灭火系统的水源干管、进户管和室内埋地管道,应在回填土前单独或与系统一起进行水压强度试验和水压严密性试验。

④室外给水管网安装的质量检验与验收。检验方法:钢管、铸铁管在 P_S 下 10 min 内压降不大于 0.05 MPa,塑料管在 P_S 下稳压 1 h,压力降不大于 0.05 MPa。然后降至工作压力检查,压力应不变且不渗不漏。

⑤室内消火栓系统安装完成后,应取屋顶层(或水箱间内)试验消火栓和首层取两处消火栓做试射试验,达到设计要求为合格。检验方法:实地试射检查。

⑥室外消防系统安装完毕应进行水压试验。检验方法: P_S 下 10 min 内压降不大于 0.05 MPa,再降至工作压力检查,压力应保持不变、不渗不漏。消防管道应进行冲洗。

2)排水管道试验

试验目的是检查排水系统管道接口的安装质量。试验内容包括室内排水系统灌水试验和通球试验,室外排水系统灌水试验和通水试验。试验步骤及要求如下:

(1)室内排水管道及配件安装检验

隐蔽前应做灌水试验,灌水高度应不低于底层卫生设备的上缘或底层地面高度。检验方法:满水 15 min 水面下降后,再灌满观察 5min,液面不降,管道及接口无渗漏为合格。

排水主立管及干管均应做通球试验,所用通球球径不小于排水管道管径的 2/3,通球率必须达到 100%。检验方法:通球检查。

(2)室外排水系统的安装质量检验与验收

管道埋设前应做灌水试验和通水试验,排水应畅通,无堵塞,管接口无渗漏。检验方法:按排水检查井分段试验, P_S 以试验段上游管顶高度加 1 m,时间不少于 30 min,逐段观察。

(3)雨水管道安装完毕应做灌水试验

灌水高度必须到每根立管上部的雨水斗。检验方法:灌水试验持续 1 h,不渗不漏为合格。

习题 4

4.1 室内给水管道常用哪些管材?分别有哪些连接方法?

5

燃气系统安装

气体燃料作为一种清洁燃料,已广泛应用于国民经济与民众生活的各个领域。燃气分为天然气,液化石油气和人工燃气三类,具有热值高、输送与使用方便等优点,但同时又有易燃、易爆、含部分有害物质等特性。燃气的生产、储存、输配和使用的各个环节,都有较严格的管理制度和完善的技术措施,燃气系统的安装自然也应有严格的要求。

5.1 室外燃气系统安装

5.1.1 燃气输配系统简介

1) 长输管道系统

天然气长输管道系统一般包括输气干线、首站、中间压气站、干线截断阀室、穿(跨)越障碍(江河、铁路、水利工程等)、末站(或称城市门站)、城市储配站及压气站等,如图5.1所示。

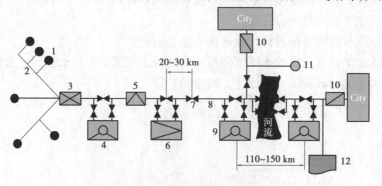

图5.1 天然气输气系统示意图

1—井场装置;2—集气管网;3—集气站;4—矿场压气站;5—天然气处理厂;6—输气首站;7—截断阀;
8—干线管道;9—中间压气站;10—城市配气站及配气管网;11—地上储气库;12—地下储气库

首站与各压气站内均设有动力设备、计量与检测装置、控制装置,同时还须有清管球送接装置,以定期清除管道中的杂物(如水、机械杂质和铁锈等)。为了及时进行事故抢修、检修,根据线路所在地区类别,输气干线上每隔一定距离(一般 20 ~ 30 km)须设置一个截断阀。为了调峰的需要,在城市附近会设地上或地下储气库。

2)城市燃气输配系统

城市燃气输配系统是一个综合设施,主要由燃气输配管网、储配站、计量调压站、运行操作和控制设施等组成。

(1)燃气管道分类

燃气管道可按以下方式进行分类:

①按用途分类,可分为长距离输气管道、城镇燃气管道和工业企业燃气管道。长距离输气管道一般用于天然气的长距离输送。城镇燃气管道可分为城镇分配管道、用户引入管和市内燃气管道。工业企业燃气管道分为工厂引入管、厂区燃气管道、车间燃气管道和炉前燃气管道。

②按压力分类。城镇燃气管道按设计压力分为 7 级,详见表 5.1。

表 5.1　城镇燃气管道按设计压力分类

名　称	低压燃气管道	中压燃气管道		次高压燃气管道		高压燃气管道	
		B	A	B	A	B	A
压力/MPa	$P \leqslant 0.01$	$0.01 < P \leqslant 0.2$	$0.2 < P \leqslant 0.4$	$0.4 < P \leqslant 0.8$	$0.8 < P \leqslant 1.6$	$1.6 < P \leqslant 2.5$	$2.5 < P \leqslant 4.0$

一般由城市高压 B 燃气管道构成大城市输配管网系统的外环网,高压 B 燃气管道也是给大城市供气的主动脉;高压 A 输气管通常是贯穿省、地区或连接城市的长输管线,有时也构成了大型城市输配管网系统的外环网;中压 A 和中压 B 燃气管道必须通过区域调压站、用户专用调压站才能给城市分配管网中的中压和低压管道供气,或给工业企业、大型公共建筑用户以及锅炉房供气。

③按敷设方式分,可分为地下燃气管道和架空燃气管道。城镇燃气管道为了安全运行,一般均为埋地敷设,不允许架空敷设;当建筑物间距过小或地下管线和构筑物密集,管道埋地困难时才允许架空敷设。厂区的燃气管道常用架空敷设,以便于管理和维修并减少燃气泄漏的危害。

(2)燃气管网系统

城市燃气管网由燃气管道及其设备组成。根据低压、中压和高压等各种压力级别管道的不同组合,城市燃气管网系统的压力级制可分为如下几级:

一级制系统:仅由低压或中压一种压力级别的管网分配和供给燃气的管网系统。

二级制系统:以中-低压或高-低压两种压力级别的管网组成的管网系统。

三级制系统:以低压、中压和高压三种压力级别组成的管网系统。

5.1.2　室外燃气管道安装

城镇燃气输配工程施工单位必须具有与工程规模相适应的施工资质;进行城镇燃气输配

工程监理的单位必须具有相应的监理资质,工程项目必须取得建设行政主管部门批准的施工许可文件后方可开工。承担燃气钢质管道、设备焊接的人员,必须具有锅炉压力容器压力管道特种设备操作人员资格证(焊接)焊工合格证书。

1)管材及管件

中压、低压燃气管道宜采用聚乙烯管、机械接口球墨铸铁管、钢管、钢骨架聚乙烯复合管;高压、次高压燃气管道应采用钢管。各种管材须符合设计要求。

进入施工场地的管材、管件、管道附件及其他材料应具有产品质量证明书、出厂合格证、说明书,并应严格验收。管材、设备应妥善保管,宜存放在通风良好、防雨、防晒的库房或简易工棚内,分类储存堆放整齐,便于保管,堆放的高度、环境条件(湿度、温度、光照等)须符合产品要求。运输时应逐层堆放,捆扎、固定牢靠,避免相互碰撞。严禁抛摔、拖拽和剧烈撞击,防止尖凸物损伤管道,还要避免接触可能损伤管道、设备的油、酸、碱、盐等类物质。聚乙烯管道和钢骨架聚乙烯管道和已做好防腐的管道,捆扎和吊装时应使用强度足够且不致损伤防腐层的绳索(带)。

埋地钢质管道、管件的防腐层应符合相关现行技术规范的要求,其除锈、防腐工作宜统一在专门车间(场、站)进行,防腐层的预制、施工涉及的有关工业卫生、环境保护等事项应符合现行国家规定。

2)施工工艺流程

(1)埋地燃气管道

埋地燃气管道安装施工的工艺流程如图5.2所示,包括测量定位放线、开挖沟槽、管道敷设及对口连接、试压及检漏、除锈防腐和回填土方等程序。

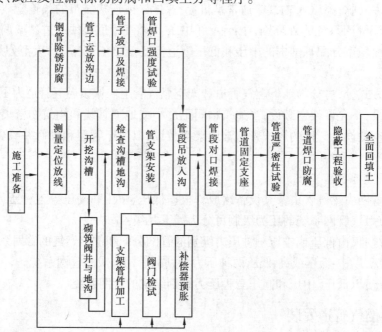

图 5.2　埋地燃气管道安装流程

（2）架空燃气管道

与埋地管道相比，燃气管道架空敷设可大幅度减少土方工程量，但增加了支架的制作与安装工程量，并需搭拆脚手架；此外，埋地钢管的防腐一般用沥青涂层防腐，而架空钢管则用油漆涂层防腐。架空钢燃气管道安装施工的工艺流程如图5.3所示。

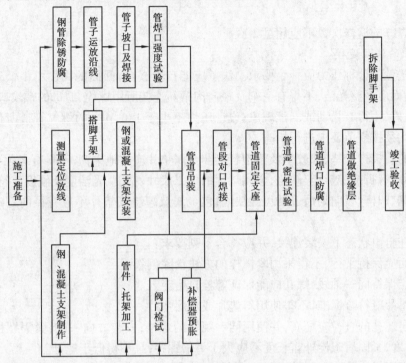

图5.3　架空燃气管道安装流程

3）钢质燃气管道安装

钢质燃气管道的连接方式有焊接连接与法兰连接两种。

（1）钢管的焊接连接

燃气管道应按照设计图纸的要求，控制管道的平面位置、高程、坡度，与其他管道或设施的间距应符合规范要求。当管道的纵断面、水平位置折角大于22.5°时，必须采用弯头。燃气钢管的弯头、三通、异径接头等管件宜采用机制管件。管道的切割及坡口加工宜采用机械方法，当采用气割等热加工方法时，必须除去坡口表面的氧化皮，并进行打磨。

燃气管道的焊接要求较高。管道焊接完成后，强度试验及严密性试验之前，必须对所有焊缝进行外观检查和对焊缝内部质量进行检验。对焊缝内部的质量检验须按设计文件要求，进行100%检验或抽检。焊缝内部质量的抽样检验应符合下列要求：

①管道内部质量的无损探伤数量应按设计规定进行；

②当设计无规定时，抽样数量不应少于焊缝总数的15%，且每个焊工不应少于1个焊缝。抽查时应侧重检查固定焊口。

③对穿越铁路、公路、河流、桥梁、有轨电车及敷设在套管内的管道环向焊缝必须进行100%的射线照相检验。

④当抽样检验的焊缝全部合格时，则此次抽样所代表的该批焊缝全部合格；当抽样检验出

现不合格焊缝时,对不合格焊缝返修后应按以下规定扩大检验:

a.每出现一道不合格焊缝,应再抽检 2 道该焊工所焊的同一批焊缝,按原探伤方法进行检验;

b.如第二次抽检仍出现不合格焊缝,则应对该焊工所焊全部同批焊缝按原探伤方法进行检验;

c.同一焊缝的返修次数不应超过 2 次。

(2)钢管的法兰连接

所使用法兰的公称压力应符合要求。法兰应能自然嵌合,凸面的高度不得低于凹槽的深度;法兰密封面应平整光洁,不得有毛刺及径向沟槽。连接所用螺栓、螺母的螺纹应完整、无损伤,且配合良好,不得有松动或卡涩现象;设计压力不小于 1.6 MPa 的燃气管道所使用高强度螺栓、螺母,均须按规范要求进行检查。

法兰间的石棉橡胶垫、橡胶垫及软塑料等非金属垫片应质地柔韧,不得有老化变质或分层现象,表面不应有折损、皱纹等缺陷;金属垫片的加工尺寸、精度、光洁度及硬度应符合要求,表面不得有毛刺、凹槽、径向划痕迹锈斑等缺陷;包金属及缠绕式垫片不应有径向划痕、松散、翘曲等缺陷。

法兰应在自由状态下安装连接,并应符合下列要求:

①法兰面应保持平行,不得采用紧螺栓的方法消除偏斜。

②管道应保持同一轴线,螺孔应能保证螺栓自由穿入。

③法兰垫片应符合标准,不得使用斜垫片或双层垫片。

④螺栓与螺孔的直径应配套,并使用同一规格的螺栓;安装方向一致,紧固螺栓时应对称均匀,紧固适度,紧固后螺栓外露长度不应大于 1 倍螺距,且不得低于螺母。

⑤螺栓紧固后应与法兰紧贴,不得有楔缝;需加垫片时,每个螺栓所加垫片不应超过 1 个。

⑥法兰与支架边缘或墙面距离不宜小于 200 mm。

(3)钢质燃气管道的埋地安装

地下燃气管道不得从建筑物和大型构筑物(不包括架空的建筑物和大型构筑物)的下面穿越;也不得在堆积易燃、易爆材料和具有腐蚀性液体的场地下面穿越,并不宜与其他管道或电缆同沟敷设。当需要同沟敷设时,必须采取有效的安全防护措施。

高、中压燃气管道一般采用直接埋地形式敷设。钢管易腐蚀,所以常用环氧煤沥青防腐绝缘层、煤焦油磁漆外覆盖层与石油沥青防腐绝缘层进行表面防腐处理,也可采用电化学保护方式。在管道运输、堆放、安装、回填土的过程中,必须采取有效措施,保证防腐绝缘层不受损伤,以延长使用年限与确保安全运行。管道下沟宜使用吊装机具,严禁抛、滚、撬等破坏防腐层的做法;吊装时,应保护管道不受损伤;吊装点间距不得大于 8 m,且被吊装管道长度不宜大于 36 m。

管道对口前应将其内部清理干净,不得存有杂物,每次收工时须将敞开的管端临时封堵,防止异物进入;管道在敷设时应在自由状态下安装连接,严禁强力组对;管道在套管内敷设时,套管内的燃气管道不宜有环向焊缝;管道环向焊缝间距不应小于管道的直径且不得小于 150 mm。

法兰连接的埋地钢质燃气管道,必须对法兰和紧固件按管道相同的防腐等级进行防腐处理。

管道下沟前必须对防腐层进行100%的外观检查;埋土回填前,必须对管线道的防腐层完整性进行全线检查,需要用电火花检漏仪进行检查,并对电火花击穿处进行修补,不合格必须返工处理,直至合格。

燃气管道穿越铁路、公路、河流和城市道路时,应敷设在套管内。套管宜采用钢管或钢筋混凝土管,套管内径应比燃气管道外径大100 mm以上;套管两端与燃气管道的间隙应采用柔性的防腐、防水材料密封,其一端还应装设检漏管;套管端部距路堤坡脚外的距离不应小于2.0 m。燃气管道从排水管(沟)、热力管沟、隧道及其他各种用途沟槽内穿过时,应将燃气管道敷设于套管内。

4)球墨铸铁管的安装

铸铁管防腐性能较好,输送燃气的球墨铸铁管一般采用直埋方式敷设,其连接方式多为承插连接,法兰连接多用于与阀门、附件的连接处。承插连接一般采用压紧法兰连接形式(参见本书2.3节)。铸铁管道在敷设前需全部经过气密性或水密性试验合格,并应将内部异物清除干净;连接部位(承口、插口、套管、压盘等)的毛刺、铸瘤、粘砂和多余涂料等应清除掉,并整修光滑,擦拭干净,不得有影响接口密封的缺陷。

铸铁管的防腐性能良好,处理方法比较简单,但铸铁管与管件质脆易裂,在运输、吊装与下管时应防止碰撞,不得从高空坠落于地面,以免将铸铁管碰裂。铸铁管一般不在沟槽外预先连接,常采用单段管道下沟,沟内做接口连接。铸铁管下沟应尽量采用机械设备,人工下管多采用压绳法下管。

管道和管件就位时,生产厂家的标记宜朝上。使用的橡胶密封圈,必须符合燃气输送介质的使用要求,其轮廓应清晰,表面光滑,不得有影响接口密封的缺陷。连接时,在承口密封面、插口端、密封圈上涂一层润滑剂;将压兰套在管道的插口端,使其延长部分唇沿与插口端方向一致,然后将密封圈套在插口端(注意密封圈的斜面应与插口端方向一致);再将管道的插口端插入承口内,均匀地把密封胶圈按进密封槽内(橡胶圈就位后不得扭曲),此过程中,承插接口环形间隙应均匀;最后,将压兰推向承口端,压兰的唇沿应靠在密封胶圈上,插入螺栓,使用扭力扳手,多次、对称、均匀地拧紧螺栓(宜采用可煅铸铁螺栓)。管道最大允许借转角度及距离不应大于表5.2的规定。

表5.2 球墨铸铁管的最大允许借转角度及距离

管道公称直径/mm	80~100	150~200	250~300	350~600
平面借转角度/(°)	3	2.5	2	1.5
竖直借转角度/(°)	1.5	1.25	1	0.75
平面借转距离/mm	310	260	210	160
竖向借转距离/mm	150	130	100	80

注:适用于6 m长规格的球墨铸铁管,采用其他规格的球墨铸铁管时,按照产品说明书的要求执行。

铸铁管道敷设时,弯头、三通及盲板处均应砌筑永久性支墩,临时盲板应用2倍于盲板承压的千斤顶支撑。

5) 聚乙烯燃气管和钢骨架聚乙烯复合燃气管安装

聚乙烯管和钢骨架聚乙烯复合管不需另作防腐处理,一般直接埋地来输送介质。管道的管材、管件从生产到使用之间的存放时间,黄色管材不宜超过 1 年,黑色管材不宜超过 2 年。

聚乙烯管和钢骨架聚乙烯复合管安装施工前应制订施工方案,确定连接方法、连接条件、焊接设备及工具、操作规范、焊接参数、操作者的技术水平要求和质量控制方法。管道连接前,应认真核查欲连接管材、管件的规格、压力等级,其表面不宜有磕碰、划伤。

管道连接的环境温度应在 −5 ~ 45 ℃ 范围内,风力不大于 5 级,否则应采取防风、保温措施,并调整连接工艺;管道连接过程中,应避免强烈日光照射而影响焊接温度;当管材、管件存放处与施工现场温差较大时,连接前应将管材、管件运至现场搁置一定时间,使其温度和施工现场温度接近;连接完成后的接头应自然冷却,冷却过程中不得移动接头、拆卸夹紧工具或对接头施加外力。对穿越铁路、公路、河流、城市主要道路的管道,应减少接口,且穿越前应对连接好的管段进行强度试验和严密性试验。

管道在沟底标高和管基质量检查合格后方可下沟,不得使用金属材料直接捆扎和吊运管道,下沟时应防止划伤、扭曲和强力拉伸。

管道连接完成后,应进行序号标记,并做好记录。

(1)聚乙烯燃气管道连接

聚乙烯燃气管道利用柔性自然弯曲改变走向时,其弯曲半径不应小于 25 倍的管材外径。聚乙烯燃气管道安装时,应在管顶同时随管道走向敷设示踪线,示踪线的接头应有良好的导电性。聚乙烯燃气管道安装完毕后,应对外壁进行外观检查,不得有影响产品质量的划痕、碰撞等缺陷,检查合格后方可进行回填,并做好记录。

直径在 90 mm 以上的聚乙烯管材及管件可采用热熔对接连接或电熔连接,直径小于 90 mm 的宜使用电熔连接,聚乙烯燃气管道和其他材质的管道、阀门、管件等的连接应采用法兰或钢塑过渡接头连接。不同级别、不同熔体流动速率的聚乙烯原料制造的管材或管件,不同标准尺寸比(SDR 值)的聚乙烯燃气管道连接时,必须采用电熔连接。施工前应进行试验,判定试验连接合格后方可进行施工。热熔连接的焊接接头完成后,应进行 100% 外观检验及 10% 翻边切除检验;电熔连接的焊接接头连接完成后,应进行外观检查。无论热熔,还是电熔连接,均须符合《聚乙烯燃气管道工程技术规程》的要求。钢塑过渡接头金属端与钢管焊接时,过渡接头金属端应采取降温措施,但不得影响焊接接头的力学性能。

聚乙烯管热熔连接是通过专业热熔机给加热板加热,熔化所需熔接的管材、管件的端口,然后用专用工具施压,对焊在一起。而电熔连接的管件内壁镶嵌有电阻丝,外壁面有接线柱与之相连,如图 5.4 至图 5.6 所示为电熔接头管件。电熔连接操作时,先用记号笔在管材上标记出插入量,以确保对口间隙。为保证焊接质量,宜用扶正器辅助;装好电熔管件后与专用电焊机连通,给镶嵌在被焊接管件内壁的电阻丝加热,其加热的能量使管件和管材的连接界面熔融。在管件两端的间隙封闭后,界面熔融区的熔融物在高温和压力作用下,其分子链段相互扩散,当界面上互相扩散的深度达到了链缠结所必需的尺寸,自然冷却后,界面就可以得到必要的焊接强度,形成可靠的焊接连接。焊接完毕,管道内、外应无跑料及明显变形,但允许电熔边缘有不超过 5 mm 的溢边。

图5.4 部分电熔管件   图5.5 电熔直接头

图5.6 电熔法兰接头

法兰或钢塑过渡连接完成后,其金属部分应按设计要求的防腐等级进行防腐,并经检验合格。

(2)钢骨架聚乙烯复合燃气管道连接

钢骨架聚乙烯复合管是一种新型管材。它用钢丝缠绕网作为聚乙烯塑料管的骨架增强体,以高密度聚乙烯(HDPE)为基体,采用高性能的 HDPE 改性粘接树脂将钢丝骨架与内、外层高密度聚乙烯紧密地连接在一起,使之具有优良的复合效果。由于高强度钢丝增强体被包覆在连续热塑性塑料之中,这种复合管具有更高的耐压性能,同时它还具有良好的柔性,适用于长距离埋地用供水、输气的管道系统。钢骨架聚乙烯复合管采用的管件是聚乙烯电熔管件,连接时,利用内部发热体将管材外层塑料与管件内层塑料熔融,使管材与管件可靠地连接在一起。

虽然钢骨架聚乙烯复合管柔性较好,可随地形弯曲敷设,但不得有较大扭曲或弯曲。钢骨架聚乙烯复合管的连接采用电熔连接或法兰连接,不得采用粘胶剂粘接和塑料热熔连接;与其他材质管道、设备连接时,必须采用法兰连接或钢塑过渡接头。法兰主要用于地面上管道连接。埋地管道采用法兰连接时,宜设置检查井或便于检修的位置。电熔连接所选焊机类型应与安装管道规格相适应,每个接头的焊接须连续施焊,严禁隔夜焊接。施工现场切断管材时,其截面应与管道轴线垂直,截口必须进行塑料(与母材相同材料)热封焊,以遮盖钢丝,严禁使用未封口的管材。封焊前先按管径大小,选用不同规格的砂轮片,打磨管端骨架的经纬线,所形成的环形槽须清理干净,露出的钢丝线及油污清理干净后再封焊。封焊可采用人工方法或专用机械。管材应在自由状态下连接,严禁强行扭曲组装。电熔连接后应进行外观检查,溢出电熔管件边缘的溢料量(轴向尺寸)不得超过规定值。电熔连接内部质量应符合规定要求,可采用现场抽检试验件的方式进行检查。

法兰连接时,法兰密封面、密封件(垫圈、垫片)不得有影响密封性能的划痕、凹坑等缺陷。

在复合管上安装口径大于100 mm的阀门、凝水缸等管路附件时,应设置支撑。钢骨架聚乙烯复合管穿越铁路、公路、河流、城市主要道路等处时,须外加套管。套管内严禁有法兰接口,并应尽量减少电熔接口数量。

6)室外架空燃气管道施工

燃气管道距建筑物基础不应小于0.5 m且距建筑物外墙面不应小于1 m,次高压燃气管道距建筑物外墙面不应小于3.0 m。其中,当对次高压A燃气管道采取有效的安全防护措施或当管道壁厚不小于9.5 mm时,管道距建筑物外墙面不应小于6.5 m;当管壁厚度不小于11.9 mm时,管道距建筑物外墙面不应小于3.0 m。中压和低压燃气管道可沿建筑耐火等级不低于二级的住宅或公共建筑的外墙敷设。

架空燃气管道与道路及其他管线交叉时的垂直净距应符合相关规定。厂区内的燃气架空管道,在保证安全的情况下,管底至路面的垂直净距可取4.5 m;在车辆和人行道以外的地方,可以在从地面到管底高度不小于0.35 m的低支柱上敷设燃气管道。

室外燃气管道的施工与供热管道的安装相同,各种支、吊架的位置应正确,安装应平整、牢固,与管道的接触良好;固定支架应按设计要求安装,管道应在补偿器预拉伸(压缩)之后固定;导向支架、滑动支架的滑动面应洁净,不得有歪斜和卡涩现象;焊接操作者须持有上岗证,不得有漏焊、欠焊或焊接裂纹等缺陷。管道与支架焊接时,应符合规范规定,且管道表面不得有咬边、气孔等缺陷。室外燃气管道应按设计要求做防腐处理,面漆应为黄色。钢骨架聚乙烯复合管道架空敷设时,管道与支架之间须垫以橡胶块。

7)燃气管道的穿(跨)越

埋地燃气管道穿越铁路、公路、河流、城市主要道路等处,不能采用开挖方式敷设时,需采用非开挖施工方法敷设。

(1)顶管施工

顶管施工是一种不开挖或者少开挖的管道埋设技术,是借助顶推设备将工具管或掘进机从工作坑(始发井)内穿过土层一直推到接收坑(到达井)内,依靠安装在管道头部的钻掘机构不断地切削土屑,由出土装置将土屑排出,边顶进、边切削、边输送,将工具管逐段向前敷设,与此同时,把紧随工具管或掘进机后的管道埋设在两坑之间(见图5.7)。在顶进过程中,可通过激光导向系统纠偏来调节铺管方向。顶管施工宜按《给水排水管道工程施工及验收规范GB 50268》中相关规定执行。燃气管道采用钢管时,钢管的焊缝应进行100%的射线照相检验;采用PE时,应先做相同人员、工况条件下的焊接试验,接口宜采用电熔连接;当采用热熔对接时,应切除所有焊口的翻边并进行检查。燃气管道穿入套管前,管道的防腐已验收合格,穿入时应采取措施防止管体或防腐层损伤。

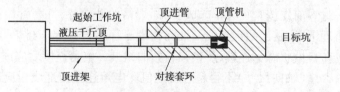

图5.7 顶管法施工示意

（2）管道水下敷设

在江（河、湖）水下敷设管道，施工方案及设计文件应报河道管理或水务管理部门审查批准。施工时应严格遵守国家及行业相关安全规定，并在管线两侧水体各50 m距离设置警戒标志。

测出管道轴线，并在两岸设置醒目的岸标（位置及水平标高）。

管槽开挖时，需专人用测量仪器观测，校正沟槽位置，检查沟槽超挖、欠挖情况。河岸没有泥土堆放场地时，应用驳船将泥土装载运走；在水流较大的江中施工，若没有特别环保要求时，开挖泥土可排至河道中，任水冲走。

管槽开挖好后，即可进行管道敷设。先在岸上将管道组装成管段，其长度宜控制在50～80 m，焊缝质量经检验合格后按设计要求加焊加强钢箍套，焊口处应进行防腐补口并检查合格。组装好的管段采用下水滑道牵引下水，置于浮箱平台上，调整至管道设计轴线水面上，再将各管段组装成整管。焊口应进行射线照相探伤和防腐补口处理，并应在管道下沟前对整条管道进行防腐处理。

沉管时应谨慎操作牵引设备，松缆与起吊时应逐点分步分别进行。当管道各吊点的位置与管槽设计轴线一致时，管道方可沉入沟槽内。管道入槽后，应由潜水员下水检查、调平；稳管措施应按设计要求执行，当使用平衡重块时，重块与钢管之间应加橡胶隔垫；当采用复壁管时，应在管线过江（河、湖）后，再向复壁管环形空间灌水泥浆。在对管道进行整体吹扫、试验合格后，即可采用砂卵石回填，应先填管道转弯处并使其固定，然后再均匀回填沟槽。

（3）定向钻施工

定向钻施工法也称为往复潜钻施工法，是指无法以传统开挖、推进及作业人员无法进入工作区，须用机械方法来操作钻掘、排土清渣及方向控制，并同时在扩孔后将各种管材埋入地下的施工方法（见图5.8）。施工前应收集各种资料，包括地上、地下的设施，管线的归属，土质成分及土层分布情况，地下水位及土壤、水分的酸碱度等资料；征得有关部门许可。

图5.8 定向钻施工示意

定向钻敷设的燃气钢管防腐应为特加强级。安装时，在目标井工作坑按要求放置做过防腐处理的燃气钢管，进行管道的组对焊接、焊口防腐补口等操作，再用导向钻回拖敷设，回拖过程中应根据需要不停注入配制的泥浆。燃气钢管敷设的曲率半径应满足管道强度要求，且不得小于钢管外径的1 500倍；管道焊缝须100%射线照相检查。

采用定向钻穿越并取得铁路或高速公路部门同意时，可以不加套管。

（4）燃气管道随桥梁敷设

燃气管道通过河流时，可采用穿越河底或采用管桥跨越形式。当条件许可时，可利用道路桥梁跨越河流。管道跨越施工宜按《石油天然气管道跨越工程施工及验收规范》执行。随桥梁跨越河流的燃气管道输送压力不应大于0.4 MPa。燃气管道采用随桥梁敷设或采用管桥跨越河流时，必须采取安全防护措施。

燃气管道随桥梁敷设，宜采取以下安全措施：

①敷设于桥梁上的燃气管道应采用加厚的无缝钢管或焊接钢管，尽量减少焊缝，对焊缝进

行100%无损探伤。

②跨越通航河流时,燃气管道管底标高应符合通航净空的要求,管架外侧应设置护桩。

③燃气管道与随桥梁敷设的其他管道间距应符合现行国家标准《工业企业煤气安全规程GB 6222》的有关规定。

④管道应设置必要的补偿和减振措施。

⑤应对管道做较高等级的防腐保护,采用阴极保护的埋地钢管与随桥管道之间应设置绝缘装置。

⑥燃气管道的支座(架)应采用不燃材料制作。

5.1.3 埋地燃气管道敷设相关要求

1)一般要求

(1)施工前的准备工作

施工前应会同建设等单位认真核对相关地下管道及构筑物的资料,必要时局部开挖核实,对地上、地下障碍物协商处理。燃气管道穿越其他市政设施时,应对其采取保护措施。

(2)安全措施

在沿车行道、人行道施工时,应在管沟沿线设置安全护栏,并应设置明显的警示标志;在施工路段沿线应设置夜间警示灯;在繁华路段和城市主要道路施工时,应采用封闭式施工方式;在交通不可中断的道路上施工,应有保证车辆、行人安全通行的措施,并应设有负责安全的人员。管沟开挖时,若对邻近建(构)筑物有影响,应加防护支撑后再施工。

(3)管沟开挖

沟槽开挖一般不作特殊处理,应避开雨季,及时开挖,及时回填。混凝土路面和沥青路面应使用切割机切割;沟槽可用机械或人工开挖,沟底宽度和工作坑尺寸应根据现场情况和管道敷设方法确定,同时做好放坡、支撑加固工作,确保安全施工;沟底遇有废弃物、硬石、木头、垃圾等杂物时必须清除,并铺一层厚度不小于0.15 m的砂土或素土,整平压实至设计标高;对软土基及特殊性腐蚀土壤,应按设计要求处理。

(4)土方回填

管道主体安装检验合格后,沟槽应及时回填,但需留出未检验的安装接口。回填前,须将槽底施工遗留的杂物清除干净;不得采用冻土、垃圾、木材及软物质回填;管道两侧及管顶0.5 m以内的回填土内不得含有碎石、砖块等杂物,且不得采用灰土回填;管顶0.5 m以上的回填土中石块不得多于10%、直径不得大于0.1 m,且均匀分布。沟槽回填时,应先回填管底局部悬空部位,再回填管道两侧;沟槽的支撑应在管道两侧及管顶以上0.5 m回填完毕并压实后在保证安全的情况下拆除,并应用细砂填实缝隙;回填土应分层压实,管道两侧及管顶以上0.5 m内的回填土必须采用人工压实,管顶0.5 m以上的回填土可采用小型机械分层压实,并做好回填记录。

(5)埋地燃气管道的最小覆土厚度(路面至管顶)应符合下列要求:

①埋设在机动车道下时,不得小于1.2 m;

②埋设在非机动车道(含人行道)下时,不得小于0.6 m;

③埋设在庭院(绿化带及载货汽车不能进入之地)内时,不得小于0.3 m;

④埋设在水田下时,不得小于 0.8 m。

(6)燃气管道与各类管沟、窨井水平净距离

中压为 1.2 m;低压为 1.0 m。当达不到上述要求时,可采用提高防腐等级、减少焊缝数量、100% 进行 X 射线探伤等措施,可适当减少上述间距,但不得小于 0.5 m。

2)警示带敷设

埋设燃气管道的沿线应连续敷设警示带,警示带应平整地敷设在管道的正上方,与管顶距离为 0.3~0.5 m,但不得敷设于路基和路面里。警示带宜用黄色聚乙烯等不易分解的材料,上面应印有明显、牢固的警示语:"天然气管道,危险"字样、管径、所属天然气公司及联系电话等,字号不宜小于 100 mm × 100 mm。警示带适用于城区管网,庭院内管网可不敷设。

3)管道路面标志设置

燃气管道设计压力≥0.8 MPa 时,管道沿线应设路面标志。混凝土和沥青路面宜使用铸铁标志;人行道和土路宜使用混凝土方砖标志;绿化带、荒地和耕地宜使用钢筋混凝土桩标志。路面标志应设置在燃气管道的正上方,并能正确、明显地指示管道的走向和地下设施。设置位置应为管道转弯、三通、四通、管道末端等处,直线管段路面标志设置间隔不宜大于 200 m。路面上已有能标明燃气管线位置的阀门井、凝水缸部件时,可将其视为路面标志。路面标志上应标注"燃气"等能说明燃气设施的字样或符号。铸铁标志和混凝土方砖标志埋入后应与路面平齐;钢筋混凝土桩标志埋入的深度,应使回填后不遮挡字体;混凝土方砖和钢筋混凝土桩标志埋入后,应用红漆将字体描红。

5.1.4 室外管道附件与设备安装

管道附件与设备安装前,应将各部件内部清理干净,不得存有杂物。阀门、凝水缸及补偿器等在正式安装前,应按其产品标准要求单独进行强度和严密性试验,做好标记并填写试验记录。试验使用的压力表必须经校验合格,量程宜为试验压力的 1.5~2.0 倍,阀门试验用压力表的精度等级不得低于 1.5 级。管道附件、设备应抬入或吊入安装处,不得采用抛、扔、滚的方式。每处安装宜一次完成,安装时不得有再次污染已吹扫完毕管道的操作。管道附件、设备安装完毕后,应及时对连接部位进行防腐处理。凝水缸盖和阀门井盖面与路面的高度差应控制在 0~+5 mm 范围内。

管道附件、设备安装完成后,应与管线一起进行严密性试验。阀门、补偿器及调压器等设施严禁参与管道的清扫。

1)阀门安装

安装前应检查阀芯的开启度和灵活度,并根据需要对阀体进行清洗、上油;电动阀、气动阀、液压阀和安全阀等还需进行动作性能检验,合格后才能安装使用。安装有方向性要求的阀门时,阀体上的箭头方向应与燃气流向一致;法兰或螺纹连接的阀门应在关闭状态下安装,焊接阀门应在打开状态下安装。焊接阀门与管道连接焊缝宜采用氩弧焊打底。阀门安装时,吊装绳索应拴在阀体上,严禁拴在手轮、阀杆或转动机构上。阀门安装时,与阀门连接的法兰应保持平行,严禁强力组装。安装过程中应保证受力均匀,阀门下部应根据设计要求设置承重支

撑。法兰连接时,应使用同一规格的螺栓,紧固螺栓时应对称均匀用力,松紧适度,螺栓紧固后螺栓与螺母宜齐平,但不得低于螺母。

埋地燃气管道阀门一般设置在阀门井内,以便定期检修和启闭操作。阀门井有方形与圆形,常用砖或钢筋混凝土砌筑,底板为钢筋混凝土,顶板通常为钢筋混凝土预制板。钢质燃气管道上的阀门后面一般连接有补偿器。安装时,先将阀门与补偿器预先组对。组对时,应使阀门和补偿器的轴线与管道轴线一致,并用螺栓将组对法兰紧固到一定程度后,再进行管道与法兰的焊接,最后加入法兰垫片,把组对法兰完全紧固。

对直埋的阀门,应按设计要求做好阀体、法兰、紧固件及焊口的防腐处理。

球墨铸铁燃气管道上的阀门安装如图5.9所示,安装前应先配备与阀门具有相同公称直径的承盘(俗称短管甲)或插盘短管(俗称短管乙),以及法兰垫片和螺栓,并在地面上组对紧固后,再吊装至地下与铸铁管道连接,其接口最好采用柔性接口。

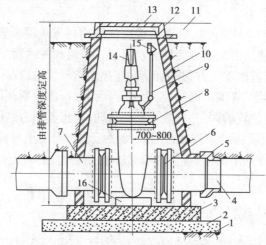

图5.9 球墨铸铁管道阀门安装

1—素土层;2—碎石基础;3—钢筋混凝土层;4—铸铁管;5—承盘短管;6—法兰垫片;
7—插盘短管;8—阀体;9—加油管;10—闸井墙;11—路基;12—铸铁井框;13—铸铁井盖;
14—阀杆;15—加油管阀门;16—预制钢筋水泥垫块

2)补偿器安装

在室外燃气管道工程中,所采用的补偿器有套筒式补偿器(见图5.10)和波形补偿器(见图5.11),常用在架空和随桥敷设的管道上,用以调节因温度变化而引起的膨胀与收缩。埋地敷设的聚乙烯燃气管道通常设置套筒式补偿器,而埋地的钢质燃气管道上多用钢制波形补偿器。

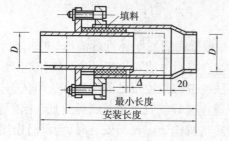

图5.10 套筒式补偿器

图5.11 波形补偿器

安装前,应按设计规定的补偿量进行预拉伸(缩),操作时受力应均匀。安装时,应使补偿器与管道保持同轴,不得偏斜;不得用补偿器的变形(轴向、径向、扭转等)来调整管位的安装误差;安装时应设置临时约束装置,待管道安装固定后再将其拆除;补偿器两侧的导向支座应接近补偿器,支座的形式应能使补偿器定向移动。

(1)波形补偿器安装

波形补偿器的型号、规格必须符合设计要求。轴向型补偿器为了减少介质的自激现象,在内部没有内套管,在很大程度上限制了径向补偿能力,故一般仅用以吸收或补偿管道的轴向位移(如果管系中确需少量的径向位移,可在订货时说明其最大径向位移量)。横向位移补偿器(大拉杆)主要吸收垂直于补偿器轴线的横向位移,小拉杆横向位移补偿器适合于吸收横向位移,也可以吸收轴向、角向和任意三个方向位移的组合。铰链补偿器也称角向补偿器。

吊装时,不要将吊索挂在波纹管上,也不要挂在拉杆或专用运输螺杆上;带内衬筒的补偿器应注意使内衬筒的导流方向与介质流向一致;补偿器安装前,先用拉杆螺栓进行预拉伸(压缩),其伸缩量按设计要求确定,此项操作应分次进行,使各波节受力均匀;补偿器应与管道保持同心,不得偏斜;波形补偿器安装结束并检查合格后,调整拉杆螺栓的螺母,使伸缩节能自由伸缩。系统水压试验结合后,应尽快排尽波壳中的积水,并迅速将波壳内表面吹干。

需要说明的是,波形补偿器端板内侧拉杆上涂有黄色油漆标记的运输定位螺母(有时还装有涂黄色油漆的专用运输螺杆),只起定位作用。如果设计不要求调整预变化量,则在整个安装过程中不要动它。当安装就位后,在压力试验前,须将拉杆内侧的定位螺母拧至拉杆内侧的螺纹根部背紧,同时拆除专用运输螺杆,千万不要动拉杆外侧的螺母。

(2)套筒式补偿器安装

套筒式补偿器应按设计规定的安装长度及温度变化,预留伸缩量;补偿器的插管应安装在燃气流入端,应与管道保持同心,不得歪斜;导向支座应能保证补偿时自由伸缩;填料石棉绳应涂石墨粉并应逐圈装入,逐圈压紧,各圈接头应相互错开。

3)排水器安装

排水器由凝水器和排水装置组成。凝水器又称凝水罐,按制造材料不同可分为铸铁和钢制两种,按安装形式不同分为立式与卧式,按压力不同分为低压、中压和高压凝水器。高、中压凝水器体积较大。低压凝水器安装如图 5.12 所示。中压凝水器安装如图 5.13 所示。钢制凝水罐可采用直缝钢管或无缝钢管焊接制作,也可采用钢板卷焊,制作完毕应该用压缩空气进行强度试验和严密性试验,并按燃气管道的防腐要求进行防腐。凝水器应安装在管段的最低处,垂直摆放,罐底地基应夯实;直径较大的凝水器,罐底应预先浇筑混凝土基础,以承受罐体及所存冷凝水的荷载。凝水缸盖应安装在凝水缸井的中央位置,出水口阀门的安装位置应合理,并应有足够的操作和检修空间。

排水装置由排水管、循环管(双管式)、管件和阀门组成。排水装置分单管式和双管式。单管排水装置用于冬季没有冰冻期的地区或低压燃气管道上;双管排水装置用于冬季具有冰冻期的高中压燃气管道或尺寸较大的卧式凝水罐上,如图 5.14 所示。由于低压燃气管内的燃气压力小于排水管的水柱高度,需用水泵抽出凝水罐内的积水;高中压燃气管道内的燃气压力一般大于排水管的水压,打开排水管顶端的阀门,凝水罐内积水即可排出。为防止滞留在排水管顶端的水冬天结冻堵塞排水管,应打开循环管旋塞,把排水管滞留的水压入凝水罐。

排水装置安装时,由于排水管和循环管管径较小,管壁薄,易弯折,一般采用套管加以保护,并用管卡固定连接,以增加刚性。套管需作防腐绝缘层保护。排水管底端吸水口应锯成30°~45°的斜面,并与凝水罐底保持40~50 mm 的净距,既可扩大吸水口,又可减轻罐底滞留物对吸水口的堵塞,但距离过大会使抽水效率降低。

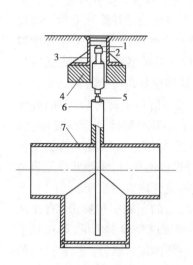
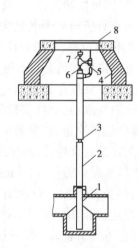
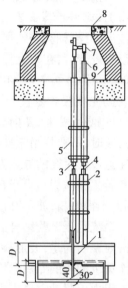

图 5.12 低压凝水器安装示意
1—堵头;2—管接头;3—防护罩;
4—垫层;5—抽水管;6—套管;
7—低压凝水器

图 5.13 中压凝水器安装示意
1—中压凝水器;2—套管;3—抽水管;
4—井体;5—阀门;6—阀门;
7—堵头;8—井盖

图 5.14 高中压双管凝水器安装示意
1—卧式凝水罐;2—管卡;3—排水管;
4—循环管;5—套管;6—旋塞;
7—丝堵;8—铸铁井盖;9—井墙

排水装置的接头采用螺纹连接,排水装置与凝水罐的连接可根据不同管材分别采用焊接、螺纹连接或法兰连接的方式。排水装置顶端的阀门和丝堵因经常启闭和维护,需外露,外露部分用井室加以保护。

4)调压设备安装

燃气输配系统各种压力级别的燃气管道之间应通过调压站相连。当有可能超过最大允许工作压力时,应设置防止管道超压的安全保护设备。

(1)调压站分类

按使用对象和作用功能来分,调压站可分为区域调压站、专用调压站和箱式调压站;按调节压力来分,调压站可分高-高压调压站、高-中压调压站、中-中压调压站、中-低压调压站、低-低压调压站;按建筑形式来分,调压站可分为地上调压站和地下调压站。高-高压调压站流量一般控制在 3.0 万~5.0 万 m^3/h,高-中压调压站小时流量一般控制在 0.5 万~3.0 万 m^3/h,中-低压调压站的小时流量一般控制在 0.2 万~0.3 万 m^3/h;作用范围一般控制在 0.5 km左右。

(2)调压站组成

调压站一般由调压器、阀门、过滤器、补偿器、安全装置、监控仪表及测量仪表组成。

①调压器。调压器俗称减压阀,也叫燃气调节阀,是通过自动改变流经调节器的燃气流

量,使出口燃气保持规定压力的设备。它是一种特殊阀门,无论气体的流量和上游压力如何变化,都能保持下游压力稳定,通常分为直接作用式和间接作用式两种。安装时,应注意调压器进出口箭头指示方向是否与燃气流动方向一致,调压器前后直管段长度是否符合要求。

②阀门。调压站进口及出口处设置的阀门,其作用是当调压器、过滤器检修时关断燃气。高压和次高压燃气调压站室外进、出口管道上必须设置阀门,中压燃气调压站室外进口管道上应设置阀门,但阀门与调压器须相隔一定距离,以便发生事故时,不必靠近调压站即可关闭阀门,防止事故蔓延。

③过滤器。过滤器是除去气体中杂质的设备。为保证设备安全运行,燃气调压器和燃气计量装置前必须安装过滤器。

④安全装置。当负荷为零而调压器阀门关闭不严,以及调压器中薄膜破裂或调节系统失灵时,出口压力会突然增高,危及设备正常运行,甚至对公共安全造成危害。在调压器燃气入口(或出口)处,应设防止燃气出口压力过高的安全保护装置(当调压器本身带有安全保护装置时可不设)。调压器的安全保护装置宜选用人工复位型。

⑤旁通管。为了保证在调压器维修时不间断供气,在调压器的燃气进、出口管道之间应设旁通管。燃气经由旁通管时,出口压力与流量手动调节。用户调压箱(悬挂式)可不设旁通管。

⑥测量仪表。为判断调压站中各种装置是否工作正常,需设置必要的测量仪表。通常调压器入口安装指示式压力计、出口安装自计式压力计,以便监视调压器的工作状况。专用调压站通常还安装流量计。

此外,调压站还需按要求设置放散管,排放外泄的气体。

(3)调压器选择

调压器应能满足进口燃气的最高、最低压力的要求;调压器的压力差,应根据调压器前燃气管道的最低设计压力与调压器后燃气管道的设计压力之差值确定;调压器的计算流量,应按该调压器所承担的管网小时最大输送量的 1.2 倍确定。

(4)调压站安装

在自然条件和周围环境许可时,城镇燃气输配系统中的调压装置宜设置在露天,但应设置围墙、护栏或车挡。居民、商业用户燃气进口压力不大于 0.4 MPa,工业用户(包括锅炉房)燃气进口压力不大于 0.8 MPa 时,调压装置可设置在地上单独悬挂的调压箱内(见图 5.15);居民、商业用户和工业用户(包括锅炉房)燃气进口压力不大于 1.6 MPa 时,调压装置可设置在地上单独的落地调压柜内;受到地上条件限制,且调压装置进口压力不大于 0.4 MPa 时,可设置在地下单独的建筑物

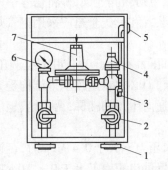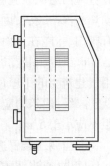

图 5.15　箱式调压器的构造
1—接口法兰;2—球阀;3—测压旋塞;
4—安全阀;5—安全阀放散管;
6—压力表;7—调压器

内或地下单独的箱体内,但液化石油气和相对密度大于 0.75 的燃气的调压装置不得设于地下室、半地下室内和地下单独的箱体内。调压站(含调压柜)与其他建筑物、构筑物的水平净距应符合规定。

①悬挂式调压箱。悬挂式调压箱可安装在用气建筑物的外墙壁上或悬挂于专用的支架上。安装调压箱的墙体应为永久性的实体墙,其建筑物耐火等级不应低于二级,且不应安装在建筑物的窗下和阳台下的墙上,距建筑物的门、窗或其他通向室内的孔槽的水平净距应符合规范。调压箱的箱底距地坪的高度宜为 1.0 ~ 1.2 m;调压箱的进出口管径不宜大于 DN50;调压箱上应有自然通风孔。

②调压柜。调压柜落地安装时,应单独设置在牢固的基础上,柜底距地坪高度宜为 0.3 m,距其他建筑物、构筑物的水平净距应符合规定;调压柜上应有自然通风口;体积大于 1.5 m³ 的调压柜应有爆炸泄压口,爆炸泄压口不应小于上盖或最大柜壁面积的 50%;爆炸泄压口宜设在上盖上,通风口面积可包括在爆炸泄压口面积内。

调压箱(柜)的安装位置应使调压箱(柜)不被碰撞,在开箱(柜)作业时不影响交通;调压箱(柜)的安装位置应能满足调压器安全装置的安装要求。

③地下调压箱。调压箱不宜设置在城镇道路下;地下调压箱距其他建筑物、构筑物的水平净距应符合规范;地下调压箱的位置应方便检修;地下调压箱上应有自然通风口;地下调压箱应有防腐保护;安装于地下的调压箱位置应能满足调压器安全装置的安装要求。

④单独用户的专用调压装置除按上述原则设置外,还应符合下列要求:

a. 当商业用户调压装置进口压力不大于 0.4 MPa,或工业用户(包括锅炉)调压装置进口压力不大于 0.8 MPa 时,可设置在用气建筑物专用单层毗连建筑物内。该建筑物耐火等级不应低于二级,并应具有轻型结构屋顶爆炸泄压口及向外开启的门窗;与相邻建筑应用无门窗和洞口的防火墙隔开,建筑物地面应采用撞击时不会产生火花的材料;室内电气、照明装置应符合现行的国家标准《爆炸和火灾危险环境电力装置设计规范 GB 50058》的要求。

b. 当调压装置进口压力不大于 0.2 MPa 时,可设置在公共建筑的顶层房间内。该房间应靠建筑外墙,不应布置在人员密集房间的上面或贴邻;房间内应设有连续通风装置,并能保证通风换气次数每小时不小于 3 次;房间内应设置燃气浓度检测监控仪表及声、光报警装置。该装置应与通风设施和紧急切断阀连锁,并将信号引入该建筑物监控室;调压装置应设有超压自动切断保护装置;调压装置和燃气管道应采用钢管焊接和法兰连接的方式;室外进口管道应设有阀门,并能在地面操作。

c. 当调压装置进口压力不大于 0.4 MPa,且调压器进出口管径不大于 DN100 时,可设置在用气建筑物的平屋顶上,但必须在屋顶承重结构受力允许的条件下,且该建筑物耐火等级不应低于二级;建筑物应有通向屋顶的楼梯;调压箱、柜(或露天调压装置)与建筑物烟囱的水平净距不应小于 5 m。

d. 当调压装置进口压力不大于 0.4 MPa 时,可设置在生产车间、锅炉房和其他工业生产用气房间内,或当调压装置进口压力不大于 0.8 MPa 时,可设置在独立、单层建筑的生产车间或锅炉房内。调压装置宜设不燃烧体护栏;调压器进、出口管径不应大于 DN80;调压装置除在室内设进口阀门外,还应在室外引入管上设置阀门。

设于空旷地带的调压站或采用高架遥测天线的调压站应单独设置避雷装置,其接地电阻值应小于 10 Ω。

调压站管道、设备和仪表安装工作完成后,应进行强度和气密性试验,通常采用压缩空气进行试验的方式。试压的同时,用肥皂水或其他溶液涂抹接口、焊缝等处,观察有无渗漏情况。继续升压达到试压标准并稳定 6 h,观察 12 h,压力降不超过初始压力的 1% 为合格。

5.1.5 燃气管道带气接管

随着燃气用户的发展,需要延伸干管、接入新建燃气管路,或者管道大(抢)修、更新等,需要进行燃气管道的带气连接。要在正在使用的燃气管道上进行切割、沓接或钻孔、攻丝等操作,如措施不当,将会发生起火,乃至爆炸,是一项危险性较大的作业。

1)带气接管方法与准备工作

(1)带气接管方法

①降压法。高、中压燃气管道管内压力高,使用阻气袋无法阻气,故需要关闭燃气阀门。将两阀门之间管道内余气放散并稳定到正压 500～700 Pa 后切割、焊接,将新设管道与原有燃气管道连接。

②不降压法。适用于低压燃气管道,即原有的燃气管道的燃气压力不降低,用气钻机在其上钻一孔,与新设管道连接。此法不影响用户用气。

(2)准备工作

对已竣工准备接入的管道,要有验收手续,证明施工质量合格。凡严密性试验超过半年而又未使用的管道,需重新进行试验。

①对已使用的燃气管道,应查清停气降压时阀门关闭范围内,受影响调压器的数量及该调压器所供应的范围;其低压干管是否与停气范围以外的低压干管相连通。对于需停气的专用调压器,需事先与用气单位商定停气时间,以便用户安排生产与生活。高、中压管道只有采取降压措施后,方可进行带气操作。降压后,管内压力应大于大气压力,以免造成回火事故。

②制订周密的施工方案,施工方案应包括以下内容:

a.概述。包括原有及新建燃气管道的概况,接管位置等。

b.降压过程。包括停气降压的办法,开关哪些阀门,在何处放散,如何补气。观察压力的位置,防止倒空的措施,应尽量缩小停气降压的范围。

c.操作方法。如连接方法、切割与焊接的要求、隔断气源的方法等。

d.通信与交通。包括指挥部与各作业点、降压点、压力观察点、放散点、补气点等的联络方法;指挥车、急救车与消防车的配置。

e.组织与管理。包括明确现场指挥与各作业点的负责人、安全员与联络人员,明确其职责;负责现场管理,挖掘管沟,阻隔交通等。

f.安全措施。包括对操作人员的安全要求,安全防护用品的使用要求、应急措施等。

g.作业时间。包括起止时间,说明作业步骤和每一步所需时间,以保证按计划完成;对于停气降压范围内的用户要事先通知。

③施工方案应报主管部门和公安消防部门审批。对方案中涉及的机具、材料、防护用品、观测仪表等要求完好、齐全,通信、车辆、器材要落实,并做好同用户等有关部门的联系。

④选择业务熟练的技术人员,熟悉施工点地环境;准备好所需机具。

⑤检查新建管道中的阀门有无合格证,开关是否灵活。

⑥准备连接管件。连接所需的三通、短管、法兰短管等应放样下料,做好坡口,保证在已使用的燃气管道割开后能吻合。

（3）停气降压

高、中压燃气管道的接管一般要停气降压，通过放散管排放燃气，然后将压力降至500～700 Pa并保持稳定，保证在正压下操作。

①次高压燃气管道降压。原有的次高压管为环状管网形时，只需关闭作业点两侧的截断阀，并用阀门井内的放散管放散燃气，实现降压。

原有的次高压管道如是平行的两根管道与高中压调压站连接，在次高压管道降压接管时，可安排适当时间关闭作业点两侧的阀门，使其中一条管道停止运行，另一条管道低峰供气。同样，用阀门井内的放散管排放燃气降压。在降压过程中进行压力调整，高于作业要求压力时放散；低于作业要求压力时，稍开阀门补气；压力合适时关闭阀门。

②中压燃气管道降压。原有的中压管道为环状管网时，可关闭作业点两侧的阀门，用阀门井内的放散管排出燃气降压。

如果是枝状管网，需做好用户的停气工作。先关闭支线阀门，从支线上的中低压调压箱将中压燃气减压后送至低压管网与用户，直至中压管压力与低压管内压力相同，再关闭调压箱的出口阀门。用箱内放散管放散，至接管作业要求的压力。

③低压燃气管道降压。一般低压管的带气接管是不降压的，但在管径放大（大于300 mm）、作业点距调压站很近时，要进行降压。关闭作业点两侧的阀门，然后用阀门井内的放散管放散。要注意防止由于用户的用气而造成低压管的倒空。

④停气降压中应注意事项：

a.停气降压的时间应避开高峰负荷时间，宜在夜间进行。如需在出厂管、出站管道上停气，应由调度中心与制气厂、输配站商定停气措施。

b.中压管上停气时，为防止阀门关闭不严密，造成施工管段内压力增加，引起阻气袋位移，使燃气大量外泄，应在阀门旁靠近停气管段一侧钻两个孔，作为安装放散管与测压仪表用（见图5.16）。如果在燃气管道的阀门井中均已安装，则不必另行安装。

c.施工结束后，通气前应将停气管段内的空气置换。常用置换方法是用燃气直接驱赶，燃气由一端进入，空气由另一端放散管排出，待管内燃气取样燃烧合格后方可通气。

d.恢复通气前，必须通知所有停气的用户将燃具开关关闭，通气后再逐一通知用户放尽管内混合气体后再行点火。

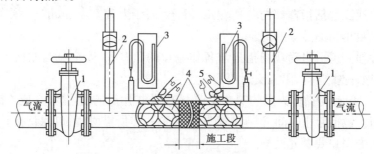

图5.16　中压管停气降压操作示意

1—阀门；2—放散管；3—测压仪表；4—阻气袋；5—湿泥封口

2)带气接管操作

（1）钢质管道的接管

从原有钢质燃气管道上接管，多以三通形式，即在原有燃气管道上开个洞，焊接上准备好的法兰短管。操作顺序如下：

①预制法兰短管。法兰短管长度为 150 ~ 200 mm,无法兰端按照三通插管放样下料。

②关闭燃气管道作业点两侧阀门,将管内剩气放散并稳定到正压 500 ~ 700 Pa。如作业点两侧阀门井内无放散管与测压管,可临时安装,用后拆除并将临时接口堵死。

③冲割开孔。因为气割时氧气和乙炔混合气压在 500 kPa 左右,大大超过管内燃气压力,若用气割,势必导致过剩氧气进入燃气管道内和燃气混合形成爆炸性气体,被气割火焰引爆,容易造成燃气管道内爆炸,所以采用电焊冲割方式开孔。选用 $\phi 4$ mm(结 422)焊条,把电焊机的电流调至 250 ~ 300 A,依焊接方式进行冲割(由于电流较大,原有管道管壁被熔透)。冲割只会引燃从管内外泄的燃气,而管内因没有混入空气而且保持正压,故不会引起管内燃烧或爆炸,较为安全可靠。

当焊条割穿管壁时燃气外泄,会即刻起火燃烧,用事先准备妥的石棉黏土团(石棉、黏土、水的比例为 1:3:1)迅速封堵切割缝隙。操作时一人冲割,一人堵缝,随割随堵,及时灭火。随着切割缝隙增长,燃气外泄量增多,管内压力下降,当下降至 300 Pa 时便停止切割,用石棉、黏土堵住缝隙。当管内燃气压力恢复到 700 Pa 后再进行切割。

④当开孔圆弧达 2/3 时,安装专用夹具将被切割的瓦形钢板钳牢,防止切割临近结束时瓦形钢板向内或向外突然脱落,造成大量燃气从孔口外泄燃烧,管内压力急速下降,导致难以收拾的局面。同时也防止瓦形板落入管内,取出又耗费时间。

⑤继续使用焊条冲割,至仅留一个连接点(10 mm 左右)为止。切割处浇水冷却到常温后,掰开瓦片,在切割孔两侧的钢管内塞入阻气袋以阻塞气源,然后用快口扁凿切断连接点,将瓦形板钳至管外。干管开洞处经修整后,焊接上法兰短管,并安装阀门。

(2)铸铁管的接管

①安装丝接短管。主要用于阻气孔、测压孔以及 DN≤50 mm 的丝接短管等的安装。

封闭式钻孔机是一种兼有钻孔与攻丝功能的专用工具,由机架、底座、电动机、蜗轮箱、紧固链条、进刀丝杆和组合杯型钻组成。组合杯型钻顶端圆周上均布一组铣刀,用于钻孔,钻身带有管螺纹丝锥,用于攻丝,锥尾选用莫氏锥度的圆锥体与钻杆连接。操作时,先把钻孔机稳固于铸铁管上,在钻孔机座和管壁之间垫入带孔的橡胶板以保持密封。操作时,启动电动机,钻旋转,慢慢旋紧进刀丝杆,使旋转中的杯型钻切削管壁,进刀量根据管材和孔径进行调节。

钻孔后,组合环形钻铣刀已嵌入孔内,紧接着组合杯型钻上部的管螺纹丝锥进行管壁攻丝操作。进刀量应根据管螺纹自然推进的速度协调进行。管壁内螺纹丝攻制完成后,关闭电动机,拆除机架,将组合杯型钻留在孔上,然后用扳手将其退出,即刻装上备好的、装有阀门的丝接短管,阀后再连接新敷设的管道。

因铸铁管管壁厚度仅 12 ~ 14 mm,内螺纹较短,攻丝不足或过量都会影响接口强度,稍有烂牙、偏牙,都会发生接口泄漏。管壁上的内螺纹与丝接短管的外螺纹配合应符合图 5.17 要求。

②安装管道鞍座(见图 5.18)。这种方法是先在铸铁管上安装一个三通鞍座(鞍座与管壁之间置放中央有孔的橡胶板),将专用钻孔机的钻杆插入三通管孔,在铸铁管道壁上钻孔后,再与新敷设的管道连接。

如要在中压燃气管上连接管道,宜采用带法兰的三通鞍座。先在钻孔机底座和三通鞍座法兰盘之间安装同口径阀门一只;启动电动机传动钻杆作空载旋转,然后调节进刀丝杆切削管壁。进刀速度根据管材和孔径决定。完成钻孔后关闭电动机,退出钻杆。当杯型钻退过阀门后即刻将阀门关闭,最后拆除机架。这样,整个钻孔过程中不会有燃气泄出,故又把这种钻孔机称为封闭式钻孔机。

在低压燃气管上钻孔时,可不先装阀门,待杯型钻杆退出三通鞍座管接口后,即刻塞入阻气袋。在鞍座三通上尽快安装妥阀门后,取出阻气袋并关闭阀门,然后再与新敷设的管道连接。

③用承插三通接管。如图5.19所示,在原有燃气铸铁管接管部位两侧钻孔后,放入橡胶球胆并充气,阻止此段燃气来源。依安装所需长度割断铸铁管,然后将承插三通、套袖、承插短管依次装配到位,再将各承插接口用填料捻实。

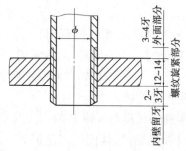

图5.17　铸铁管壁孔与钢管螺纹连接

图5.18　管道三通鞍座

（3）聚乙烯管、钢骨架聚乙烯复合管的接管

聚乙烯管、钢骨架聚乙烯复合管都有与之相匹配的各种鞍座(见图5.20),可采用热熔或电熔的方法,在已有燃气管道上安装使用,从而达到与新敷设管道连接的目的。

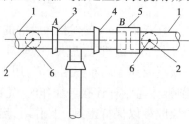

图5.19　承插三通接管

1—原有气管;2—橡胶球胆;3—三通;

4—短管;5—套袖;6—圆孔

图5.20　聚乙烯电熔鞍座

5.2　室内燃气系统安装

5.2.1　室内燃气系统的组成

室内燃气系统一般由引入管、总立管、水平干管、立管、水平支管、用户立管、阀门、燃气计量表以及燃气应用设备等组成,如图5.21所示。

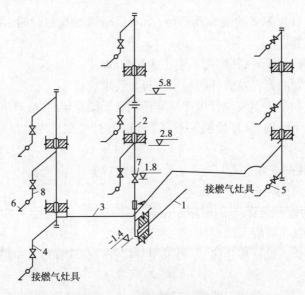

图5.21 室内燃气系统组成

1—引入管;2—立管;3—水平管;4—用户立管;5—计量表;
6—接燃气用具;7—总控制阀;8—器具控制阀

室内燃气工程安装前,需要熟悉图纸,按要求进行现场勘查、核对图纸等施工准备。再按照施工图检查预留孔洞位置,当有偏差时需加以修正。管道支架安装后,依次进行管道系统、燃气灶具和燃气表等的安装。

5.2.2 室内燃气管道及阀门安装

城镇燃气室内工程是指城镇居民、商业和工业企业用户内部的燃气工程系统,含引入管到各用户燃具和用气设备之间的室内外燃气管道、燃具、用气设备及设施。

室内燃气管道的最高压力不应大于表5.3的规定。

表5.3 室内燃气管道的最高压力规定

燃气用户	最大表压/MPa
工业用户及单独的锅炉房	0.4
公共建筑和居民用户(中压进户)	0.2
公共建筑和居民用户(低压进户)	< 0.01

1)管道组成件及连接方式

（1）管道组成件

管道组成件是用于连接或装配管道的元件,包括管子、管件、法兰、垫片、紧固件、阀门、挠性接头、耐压软管及过滤器等。

室内燃气管道工程使用的管道组成件应按设计文件选用,一般为:

①DN≤50 mm,且管道压力为低压时,宜采用热镀锌钢管和镀锌管件。

②DN>50 mm时,宜采用无缝钢管或焊接钢管。

③铜管宜采用牌号为 TP2 的铜管及管件;当采用暗埋形式敷设时,应采用塑覆铜管或包有绝缘保护材料的铜管。

④当采用薄壁不锈钢管时,其厚度不应小于 0.6 mm。

⑤不锈钢波纹软管的管材及管件的材质应符合要求。

⑥薄壁不锈钢管和不锈钢波纹管用于暗埋形式敷设或穿墙时,应具有外包覆层。

⑦工作压力小于 10 kPa,且环境温度不高于 60 ℃时,可在户内计量装置后使用燃气用铝塑复合管及专用管件。

(2)室内燃气管道的连接方式

室内燃气管道的连接应符合下列要求:

①DN≤50 mm 的镀锌钢管应采用螺纹连接。

②无缝钢管或焊接钢管应采用焊接或法兰连接。

③铜管应采用承插式硬钎焊连接,不得采用对接钎焊和软钎焊。也可采用管件连接,管件一般为铜制配件。

④薄壁不锈钢管应采用承插亚弧焊式管件连接或卡套式、卡压式、环压式等管件连接。

⑤不锈钢波纹软管及非金属软管应采用专用管件连接。

⑥燃气用铝塑复合管应采用专用的卡套式、卡压式连接方式。

2)室内燃气管道安装的一般要求

室内燃气管道安装需遵循下述规定:

①施工单位及从事安装工作的各工种人员均须有资质证明。

②未经原建筑设计单位书面同意,不得在承重的梁、柱和结构缝上开孔,不得损坏建筑物的结构和防火性能。

③管道组成件和工具齐备,安装前应对管道组成件内、外部作清扫检查。

④钢质管道的焊接操作与检验须严格执行现行规范要求。

⑤在管道上开孔接支管时,开孔边缘距管道环形焊缝不应小于 100 mm。管道环形焊缝与支架、吊架边缘之间的距离不应小于 50 mm。

⑥可燃气体检测报警器与燃具或阀门的水平距离应控制在 0.5~8.0 m 范围内,安装高度应距屋顶 0.3 m 之内,且不得安装于燃具的正上方;当燃气相对密度比空气重时,水平距离应控制在 0.5~4.0 m 范围内,安装高度应距地面 0.3 m 以内。

⑦燃气管道严禁穿越建筑物的变形缝。燃气管道穿越管沟、建筑物基础、墙和楼板时,必须敷设在套管内,且宜与套管同轴;套管内的燃气管道不得有任何形式的连接接头;套管与燃气管道之间的间隙应采用密封性能良好的柔性防腐、防水材料填实;套管与建筑物之间的间隙应用防水材料填实;燃气套管穿墙套管的两端应与墙面平齐,穿楼板的套管上端宜高于最终形成的地面 5 cm,下端应与楼板平齐。套管的规格见表 5.4。

表 5.4　套管的规格

燃气管	DN10	DN15	DN20	DN25	DN32	DN40	DN50	DN65	DN80	DN100	DN150
套　管	DN25	DN32	DN40	DN50	DN65	DN65	DN80	DN100	DN125	DN150	DN200

⑧燃气管道应有牢固的支撑形式,保证管道安装牢固。

⑨室内燃气管道严禁作为接地导体或电极。

⑩沿外墙敷设的燃气管道需考虑安全事项。燃气管道距公共或住宅建筑物门、窗洞口的间距应符合规范规定;管道外表面应采取耐候性防腐措施,必要时应采取保温措施;燃气管道与其他金属管道平行敷设的净距小于 100 mm 时,每 30 m 之间应采用截面积不小于 6 mm² 的铜绞线将燃气管道与平行的管道进行跨接;沿屋面或外墙明敷的室内燃气管道,不得布置在屋面上的屋檐角、屋檐屋脊等易受雷击部位;当安装在建筑物的避雷范围内时,应采取必要措施;屋面管道采用法兰连接时,在连接部位须用截面积不小于 6 mm² 的铜绞线跨接;当采用螺纹连接时,应使用金属导线跨接。

⑪法兰的安装位置应便于检修,不得紧贴墙壁、楼板和管道支架。法兰连接所用垫片宜用聚四氟乙烯垫片或耐油石棉橡胶垫片。耐油石棉橡胶垫片使用前宜用机油浸泡。

⑫燃气管道安装完成后,应按设计要求认真做好除锈、防腐工作。

3)引入管及引入管阀门安装

配气支管是指最靠近燃气用户的室外燃气配气管道。引入管则是指室外配气支管与用户室内燃气进口管总阀门之间的管道(含沿外墙敷设的燃气管道)。

(1)引入管设置位置

引入管不得敷设在卧室、卫生间、易燃或易爆品的仓库、有腐蚀介质的房间、发电间、配电间、变电间、不使用燃气的空调机房、通风机房、计算机电缆沟、暖气沟、烟道和进风道、垃圾道等地方。

住宅燃气引入管宜设在厨房、外走廊、与厨房相连的阳台(寒冷地区输送湿燃气时阳台应封闭)等便于检修的非居住房间内,的确困难时,可从楼梯间引入(高层建筑除外),但应采用金属管且引入管阀门宜设在室外。

商业和工业企业的燃气引入管宜设在使用燃气的房间或燃气计量表房间内。

(2)引入管的敷设要求

引入管的管径在输送人工煤气或矿井气时,应不小于 DN25 mm;在输送天然气时,应不小于 DN20 mm;在输送气态液化石油气时,应不小于 DN15 mm。

燃气引入管宜沿外墙地面上穿墙引入(见图 5.22)。室外裸露管段的上端弯曲处应加 DN≥15 mm 的清扫用三通和丝堵,并作防腐处理。寒冷地区输送湿燃气时还应保温。

引入管埋地穿过建筑物外墙或基础引入室内后,应在短距离内出室内地面,不得在室内地面下水平敷设(见图 5.23)。

穿越基础、墙或管沟时,引入管均应设置在套管中,并应考虑沉降的影响。建筑物设计沉降量大于 50 mm 时,可采取如下措施:

①加大引入管穿墙处的预留洞尺寸;

②引入管穿墙前水平或垂直弯曲 2 次以上;

③穿墙前设置柔性管或波纹补偿器。

地下室、半地下室、管道层和地上密闭房间敷设燃气管道时,应符合下列要求:

①净高不小于 2.2 m;

②应有良好的通风设施,房间换气次数不小于 3 次/h;并应有独立的事故机械通风设施,

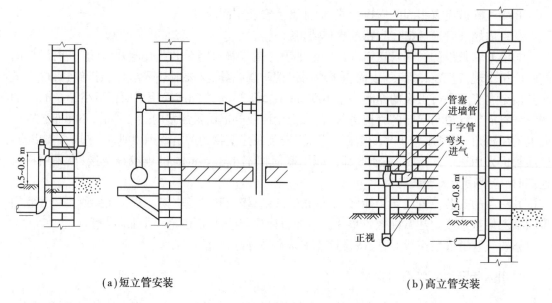

(a)短立管安装　　　　　　　　　　　　　　(b)高立管安装

图 5.22　燃气管道地上引入

事故通风的换气次数不应小于 6 次/h。

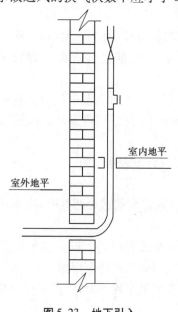

图 5.23　地下引入

③应有固定的防爆照明设备。

(3)引入管安装

1~9 层的民用住宅引入管埋地段采用无缝钢管,焊接连接;引入管架空段及立管当 DN≤50 mm 时采用镀锌钢管丝接,DN>50 mm 时采用无缝钢管焊接;民用高层住宅、工业企业、商业用户的引入管和室内燃气管道均应采用无缝钢管焊接。

引入管与建筑物外墙净间距应便于安装与维修,宜为 10~15 cm;埋地部分燃气引入管道的弯管应使用煨制弯管,弯曲半径宜为 4 倍管径,且应按要求进行防腐处理;输送湿燃气的引入管埋地段的埋设深度应在冻土层以下,并应坡向室外燃气管道,坡度不宜小于 0.01。

引入管室内、部分宜靠实体墙固定;需要保温的引入管,其保温材料的厚度及结构应符合设计要求,保温层表面应平整。

燃气引入管穿墙与其他管道的平行净距应满足安装与维修的需要,与地下水沟或下水道距离较近时,应采取有效防护措施。

在地下室、半地下室、设备层和地上密闭房间以及地下车库安装燃气引入管道时,应使用钢号为 10、20 的无缝钢管或具有同等及以上性能的其他金属管材;管道的敷设位置应便于检修,不得影响车辆正常通行,且应避免被碰撞;管道的连接必须采用焊接连接。

当引入管埋地部分与室外埋地 PE 管相连时,其连接位置距建筑物基础不宜小于 0.5 m,且应采用钢塑焊接转换接头。当采用法兰转换接头时,应对法兰及其紧固件的周围死角和空隙部分采用防腐胶泥填充进行过渡;进行防腐层施工前,胶泥应实干。

紧邻小区道路(甬道)和楼门过道处的地上引入管,应设置安全保护措施。

当室外配气支管上采取了阴极保护措施时,引入管进入建筑物前应设绝缘装置,宜用整体式绝缘接头,应采取防止高压电涌破坏的措施,并确保有效;进入室内的燃气管道应进行等电位连接。

(4)引入管阀门

燃气引入管阀门实际上是室内燃气管道的总控制阀。燃气引入管阀门宜设在建筑物内,对重要用户还应在室外另外加设阀门。

阀门在安装前应进行外观检查,并作严密性试验;引入管阀门应在关闭状态下安装;安装位置应便于操作和维修;对室外阀门应采取安全保护措施;寒冷地区输送湿燃气时,对室外引入管阀门应采取保温措施。

引入管阀门宜装于距地面1.5 m的立管上,也可装于距室内引入层地面0.3~0.5 m高的水平管上。

4)室内燃气管道安装

室内燃气管道是指从用户引入管总阀门到各用户燃具和用气设备之间的管道。

(1)燃气管道的敷设

建筑物内的燃气管道敷设有明装、暗埋(直接埋设在室内墙体、地面内)、暗封(敷设在管道井、吊顶、管沟、装饰层等内)等形式。一般应采用明装形式。当建筑和工艺有特殊要求时,才采用暗封或暗埋安装形式,但应便于安装和检修。

燃气管道不得穿过卧室、浴室、易燃易爆的仓库、配(变)电室、电缆沟、烟道和进风道等处。

室内燃气管道和电气设备、相邻管道之间的净距不应小于表5.5的规定值。

表5.5 燃气管道和电气设备、相邻管道之间的净距

管道和设备		与燃气管道的净距/cm	
		平行敷设	交叉敷设
电气设备	明装的绝缘电线或电缆	25	10
	暗装或管内绝缘电线	5(从所作的槽或管子的边缘算起)	1
	电插座、电源开关	15	不允许
	电压小于1 000 V的裸露电线	100	100
	配电盘、配电箱或电表	30	不允许
相邻管道		应保证燃气管道和相邻管道的安装、安全维护和修理	2
燃具		主立管与燃具水平净距不应小于30 cm;灶前管与燃具水平净距不得小于20 cm;当燃气管道在燃具上方通过时,应位于抽油烟机上方,且与燃具的垂直净距应大于100 cm	

注:当明装电线与燃气管道交叉净距小于10 cm时,电线应加绝缘套管,绝缘套管的两端应各伸出燃气管道10 cm。

（2）管道支架

管道支架（含托架、吊架、管卡）的结构形式应符合设计要求，排列整齐；支架与管道接触紧密；支架安装应稳定、牢固，固定支架应使用金属材料，支架的涂漆应符合设计要求。当管道与支架为不同种类的材质时，二者之间应采用绝缘性能良好的材料进行隔离。

水平管道转弯处应在以下范围内设置固定托架或管卡：

①钢质管道不应大于 1.0 m；

②不锈钢波纹软管、铜管道、薄壁不锈钢管道每侧不应大于 0.5 m；

③铝塑复合管每侧不应大于 0.3 m。

管道支架位置不得影响管道的安装、检修与维护；每楼层的立管至少应设 1 处支架。燃气管道的支架最大间距宜符合表 5.6 至表 5.8 的规定。

表 5.6　钢管支架最大间距

管道公称直径/mm	固定件的最大间距/m	管道公称直径/mm	固定件的最大间距/m
15	2.5	100	7.0
20	3.0	125	8.0
25	3.5	150	10.0
32	4.0	200	12.0
40	4.5	250	14.5
50	5.0	300	16.5
70	6.0	350	18.5
80	6.5	400	20.5

表 5.7　铜管支架最大间距

外径/mm	15	18	22	28	35	42	54	67	85
垂直敷设/m	1.8	1.8	2.4	2.4	3.0	3.0	3.0	3.5	3.5
水平敷设/m	1.2	1.2	1.8	1.8	2.4	2.4	2.4	3.0	3.0

表 5.8　燃气用铝塑复合管支架最大间距

外径/mm	16	18	20	25
垂直敷设/m	1.2	1.2	1.2	1.8
水平敷设/m	1.5	1.5	1.5	2.5

（3）明装燃气管道

建筑物内部的燃气管道一般应明装。燃气管道底部至地面的敷设高度：在有人行走的地方，水平管道净高应不低于 2.2 m；在有车辆通行的地方，应不低于 4.5 m。

室内明设或暗封形式敷设的燃气管道与装饰后墙面的净距，应满足安装、维护、检查的需要，并宜符合表 5.9 的要求。

表5.9 室内燃气管道与墙面净距

管子规格	< DN25	DN25 ~ DN40	DN50	> DN50
与墙净距/mm	≥30	≥50	≥70	≥90

当水平管道上设有阀门时,应在阀门来气侧1 m范围内设支架并尽量靠近阀门。与不锈钢波纹管直接相连接的阀门应设有固定底座或管卡。

工业企业用气车间、锅炉房以及大中型用气设备的燃气管道上应设置管口高出屋脊1 m以上的放散管,并应采取措施防止雨雪和放散物进入管道。当建筑物位于防雷区之外时,放散管应引线接地。

居民住宅内计量装置前的燃气管道一般为热镀锌钢管。连接时,钢管螺纹应光滑端正,无斜丝、乱丝、断丝或脱丝,缺损长度不得超过螺纹数的10%,管道螺纹接头宜采用聚四氟乙烯胶带作密封材料。当输送湿燃气时,可采用油麻丝密封材料或螺纹密封胶。拧紧管件时,不应将密封材料挤入管道内腔,拧紧后应将外露的密封材料清除干净。

铜管与球阀、燃气计量表及螺纹连接的管件连接时,应采用承插式螺纹管件连接。

铝塑复合管不得敷设在室外和有紫外线照射的部位;敷设的位置应远离热源;铝塑复合管用作灶前管时,与燃具的水平净距不得小于0.5 m,且严禁在灶具正上方;与铝塑复合管相连接的阀门应固定,不应将阀门自重和操作力矩传递至铝塑复合管上。

(4)暗装燃气管道

燃气管道暗装形式不宜采用,当建筑和工艺有特殊要求时可采用,但应符合下列规定:

①埋设管道的管槽不得伤及建筑物的钢筋;管槽宽度宜为管道外径加20 mm,深度应满足覆盖层厚度不小于10 mm的要求;未经原建筑设计单位书面同意,严禁在承重的墙、柱、梁、板中暗埋管道。

②暗埋管道不得与建筑物中的其他金属结构相接触,当无法避让时,应采用绝缘材料隔离。

③暗埋管道不应有机械接头。

④管道在敷设过程中不得有任何形式的损坏,管道固定应牢固。

⑤在覆盖暗埋管道的砂浆中不应添加快速固化剂,砂浆内应添加带色(宜为黄色)颜料作为永久色标。

⑥施工后还应将直埋管道位置标注在竣工图上。宜在直埋管道的全长上加设有效防止外力冲击的金属防护装置。

(5)暗封燃气管道

暗封燃气管道的管井应设有活动门和通风孔,管沟应设活动盖板并填充干砂。暗封燃气管道与空气、给水、热力等管道一起敷设在管道井、管沟或设备层中时,燃气管道应采用焊接。地沟内的燃气管道应敷设在其他管道的外侧。燃气管道末端应设放散管,并应引至地面以上,放散管的出口位置应保证吹扫放散时的安全和卫生要求。

室内燃气管道亦需考虑在工作环境温度下的极限变形。当自然补偿不满足要求时应设补偿器,但不宜采用填料式补偿器。高层建筑燃气立管应有承重支撑和消除燃气附加压力措施。

敷设于管道竖井内的燃气管道需注意:

①宜在土建及其他管道施工完毕后进行；

②管道穿越竖井内的隔断板时,应加套管；

③燃气管道的颜色应明显区分于管道井内的其他管道,宜为黄色；

④燃气管道与相邻管道的距离应满足安装和维修的需要；

⑤燃气管道的连接接头应设置在距该层地面 1.0 ~ 1.2 m 处。

(6)阀门安装

阀门是燃气系统中重要的控制设备,用于切断和接通管线,有的还可用于调节燃气的压力和流量。阀门应密封性良好,强度可靠,耐腐蚀；阀门宜有开关指示标志。

室内燃气管道的引入管前、调压器前、燃气计量表前、燃气用具前、测压计前以及放散管起点均应设置阀门。室内燃气管道阀门宜采用球阀。

阀门安装前,应逐个认真清理、检查；有方向性要求的阀门,必须按规定方向安装。阀体材料一般为灰口铸铁,材质较脆,机械强度不高,安装时应选择适宜的工具,掌握好力度,达到既不漏气又不损坏阀门的目的。阀门的阀体与阀芯的严密性出厂时已匹配对号,零件间不具备互换性。

DN ≤ 65 mm 的进户管总阀门宜采用螺纹连接,阀后装活接头；DN > 65 mm 的进户管总阀门宜采用法兰闸阀。总阀门一般装在距地面 1.5 m 的立管上,也可装在距进户内墙面 0.3 ~ 0.5 m 处的水平管上,阀后再与户内燃气立管相连。

当灶前管采用钢管与灶具硬连接时,灶前阀可选用接口式旋塞阀；当灶前管为软管与灶具软连接时,可选用单头或双头燃气旋塞(燃气嘴),软连接的灶前燃气旋塞,应设在安全地点(距燃具台板应大于 0.15 m,距地面不小于 0.9 m)。

居民家用燃气表的表前阀门,宜采用接口式旋塞,离地面高度为 2 m 左右。

在较长的燃气管道上,可在适当位置设隔断阀,以便能够进行分段检修。在高层建筑的立管上,每隔六层应设置一个隔断阀。隔断阀一般选用球阀,阀后应设有活接头。

5.2.3 燃气计量表安装

1)对燃气计量表的要求

燃气计量表的性能、规格、适用压力应符合设计要求,外观应无损伤,涂层应完好。所使用的燃气计量表必须有法定计量检定机构的检定合格证书,并应在有效期内。超过鉴定有效期及倒放、侧放的燃气表应全部进行复检。燃气计量表应有合格证、质量保证书、产品说明书；标牌上应有 CMC 标志、最大流量、生产日期编号和制造单位。

2)燃气计量表安装一般要求

当室内燃气管道、阀门等均已安装固定,管道系统严密性试验合格以后,即可进行室内燃气计量表的安装,同时安装表后支管。燃气计量表安装应符合下列要求:

①燃气表宜安装在干燥、通风良好的地方。商业和工业企业的燃气表宜集中布置在单独房间内,当设有专用调压室时,可与调压器同室布置；住宅内燃气计量表可装在厨房,有条件时也可设置在户门外。住宅内高位安装计量表时,表底距地面不宜小于 1.4 m；燃气表装于灶具上方时,表与灶的水平净距不小于 30 cm；低位安装时,表底距地面不小于 10 cm。使用人工煤

气、天然气时,环境温度应高于 0 ℃;使用液化石油气时,环境温度应高于 5 ℃。严禁将燃气表安装在下列位置:

a. 卧室、卫生间及更衣室、锅炉房、有电源、电器开关及其他电器设备的管道井内,或有可能滞留泄露燃气的隐蔽场所;

b. 环境温度高于 45 ℃ 的地方;

c. 经常潮湿的地方;

d. 堆放易燃易爆、易腐蚀或有放射性物质等危险的地方;

e. 有变、配电等电器设备的地方;

f. 有明显振动影响的地方;

g. 高层建筑中的避难层及安全疏散楼梯间内。

②应按设计文件和产品说明书进行安装;燃气计量表安装位置应满足正常使用、抄表和检修的要求;计量表与管道的法兰连接或螺纹连接应符合规定。

③燃气计量表前的过滤器应按设计文件或产品说明书的要求进行安装。

④燃气计量表与电气设备等的最小净距离应符合表 5.10 的规定。

表 5.10　燃气计量表与电气设备的最小净距

设备名称	与燃气计量表的最小净距/cm
相邻管道、燃气管道	便于安装、检查及维修
家用燃气灶具	30(表高位安装时)
热水器	30
电压小于 1 000 V 的裸露电线	100
配电盘、配电箱或电表	50
电源插座、电源开关	20
燃气计量表	便于安装、检查及维修

⑤燃气计量表与燃具和设备的水平净距应符合下列规定:

a. 距金属烟囱不应小于 80 cm;距砖砌烟囱不宜小于 60 cm;

b. 距炒菜灶、大锅灶、蒸箱和烤炉等燃气灶具灶边不宜小于 80 cm;

c. 距沸水器及热水锅炉不宜小于 150 cm;当燃气计量表与燃具和设备的水平净距无法满足上述要求时,加隔热板后水平净距可适当缩小。

⑥当采用不锈钢波纹软管连接燃气计量表时,不锈钢软管应弯曲成圆弧状,不得形成直角。

⑦膜式燃气计量表安装应端正牢固,无倾斜。支架涂漆种类和涂刷遍数应符合设计要求,并应附着良好,无脱皮、起泡和漏涂现象。漆膜厚度应均匀,色泽一致,无流淌及污染现象。

⑧当使用加氧的富氧燃烧器或使用鼓风机向燃烧器供给空气时,应检验燃气计量表后设的止回阀或泄压装置是否符合设计要求。

⑨燃气计量表宜加装有效的固定支架予以固定。

⑩组合式燃气计量表箱应牢固地固定在墙上或平稳地放置在地面上。

⑪室外的燃气计量表宜装在防护箱内,防护箱应具有排水及通风功能。

⑫安装在楼梯间内的燃气计量表应具有防火性能或设在防火表箱内。

3)家用燃气计量表安装

图5.24 家用智能计量表

家用燃气计量表(见图5.24)一般采用智能型,质量较轻,可不设专门支架支撑,由牢靠固定的表前支管和表后支管承重。燃气计量表的安装应符合下列规定:

①燃气计量表安装后应横平竖直,不得倾斜;

②燃气计量表的安装应使用专用连接件;

③安装在橱柜内的燃气计量表应满足抄表、检修及更换的要求,并应具有自然通风的功能。

7层及7层以上建筑物住户应采用户内计量方式,计量表与燃气管道采用镀锌钢管丝接;1～6层建筑物住户的燃气计量表宜采用户外多台集中并排安装方式,表箱后进户管采用铝塑复合管,卡压式连接,室外部分管外面用白色PVC管或不锈钢套管保护。多台并排安装的燃气计量表,每台表进出口管道上应按设计要求安装阀门;燃气计量表之间的净距应满足安装、检查及维修的要求。

4)商业及工业企业燃气计量表安装

最大流量小于65 m³/h的膜式燃气计量表,当高位安装时,表后距墙净距不小于30 mm,并应加表托固定;采用低位安装时(见图5.25),应平稳地安装在高度不小于200 mm的砖砌支墩或钢支架上(见图5.26),表后与墙净距不应小于30 mm。

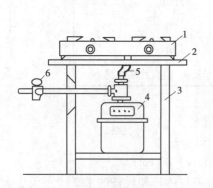

图5.25 燃气表低位安装

1—灶具;2—灶台板;3—灶架;
4—燃气表;5—软管;6—旋塞阀

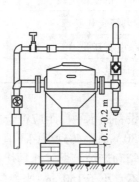

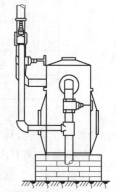

图5.26 设置于墩台上的燃气表

最大流量大于或等于65 m³/h的膜式燃气计量表,应平正地安装在高度不小于200 mm的砖砌支墩或钢支架上,表后与墙净距不宜小于150 mm。

罗茨(腰轮)燃气计量表额定工作压力较高,额定流量较大,多用于中压工业燃气系统。罗茨表应安装于单独表房内(见图5.27)。安装前,将汽油从表的进口端倒入,从出口端流出,反复多次,洗净表内的防锈油。罗茨表必须垂直安装,燃气高进低出(上进下出)。系统经试压结束,罗茨表安装完毕后,拧下表的加油螺塞,加入润滑油至指示窗的刻度,然后慢慢开启进气阀门,让表工作,观察表轮是否运转均匀、平衡,确认无异常后即可正式投入使用。为保证表能正常使用及维修,应在表的进气管上依次安装切断阀和过滤器。是否配装旁通管,由设计定。

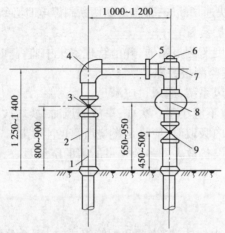

图5.27 罗茨表安装

1—盘接短管;2—丝堵;3—闸阀;4—弯头;5—法兰;6—丝堵;
7—三通;8—罗茨表;9—闸阀

其他诸如涡轮表、旋进旋涡表等燃气计量表的安装场所、位置、前后直管段及标高应符合设计规定,并应按产品标识的指向安装。

5.2.4 燃具与燃气管道的安装

1)连接软管

燃气燃烧设备与燃气管道的连接宜采用硬管连接或软管连接。当采用软管连接时,须选用燃气专用连接软管(耐油橡胶管、金属可挠性软管等)。软管与燃气管道、接头管、燃烧设备的连接处,应采用压紧螺母或管卡固定;软管不得穿墙、窗和门。

燃气管道与燃具之间用软管连接时应符合设计要求,并应符合:

①软管与管道、燃具的连接处应严密,安装牢固;

②软管存在弯折、拉伸、龟裂、老化等现象时不得使用;

③软管与燃具连接时,其长度不应超过2 m,并不得有接口;

④软管与移动式的工业用气设备连接时,其长度不得超过30 m,接口不应超过2个;

⑤软管应低于灶具面板30 mm以上;

⑥软管在任何情况下均不得穿过墙、楼板、顶棚、门和窗;

⑦非金属软管不得使用管件将其分成两个或多个支管。

管道支架应安装稳定、牢固;支架位置不得影响管道的安装、检修与维护;每个楼层至少应设1处支架。

2)燃具安装一般要求

居民生活的各类用气设备应采用低压燃气设备,用气设备前(灶前)的燃气压力应在0.75 ~ 1.5P_N的范围内(P_N为燃具的额定压力)。

商业用气设备宜采用低压燃气设备。商用燃具应安装在通风良好的专用房间内;不得安装在易燃易爆物品堆放处,亦不可设置在兼作卧室的警卫室、值班人防工程等处。设在地下室、半地下室或地上密闭房间内时,应按下列要求执行:

①燃气引入管应设手动快速切断阀;紧急自动切断阀停电时必须处于关闭状态(长开型)。

②用气设备应有熄火保护装置。

③用气房间应设燃气浓度监测报警器,并由管理室集中监视和控制。

④宜设烟气-氧化碳浓度监测报警器。

⑤应设置独立的机械排风系统,通风量应满足:

a. 正常工作时,换气次数不应小于 6 次/h;事故通风时,换气次数不应小于 12 次/h;

b. 当燃烧所需空气由室内吸取时,应满足燃烧所需的空气量;

c. 应满足排除房间热力设备散失的多余热量所需的空气量。

3)炊事灶具安装

(1)商业用灶具安装

商用灶(含单位公用灶)由灶体、燃烧器和配管组成,按用途分为蒸锅灶、炒菜灶和西餐灶等;按结构材料分为砖砌炉灶和钢构炉灶。钢构炉灶的灶体、燃烧器、连接管和灶前管一般均在出厂时装配齐全,安装现场把炉灶稳固后,只需配置灶具连接管连接即可。

砖砌燃气灶的高度不宜大于 80 cm,封闭的炉膛与烟道应安装爆破门。砖砌燃气灶的燃烧器应水平地安装在炉膛中央,其中心应对准锅中心,并应保证外焰有效地接触锅底;燃烧器支架环孔周围应保留足够的空间。

砖砌燃气灶的燃烧器可采用高配管和低配管两种方式。高配管是把灶前管安装在灶沿下方,向下与燃烧器连接(见图5.28)。低配管则是将炉前管安装在炉灶踢脚线上方,向上与燃烧器连接(见图5.29)。

配管时,先在灶前管上按照灶具位置装配连接支管和燃烧器旋塞阀,待室内管道压力试验合格后,再用硬管或不锈钢波纹管与燃烧器连接管连接。

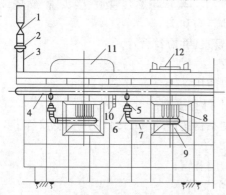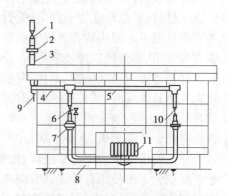

图 5.28　炒菜锅燃气高位配管
1—灶具控制旋塞;2—活接头;3—灶具连接管;
4—灶前管;5—燃烧器旋塞;6—活接头;
7—燃烧器连接管;8—燃烧器;9—活接头;
10—点火旋塞;11—炮台灶框;12—锅支架

图 5.29　蒸锅灶燃气低位配管
1—灶具控制旋塞;2—活接头;3—灶具连接管;
4—灶前管;5—燃烧器支管;6—连锁旋塞;
7—活接头;8—燃烧器连接管;9—点火旋塞;
10—燃烧器旋塞;11—燃烧器

灶具与可燃的墙壁、地板和家具之间应按设计要求做耐火隔热层,当设计无规定时,隔热层与可燃的墙壁、地板和家具之间间距宜大于 50 cm。

（2）家用燃气灶具安装

为安全使用管道燃气，家用燃气计量表后支管的末端应安装管道燃气自闭阀，且应具备失压关闭功能。

管道燃气自闭阀（见图5.30）是安装于低压燃气系统的管道上，当管道供气压力出现欠压、超压时，不需电或其他外部动力即能自动关闭并需手动开启的装置。

家用燃气灶有单眼灶、双眼灶和多眼灶等。灶具安放平稳后，只需以燃气专用的金属可挠性软管或橡胶软管，将灶具的配气接头与装在燃气计量表后支管末端的自闭阀接头连接起来即可（见图5.31）。

家用燃气灶具应装在自然通风和自然采光的厨房内。利用卧室的套间（厅）或利用与卧室连接的走廊作厨房时，厨房应设门并与卧室隔开。地上暗厨房（无直通室外的门和窗）内，应选用带有自动熄火保护装置的燃气灶，并应设置燃气浓度检测报警器、自动切断阀和机械通风设施。

燃气灶具的灶台高度不宜大于80 cm；燃气灶具与墙净距不得小于10 cm；与木质门、窗及木质家具的净距不得小于20 cm。

嵌入式燃气灶具与灶台连接处应做好防水密封处理，灶台下的橱柜应在适当位置开总面积不小于80 cm² 的与大气相通的通气孔。

燃具与可燃的墙壁、地板和家具之间应设耐火隔热层，隔热层与可燃的墙壁、地板和家具之间间距宜大于10 cm。

图5.30 管道燃气自闭阀

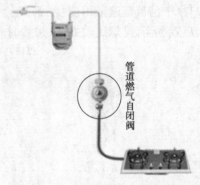

管道燃气自闭阀

图5.31 家用燃气灶的连接

4）燃气热水器安装

家用燃具应采用低压燃气设备，商业用燃具宜采用低压燃气设备。

燃具用具有合格证、质量保证书、产品说明书；产品外观的显见位置应有产品参数铭牌，应有出厂日期；核对各设备的性能、规格、型号、数量是否符合要求。

燃气热水器安装前，应仔细阅读热水器的说明书，检查热水器零配件是否齐全；外观有无缺陷；各旋钮是否开关灵活；热水器使用的燃气种类是否与安装地点的燃气种类相同；安装有无特殊要求等。

家用燃气热水器安装前，先在燃气计量表后支管的末端装一个三通管件，将燃气分流到燃气灶和热水器。在分流到燃气灶的一路上连接管道燃气自闭阀，阀后用软管与灶具相接；在分流到燃气热水器的一路上装个控制球阀，阀后用软管与燃气热水器相接。

安装时，按照产品说明书的要求，在墙面上划线、钻孔，用膨胀螺栓将燃气热水器安装固定稳妥,保证牢固,不倾斜。然后用镀锌钢管或燃气专用软管,将控制球阀与热水器的燃气接口相连接(软管与燃具的连接应选用专用接头,并应安装牢固),再按说明书的要求分别安装排气烟管和冷、热水管,与电源插座接通。

热水器应安装在通风良好的非居住房间、过道或阳台内;装有半密闭式热水器的房间,房间门或墙下应设有效面积不小于 $0.02\ \text{m}^2$ 的隔栅或在门与地面间留有不小于 30 mm 的间隙;房间净高宜大于 2.4 m;热水器的给排气筒宜采用金属管道连接。

安装地点的墙壁应为耐火墙。热水器的安装高度一般距地面 1.5 m 左右,使热水器的观火孔与人眼高度相齐。热水器与墙面的净距应大于 20 mm;与对面墙之间应有大于 1 m 的通道;与燃气表及燃气灶的水平净距应大于 0.3 m;顶部距天花板应大于 0.6 m;上部不得有电力明线、电器设备和易燃物;其四周保持 0.2 m 以上的空间,便于通风。与室内燃气管道和冷、热水管道连接须正确,并应连接牢固、不易脱落。燃气管道阀门、冷热水管道阀门应便于操作。

热水器两侧的通风孔不要堵塞,以保证有足够的空气助燃。排烟装置应与室外相通,烟道应有1%坡向燃具的坡度,并应有防倒风装置。

使用市网供电的燃具应将电源线接在具有漏电保护功能的电气系统上;应选用单相三极电源插座,电源插座应可靠接地,电源插座应设置在水不易溅到的位置。

5)壁挂锅炉安装

壁挂锅炉的标准叫法为"燃气壁挂式快速采暖热水器",在没有集中供暖且有燃气管道接入的住户家中已被普遍采用(见图 5.32)。其外形美观,使用方便,体积小,具备热水与采暖两用功能,热效率高,排烟比较方便,采暖时间自由设定,可随时开启,但投资及工程安装费较高。

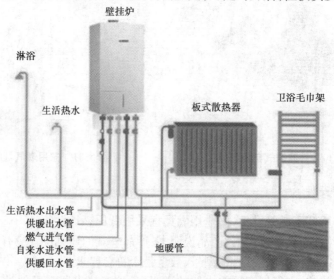

图5.32　壁挂炉使用示意图

壁挂锅炉自身的安装比较简单,按照打开炉体包装箱、取出安装说明书和示意图、设计安装地点、打眼、装埋膨胀螺丝、安装、固定等程序操作即可。但运行调试工作具有较高技术要求,所以应该请专业技术人员来进行安装。设备安装点附近需有电源插座、燃气接入点。安装时应遵循"近、干、全、斜、好"的原则:近,指壁挂炉位置距离采暖系统、气源、水源、电源、排气出口越近越好;干,就是要选择通风良好、室内干燥的位置;全,是指壁挂炉运行所需配件要安装齐全(如室内温度控制器、自来水减压阀、燃气过滤器、水过滤器等);斜,是指烟管安装一定要朝外向下倾斜3°~5°(见图5.33),以免雨雪水或冷凝水倒流进壁挂炉内;好,就是安装材料要好,不能用劣质管材、阀门、管件。

壁挂炉应安装在向外排气较方便、无人居住的房间,不得安装在卧室、客厅、浴室、地下室、楼梯间及安全出口附近,通常选厨房或与其相连的敞开式阳台座位安装位置。安装在厨房好处是冬季不会结冻,便于操作和观察;安装在阳台的好处是天然气泄漏危险、噪声对室内的影响较小、排烟通风顺畅,不占厨房的宝贵面积(见图5.34),但要注意避免风吹雨淋。新装修的房子,相关的开槽、打孔、管路连接等程序需与安装同步进行,而壁挂炉可待家装结束后再进行安装。

壁挂炉背面挂钩固定处不得预埋有水管、线管、燃气管及其他管道,以免安装炉子时被打坏。背面挂钩处打眼固定时需用水平尺测量,不得用肉眼靠经验观察,以免壁挂炉倾斜,反复打眼,导致炉子固定不牢靠。若墙面为干挂大理石,则需告知总包单位提前预留壁挂炉的固定点。

壁挂锅炉的燃气管道同热水器一样,不需经过计量表后支管末端的管道自闭阀。燃气管道、生活用水管道、采暖管道应用软管或铝塑管连接,必须确保垫片及生料带充填到位,防止"跑、冒、滴、漏"现象发生。连接燃气管的软管接头要插到位,接好后要用皂液水检查接头是否漏气,然后进行调试运行。

壁挂炉上方不得有明装电线,其下方不能有炉灶,以免发生火灾。炉子左右两侧要各留出不小于50 mm的距离,下方至少要有不小于200 mm的距离,以便检修和更换设备。

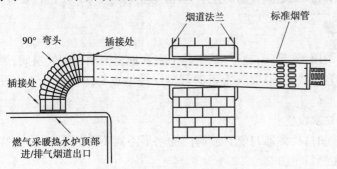

图5.33　烟道安装示意图　　　　　　　图5.34　装于开放式阳台

目前我国的住宅楼一般没有公用的结构排烟通道,壁挂式燃气炉的排烟管很多是从窗户上出去的,这样做不仅影响美观,而且破坏了窗户的功能,并有可能使烟气流回房间,甚至可能流到邻居房间内,也不符合《家用燃气燃烧器具安装及验收规程》等有关规范的要求;排烟风机、循环水泵启动及火焰燃烧时噪声较大,且存在一定空气污染;当采用地面采暖方式时,房间层高会减少8~10 cm。

6)燃气锅炉和冷水机组燃气系统安装要求

商用燃气锅炉和冷水机组燃气系统安装前,应先检查商用燃气锅炉或燃气冷水机组、引入管阀门至室外配气支管之间的管道等的安装是否符合要求。

锅炉房内燃气管道系统的安装,主要是用无缝钢管依次连接手动快速切断阀、过滤器、调压器、波纹膨胀管、自动切断阀等装置,将燃气管道与锅炉燃烧器上的进气阀管接口相连接即可(一般为法兰连接形式)。管道组成件使用的材质、规格和型号应符合要求;地下室、半地下室和地上密闭房间室内燃气钢管的固定焊口应进行10%射线照相检验,其质量应达到现行规范要求。

燃气锅炉和冷水机组的燃烧器系统及调压装置的性能、规格、型号必须符合设计要求及所供气源的要求。调压装置的安装应符合设计要求。

商用燃气锅炉和冷水机组室内燃气管道末端的放散管应按设计要求安装,放散管上应有手动快速切断阀。

燃气锅炉和冷水机组的燃烧器应具有安全保护及自动控制的功能:

①手动快速切断阀和紧急自动切断阀应按设计安装。当管线系统进行强度试验和严密性试验时,紧急自动切断阀应呈开启状态。

②燃气锅炉和冷水机组用气场所的燃气浓度自动报警系统,应按要求与独立的防爆排烟设施、通风系统、紧急自动切断阀连锁。

③燃气锅炉和冷水机组用气场所设置的火灾自动报警系统和自动喷水灭火系统应符合设计要求。

④可燃气体检测报警器、火灾检测报警器的安装位置应符合产品说明书及设计文件的要求。

⑤燃气浓度自动报警系统、火灾自动报警系统和紧急自动切断阀的供电导线的规格、型号、敷设方式应符合设计要求。

5.2.5 燃气系统的监控设施及防雷、防静电

为保证燃气管道系统安全运行,燃气管道及设备系统应有必要的监控设施及必要的防雷、防静电措施。由于这些监控设施和措施涉及电气方面的技术,应由专业电气技术人员进行安装。

1)燃气浓度检测报警器的设置

建筑物内专用的封闭式燃气调压、计量间;地下室、半地下室和地上密闭的用气房间;燃气管道竖井;地下室、半地下室引入管穿墙处;有燃气管道的管道层等地点都应按设计要求设置燃气浓度检测报警器。

燃气浓度检测报警器应按下要求设置:

①当检测比空气密度轻的燃气时,检测器与燃具或阀门的水平距离不得大于 8 m,安装高度应距顶棚 0.3 m 以内,且不得在燃具上方。

②当检测比空气密度重的燃气时,检测器与燃具或阀门的水平距离不得大于 4 m,高度应距地面 0.3 m 以内。

③报警浓度应按《家用燃气泄漏报警器 CJ 3057》的规定确定。

④燃气浓度检测报警器应与排风扇等排气设备连锁。

⑤燃气浓度检测报警器宜集中管理监视。

⑥报警器系统应有备用的电源。

2)燃气紧急自动切断阀的设置

燃气自动切断阀(见图 5.35)是设置于燃气管道系统中的安全配套装置,它与燃气泄漏检测仪器相连接,当仪器检测到燃气泄漏时,自动快速关闭,切断燃气供给,能及时制止恶性事故发生。当事故排除后,工作人员需用力向上提拉手动复位杆,听到"咔"一声,即可开启阀门。

在地下室、半地下室和地上密闭的用气房间;一类高层民用建筑;燃气用量大、人员密流动人口多的商业建筑;重要的公共建筑;有燃气管道的管道层等地点均宜设置燃气紧急自动切断阀。

自动切断阀应设在用气场所的燃气入口管、干管或总管上,且宜设于室外;阀前应装手动切断阀。燃气紧急自动切断阀宜采用自动关闭、现场人工开启型,当浓度达到设定值,报警后关闭。

3)防雷、防静电措施

进出建筑物的燃气管道进出口处、室外的屋面管、立管、放散管和燃气设备等处均应有防雷、防静电接地设施。防雷接地设施、防静电接地设施均应符合相关规定。

4)燃气应用设备的电气系统

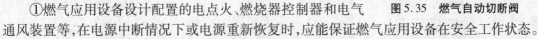

图 5.35　燃气自动切断阀

燃气应用设备和建筑物电线、地线之间的电气连接应符合国家电气相关规范的规定,且应符合下列规定:

①燃气应用设备设计配置的电点火、燃烧器控制器和电气通风装置等,在电源中断情况下或电源重新恢复时,应能保证燃气应用设备在安全工作状态。

②与燃气应用设备一起使用的自动操作的主燃气控制阀、自动点火器、室温恒温器、极限控制器或其他电气装置,所使用的电路应符合随设备供给的接线图规定。

③使用电气控制器的所有燃气应用设备,应当让控制器连接到永久带电的电路上,不得使用照明开关控制的电路。

5.2.6　烟气排放装置安装

1)家用灶具排烟

家用燃气炊具可采用自然通风方式、排气扇直接外排方式来排除室内烟气;也可通过抽油烟机,将烟气排进竖向烟道(见图 5.36、图 5.37),但连接的水平烟道长度不宜超过 5 m,弯头不宜超过 4 个(强制排烟式除外)。

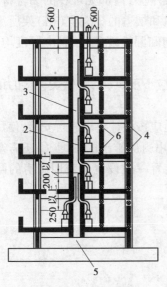

图 5.36　共用排烟道
1—燃气用具;2—排气筒;
3—共用排气筒;4—换气口;
5—清扫口;6—室内换气口

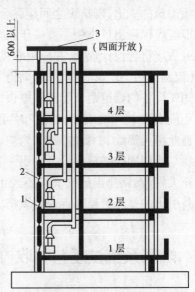

图 5.37　独立竖向烟道
1—给气口;2—排气口;3—共用风帽

2)商用燃具排烟

商用燃具上方可设排气扇或排气罩等排烟设施来排除烟气。从设备顶部排烟或设置排烟罩排烟时,其上部应有不小于 0.3 m 的垂直烟道方可接入水平烟道;各台设备宜单独设独立烟道(见图 5.38);多台设备合用一个水平烟道时,应顺其流方向设置导向装置,保证排烟时互不影响(见图 5.39)。商业用户用气设备的水平烟道不宜超过 6 m,并应有 1% 坡向燃具的坡度。

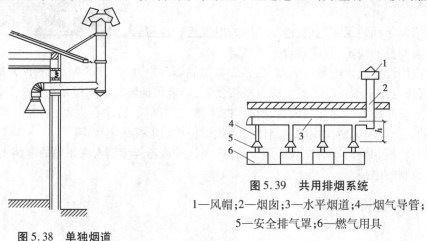

图 5.38 单独烟道

图 5.39 共用排烟系统
1—风帽;2—烟囱;3—水平烟道;4—烟气导管;
5—安全排气罩;6—燃气用具

用镀锌钢板卷制的烟道,卷缝应均匀严密,烟道应顺烟气流向插接,插接处不应有明显的缝隙和弯折现象;用钢板制造的烟道,连接面应平整无缝隙,连接紧密牢固,表面平整。还应对烟道进行保温处理,保证出口排烟温度高于露点,保温材料及厚度应符合设计要求;用非金属预制板砌筑的烟道,砌筑块之间应黏合严密、牢固、表面平整,内部无堆积的黏合材料,砖砌烟道的厚度应保证出口排烟温度高于露点;碳素钢板烟道和烟道的金属支(吊)架所涂油种类和涂刷遍数应符合设计规定,并应附着良好,无脱皮、起泡和漏涂现象;漆膜应厚度均匀,色泽一致,无流淌及污染现象。排气罩、烟道等都须牢固支撑。

用气设备的烟道距难燃或不燃顶棚或墙的净距不应小于 5 cm;距燃烧材料的顶棚或墙的净距不应小于 25 cm(有防火保护时可适当减小)。

商业用大锅灶、中餐炒菜灶、烤炉、西餐灶等的烟道应按设计要求进行安装,使用燃气的设备不得与使用固体燃料的设备共用一套排烟系统。商用厨房排出的油烟气,还需经净化后方可排至大气(蒸锅排出的废气可不经由)。油烟净化装置一般设置于商用厨房的屋顶。自净化设备引出的排气管顶部宜安装风帽。

5.3 燃气系统试压与验收

燃气管道的泄漏将导致中毒、火灾和爆炸等事故发生,危害人们的生命财产安全。因此,对新敷设的燃气管道必须进行严格的压力试验。压力试验分为强度试验和严密性试验,试验介质应采用空气或氮气。

试验用压力计应在校验有效期内,其量程应为试验压力的 1.5~2 倍,弹簧压力表的精度不应低于 0.4 级;U 形压力计的最小分度值不得大于 1 mm。试验工作应由施工单位负责,建立(建设)等单位应参加。试验时发现的缺陷,应在试验压力降至大气压后处理,处理合格后应重新进行试验。

5.3.1　室内燃气系统的压力试验

1)系统强度试验

(1)强度试验范围

明管敷设时,居民用户引入管阀门至计量装置前阀门之间的管道系统;暗埋或暗封敷设时,居民用户引入管阀门至燃具接入管阀门(含阀门))之间的管道;商业用户及工业企业用户引入管阀门至燃具接入管阀门(含阀门)之间的管道(含暗埋或暗封敷设的管道)。

(2)强度试验前应满足的条件

进行强度试验前,管内应吹扫干净,吹扫介质宜采用空气或氮气,不得使用可燃气体。强度试验前泄放装置应已拆下或隔断;不参与试验的系统、设备、仪表等应与实验管道系统隔断,并应有明显的标志或记录;充气试验时绝对不允许互相窜气,以免造成试验数据不准或有漏气部位未被查到。

(3)强度试验要求

室内燃气管道系统强度试验压力应为设计压力的 1.5 倍,且不低于 0.1 MPa。低压、中压燃气管道系统达到试验压力时,稳压不少于 0.5 h 后,用发泡剂检查所有接头,无渗漏、无压力降为合格;或中压燃气管道系统达到试验压力时,稳压不少于于 1 h,无压力降为合格;中压以上燃气管道系统进行强度试验时,应在达到试验压力的 50% 时,停止不少于 15 min,用发泡剂检查所有接头,无渗漏后方可继续升至试验压力并稳压不少于 1 h 后,无压力降为合格。

2)系统严密性试验

(1)严密性试验范围

室内燃气管道系统严密性试验范围应为引入管阀门至燃具前阀门之间的管道。通气前还应对其进行检查。

(2)严密性试验的要求

室内燃气系统的严密性试验应在强度试验合格后进行。试验须符合下列要求:

①低压管道系统的严密性试验应用 U 形压力计。试验压力为设计压力且不得低于5 kPa。在试验压力下,居民用户应稳压不少于 15 min,商业和工业企业用户稳压不少于 30 min,并用发泡剂检查全部连接点,无渗漏、无压力降为合格;当试验系统中有不锈钢波形软管、覆塑钢管、铝塑复合管、耐油胶管时,试验压力下的稳压时间不宜少于 1 h,除对各密封点检查外,还应对外包覆层端面是否有渗漏现象进行检查。

②中压及以上压力管道系统严密性试验压力应为设计压力且不得低于 0.1 MPa,在试验压力下稳压不得少于 2 h,用发泡剂检查全部连接点,无渗漏、无压降为合格。

5.3.2　室外燃气系统的压力试验

城镇燃气输配管道安装完毕后,应依次进行管道吹扫、强度试验和严密性试验。穿(跨)

越河流、铁路、二级以上公路、高速公路的燃气管道应单独进行试压。

1)一般要求

管道吹扫、强度试验及中高压管道严密性试验前应编制施工方案,制订安全措施,确保施工人员及附近民众与设施的安全。

吹扫和待试验的管道应与无关系统采取措施相隔离;与已运行的燃气系统之间必须加装盲板且有明显标志;试验前应按设计图纸检查管道的所有阀门,试验段阀门须全部开启;管道上的所有堵头必须加固牢靠,试验时堵头端严禁人员靠近。对聚乙烯管道或钢骨架聚乙烯复合管道吹扫及试验时,进气口应采取油水分离及冷却等措施,确保管道进气口气体干燥,且其温度不得高于 40 ℃;排气口应采取防静电措施。

试验时所发现的缺陷,必须待试验压力降至大气压后进行处理,处理合格后应重新试验。

2)管道吹扫

球墨铸铁管道、聚乙烯管道、钢骨架聚乙烯复合管道及公称直径小于 100 mm 或长度小于 100 m 的钢质管道,可采用气体吹扫;公称直径大于或等于 100 mm 的钢质管道,宜采用清管球进行清扫。吹扫时,应按主管、支管、庭院管的顺序进行吹扫,吹扫出的脏物不得进入已合格的管道。吹扫管段内的调压器、阀门、孔板、过滤网、燃气表等设备不被吹扫,待吹扫合格后再安装复位。

每次吹扫管道的长度不宜超过 500 m;当管道长度超过 500 m 时,宜分段吹扫。打压点与放散点应分别设在管道的两端。吹扫口应设在开阔地段并加固,吹扫时吹扫出口前严禁站人。

吹扫介质宜采用压缩空气,严禁采用氧气和可燃性气体;吹扫压力不得大于管道的设计压力,且不应大于 0.3 MPa;吹扫气体流速不宜小于 20 m/s。当目测排气无烟尘时,可在排气口设置白色干净木靶板检验,5 min 内靶上无铁锈、尘土及其他杂物时为合格。

用清扫球清扫的管道管径必须是同一规格,不同管径的管道应断开分别进行清扫;对影响清扫球通过的管件、设施应提前采取措施解决;清扫球清扫完成,亦应用白色干净木靶板检验,如不合格可采用气体再清扫,直至合格。

3)强度试验

(1)一般要求

压力试验前,管道的焊接检验、管路清扫都已合格;埋地管道回填土宜回填至管上方 0.5 m 以上,并留出焊接口,该部位不得涂漆或做防腐绝缘层。

管道应分段进行压力试验,试验管道分段最大长度应符合表 5.11 的规定;管道试验所用压力计及温度记录仪表均不应少于两块,并应分别安装在试验管道的两端,试验用压力计的量程应为试验压力的 1.5~2 倍,其精度不得低于 1.5 级;试验方案经批准;应备有可靠的通信系统和安全保障措施;已进行了技术交底。

表5.11　燃气管道压力试验分段最大长度

设计压力/MPa	试验管段最大长度/m
$P_N \leqslant 0.4$	1 000
$0.4 < P_N \leqslant 1.6$	5 000
$1.6 < P_N \leqslant 4.0$	10 000

（2）试验压力和试验介质

强度试验的压力和介质应按表5.12要求进行。

表5.12　室外燃气管道强度试验压力和介质

管道类型	设计压力 P_N/MPa	试验介质	试验压力/MPa
钢管	$P_N > 0.8$	清洁水	$1.5P_N$
	$P_N \leqslant 0.8$		$1.5P_N$，且$\geqslant 0.4$
球墨铸铁管	P_N		$1.5P_N$，且$\geqslant 0.4$
钢骨架聚乙烯复合管	P_N	压缩空气	$1.5P_N$，且$\geqslant 0.4$
聚乙烯管	P_N(SDR11)		$1.5P_N$，且$\geqslant 0.4$
	P_N(SDR17.6)		$1.5P_N$，且$\geqslant 0.4$

（3）强度试验操作

待验钢管管段应先将两端用堵板封住,并在进气端堵板上焊装长约150 mm的丝头短管（DN20～25）,以便与试验介质流进管及压力表管连接。待检验的管段为铸铁管时,管段两端用管盖封堵,并在试验介质流进端的管盖留孔,以便连接试验介质流进管及压力表管。

①水压试验。试验管段任何位置的管道环向应力不得大于管材标准屈服强度的90%。架空管道采用水压试验前,应核算管道及其支撑结构的强度,必要时应临时加固。试压宜在环境温度5 ℃以上进行,否则应采取防冻措施。

进行强度试验时,压力应逐步缓升,首先升至试验压力的50%,进行初检,如无泄漏、异常,继续升压至试验压力,然后稳压1 h后,观察时间不应少于30 min,无压力降为合格。

水压试验合格后,应及时将管道中的水放（抽）净,并按要求进行吹扫。

②气压试验。试验用空气压缩机的容量根据管径大小、管段长度来选定。

把空气压缩机的输气管接入系统,开启阀门,然后启动空气压缩机,缓慢升压。设计压力不大于0.8 MPa的管段,当压力升至50%试验压力时,应稳压30 min,进行观察,若未发现问题,便可继续升压至试验压力;对设计压力大于0.8 MPa的管道试压,压力缓慢上升至30%和60%试验压力时,应分别停止升压,稳压30 min,并检查系统有无异常情况,如无异常情况,继续升压至试验压力。

当达到试验压力后,稳压1 h,进行检查。用小毛刷蘸发泡剂刷每一个接口的所有部位。刷时须仔细,最好每一个接口刷2～3次,认真观察。对焊缝钢管的管身纵焊缝也应检查,当发现有漏气点时,要及时画出漏洞的准确位置,待全部接口检查完毕后,将管内的压缩空气放掉,方可进行修补。修补后,再用同样方法进行试验,直至无漏气点为止。检查接口有无漏点的工作必须在白天进行。观察压力表,如无压力降,就可以继续进行严密性试验。

经分段试压合格的管段相互连接的焊缝,经射线照相检验合格后,可不再进行强度试验。

4)严密性试验

严密性试验应在强度试验合格后进行。强度试验采用压缩空气的管段,严密性试验可在强度试验合格后连续进行。

严密性试验介质宜采用空气。设计压力小于 5 kPa 时,试验压力应为 20 kPa;设计压力不小于 5 kPa 时,试验压力应为设计压力的 1.15 倍,且不得小于 0.1 MPa。

试压时的升压速度不宜过快。对设计压力大于 0.8 MPa 的管道试压,压力缓慢上升至 30% 和 60% 试验压力时,应分别停止升压,稳压 30 min,并检查系统有无异常情况,如无异常情况继续升压。管内压力升至严密性试验压力后,待温度、压力稳定后开始记录。严密性试验稳压的持续时间应为 24 h,每小时记录不应少于 1 次,当修正压力降小于 133 Pa 为合格。

修正压力降应按下式确定:

$$\Delta P' = (H_1 + B_2) - (H_2 + B_2) \times (273 + t_1)/(273 + t_2) \tag{5.1}$$

式中　$\Delta P'$——修正压力降,Pa;

H_1、H_2——试验开始和结束时的压力计读数,Pa;

B_1、B_2——试验开始和结束时的气压计读数,Pa;

t_1、t_2——试验开始和结束时的管内介质温度,℃。

所有未参加严密性试验的设备、仪表、管件,应在严密性试验合格后进行复位,然后按设计压力对系统升压,采用发泡剂检查设备、仪表、管件及其与管道的连接处,以不漏为合格。

5.3.3　燃气系统的验收

在燃气系统的整个施工阶段,对单项工程都应该根据有关技术标准和验收规范逐项检查和验收,尤其是隐蔽工程,如管道地基、防腐和焊接等项目更应及时检查,做到防微杜渐,杜绝质量事故。工程竣工验收一般由设计、施工、运行管理及其他有关单位共同组成验收机构进行验收。验收应按程序进行,施工单位应提供如下完整准确的技术资料:

①开工报告;

②监理资料;

③相关部门的检验文件;

④各种测量记录;

⑤隐蔽工程验收记录;

⑥材料、设备出厂合格证,材质证明书,安装及材料代用说明书或检验报告;

⑦管道与调压设施的强度与严密性试验记录;

⑧焊接外观检查记录和无损探伤检查记录;

⑨防腐绝缘措施检查记录;

⑩管道及附属设备检查记录;

⑪设计变更通知单;

⑫工程竣工图和竣工报告;

⑬储配与调压各项工程的程序验收及整体验收记录;

⑭其他应有的资料。

验收机构应认真审查上述技术资料,并进行现场检查,最后根据现行质量指标全面考核作出鉴定,对质量未达到要求的工程不予验收。

习题 5

5.1 室内燃气管道常用哪些管材?有哪些连接方式?

5.2 室内燃气管道安装的一般规定有哪些?

5.3 室内燃气系统的引入管安装形式有哪些?

5.4 燃气表安装的注意事项有哪些?

5.5 燃气灶具安装的注意事项有哪些?

5.6 燃气热水器安装的注意事项有哪些?

5.7 壁挂锅炉安装的注意事项有哪些?

5.8 室外燃气管道安装的流程是什么?

5.9 室外燃气用金属管道的安装及连接注意事项有哪些?

5.10 室外燃气用非金属管道的安装及连接注意事项有哪些?

5.11 排水器的安装注意事项有哪些?

5.12 室外燃气管道穿越障碍物的施工方法有哪些?施工过程中需要注意些什么?

5.13 燃气管道的带气接管有哪些方法?是如何进行的?

5.14 室内燃气系统的试压程序及注意事项是什么?

5.15 室外燃气系统的试压程序及注意事项是什么?

6

通风空调系统安装

通风空调工程常用术语有：

通风工程——一般送、排风和除尘、排毒工程。

空调工程——一般空调、恒温恒湿与洁净空调工程。

风管——金属板材、硬聚氯乙烯板以及玻璃钢制成的矩形或圆形的管子。其制作尺寸，矩形风管以外边长为准，圆形风管以外径为准。

风道——砖、混凝土、炉渣石膏板、炉渣混凝土以及木质的风道。风道尺寸均以内径或内边长为准。

通风管道——风管与风道的总称。

配件——通风、空调系统的弯管、三通、四通、异径管、静压箱、导流片和法兰等。

部件——通风、空调系统中各类风口、阀门、排气罩、风帽、检视门、测定孔和支、吊、托架等。

金属附件——连接件和固定件，如螺栓、铆钉等。

通风空调系统安装包括风管及部件、配件的制作与安装，通风空调设备的制作与安装，通风空调系统的试运转及调试。

6.1 金属风管、配件及部件制作

风管、配件及部件的制作是系统安装的首要任务，其制作材料有金属、非金属及复合板3类。金属风管、配件及部件的制作用材主要有薄钢板(普通薄钢板、镀锌薄钢板)、不锈钢板、铝板和复合钢板，加工工艺分为划线—剪切—成型—法兰配件等制作工序。

6.1.1 展开划线

展开划线是管道、配件及部件制作的第一道工序，是按风管、配件及部件的规格尺寸及图纸要求，根据画法几何原理，把其外表面依据实际尺寸展开在板材平面上，俗称放样。划线方法应正确，做到角直、线平、等分准确；剪切线、倒角线、折方线、翻边线、留孔线、咬口线等要齐全;要合理用料,节约板材;按要求校验尺寸,确保下料尺寸准确。

划线常用工具有钢板直尺、量角器、划规、地规、划针、样冲、曲线板等,见图2.4。

板材材质应依据使用场合选用。排气、除尘系统风管及配件的制作采用普通薄钢板,一般送风系统风管及配件较少采用普通薄钢板,多用冷轧薄钢板制作;不含酸、碱气体的通风及空调、净化系统大量使用镀锌钢板;化工、食品、医药、电子、仪表等工业通风系统和有较高净化要求的送风系统应采用不锈钢板制作,印刷行业排放含有水蒸气的排风系统也使用不锈钢板加工风管;防爆通风系统的风管及配件以及排放含有大量水蒸气的排风系统或车间内含有大量水蒸气的送风系统用铝板制作;温度为 $-10 \sim 70$ ℃ 的空气洁净系统的风管及配件常用塑料复合钢板制作。

板材的厚度据圆形风管直径 D 或矩形风管长边尺寸 b、工作压力类别(低压系统 $p_t \leq$ 500 Pa;中压系统 500 < $p_t \leq$ 1 500 Pa;高压系统 p_t > 1 500 Pa)、风管应用场合或风管用途进行选取,可查《通风与空调工程施工质量验收规范》(GB 50243—2002)。

1)风管划线

(1)圆形风管展开

圆形风管的展开图是一个矩形,其一边长为圆周 πD,另一边长为管长 L,D 为圆形风管外径,如图6.1所示。图中 M 为咬口总留量,10 mm 为翻边留量。当风管直径较大,单张钢板料不够而需数块板材接宽时,可将钢板拼接(咬口连接、焊接或铆接)后,再按展开尺寸下料。

(2)矩形风管展开

矩形风管展开图为矩形,其一边为管段长度 L,另一边长为 $2(A+B)$,如图6.2所示。

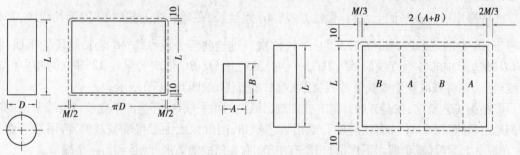

图6.1 圆形风管展开图   图6.2 矩形风管展开图

为了保证风管的加工质量,圆形、矩形风管展开矩形四角一定要严格测定为90°,不得歪斜,对画出的图样可用对角线法进行校验。

2)配件划线

(1)圆形配件展开

常用展开划线方法有以下3种:

①平行线法。平行线展开法是利用足够多的平行素线,将配件表面划分成足够多的近似小平面梯形,将其依次摊平,即得配件表面的展开图。此法适用于壳体表面由无数条相互平行的直素线构成的配件,如呈圆柱形配件的展开。

以圆形弯头展开为例:圆形弯头由 2 个端节和若干个中节组成,端节为中节的 1/2。设计未明确时,圆形弯头的曲率半径 R 和最少节数 n 见表6.1。其放样工序如下。

表6.1 圆形弯管曲率半径和最少节数

弯管直径 D/mm	曲率半径 R/mm	弯管角度和最少节数							
		90°		60°		45°		30°	
		中节	端节	中节	端节	中节	端节	中节	端节
80～220	≥1.5D	2	2	1	2	1	2	—	2
240～450	D～1.5D	3	2	2	2	1	2	—	2
480～800	D～1.5D	4	2	2	2	1	2	1	2
850～1 400	D	5	2	3	2	2	2	1	2
1 500～2 000	D	8	2	5	2	3	2	2	2

a. 根据弯头直径 D、曲率半径 R、弯曲角度和节数 n 画出立面图。例如直径 $D = 320$ mm,弯曲角度为90°,3个中节及2个端节,$R = 1.5D$ 的圆形弯管,先将垂直线夹角4等分,过等分线与由 R、D 确定的弯头圆弧线的交点分别作切线,内外弧上各切线交点的连线,即为各节间的连接线(如 DC),如图6.3(a)所示。

b. 画出端节 $ABCD$ 四边形,并以 AB 边长为直径作半圆弧 $\overset{\frown}{AB}$,将 $\overset{\frown}{AB}$ 6 等分,得2、3、4、5、6各点,过这些点各作垂线垂直于 AB 并相交于 CD 得2′、3′、4′、5′、6′各点,则 AD、22′、33′、44′、55′、66′、BC 平行素线及 DC、AB 线上的各点 D、2′、3′、4′、5′、6′、C 及 A、2、3、4、5、6、B 组成梯形,如2′3′32,见图6.3(b)。

c. 将梯形展开在平面上,具体做法是:将 AB 线延长,在延长线上截取12 段等长线段,其长度等于 $\overset{\frown}{AB}$ 上的等分段,如 $\overset{\frown}{A2}$ 或23、34……,依次通过这些等分段点作 AB 延长线段的垂线,将 $ABCD$ 四边形中的各垂直线段 AD、22′、33′、44′、55′、66′ 及 BC 依次丈量在12 等分的相应的垂直线段上,并将截取点连成圆滑曲线,组成端节展开图,如图6.3(c)所示。

d. 根据工艺要求,在端节展开图上分别放出纵缝的单平咬口、环缝的单立咬口及端节面的法兰翻边留量[见图6.3(c)虚线外框],画出工艺斜角,用机械或手工将端节裁剪,再用端节做样板,在板材上套裁(减少剪切工作量)出所有中节(取2倍的端节展开图)和另一个端节。

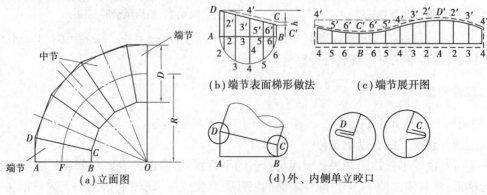

(a)立面图　　(b)端节表面梯形做法　　(c)端节展开图　　(d)外、内侧单立咬口

图6.3 圆弯头展开图

实际操作中,由于弯管的内侧咬口手工操作不易打紧密,如图6.3(d)中的 C 点,使弯管各

节组合后达不到90°角(略大于90°),所以在划线时要把内侧高 BC 减去 h 距离(一般 $h = 2\ \text{mm}$),用 BC' 线段的长度来展开。若用机械加工单立咬口,里弧高度可不作处理,但仍需包合紧密,否则易使弯头抬头。

②放射线法。此法适用于壳体表面由交于一点的无数条斜素线构成的配件,如正圆锥、斜圆锥、棱锥等的展开。

例如,有交点的正心圆变径管展开如图6.4所示,展开步骤如下:

a. 根据已知大口直径 D 和小口直径 d 以及高 h 作出异径管的主视图、俯视图。

b. 延长主视图上的 AC 和 BD 交于 O 点,以 O 点为圆心,分别以 OC 和 OA 为半径作圆弧。

c. 将俯视图的外圆周12等分,把12等分弧段依次丈量在以 OA 长为半径的弧线上,直至 A' 点,连接 OA' 与以 OC 长为半径的圆弧交于 C',$C''A''A'C'$ 为此正心圆变径管的展开图。

当正心圆形变径管大小口直径相差很少、管斜边线延长交点 O 在很远处时,一般常采用近似画法(样板法)来展开。根据已知大口直径 D 和小口直径 d 以及高 h 画出主视图、俯视图,把俯视图上的大小圆周12等分,以变径管管壁素线及 $\pi D/12$、$\pi d/12$ 作出分样图(样板),然后用分样图在平板上依次连续画出12块,即成此圆形变径管的展开图,如图6.5所示。画好后,再用钢板尺复核圆弧 πD 和 πd,以避免多次划线造成较大误差。

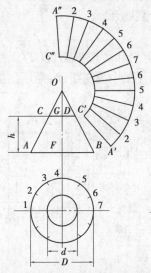

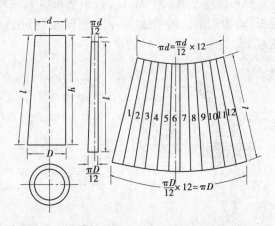

图6.4　正心圆形变径管展开图　　　　　　图6.5　不易得到交点的正心圆变径管展开图

③三角形法。此法利用三角形已知三边作图的原理,把配件表面分成若干个三角形,然后依次把它们组合成展开图。凡不宜用上述两种方法展开的管件都可用此法展开。

偏心圆形异径管的展开如图6.6所示,具体步骤如下:

a. 根据大口直径 D,小口直径 d 及偏心距 e 和高度 h,画出主视图和俯视图。

b. 等分小口圆周的一半为点2,4,6,8,10,12,14,等分大口圆周的一半为点1,3,5,7,9,11,13。连接1、2;3、4;5、6……和2、3;4、5;6、7……形成若干相对应的三角形,用这些三角形表示大小头的表面。

c. 画垂直线 OA 等于偏心圆大小头的高,以 OA 为直角边,分别以12、34等作另一直角边,则 O-1 和 O-3 等就是12、34等的实长。

d. 求出实长后,就可用实长作出相互连接的三角形。画一直线,截取1-2等于12实长,以

13 弧长和 23 实长为半径,分别以点 1 和点 2 为圆心,画弧交于点 3。以 24 弧长和 34 实长为半径,分别以点 2 和 3 为圆心,画弧交于点 4。依次找出各点,通过各点作连线,得到偏心圆大小头一半的展开图形。

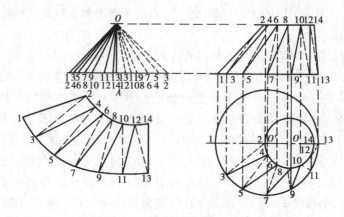

图 6.6　偏心圆大小头展开图

（2）矩形配件展开

首先分析配件的组成,然后将各部分依据画法几何原理分别展开。

以矩形整体三通为例的展开如图 6.7 所示。

矩形整体三通由平侧板（a）、斜侧板（b）、角形侧板（c）各 1 块和 2 块平面板（d）组成。平侧板（a）为矩形。斜侧板（b）和角形侧板（c）也为矩形,须在展开图中画出折线,便于加工时折压成型。两块平面板（d）的尺寸相同。

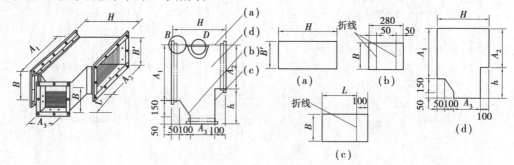

图 6.7　矩形三通构造及展开图

3）展开留量

放样时,依据板厚,圆形风管及配件应放出纵缝单平咬口、环缝单立咬口留量,矩形风管及配件应放出联合角咬口或按扣式咬口留量,如图 6.2、图 6.3 中虚线所示。

咬口留量的大小与咬口宽度、重叠层数及使用的机械有关。一般对单平咬口、单立咬口和转角咬口,在一块板上的咬口留量等于咬口宽度,在与其咬合的另一块板上的咬口留 2 倍的咬口宽度。联合角咬口在一块板上的咬口留量为咬口宽度,另一块板上为 3 倍的咬口宽度。手工咬口的宽度 B 可按表 6.2 确定。

表6.2　咬口宽度

单位:mm

咬口形式	咬口宽度 B		
	板厚 0.5 ~ 0.7	板厚 0.7 ~ 0.9	板厚 1.0 ~ 1.2
单平咬口	6 ~ 8	8 ~ 10	10 ~ 12
单立咬口	5 ~ 6	6 ~ 7	7 ~ 8
转角咬口	6 ~ 7	7 ~ 8	8 ~ 9
联合角咬口	8 ~ 9	9 ~ 10	10 ~ 11
按扣式咬口	12	12	12

注:①表中数据为各咬口的单边预留量,双边预留量应按要求进行扩大。

②各咬口形式见图6.15。

另外,划线时还应注意装设风管法兰的管端应留出相当于法兰盘角钢宽度的裕量,并再加翻边裕量10 mm。注意划出法兰翻边留量的斜角后再进行裁剪,如图6.1、图6.2所示,以避免法兰翻边时因咬口数层重叠出现凸瘤。

6.1.2　剪切

剪切是将板材按划线形状进行裁剪的过程,是金属风管及配件加工制作的第二道工序。剪切可根据施工条件采用手工剪切或机械剪切。

1)手工剪切

手工剪切可依板材厚度及剪切图形选用适当的工具。最常用的工具为手剪,如图6.8所示。直线剪适用于剪切直线和曲线外圆,弯剪适用于剪切曲线的内圆,板材厚度一般不超过1.2 mm且剪缝不长。快速手工电剪用于裁剪2.5 mm以下厚度的钢板,装上切直、圆附件,也可进行直线及曲线形状下料。此外还有台剪和手动滚轮剪刀等。

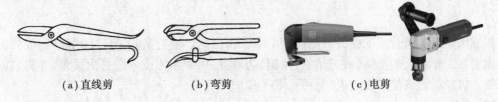

(a)直线剪　　　　(b)弯剪　　　　(c)电剪

图6.8　手剪

2)机械剪切

常用的剪切机械有龙门剪板机(见图6.9)、双轮直线剪板机(见图6.10)、振动式曲线剪板机(见图6.11)和联合冲剪机(见图6.12)等。龙门剪板机适用于剪切板材的直线割口,常用于剪切长度为2 000 mm、厚度≤4 mm的板材。双轮直线剪板机适用于剪切厚度不大于2 mm的直线和曲率不大的曲线板材。振动式曲线剪板机适用于厚度不大于2 mm板材的曲线剪切,可不必预先錾出小孔,直接在板材中间剪出内孔,曲线剪板机也能剪切直线,但效率较低。联合冲剪机既能切断角钢、槽钢、圆钢及钢板等,也可冲孔、开三角凹槽等。

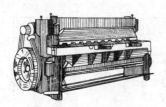

图 6.9 龙门剪板机

图 6.10 双轮直线剪板机

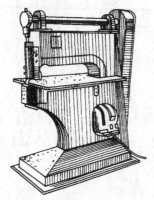

图 6.11 振动式曲线剪板机

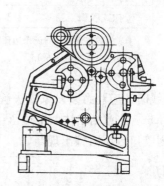

图 6.12 联合冲剪机

板材剪切前须对所划出的剪切线仔细复核(如咬料口、翻边余量等),避免下料错误造成材料浪费。剪切应按划线严格进行,做到切口整齐,直线平直,曲线圆滑,倒角准确。

6.1.3 风管及配件成型

风管及配件成型是将剪切后的板材折方或卷圆,并将接口进行闭合,使之成为风管或配件的过程,是风管及配件加工制作的第三道工序。

1)折方或卷圆

(1)折方

折方用于矩形风管或配件的直角成型。手工折方时,先将厚度小于 1.0 mm 钢板的折方线与固定在工作台上的槽钢(或方垫铁、角钢)边对齐,用硬木方或木锤打出棱角,并将表面修整平整。机械折方则使用扳边机(见图 6.13)折方。

(2)卷圆

卷圆用于圆形风管或配件成型。手工卷圆一般用于厚度不大于 1.0 mm 的钢板,卷圆时将板材在固定于工作台上的圆垫铁或圆钢管上压弯曲,修整圆弧后卷接成圆形。机械卷圆则使用卷圆机,如图 6.14 所示,适用于厚度不大于 2.0 mm、宽度不大于 2 000 mm 的板材卷圆。

2)闭合连接

金属风管、配件闭合连接的常用方法有咬口连接和焊接。

(1)咬口连接

咬口连接是把需要相互结合的 2 个板边折成可互相咬合的各种钩形,钩接后压紧折边的连接方式。这种连接方法不需要其他材料,适用于厚度 $\delta \leqslant 1.2$ mm 的普通钢板(包括镀锌钢板)、$\delta \leqslant 1.0$ mm 的不锈钢板以及 $\delta \leqslant 1.5$ mm 的铝板。咬口连接除用于风管及配件的闭合连接外,还可将两张板材拼接以增大面积,也可将一段段风管延长连接。

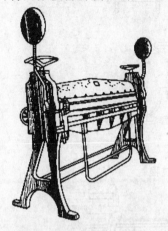

图 6.13　手动扳边折方机

图 6.14　卷圆机

①咬口连接形式。咬口连接形式如图 6.15 所示。单平咬口用于圆风管纵向闭合缝(或板材的拼接缝)及严密性要求不高的一般接缝;单立咬口用于圆风管、配件的环向接缝,如圆形弯头、来回弯管节间的接缝;转角咬口用于矩形风管及配件的纵向闭合缝和矩形弯管、三通的转角缝连接;联合角咬口也叫包角咬口,咬口缝处于矩形管角边上,用途同转角咬口,宜用于有曲率的矩形弯管角缝;按扣式咬口用途同转角咬口,适用于矩形风管和配件的转角闭合缝。

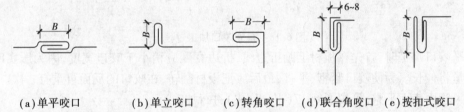

(a)单平咬口　　　(b)单立咬口　　　(c)转角咬口　　(d)联合角咬口　　(e)按扣式咬口

图 6.15　咬口形式

②咬口加工方法。咬口加工可用手工或机械来完成。手工加工咬口所用工具如图 6.16 所示。硬木拍板用来平整板料、拍打咬口;硬质木锤用来打紧打实咬口;钢制方锤用来碾打圆形风管单立咬口或咬口合缝的修整。此外,还有用于压平咬口或控制咬口宽度的咬口套及手持衬铁;用作拍制咬口的平直垫铁;工作台上固定有槽钢、角钢或方钢等。

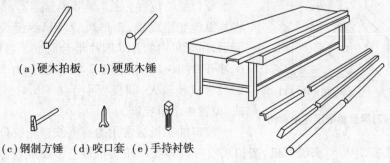

(a)硬木拍板　(b)硬质木锤

(c)钢制方锤　(d)咬口套　(e)手持衬铁

图 6.16　手工咬口工具

咬口手工加工需进行折边(折方)、折边套合及咬口压实,加工的咬口要求平整、严密及牢固,折边宽度一致。咬口加工过程如图6.17、图6.18所示。

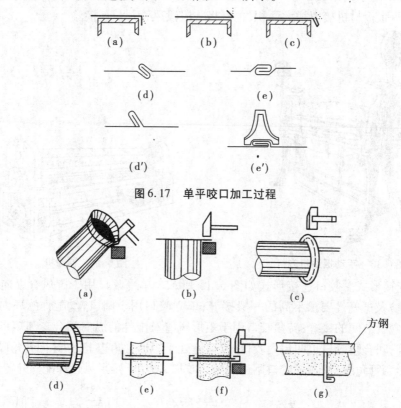

图6.17　单平咬口加工过程

图6.18　单立咬口加工过程

单平咬口加工时,首先在板材上画折边线,折边宽度应稍小于咬口宽度,因为压实时咬口宽度留量将伸长。为使咬口紧密、平直,最后应把板材翻转,在咬口的反面再重打一次。另外,为了使风管内表面平整,可按图6.17(d′)及(e′)进行加工。

单立咬口是将管子的一端做成双口(母口),将另一根管子的一端做成单口(公口)组合而成。加工时,先根据咬口宽度划折边线,折边宽大于咬口宽度;沿折边线圆周在方钢上均匀敲出折印,逐步敲成直角,打平并整圆;在此折边上折回一半成双口;单口放入双口后,管件连接成单立咬口。

转角咬口、联合角咬口加工和上述加工方法基本类似,不再赘述。

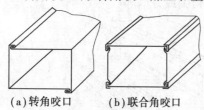

（a）转角咬口　　（b）联合角咬口

图6.19　矩形风管角缝设置示意图

咬口缝的位置,对于圆形风管组对或连接来说,应将其纵缝交错设置;矩形风管咬口纵缝设置如图6.19所示,风管可由两片或四片组合而成。当板宽大于 $A+B$,小于 $2(A+B)$,需设置2个角咬口,由2片组成;当矩形风管口径较大,即板宽小于 $A+B$ 时,则需由4片组成,设置4个角咬口。

咬口加工机械常用的有直线多轮咬口机、圆形弯头咬口机和合缝机、矩形弯头咬口机、按扣式咬口机和咬口压实机等。多功能咬口机如图6.20所示。加工的板材厚度一般在1.2 mm以内,机械咬口预留尺寸、弯曲半径等应符合相关规定。机械加工咬口,成型平整光滑,生产效率高,操作简便,无噪声,可显著改善劳动条件。咬口机械体积小,搬运方便,既适用于集中预制加工,也适合于施工现场使用。

弯角

扣骨
(单平口)

双骨

东洋骨
(联合角)

单骨

熨烫骨
(插条)

图6.20 多功能咬口机

(2)焊接

当风管密封要求较高或因板材较厚,机械强度高而难以加工时,风管(板材)的连接采用焊接。常用焊接方法及应用范围见表6.3。焊接时,焊条材质应与母材相同,并应防止焊渣飞溅粘污表面,焊后应清除焊口处的氧化皮及污物。焊缝表面应平整均匀,不应有烧穿、裂缝、结瘤等缺陷。

表6.3 焊接形式及应用范围

焊接方法	板厚 δ/mm	适用材质
电焊	>1.2	钢板(管)
	>1	不锈钢板(管)
气焊	0.8~3	钢板(管),不得用于不锈钢板(管)的连接
	>1.5	铝板(管)
锡焊	<1.2	薄钢板(管),一般用锡焊配合镀锌钢板(管)咬口连接作密封用,以增强咬口缝的严密度
氩弧焊	>1	不锈钢板(管)
	>1.5	铝板(管)

注:镀锌钢不得用焊接。

常用焊缝形式有对接缝、角缝、搭接缝、搭接角缝、扳边缝、扳边角缝等,如图6.21所示。风管及配件的横向缝、纵向闭合缝(及板材的拼接缝)可采用对接焊缝;矩形风管或配件的纵向闭合缝及矩形弯头、三通的转向缝采用角焊缝;矩形风管和配件及较薄板材拼接时,采用搭接缝、扳边角缝或扳边焊缝。

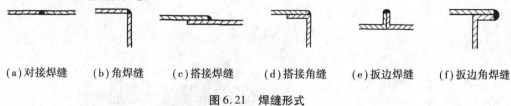

(a)对接焊缝　　(b)角焊缝　　(c)搭接焊缝　　(d)搭接角缝　　(e)扳边焊缝　　(f)扳边角缝

图6.21　焊缝形式

3)风管、配件成型

(1)弯头成型

圆弯头是把剪切下来的端节和中间节先做纵向平咬口折边,卷圆咬合成各个节管,再用手工或机械在节管两侧加工立咬边,进而把各节管一一组合成弯头。当弯头采用焊接时,先将各管节焊好,修整圆度后,进行节间组对点焊成弯管并整形,经角度、平整等检查合格后再进行焊接。点焊点应沿弯头圆周均匀分布,按管径确定点数,每处点焊缝以点住为限,焊缝采用对接缝。

矩形弯头的咬口连接或焊接参照圆形弯头的加工。

(2)三通成型

圆形三通主管和支管结合缝的连接,可采用咬口、插条或焊接连接。

采用咬口连接时,先把主管和支管的纵向咬口折边放在两侧,把展开的主管平放在支管上,如图6.22(a)、(b)所示的步骤套好咬口缝,再用手将主管和支管扳开,把结合缝打紧打平,如图6.22(c)、(d)所示。最后把主管和支管卷圆,并分别咬好纵向结合缝,打紧打平,并进行主、支管整圆。用插条连接时,主管和支管分别进行咬口、卷圆,加工成独立的部件,并把对口部分放在平钢板上检查是否贴实,再进行接合缝的折边工作。折边时,主管和支管均为单平折边,如图6.23所示。用加工好的插条,在三通的接合缝处插入,用小锤和衬铁打紧打平。当采用焊接连接主管和支管时,先用对接缝把主管和支管的结合缝焊好,经板料平整消除变形后,将主、支管分别卷圆,再分别对缝焊接,最后进行整圆。

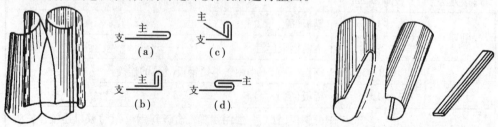

图6.22　三通咬口连接　　　　　　图6.23　三通插条连接

矩形三通的成型加工可参照矩形风管的加工方法。当采用焊接时,矩形风管和三通可按要求采用角焊缝、搭接角焊缝或扳边角焊缝形式。

风管成型比较简单,不再赘述。

6.1.4　法兰制作

法兰主要用于风管与风管,风管与部、配件间的连接,其拆卸方便,并对风管整体有一定的加固作用。法兰按断面形状可分为圆形法兰和矩形法兰,按金属材质可分为钢法兰、不锈钢法兰、铝法兰等。法兰制作材料及连接螺栓的规格应根据圆形风管的外径或矩形风管的外大边长来确定。

若不锈钢板或铝板风管连接法兰采用碳素钢时,其规格用料按圆形或矩形薄钢板风管的规定选用,并应根据设计要求作防腐处理,如镀铬或镀锌等表面处理,且铆钉应采用与风管材质相同或不产生电化学腐蚀的材料。

法兰连接螺栓和与风管连接的铆钉的间距,应按风管系统的使用性质来确定。对于高速风管和空气洁净系统,间距要小,以防止空气渗漏。对于一般通风空调系统,法兰螺栓和铆钉的间距不大于 150 mm。空气洁净系统中的法兰螺栓间距不大于 120 mm,法兰铆钉间距不大于 100 mm。钢制圆形(矩形)法兰的螺孔、铆钉孔的数量及螺栓、铆钉的具体规格见《通风与空调工程施工质量验收规范》(GB 50243—2002)。

1)圆形风管法兰加工

圆形风管法兰加工工序为:下料—卷圆—焊接—找平及钻孔。制作方法有人工和机械两种,目前多采用机械加工。

(1)人工煨制

人工煨制可分为冷煨和热煨法:

①冷煨法。按下料长度 $S = \pi(D + B/2)$(D 为法兰内径,B 为角钢宽度)切断扁钢或角钢后,放在有槽形的下模(见图 6.24)上,用手锤一点一点地把扁钢或角钢打弯,直到圆弧均匀并找平整圆后,用电弧焊焊接封口,然后再划线钻螺栓孔。

②热煨法。先按法兰直径做好胎具,如图 6.25 所示。把切断的角钢或扁钢加热到橘红色,取出放到胎具上,一人用焊在胎具底盘上的钳子夹紧型钢端部,另一人用左手扳转手柄,使型钢沿胎具圆周煨圆,右手操作手锤,使型钢更好地和胎具圆周吻合,待冷却后平整找圆,然后焊接、钻孔。直径较大的法兰可分段 2 次到 3 次煨成。

图 6.24　冷煨法兰用下模

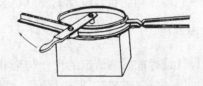

图 6.25　热煨法兰用胎具

(2)机械煨制

机械煨制可使用法兰煨弯机对角钢或扁钢进行煨弯,然后按需要的长度切断,平整找圆后焊接钻孔。

2)矩形风管法兰加工

矩形风管法兰加工工序为:下料—找正—焊接及钻孔。

矩形法兰由 4 根角钢组成,其中 2 根等于风管的小边长,另 2 根等于风管的大边长加上 2 个角钢宽度,如图 6.26 所示。角钢划线切断后,找正调直,钻出铆钉孔再进行焊接,然后钻出螺栓孔。应注意,矩形风管法兰的四角都应设置螺栓孔。此外,矩形法兰也可用弯曲机加工。

3)钻孔方法

先按圆形、矩形风管法兰规格规定的螺栓间距、数量划线分孔,样冲定点。钻孔时,应将法兰成对组合点焊在一起,成对地在台钻(或钻床)上钻出螺栓孔,也可在安装或连接风管时用手电钻钻孔。螺栓孔直径一般应比螺栓直径大 2 mm。

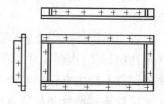

图 6.26　矩形风管法兰

4)风管法兰制作质量标准

风管法兰制作质量应符合表6.4 的规定。

表6.4　法兰制作尺寸的允许偏差

项　目	允许偏差/mm	检验方法
圆形法兰直径	+2,0	用尺量互成90°的直径
矩形法兰边长	+2,0	用尺量四边
矩形法兰两对角线之差	3	尺量检查
法兰平整度	2	法兰放在平台上,用塞尺检查
法兰焊对接处的平整度	1	法兰放在平台上,用塞尺检查

6.1.5　部件制作

常用部件制作主要指各类送(吸)风口、阀门、罩类、风帽及柔性短管等的制作。这些部件用于空气的送出、收集、调节与分布。

目前,通风空调系统一般外购成品部件,仅罩类、风帽及柔性短管等少量部件需在施工现场制作。制作前要编制加工清单,注明部件种类、规格、加工数量、质量要求等;制作所用的钢板、型钢规格、厚度均应符合设计或规范要求,并按有关标准图集加工。

1)罩类制作

根据设计或标准图集给定的尺寸与形状,将罩展开、裁剪,加工好咬口(有些罩需起筋或卷制圆钢加固,要在咬口加工后进行)后,机械与手工并用将其卷圆或折方,最后进行咬口、整形。如用于潮湿气体场合,应将罩口内边加工成沟槽,并设置短管以利凝结水排出。

2)风帽制作

制作时,将有关组件在板材上展开;按标准图集选择支撑型钢(扁钢或角钢)并画出切断线和弯曲线;然后对板材、型材实施切割;加工好各咬口,咬合后进行整形,并进行防腐处理;最后组对安装,将各组件用螺栓等连接紧固成一体。

3)柔性短管制作

为防止风机的振动和噪声通过风管传到室内,在风机的出入口等处加装柔性短管,短管长度为 150～300 mm。一般通风系统短管用料为帆布或人造革;输送腐蚀性气体用耐酸橡胶或软聚氯乙烯布;输送潮湿空气或在潮湿环境中的用涂胶帆布;防排烟系统必须使用不燃材料;空气洁净系统应选用内面光滑不产尘、不透气的软橡胶板、人造革、涂胶帆布等材料。柔性短管的搭接缝一般应放置在中间,其四边缺角部分要用小块料补上。

柔性短管制作应保证纵缝缝制及接合缝咬接或铆接密实、牢固,且其尺寸符合要求。

(1)帆布短管制作

用红蓝铅笔在材料上画线,外放 20 ~ 30 mm 的搭接量后进行裁剪,软管搭接处用丝线或尼龙线缝制双行。将 $\delta \geq 0.75$ 的镀锌板裁剪成板条,长度等于风机口周(边)长,宽度应比与其铆接的角钢边宽多 6 ~ 8 mm,留作法兰翻边量。用镀锌板条压住帆布短管端头进行铆接(铆接间距为 60 ~ 80 mm),再将压接板条的翻边敲出,紧压在角钢法兰平面上,如图 6.27(a)所示。另一种加工方法是把展开好的帆布两端与 60 ~ 80 mm 宽、长度为展开周长的镀锌板条先咬合,然后将板条纵缝单平咬口加工好,卷圆或折方,再把帆布搭接双行缝制后,咬合单平咬口,最后用短管两端的镀锌板条与法兰铆接,再把翻边敲出,如图 6.27(b)所示。

(2)软聚氯乙烯短管制作

先按管径下料,搭接量为 10 ~ 15 mm,法兰留量按角钢规格留出。搭接处采用焊接,把电烙铁扁薄头伸入上、下两块塑料布的叠缝中加热烘烤,温度为 210 ~ 230 ℃。待出现微量浆液时,用专用压辊滚动压紧,使双层塑料布粘接在一起。电烙铁沿焊缝徐徐加热移动,压辊也慢慢随之滚动,直至端头。一面焊完后把塑料布翻转,重复上述动作,如图 6.28 所示。

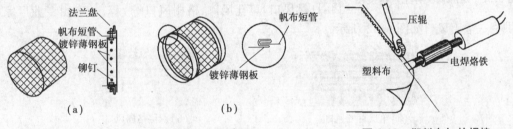

图 6.27　帆布柔性短管加工示意图　　　　图 6.28　塑料布加热焊接

4)矩形弯管导流片制作

矩形弯头的内弧外直角弯头和内斜线外直角弯头当侧壁宽度 $A \geq 500$ mm,应在其内部设置导流叶片,如图 6.29 所示,以改善气流分布的均匀性。根据弯头侧壁宽度 A 的规格尺寸选择相对应导流叶片片数,间距 $a_i (i = 1,2,3,\cdots,12)$ 随侧壁宽度 A(500 mm,630 mm,800 mm,$\cdots$,2 000 mm)的不同而不同,应符合设计要求或规范规定。根据背板宽度 B 的规格尺寸选择相对应的导流叶片单片面积数,此单片面积数乘以片数则为该规格风管导流叶片总面积。制作导流片的材质与厚度要与弯头一致,导流片弧度、弧长要一致,迎风侧边缘要圆滑。

导流片有单弧形和双弧形,如图 6.30 所示,其展开图均为矩形。下料长度为背板宽度 B 加铆接宽度留量,下料宽度(即图 6.30 所示弧线长)可通过面积及导流片下料长度计算可得。导流板弧度一般为 10° ~ 45°,弯曲成一定弯弧后与风道板采用拉铆形式连接。导流板与风道连接侧,视情况裁剪出 3 ~ 5 个"锯齿",分折到两侧,放置到安装位置后用手电钻与风道板一起钻出铆钉孔,装入拉铆钉(也称空心铆钉),再用拉铆枪铆接固定。

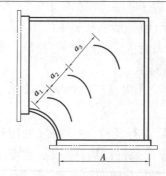

图 6.29　矩形弯头导流片的设置

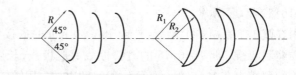

图 6.30　导流片侧面形状图

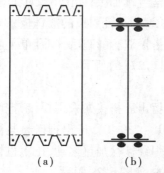

（a）　　　　（b）

图 6.31　矩形弯头导流片铆接图

双弧形导流板使气流更稳定。它的展开形状也是矩形，先在展开图中画出内外弧的折线，依折线将其折曲成内外两部分，再分别以 R_1、R_2（$R_1 > R_2$）为半径弯曲形成两个弧形，然后采取咬口、铆、焊等方法成型。风道装配方法与单片相同。

5）风口

风口的形式较多，有百叶风口（外形有矩形、圆形；叶片有单层、双层）、散流器（圆形、矩形）、条缝形风口（单条缝、双条缝和多条缝）、孔板风口（包括网板风口）及专用风口（椅子风口、灯具风口、算孔风口、格栅风口等）等，一般由专业厂家生产供货。常用风口如图 6.32 所示。

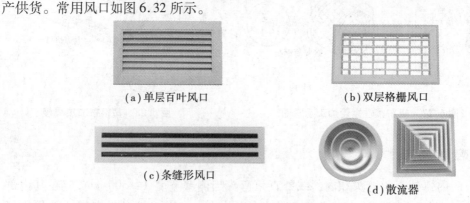

（a）单层百叶风口　　　　　　　　（b）双层格栅风口

（c）条缝形风口

（d）散流器

图 6.32　风口形式

6）风阀

通风空调工程中常用的风阀有插板阀（包括平插阀、斜插阀和密闭阀等）、蝶阀、多叶调节阀（平行式、对开式）、三通阀、防火阀、排烟阀、止回阀等，由通风空调设备专业厂家生产。部分阀门如图 6.33 所示。

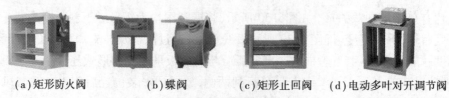

（a）矩形防火阀　　　（b）蝶阀　　　（c）矩形止回阀　　（d）电动多叶对开调节阀

图 6.33　风阀形式

6.2 通风空调风管连接及加固

6.2.1 风管组对连接

通风空调系统风管组对连接,是将加工制作好的风管与配件,按照设计及现场测绘的安装草图排定的顺序和尺寸进行组装。组装前应编制施工方案。如条件允许,尽量在地面上进行组对连接,其长度一般可接至 10~15 m。连接方法有法兰连接和无法兰连接。

1)风管法兰连接

风管法兰连接时,先把两法兰对正,能穿入螺栓的螺孔先穿入螺栓并戴上螺母,用别棍插入穿不上螺栓的螺孔中,把两法兰的螺孔别正。当螺孔各螺栓均已穿入后,再"十"字交叉均匀用力将各螺栓拧紧。不锈钢风管法兰连接用的螺栓,宜用同材质的不锈钢制成,如用普通碳素钢标准件,应按设计要求喷刷防腐涂料。

法兰对接接口处应加垫料,以使其连接严密。输送空气温度低于 70 ℃的风管,法兰连接使用橡胶板或闭孔海绵橡胶板进行衬垫。输送空气或烟气温度高于 70 ℃的风管,使用石棉或石棉橡胶板进行衬垫。输送腐蚀性蒸汽和气体的风管,使用耐酸橡胶或软聚氯乙烯板进行衬垫。输送产生凝结水或含有蒸汽的潮湿空气的风管,法兰连接应用橡胶板或闭孔海绵橡胶板。除尘系统的风管法兰,应使用橡胶板。另外,新型的 XM-37M 胶带与金属、多种非金属材料均有良好的黏附能力,具有密封性好、使用方便、无毒、无味等特点,广泛用作通风、空调风管法兰的密封垫料;8501 型阻燃密封胶带也是一种新型的专门用于风管法兰密封的应用相当普遍的垫料。制垫时根据法兰的规格尺寸,将垫料放样、裁剪、钻孔或冲孔。垫料接头均需涂胶粘牢;制成的衬垫不得突入管内,以免增大气流阻力或造成积尘阻塞;法兰拧紧后垫料厚度应均匀一致,不超过 2 mm;垫料要尽量减少接头,必须拼接时,不得平口直接对接,两接头应相互镶嵌,如图 6.34 所示。

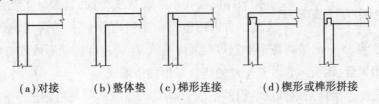

(a)对接　　　(b)整体垫　　　(c)梯形连接　　　(d)楔形或榫形拼接

图 6.34　垫料接头连接形式

(1)圆形风管或配件与法兰装配

圆形风管或配件与法兰连接有翻边、翻边铆接和焊接三种形式,如图 6.35 所示。常用的是翻边铆接。

与扁钢法兰装配时,将法兰套在风管或配件上,可采用 5 mm 的翻边。壁厚 $\delta \leqslant 1.5$ mm 风管、口径较大风管及配件与角钢法兰的连接采用翻边铆钉铆接形式。焊接适用于角钢法兰与壁厚 $\delta > 1.5$ mm 风管、配件的连接,并按风管、配件的实际情况及板厚分别采用翻边点焊或沿风管、配件周边满焊连接;若采用满焊,法兰套入管端,应使管口缩进法兰端面 3~6 mm,待找平找正法兰后,将该处点焊;然后转动风管选择 3~5 处再找正后,再点焊,即可满焊。

圆风管或配件与角钢法兰的翻边加铆接装配工艺为:先将法兰套入风管端并校验法兰端面与风管外壁垂直,留足翻边量后,用手电钻钻铆钉孔或直接用铆钉冲孔后,先铆好此铆钉,然后转动风管在圆周方向选择 3~5 个点,找正后铆接,并在法兰对称点上把翻边敲出;再次校验法兰端面是否垂直,确认垂直后将所有铆钉铆接,并将翻边全部敲出。

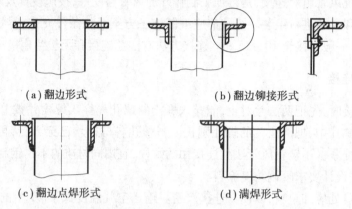

(a)翻边形式　　　　　　　　(b)翻边铆接形式

(c)翻边点焊形式　　　　　　　(d)满焊形式

图 6.35　圆形风管、配件与法兰连接形式

(2)矩形风管或配件与法兰装配

矩形风管或配件连接用法兰有角钢法兰和组合法兰,装配时同样要求每只法兰端面必须保证在同一平面,两法兰端面必须相互平行。

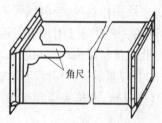

角尺

图 6.36　法兰与矩形风管连接形式

$\delta \leqslant 1.5$ mm 的矩形风管与角钢法兰装配最常用的翻边加铆接形式,如图 6.36 所示。装配找正并使预留法兰翻边量外露法兰端面,用手电钻将靠棱角法兰铆钉孔钻出或冲孔后铆接,再以此棱线为基准用直角尺紧靠已铆法兰并调整法兰边,使之保持垂直后,将较远棱角处铆钉孔钻出并铆接。用此法找正并铆接三个面,就保证了法兰与棱线的垂直。再边钻边铆钻出所有铆钉孔并铆接,最后敲出翻边。

矩形风管壁厚 $\delta > 1.5$ mm,采用翻边加点焊与满焊形式,施焊过程同圆形风管与角钢法兰的连接。矩形不锈钢风管、铝板风管及其配件的连接采用翻边形式。

组合法兰是由连接扁角钢和法兰组件组成,如图 6.37 所示。与角钢法兰相比,它具有轻巧美观、节省型钢、安装简便、安装空隙小等优点。

连接扁角钢如图 6.38 所示,它是用厚度 $\delta = 2.8 \sim 4.0$ mm 的钢板冲压制成。法兰组件如图 6.39 所示,它是由厚度 $\delta \geqslant 0.75 \sim 1.2$ mm 的镀锌钢板通过模具压制而成,其长度 L 可根据风管的边长而定,见表 6.5。插入矩形管壁的臂长 A 及插入连接扁角钢的臂长 B 规格见表 6.6。

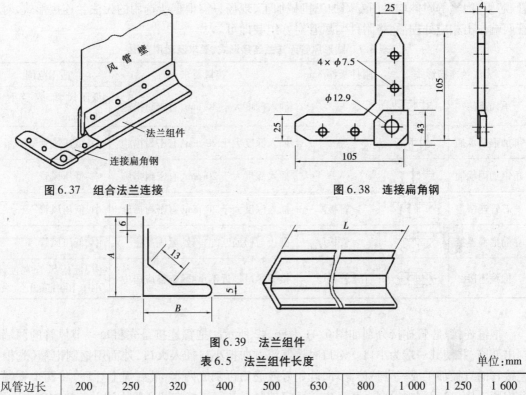

图 6.37　组合法兰连接

图 6.38　连接扁角钢

图 6.39　法兰组件

表 6.5　法兰组件长度　　　　　　　　　　　　　　　　　单位:mm

风管边长	200	250	320	400	500	630	800	1 000	1 250	1 600
组件长度 L	174	224	294	374	474	604	774	974	1 224	1 574

表 6.6　法兰组件臂长的制作规格　　　　　　　　　　　单位:mm

风管周长	800 ~ 1 200	1 800 ~ 2 400	3 200 ~ 4 000	6 000
法兰组件臂长 $A \times B$	30 × 24	36 × 30	42 × 36	46 × 40

矩形风管用组合法兰连接时,将扁角钢分别插入法兰组件的两端,组成一个方形法兰;再将风管从法兰组件的开口处插入,用铆钉铆住,即组成带法兰盘的管段。两风管之间的法兰对接时,四角用 4 个 M12 螺栓紧固,法兰间垫一层闭孔海绵橡胶垫料,厚度为 3 ~ 5 mm,宽度为 20 mm,如图 6.40 所示。

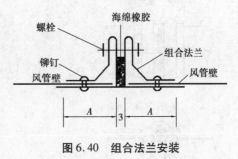

图 6.40　组合法兰安装

2)风管无法兰连接

风管无法兰连接与法兰连接相比,不但简化了烦琐的施工工艺,节省钢材,而且有效地提高了劳动生产率。

(1)圆形风管无法兰连接

圆形风管无法兰连接主要用于一般送、排风系统的普通钢板风管与螺旋缝风管,主要形式有承插连接、芯管连接(亦称插接式连接)及抱箍连接等,见表 6.7。连接所用的带加强筋承插管、芯管、抱箍等附件均可用专用加工机械加工,现场只需根据所选用的无法兰连接形式,对风管两端作出相应处理后,将附件与风管对好组装即可。

表 6.7 圆形风管无法兰连接形式、要求及适用范围

无法兰连接形式		附件板厚/mm	接口要求	适用范围
承插连接		—	插入深度大于 30 mm,有密封措施	低压风管,直径小于 700 mm
带加强筋承插		—	插入深度大于 20 mm,有密封措施	中、低压风管
角钢加固承插		—	插入深度大于 20 mm,有密封措施	中、低压风管
芯管连接		≥管板厚	插入深度大于 20 mm,有密封措施	中、低压风管
立筋抱箍连接		≥管板厚	翻边与楞筋匹配一致,紧固严密	中、低压风管
抱箍连接		≥管板厚	接头尽量靠近不重叠,抱箍应居中	中、低压风管宽度不小于 100 mm

抱箍连接、芯管连接分别如图 6.41、图 6.42 所示。抱箍连接是先将每一节风管的两端轧制出鼓筋,并使其一端为小口。对口时按气流方向把小口插入大口,外面用钢制抱箍(先根据连接管的直径加工成一个整体圆环,轧制好鼓筋后再割成两半,最后焊上耳环)将两个管端鼓筋抱紧连接,最后用螺栓穿入耳环中并固定拧紧。芯管连接在圆风管无法兰连接中较为常用,它是将带凸棱的连接短管(也叫芯管,芯管与圆管外径之间的偏差及芯管长度依风管直径而定)嵌入两相连的风管中,当两端风管紧紧顶住短管凸棱后,在外部用自攻螺钉或拉铆钉固定,如图 6.42(a)所示;还有一种芯管加工有凹槽,内嵌胶垫圈,风管插入时与内壁挤紧,如图 6.42(b)所示。

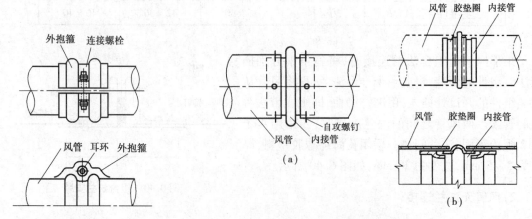

图 6.41 抱箍式无法兰连接   图 6.42 芯管(插接式)无法兰连接

连接后风管应平直,且连接处内涂密封胶要完整,外粘密封胶带要牢固。

(2)矩形风管无法兰连接

矩形风管无法兰连接形式有插条连接、立咬口连接及薄钢板法兰弹簧夹连接等,其连接形式、转角要求及使用范围见表 6.8。

表 6.8　矩形风管无法兰连接形式、转角要求及使用范围

无法兰连接形式		附件板厚/mm	转角要求	使用范围
S 形插条		≥0.7	立面插条两端压到两平面各 20 mm 左右	低压风管单独使用连接处必须有固定措施
C 形插条		≥0.7	立面插条两端压到两平面各 20 mm 左右	中、低压风管
立插条		≥0.7	四角加 90°平板条固定	中、低压风管
直角形平插条		≥0.7	四角两端固定	低压风管
立联合角插条		≥0.8	四角加 90°贴角并固定	低压风管
薄钢板法兰插条		≥1.0	四角加 90°贴角	中、低压风管
立咬口		≥0.7	四角加 90°贴角并固定	中、低压风管
包边立咬口		≥0.7	四角加 90°贴角并固定	中、低压风管
薄钢板法兰弹簧夹		≥1.0	四角加 90°贴角	中、低压风管

　　插条连接一般适用于风管风速为 10 m/s、风压为 500 Pa 以内的不常拆卸的矩形风管系统,其制作采用机具加工,把薄钢板压制加工成各种形状的钢板条,长短视与之连接的风管边长而定,宽窄要一致。C 形插条(也称平插条)如图 6.43 所示,分为有折耳和无折耳两种形式。连接时,风管端部需折边 180°,然后将与矩形风管边长相等的 2 根插条先插入连接风管的端头内,再将另外 2 根长插条插入,并用长出的舌形面部分翻压在短插条端头上,接缝处凡不严密的地方应用密封胶带粘贴。

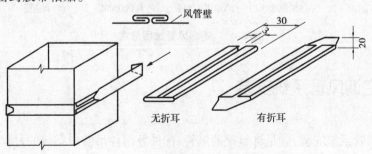

图 6.43　矩形风管的平插条连接

6.2.2 风管加固

为避免风管断面变形,减少管壁在系统运行中因振动而产生的噪声,需要对管径或边长较大的风管进行加固。

1)圆形风管加固

由于圆形风管本身刚性较好,且管端两只法兰起一定加固作用,一般不需要加固。只有当 $D \geq 800$ mm,且管段长度 $L > 1\ 250$ mm 或总表面积大于 4 m^2 时采取加固措施。常用的加固方法是每隔 1.2 m 设置扁钢加固圈,并用铆钉将其铆固在风管上。手工铆接或拉铆均可,拉铆间距要小些。

为防止风管纵缝咬口在运输或吊装过程中裂开,当 $D > 500$ mm 时,其纵缝咬口两端及中间选择 3~5 处用铆钉或点焊加以固定。

2)矩形风管加固

矩形风管边长 > 630 mm,保温风管边长 > 800 mm,管段长度 $L > 1\ 250$ mm 或低压风管单边面积大于 1.2 m^2,中、高压风管大于 1.0 m^2,均应采取加固措施。矩形风管加固方法如图 6.44 所示。

加固形式可根据设计或规范确定,实际操作时,还应符合下列规定:

①楞筋或楞线加固,排列应规则,间距应均匀,板面不应有明显变形。

②角钢、加固筋加固,应排列整齐,均匀对称,其高度不得大于风管法兰宽度。角钢、加固筋与风管的铆接间距不大于 220 mm,铆接应牢固,两相交接处应连接为一体。

③管内支撑与风管的固定应牢靠,各支撑点之间或与风管边沿、法兰的间距应均匀,并不大于 950 mm。

④中压和高压系统风管的管段,其长度大于 1 250 mm 时,还应有加固框补强;高压系统风管的单缝咬口,还应有防止咬口胀裂的加固或补强措施。

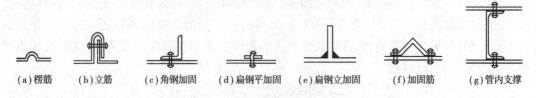

| (a)楞筋 | (b)立筋 | (c)角钢加固 | (d)扁钢平加固 | (e)扁钢立加固 | (f)加固筋 | (g)管内支撑 |

图 6.44　矩形风管加固形式

6.3　通风空调风管系统安装

通风空调风管系统安装,就是将组配的风管、配件及部件吊装成系统的过程。安装完毕的风管系统示意图如图 6.45 所示。

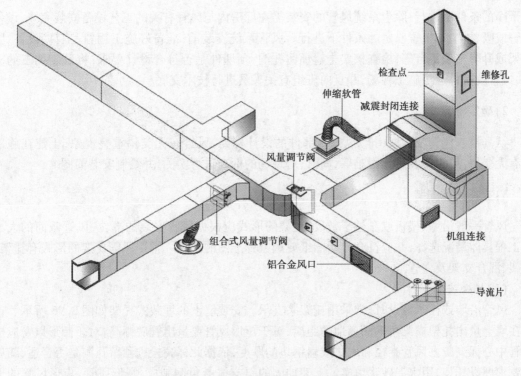

图 6.45　安装完毕的风管系统示意图

6.3.1　风管安装

风管安装程序为:准备工作—确定标高—支托吊架安装—风管吊装—风管强度、严密性检验—风管防腐保温。其安装的一般技术要求为:

①风管纵向闭合缝交错布置,且不得置于风管底部。有凝结水产生的风管底部横向缝宜用锡焊焊平。

②风管与配件的可拆卸接口不得置于墙、楼板和屋面内。风管穿楼板时,要用石棉绳或厚纸包扎,以免风管受到腐蚀。

③风管水平度公差不大于 3/1 000,8 m 以上的水平风管公差不应大于 20 mm。垂直度公差不大于 2/1 000,10 m 以上的垂直风管,公差不应大于 20 mm。

④地下风管穿越建筑物基础,无钢套管时在基础边缘附近的接口用钢板或角钢加固。

⑤输送空气相对湿度大于 60%,水平风管应有 0.01 ~ 0.015 的坡度,并坡向排水装置。

⑥输送易燃、易爆气体或在此环境内的风管应有接地,并应尽量减少接口(通过生活间或辅助间时不准设置接口)并保证风管各组成部分不会因摩擦而产生火花。

⑦地下风管和地上风管连接时,地下风管露出地面的接口长度不小于 200 mm。

⑧用普通钢板制作的风管、配件和部件,在安装前均应按设计要求防腐。

⑨防火阀与防火墙(或楼板)之间的风管应采用耐火保温材料隔热。

⑩对在吊装前做好保温的风管,吊装时应注意不使保温层受到损伤。

1)准备工作

一般送排风系统和空调系统的管道安装需在建筑物屋面施工完毕,安装部位的障碍物清理干净的条件下进行;除尘系统风管的安装需在厂房内与风管有关的工艺设备安装完毕,设备接管或吸、排尘罩位置已定的条件下进行。风管系统安装前,准备好施工用料、工具、设备、脚手架或升降安装平台等;检查核实土建预留孔洞、预埋件是否符合设计要求;将预制加工的支架、风管及管件运至施工现场,并且向班组有关人员进行技术交底。

2)确定标高

认真检查风管及送回(排)风口等部件的设计标高,风管有无交错重叠现象,土建在施工中有无变更,风管安装有无困难等,同时,对现场的标高进行实测,并绘制安装简图。

3)支托吊架安装

风管一般沿墙、楼板或靠柱子敷设,支架的形式应根据风管安装的部位、风管截面的大小及工程具体情况选择,并应符合设计图纸或国家标准图的要求。常用风管支架的形式有托架、吊架、混合支架及立管卡。

(1)托架安装

风管沿墙或柱子敷设时,常采用托架来支承。安装墙上的埋栽式托架如图2.96所示。首先在墙上量出托架横梁角钢面离地的距离,对于矩形风管要量出管底标高,对于圆形风管应按风管中心标高减去风管半径和木垫或扁钢垫的厚度,依据此标高检查预留孔洞是否合适,随后按要求埋设托架,用水泥砂浆填实。支架加固的斜支撑由角钢制成,圆形风管、矩形风管的卡箍用扁钢制成。托架焊接式安装、沿柱安装、胀锚螺栓安装和射钉安装形式分别如图2.97、图2.98、图2.99、图2.100所示。

(2)吊架安装

当风管敷设在楼板、桁架或梁下并且离墙较远时,一般采用吊架固定。矩形风管的吊架由圆钢吊杆、角(槽)钢横担和螺母组成。圆形风管的吊架由圆钢吊杆、扁钢对开圆卡抱箍和螺母组成。矩形风管横担上穿吊杆的螺栓孔距应比风管稍宽40~50 mm(保温风管为200 mm,每边各100 mm)。圆形风管的扁钢抱箍宜做成两半以便安装。

吊杆直径应按设计要求选用。吊杆固定有刚性和弹性连接两种形式,即吊杆可直接固定在建筑结构上,也可通过弹性接头连接。弹性连接的固定方法如图2.85所示,可根据设计以及安装现场建筑物的实际状况灵活采用。常用的刚性固定方法有胀锚法等。大型风管或设备安装一般不用胀锚法固定,往往需要对预制楼板打通孔,将吊杆直接固定在楼板、钢筋混凝土梁或钢架上,固定端可以螺纹连接,也可以焊接,如图2.101所示。

(3)混合支架

口径较小的圆形、矩形风管沿墙安装时,可采用如图6.46(a)所示的一端固定悬臂横梁下吊挂方法安装。较大口径的风管沿墙安装,因其自重较大,需在支架的外端加设一根吊杆承重,如图6.46(b)所示。

(4)立管卡

垂直风管可利用风管法兰连接吊杆固定,或用扁钢制作的两半圆管卡栽埋于墙上固定,如图6.47所示。安装立管卡时,应先在立管卡半圆弧的中点画好线,然后按风管位置和埋进深度,把最上面的一个卡子固定好,再用线锤在中点处吊线,下面卡子可按线进行固定,以保证安装风管的垂直度。

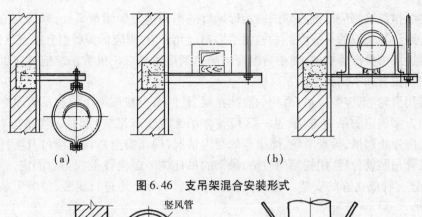

图 6.46 支吊架混合安装形式

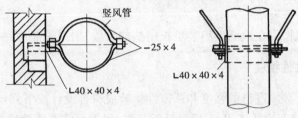

图 6.47 垂直风管的固定

(5)支托吊架安装要求

①支架间距。如设计无规定,对于不保温水平风管直径或大边长不大于 400 mm 时,支、吊架间距≤4 m;直径或大边长 >400 mm 时,间距≤3 m。风管垂直安装时,间距≤4 m,每根立管上应不少于两个固定件。

对于保温风管,由于选用的保温材料不同,风管单位长度重力不同,风管支架间隔应由设计确定,一般为 2.5~3 m。

②标高。矩形风管从管底算起;圆形风管从管中心计算。圆形风管管径由大变小时,为保证风管中心线水平,托架标高应按变径尺寸相应提高。水平风管应先将两端支架安好,然后以两端支架为基准,用细钢丝拉直线,中间各支架的标高以此基准进行安装。

③坡度。当输送空气的湿度较大时,风管应有 1%~1.5% 的坡度,坡向应符合设计要求。支架则应按风管坡度、坡向要求设置。

④对于相同管径的支架,应等距离排列,不能将其设在风口、风阀、检视门及测定孔等部位处,间距应≥200 mm。

⑤保温风管不能直接与支架接触,应垫上坚固的隔热材料,其厚度与保温层相同。

⑥用于不锈钢、铝板风管的托、吊架的抱箍,应按设计要求做防腐绝缘处理。

⑦风管与通风机、空调器及其他振动设备的连接处,应独立设支、吊架,以免设备承受风管重力。

⑧支、吊架安装中矩形卡箍棱角要垂直,圆形卡箍圆弧要均匀。卡箍与风管应紧贴、抱紧,连接牢固且不得损伤风管保温面。

4)风管吊装

风管组装后吊装前应进行平直度量测检验,方法是以组合管段两端法兰作基准拉线来检测。如在 10 m 长的范围内,法兰与测线的量测差距≤7 mm,每副法兰相互间的差值在 3 mm

以内为合格。拉线检测应沿圆管周圈或矩形风管的不同边至少测量2处,取最大的测线不紧贴法兰的差距计算管段的直线度。如检测结果超过允许值,则应拆掉各组合接点重新组合,经调整法兰翻边或铆接点等措施,使最后组合结果达到质量要求。风管吊装前还应再次检查支托吊架的安装位置和牢固程度。

吊装可用滑轮、倒链等拉吊,滑轮一般挂在梁、柱的节点或屋架上。起吊管段绑扎牢固后即可按施工方案确定的吊装方法(某一区段整体吊装或逐节吊装)起吊。当吊至离地200~300 mm时,应停止起吊,检查滑轮、绳索等的受力情况,确认安全后再继续吊升至托架或吊架上。水平主管吊装就位后,用托架的衬垫、吊架的吊杆调节螺栓找平找正后固定,解下绑扎绳索,再进行分支管或立管的安装。垂直风管可分段自下而上地进行组装,每节组装长度要短些,以便起吊。

地沟内敷设风管时,可在地面上组装更长一些的管段,用绳子溜送到沟内支架上。

5)风管强度、严密性检验

风管系统安装后,必须进行的强度和严密性检验应符合设计或下列规定:

①风管强度应能满足在1.5 P_t 下接缝处无开裂,风管系统严密性检验以主、干管为主。

②矩形风管系统,低压时允许漏风量$(m^3 \cdot h^{-1} \cdot m^{-2}) \leqslant 0.105\ 6P_t^{0.65}$;中压时允许漏风量$(m^3 \cdot h^{-1} \cdot m^{-2}) \leqslant 0.035\ 2P_t^{0.65}$;高压时允许漏风量$(m^3 \cdot h^{-1} \cdot m^{-2}) \leqslant 0.011\ 7P_t^{0.65}$。

③低压、中压圆形金属风管、复合材料风管以及采用非法兰形式的非金属风管的允许漏风量应为矩形风管规定值的50%。

④砖、混凝土风道的允许漏风量不应大于矩形低压系统风管规定值的1.5倍。

⑤排烟、除尘、低温送风系统按中压系统风管的规定,1~5级净化空调系统按高压系统风管的规定执行。

6)风管防腐保温

见第9章。

6.3.2 风管与土建结构、软管的连接

1)风管穿越土建结构的细部做法

风管穿越屋面洞口的做法如图6.48所示。风管与角钢铆接后坐放在预留孔洞上,下洞口塞入100 mm深的石棉绳,用水泥砂浆将洞口与屋内顶抹平。上洞口增设防雨雪罩。防雨雪罩上口尺寸为风管外径,上部扳边用抱箍将罩与风管紧固,下口尺寸应能直接把土建预留凸台包住,防雨罩与屋面接合处应严密不漏水。罩可以一分为二制作,中间用插条连接。

风管穿越伸缩墙缝的做法如图6.49所示。风

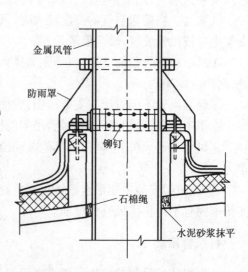

图6.48 风管穿越屋面的做法

管在预埋的钢套管中穿过,墙的两端缝隙分别填塞 100 mm 深的石棉绳封堵。风管穿越防火墙的做法见图 6.50,两侧洞口在填塞石棉绳后,用水泥砂浆与墙面抹平封闭。

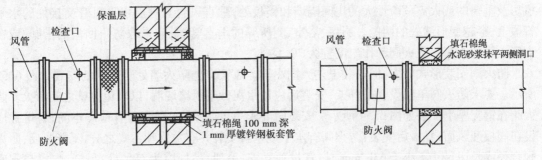

图 6.49　风管穿越伸缩墙缝的做法　　　　图 6.50　风管穿越防火墙的做法

2) 风管与软管连接

图 6.51　软接管

风管与部件、设备(如散流器、静压箱、侧送风口、风机出入口等)连接采用的软管,长度一般为 150~250 mm。图 6.51 是用螺旋状玻璃丝束做骨架,外侧合以铝箔制成的软管,安装时只需将软管两端分别套在连接管外,然后用特质的尼龙软卡箍紧,如图 6.52 所示。另外,也有采用柔性短管两端的镀锌板条与部件、设备的接口法兰翻边铆接。柔性短管安装应松紧适度,不得扭曲。如风机出入口处短管过松,在风机启动后吸入端易"缩颈",出口端易"吹鼓",若过紧,则使短管受拉力作用,影响其隔振性能和使用寿命。另外,不能用柔性短管来替代变径管,不能用它找平、找正、纠偏。

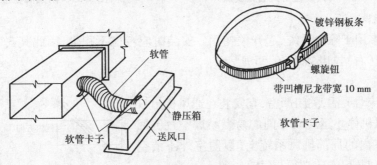

图 6.52　软管连接

6.3.3　部件安装

风管与部件的连接大多采用法兰连接,其连接技术要求与风管法兰连接相同。

1) 阀门安装

安装前应检查阀门的动作是否准确、灵活、可靠。安装时应保证阀体受力良好,并应使风阀调节装置设在便于操作的部位。阀体上应有"开""关"方向和开启程度标识,若为保温系统,还应在保温层表面做出标识,以便操作与管理。

（1）防火阀

防火阀设在需防火隔断的风管处,具体部位有:管道穿越防火分区隔墙处;穿越通风、空调机房及重要的或火灾危险性大的房间隔墙和楼板处;垂直风管与每层水平风管交接处的水平管段上;穿越变形缝处的两侧。厨房、浴室、厕所等的垂直管道,应采取防止回流的措施,或在支管上设防火阀。防火阀动作温度宜为 70 ℃。

防火阀安装形式较多,但安装工艺大同小异。风管穿越防火墙处防火阀的安装如图 6.53 所示。要求防火阀单独设双吊杆架,安装后应用水泥砂浆封堵墙洞,以避免墙壁之间窜火。防火阀在钢支座上安装如图 6.54 所示。安装时要求位置正确,四周要留有检修空间;易熔件应设在阀板迎风面,且最后安装;防火阀有水平或垂直安装并有左式和右式之分,不能装反;防火阀直径或长边尺寸不小于 630 mm 时,宜设独立支、吊架,吊杆应为双吊杆;吊杆、支撑与支座应牢固;阀体应横平竖直,以防阀体转动零件卡涩、失灵。

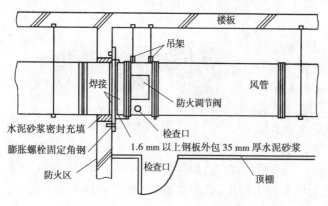

图 6.53　防火阀在防火墙处安装

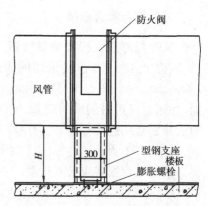

图 6.54　防火阀在楼板钢支座上安装

（2）斜插板阀

斜插板阀多用于除尘系统,起开关作用。安装时应考虑不积尘,因此其安装应顺气流安装,阀板应向上(右)拉启,如图 6.55 所示。

（3）止回阀

止回阀应转动灵活,关闭严密,宜安装在通风机出口管段(以防通风机停止运转时车间的易燃易爆空气倒回风机)及洁净室内的局部排风系统上(以防室外不洁空气倒灌入室内),开启方向必须与气流一致。

（4）防爆阀

防爆阀是防爆系统的阀件,必须严格按设计要求制作。

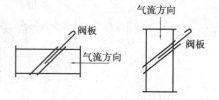

图 6.55　斜插板阀安装方向

（5）蝶阀

蝶阀有圆形、方形或矩形,用于开关、调节风量,也可用于新风与回风的混合调节。

（6）多叶调节阀

多叶调节阀分手动式和电动式两种,主要用于大断面风管上。对开式多叶风口调节阀可与多种类型风口配套使用,不仅能调节风量,还具有均流作用。

（7）三通阀

三通阀有拉杆式和手柄式,主要设在三通管的分支节点上调节支风管风量。

（8）排烟阀

排烟阀分手动、自动 2 种类型,安装在排烟系统管路及排烟风机入口处。安装前应做动作试验,操作灵敏可靠,关闭严密。风机入口处当烟气温度高于 280 ℃,排烟阀自动关闭。管路中排烟阀视系统要求常开或常闭,火灾时按要求动作。

2) 风口安装

风口一般敷设在顶棚与墙体上,安装位置准确,横平竖直,严密且牢固,外露表面无损伤,同一空间相同风口的安装高度应一致,排列应整齐。安装在顶棚的风口要与建筑装饰密切配合,使其与顶棚平齐,并用木框或龙骨固定在顶棚上;顶棚孔与风口大小尺寸要合适,并保持严密;风口带配套调节阀的,要分布均匀,调节机构应在同一侧,调节阀的转动要灵活。风口在墙上敷设时,应安装涂防腐漆木框,风口通过木框安在墙面,水平偏差为 3 mm;木框与风口之间应有 5 mm 间隙,用镀锌螺钉将风口固定。

插板式、活动算板式风口的插板、算板应平整,边缘光滑,抽动灵活。活动算板式风口组装后应能完全开启与闭合。散流器风口安装应注意风口的预留孔、洞要比喉口尺寸大,留出扩散板的安装位置。球形旋转风口连接应牢固,球形旋转头要灵活,不得空阔晃动。排烟口或送风口的安装部位要符合设计要求,其与风管或混凝土风道的连接应牢固、严密。暗装有吊顶的风口应服从房间的线条,吸顶的散流器与顶棚平齐,散流器的扩散圈应保持等距;明装无吊顶的风口,其安装位置和标高偏差不大于 10 mm;风口水平安装的水平度偏差应不大于 3/1 000,垂直安装的垂直度偏差应不大于 2/1 000。

3) 局部排气(吸尘)罩安装

排气(吸尘)罩的安装除应满足安装牢固可靠、位置准确的常规要求外,还应注意排气罩的安装高度。安装高度既不影响操作,又能有效排出有害气体,安装时不得更改设计给定的高度尺寸,其高度一般可取罩的下口离设备上口(气源处)小于或等于排气罩下口的边长最为合适。另外,局部排气罩体积较大,应设置专用支、吊架;不得有尖锐的边缘;用于排出蒸汽或其他潮湿气体的伞形排气罩,还应在罩口边采取排凝结液体的措施。

4) 风帽安装

风帽安装形式有两种,一种是风管从室外沿墙绕过屋檐使风帽伸出屋面,另一种是风管直接由室内穿出屋面伸向室外。风管由室内穿过屋面板安装时,土建在屋面板施工时应预留孔洞,待风管与风帽安装后,应增设防雨雪罩(见图 6.48),与屋面交接处不应渗水。安装无连接风管的自然排风筒形风帽,可直接将法兰固定在屋面的预留孔洞的底座上。对排放湿度较大的气体,应在底座上设置滴水盘,并应有排水措施。风帽安装高度超过 1.5 m 时,应根据风管口径大小与伸出的高度,采用 8 号镀锌铁丝、圆钢或细钢丝绳作拉索固定。拉索为 3 根,生根要牢固,且拉索松紧应适度、一致,以便控制风摆,如遇拉索过粗、过长、不易拉紧时,可在 3 根拉索之间设置花篮螺栓来调整松紧。

6.4　通风空调设备安装

通风空调设备安装包括通风机、空调机组、末端设备和消声器、除尘设备等的安装。

6.4.1　通风机安装

常用通风机按结构和工作原理可分为离心式、轴流式、贯流式和混流式等,其安装形式有整体式、组合式或散件式。安装基本要求为:风机的基础、消声防振装置应符合设计要求;安装位置应准确、平整;固定牢固,地脚螺栓应有防松动措施;风机轴转动灵活,叶轮旋转平稳,方向正确,停转后不应每次都停留在同一位置;风机在搬运和吊装过程中应有妥善的安全措施,不得随意捆绑拖拽。

1)离心通风机安装

离心通风机安装形式主要有:在混凝土基础(凸台)上安装、钢结构支座上安装、墙体载埋支架上安装以及抱柱支架上安装。安装程序为:开箱检查—基础验收或支架安装—风机机组吊装及找正、找平—二次浇灌或与支架加固—复查检验—机组试运转。

(1)小型离心风机安装

整体式小型离心通风机在混凝土基础上安装如图 6.56 所示。安装时,首先将地脚螺栓置放于清理过的地脚螺栓预留孔洞中,并在基础平面上放上减振橡胶板条,将风机抬起使电动机底座四孔对正基础孔洞落下,地脚螺栓穿过橡胶垫及电动机底座孔后,再放平垫与弹簧垫并带上螺母,使丝扣高出螺母 1~2 扣。用撬杠把风机拨正,用垫铁把风机垫平,然后用水泥砂浆浇注地脚螺栓孔,待水泥砂浆凝固后,再上紧螺母。安装后的风机应保持出风口水平、进风口垂直、底座水平。

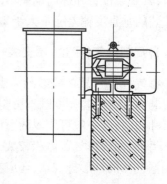

图 6.56　小型离心风机在混凝土
基础上安装

在墙体或柱支架上的安装形式如图 6.57 所示,为保证安装紧固电动机底座与风机出口法兰螺栓的便利,Ⅰ、Ⅱ形式电动机断面距墙面或柱面应不小于 100 mm;Ⅲ形式安装机壳距墙面或柱面应大于 50 mm;Ⅳ形式风机出风口法兰边缘距墙或柱应大于 150 mm。

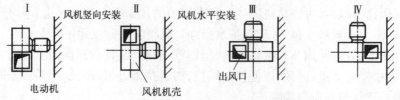

图 6.57　小型风机在墙体或柱支架上安装

(2)中型离心风机安装

中型离心风机轴与电机轴分开,采用联轴器或三角皮带传动,在混凝土基础上的安装如图

6.58 所示。

①先把机壳吊放在基础上,穿上地脚螺栓,把机壳摆正,暂不拧紧。

②把叶轮、轴承和皮带轮的组合体吊放在基础上,并把叶轮穿入机壳内,穿上轴承箱底座的地脚螺栓,然后将电机也吊装在基础上。

③对轴承箱组合件进行找正、找平;机壳以叶轮为标准,通过在机壳下加垫铁和微动机壳找平、找正。

④对电动机进行找正、找平,当风机采用联轴器传动时,以与风机轴相连的联轴器端面为基础,对电机进行调正,使联轴器两端面平行,外圆同心,端面间隙满足规定。采用皮带传动时,应以风机的皮带轮为基准对电机进行调正,应使风机轴与电机轴平行,两皮带轮对正,两轮中心距符合皮带安装要求。安装皮带时,应使皮带松紧适当。

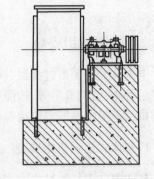

图 6.58　中型离心风机在混凝土基础上的安装

⑤设备找正、找平后,在混凝土基础预留孔内用混凝土灌浆,并捣固密实,地脚螺栓不得歪斜。待初凝后再次检查各部分是否平正,最后上紧地脚螺栓。

(3)大型离心风机安装

大型离心风机安装方法同中型离心风机,但应先装机壳下部,待叶轮组合体安装调整后再安装其上部。

2)轴流通风机安装

轴流式通风机的传动方式有直联式和皮带传动两种。直联式风量较小,一般安装在风管间、墙洞内、窗上或单独支架上。皮带传动为大型风机,在纺织行业中应用较多。

(1)风管间及支架上安装

轴流通风机风管间及支架上安装见图 6.59,支架位置和标高应符合设计要求,支架螺孔尺寸应与风机底座螺孔尺寸相符。支架安装牢固后把风机吊放在支架上,支架与底座间垫厚为 3 ~ 5 mm 的橡胶板,穿上螺栓,找正、找平后,上紧螺母。连接风管时,风管中心应与风机中心对正,再将风机两端面与风管连接。为检查和接线方便,风管应设检查孔。

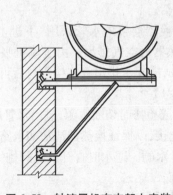

图 6.59　轴流风机在支架上安装

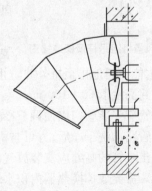

图 6.60　轴流风机在墙洞内安装

(2)墙洞内安装

轴流通风机墙洞内安装如图 6.60 所示。要求墙厚≥240 mm,安装前应预留孔洞并预埋挡板框和支架,把风机放在支架上,上紧底脚螺栓的螺母并连接挡板,墙外侧应装45°防雨雪弯头。

6.4.2 空调机组安装

空调机组主要由过滤器、换热器和送风机等组成。常见的空调机组有组合式空调机组、新风机组、柜式空调机组等,按照布置方式分为立式、卧式和吊顶式空调机组等。本节所涉及的空调机组是指由外界提供冷源和热源的设备。

1)整体式空调机组安装

整体式空调机组是集中式全空气空调系统的空气处理机,它将各种空气处理设备和风机集中设置在一个箱体内。安装程序和要求如下:

①对于落地安装的立式、卧式空调机组,新风机组和柜式空调机组,一种是将它们安装在高度 $h \geq 150$ mm 的混凝土平台上,平台的长度和宽度可按照机组的外形尺寸向外各放大 100 mm;另一种是将它们安装在 $15^{\#}$ 槽钢焊成的基座上,基座平面尺寸与机组外形尺寸相同。地坪上沿平台或基座四周设浅排水明沟和地漏,以排放冷凝水及清洗机组的污水。

②对于吊装的新风机组和薄型柜式机组,荷载大梁或顶板必须能承载机组和托架的质量。吊杆上应有减振措施:当机组的风量、质量、振动较小时,吊杆顶部可采用膨胀螺栓与梁、楼板连接,吊杆底部采用螺纹加装橡胶减振垫与吊装孔连接;如果机组的风量、质量、振动较大,通常做法是在钢筋混凝土内加装 $\delta 4$ mm 以上、80 mm × 80 mm 的钢板垫片,与吊杆顶部通过螺母连接后,用电焊进行点焊或满焊(图6.61),并在机组底部的槽钢吊孔下部粘贴橡胶垫,或在槽钢吊孔下部与吊杆之间加装减震弹簧使机组与吊杆之间减振。吊装机组应保持水平,不得倾斜。

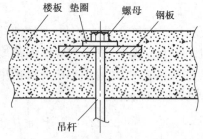

图6.61 大风量机组吊杆顶部连接图

吊装机组的风量一般情况下不超过 8 000 m³/h。如承重结构的强度较大,可达 20 000 m³/h,风机应为低噪声风机。一般 4 000 m³/h 以上的机组有 2 台或 2 台以上的风机。

③机组安装前,首先检查外部是否完整无损,检查风机转动是否灵活。

④与冷热交换器连接的水管采用"下进上出"的安装方式,以便换热器内空气排出。由于风机吸入段为负压,为使冷凝水能畅通地排至机外并防止机外空气进入,冷凝水排出管应接水封后再排入明沟或下水道。水封高度取 80 ~ 100 mm。

⑤进出水管应安装阀门以便调节冷(热)媒水流量或检修时切断水源,进出水管应保温。

⑥待机外管路冲洗干净后,方可与机组进出水管连接,以保证换热器清洁和水路畅通。

⑦机组进出水管的高处应安装放气阀,低处应装泄水阀。通水时打开放气阀排气,排完气后将阀门旋紧。需要放掉换热器内积水时,打开泄水阀。

⑧机组的安装要平稳,与机组连接的风管和水管的质量应由自身的支、吊架来承担,不得由机组来承受。机组进、出风口与风管间用软接头连接,以减弱机组运行振动的传播。

⑨在接通电源后应检查风机旋转方向是否正确。机组的电机应接在有保护装置的电源

上,且机壳应可靠接地。

⑩当机组内配用电极式加湿器时,加湿器的进水管应单独接入并装有阀门,以调节进水量。电极式加湿器应与风机电源联锁,即先开风机后再开电加湿器;停机时先停加湿器,风机延时工作 3~5 min 后再停机。

2)组合式空调机组安装

组合式空调机组是集中式全空气空调系统中,根据全年或夏、冬季空气处理过程的需要,选择若干个具有不同空气处理功能的预制单元组装而成的空调设备。通常,空气处理各功能段主要沿水平方向布置,一般为卧式,在施工现场按设计图纸进行安装,整体部位应横平竖直。风机箱示例见图 6.62,组合式空调机组示例见图 6.63。安装要点如下:

图 6.62　风机箱　　　　　　　图 6.63　组合式金属空调机

①安装前开箱验货,检查各功能段部件是否完好,检查风阀、风机等转动件是否灵活。

②具有喷水段的机组,喷水泵设在机组之外。以水泵的基础为准,先安装喷水段,然后向左右两边分别组装其他段。其他机组可由左向右或由右向左组装。在风机单独运输的情况下,先安装风机段的空段体,然后再将风机装入箱体内。

③各功能段之间连接应牢固、严密不漏风,整体应平直。检查门开启灵活,水路应畅通,喷水段不得渗水,喷水段的检查门不得漏水,冷凝水的排出管应畅通且不得外溢。

④机组中的新(回)风混合段、二次回风段、中间段、加湿段、加热段、喷淋段、电加热段等有左式、右式之分,安装时应注意区别。

⑤按设计要求的段体序列,逐一把段体吊放在底座就位;找平、找正后,加垫料将相邻两个段体用螺栓连接牢固紧密。与加热段连接的段体,应采用耐热垫片做衬垫。每连接一个段体前,先把前一个段体清扫干净。各段组装完毕后,则按要求配置相应的冷热媒管和给排水管。全部系统安装完毕后,应进行试运转,一般连续运行 8 h 无异常为合格。

3)非金属式空调机组安装

非金属式空调机组为砖砌、钢筋混凝土或玻璃钢外壳内装各种设备的空调机组。外壳内安装的设备有空气过滤器(粗效、中效)、空气热交换器、喷淋装置等,按照设计要求并按规定进行安装。此机组以前在纺织厂应用较多,目前被金属组合式代替。

6.4.3　消声器安装

通风空调系统中,消声器结构及种类较多,常用的消声器有阻性消声器、抗性消声器、阻抗复合式消声器和微穿孔板式消声器等。

消声器可成品采购或现场加工制作。吸声材料玻璃棉、矿渣棉、玻璃纤维板或聚氨酯泡沫塑料等应严格按照设计要求选用,除满足防腐、防潮、防火的性能要求外,还应按规定的密度均匀铺设并有防止下沉的措施。为防止吸声材料的纤维飞散,消声层表面均用织布加以覆盖包裹,并用孔径和穿孔率符合设计要求的金属穿孔板加以保护。外壳、隔板、壁面应牢固,紧贴严密。内外金属构件应防腐涂装。对成品采购的消声器,除检查技术文件外,还应进行外观检查,主要是消声器板材表面应平整、无明显的压伤划痕,厚度均匀一致,无裂纹、麻点和锈蚀等。

消声器一般安装在风机出口水平总风管上,用以降低风机产生的空气动力噪声,也有将消声器安装在各个送风口前的弯头内,用来阻止或降低噪声由风管向空调房间传播。消声器在运输和吊装过程中应力求避免振动;安装前应保持干净;安装时应单独设支、吊架;消声器支架的横担板穿吊杆的螺孔距离,应比消声器宽 40~50 mm;为便于调节标高,可在吊杆端部套 50~80 mm 的丝扣,以便找平、找正,并加双螺母固定;安装方向必须正确;与风管或配件、部件的法兰连接应牢固、严密;当空调系统有恒温、恒湿要求时,消声器外壳应和风管同样要作保温处理。

6.4.4 风机盘管安装

风机盘管主要由风机和换热器组成,同时还有凝结水盘、过滤器、出风格栅、吸声材料、保温材料等。其安装形式有立式明装、暗装,卧式明装、暗装,卡式和立柜式等。安装示意图见图6.64、图 6.65。

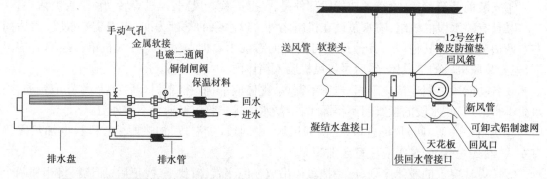

图 6.64　风机盘管接管示意图　　　　图 6.65　风机盘管安装示意图

卧式明装一般将风机盘管吊装于顶棚下或门窗上方,卧式暗装则将风机盘管吊装于顶棚内,回风口方向可设在下部或后部;立式明装和立式暗装一般将风机盘管设置于室内地面上或窗台下,其送风口方向可在机组的上方或前方。在立式机组的后背墙壁上可开设新风采气口,并用软接头与风机盘管相连接,就地入室。为防止雨、虫等影响,墙上安装有进风百叶窗,短管部分有粗效过滤器等。新风管可采用软接头与风机相连接,风口紧靠在机组的出口处,以便于两股气流能够很好地混合。

风机盘管安装前应进行水压试验并检查风机盘管接管预留管口位置标高是否符合要求;安装卧式机组,应合理选择吊杆和膨胀螺栓,并使机组的凝水管保持正确的坡向和一定坡度(一般为 5°);机组进出水管与外接管路连接要求严密,连接时最好采用挠性接管(软接)或铜管连接,连接时切忌用力过猛造成管子扭曲而漏水;安装时应保护换热器翅片和弯头;机组进出水管应加保温层,以免夏季使用时产生凝水;暗装卧式风机盘管应留有活动检查门,便于机组能整体拆卸和维修。

6.4.5 除尘器安装

常用除尘器有袋式除尘器、旋风式除尘器、湿式除尘器、静电式除尘器等。除尘器系列规格繁多,安装的主要形式有墙柱支架上安装、地面混凝土基础上安装、地面型钢支架安装和楼板孔洞内安装等几种形式。

安装的一般要求是:位置正确、牢固平稳;进出口方向、垂直度与水平度等符合设计要求;除尘器的活动或转动部件动作应灵活、可靠;排灰阀、卸料阀、排泥阀等各部件的连接严密,并便于操作和维修;除尘器与风管的连接必须严密不漏风。

中、小型除尘器质量不大,可安装在墙、柱的型钢支架上,墙上安装见图6.66。柱上安装支架一般为抱柱法。

楼板上安装时,应与土建配合预留出安装所需的圆形或矩形孔洞,并在做凸台的混凝土基础时预埋好地脚螺栓或焊接件,待除尘器吊装就位找平、找正后,用螺母将支承槽钢上的螺栓拧紧固定,安装即完成,如图6.67所示。

地面上安装时,应配合土建,按标准图集和安装除尘器地脚螺栓的位置、尺寸浇注地脚螺栓凸台,并使凸台平面在

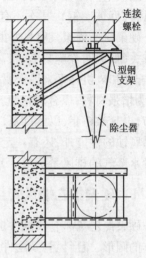

图6.66 墙上支架安装旋风除尘器

同一平面内。将除尘器螺孔底平面吊装高出预埋螺栓,待孔与螺栓对准后落下。调整除尘器的水平与垂直度。检验合格后,将地脚螺栓的螺母拧紧固定。

地面型钢支架上安装有钢支架制作、钢支架安装、除尘器吊装就位、与钢支架紧固连接4个步骤,安装见图6.68。

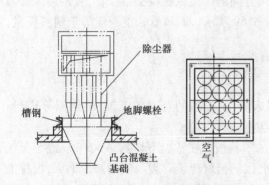

图6.67 楼板上安装多管旋风除尘器

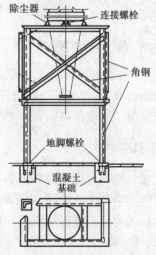

图6.68 地面支架上安装旋风除尘器

6.5 非金属风管、配件制作与安装

通风空调工程中,用来制作风管与配件的非金属材料主要有硬聚氯乙烯板和玻璃纤维增强材料(即玻璃钢),其次还有复合材料(如双面铝箔绝热板和铝箔玻璃纤维板等)。

硬聚氯乙烯板具有良好的耐酸、耐碱性,较高的弹性及大的热膨胀系数,其机械强度与温度有关(低温时性脆易裂,较高温度时强度降低),热稳定性较差,在通风工程中常用于制作风管、配件和风机外壳来输送腐蚀性气体。玻璃钢是以玻璃纤维制品(玻璃布、玻璃带、玻璃纱等)为增强材料,以合成树脂为胶粘剂,按风管、配件的形状制成胚模,经多次在胚模上包扎玻璃布,再涂敷树脂,以此反复,待成型固化后达到一定强度时脱模制成。无机玻璃钢除了具有不易腐蚀的性能外,还有一定的吸声性、不易燃烧及价格较低等优点,主要用于含有腐蚀性和大量水蒸气的排风系统中。

6.5.1 硬聚氯乙烯风管、配件制作

硬聚氯乙烯风管及配件加工工艺为:划线—切割—打坡口—加热成型—焊接—法兰制作。制作的圆形、矩形风管及配件的允许偏差均应符合规范要求。

1)板材划线

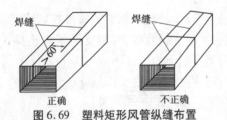

图 6.69 塑料矩形风管纵缝布置

硬聚氯乙烯塑料板上的展开放样基本方法同金属风管、配件。但应注意的是,展开划线时用红蓝铅笔;因板材厚度较大,制作圆管在平板上划线的周长应按中径计算,即风管外径减一个板材厚度乘以圆周率 π($D_外 - \delta$);塑料风管及配件制作是将板材加热后压制成型,而塑料在冷却过程中会产生收缩现象,在下料时还要注意放出适当的收缩余量。圆形、矩形相邻风管间的焊接纵缝应交错设置,且矩形风管因四角要加热折方,其焊缝不得设置在转角处,如图 6.69 所示。圆风管长度一般等于塑料板宽,矩形风管长度一般取塑料板长。

2)板材切割

塑料板材切割可用机械型的剪板机、圆盘锯床等,手工型的普通木工锯、鸡尾锯等进行。为保证切割质量及工作效率,应尽可能使用机械切割。

使用机械剪板机进行切割时,厚度 $\delta < 5$ mm 的塑料板可在常温下切割,$\delta > 5$ mm 或冬天气温较低时,应先将塑料板加热到 30 ℃ 左右再切割,以防板材冷脆碎裂。使用圆盘锯床,板材推进力要缓且推进速度不大于 3 m/min,过快易使板材烧焦,甚至与锯片粘连,可用压缩空气对锯切部位进行局部冷却。

3)板材坡口

塑料板材厚度较大,为保证焊缝有足够强度,必须对拼(连)接边缘作开坡口处理。坡口

的加工常在塑料坡口机上进行,还可用锉刀、普通木工刨、砂轮机来加工。坡口的角度和尺寸应均匀一致。塑料板材的坡口(及焊缝)形式、尺寸见表6.9。

表6.9 塑料板材坡口(及焊缝)形式、尺寸表

焊缝形式	焊缝名称	图形	焊缝高度/mm	板材厚度/mm	焊缝坡口张角 α/(°)	应用说明
对接焊缝	V形单面焊	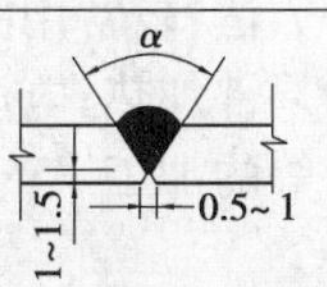	2~3	3~5	70~90	用于只能一面焊的小风管
	V形双面焊	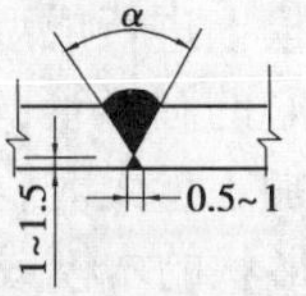	2~3	5~8	70~90	用于壁厚的大风管
	X形双面焊	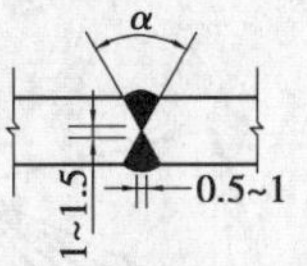	2~3	≥8	70~90	用于风管法兰及厚板的拼接,焊缝强度好
搭接焊缝	搭接焊	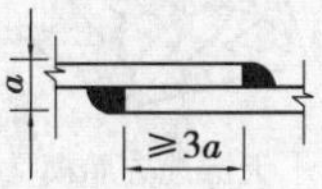	≥最小板厚	3~10	—	用于风管的硬套管和软套管的连接
填角焊缝	填角焊无坡角	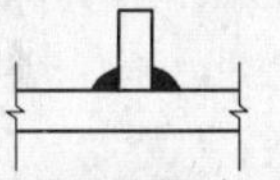	≥最小板厚	6~18	—	用于风管及配件的加固
		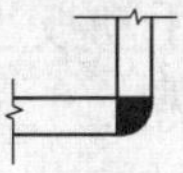	≥最小板厚	≥3	—	用于风管、配件及槽类角焊,焊缝强度好
对角焊缝	V形对角焊	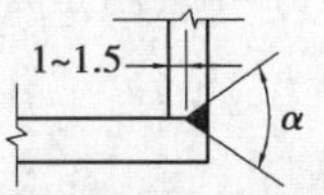	≥最小板厚	3~5	70~90	用于风管及配件角焊
		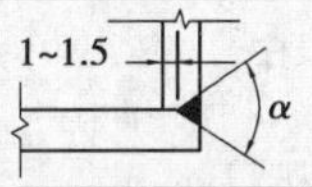	≥最小板厚	5~8	70~90	用于风管及配件角焊
		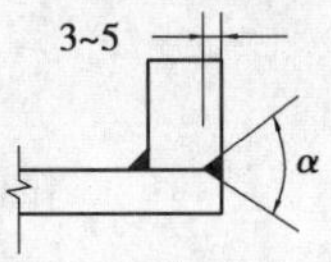	≥最小板厚	6~15	70~90	用于风管及法兰连接

4)加热成型

硬聚氯乙烯塑料板为热塑性材料,当加热到100~150 ℃时,会变成柔软状态,可按需要加工成各种形状的风管及配件。加热时要注意两个问题:一是加热时不论是整体加热还是局部加热,应使板材均匀受热;二是控制好加热温度和时间。卷圆或折方温度应不大于150 ℃,否则塑料板成韧性流动状态,会引起板材出现气泡、分层和碳化等缺陷;时间控制会因板材厚度的不等而有所变化,须按表6.10掌握。

表 6.10　硬聚氯乙烯塑料板加热时间

板材厚度/mm	2~4	5~6	8~10	11~15
加热时间/min	3~7	7~10	10~14	15~24

加热方法有电加热、电烘箱空气加热以及蒸汽加热等方法,较常用的是前两种。对板材进行折方,常用塑料板折方用管式电加热器对折线上下进行局部加热;电烘箱空气加热则是对板材进行整体加热,进行圆风管、变径管、三通、弯头、来回弯等的加工。

(1)圆形风管及配件加热成型

从电热箱中取出已被加热成柔软状态的板材,放在胎模上进行成型。模具一般用钢管、薄钢板、木料等制成,如卷直管的木模,是选用红松木做成空心的圆形管,其外径略小于风管内径 2~3 mm,长度长出风管板宽 100 mm,如图 6.70 所示。当加工量大时,卷制圆管也可在简易圆管机上进行。异形管件可按整体的 1/2~1/4 制作成各种形状的木模或 $\delta \geqslant 1.5$ mm 的钢模,如图 6.71 所示。

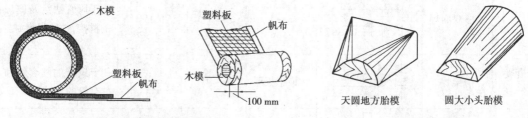

图 6.70　塑料板卷管　　　　　　　　　　　　　　　图 6.71　胎膜

(2)矩形风管及配件加热成型

矩形风管的折方可用管式电加热器(见图 6.72)和普通手动扳边机配合进行。加工时把管式加热器夹持在板材的折角线上,使折线处形成窄长的加热区。当加热处变软后,迅速抽出放在手动扳边机上,把板材折成直角,待加热部位冷却后,方可取出成型后的板材。矩形风管配件也可在胎膜上迅速煨制成型(见图 6.73)。

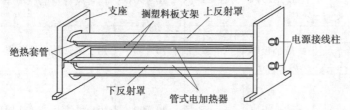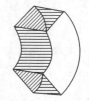

图 6.72　塑料板折方用管式电加热器　　　　　　　　图 6.73　矩形弯头胎膜

5)焊接

表 6.11　塑料焊条选用直径

板材厚度/mm	焊条直径/mm
2~5	2~2.5
6~15	2.5~3
16~20	4

塑料风管的连接多采用焊接,比较常用的是热空气焊接法。它是根据聚氯乙烯塑料被热空气加热到 180~200 ℃时,塑料具有可塑性和黏附性的性质来进行。

采用热空气焊接时,板材坡口及焊缝形式应符合表 6.9 的规定。塑料焊条有单焊条与双焊条两种,焊条材质应与板材相同。焊条直径的选用与被焊接板材厚度有关,见表 6.11。

6）法兰制作

依据风管直径或长边长选取相应规格的法兰制作材料及连接螺栓（见《通风与空调工程施工质量验收规范》GB 50243—2002），法兰螺栓孔间距应≤120 mm，矩形法兰的四角处均应设螺孔。

（1）圆形法兰制作

圆形法兰 D≤160 mm 时，因弯曲弧度小，煨制困难，一般采用内孔开洞后直接在车床上车削加工；较大直径的圆法兰制作时，用整条板撖制成所需弧度也较困难，实践中常将圆形法兰分割成几块月牙状样板，在板料上套裁后，将月牙状板条的内弧一侧及纵缝分别开出坡口，再将其组对成环状法兰，经焊接打磨后再划线打孔；大直径圆形法兰加工，是在选取的硬塑料板上划线剪切成条形板，并在板条一侧及纵缝接口开好坡口后，把整根板条置烘箱内加热，取出后在胎模上拉制成合格弧度（煨制时已开坡口一侧为内弧），然后用重物将煨制好的圆法兰压平，待冷却定形后，将纵缝焊接，再划线打孔。

（2）矩形法兰制作

在选取的制作法兰的塑料板上划线，用剪板机剪切成条状板并按法兰口径裁短，短条板一侧与纵缝处开好坡口，在法兰胎模上或画好线的平台上组对法兰，当焊接完成再打磨平焊缝，最后划线打孔。

（3）打孔

钻削硬聚氯乙烯板法兰螺孔与型钢法兰螺孔不同。当钻速较高、切削进给力稍大时，板材极易烧焦。因此，钻孔时要间歇性地把钻头抬起，或用压缩空气以及浇注水对钻削部位进行冷却。

6.5.2 硬聚氯乙烯风管组配、加固及安装

1）风管组配与加固

为避免腐蚀性介质对风管法兰金属连接件的腐蚀以及法兰连接处的泄漏，风管连接应尽量采用无法兰连接。根据安装和运输条件，采用手工焊接或机械热对挤焊接将风管组配成 3 m 左右的长风管，焊接纵缝须交错设置，交错距离应大于 60 mm。圆形风管 D<500 mm，矩形风管 b<400 mm 时，焊缝形式可采用对接焊缝。圆形风管 D>560 mm，矩形风管 b>500 mm，应采用 150～250 mm 长的硬套管或软套管与风管进行搭接焊。另外为增加塑料风管的机械强度，应当用焊接固定加固圈进行加固。四角焊接成型的矩形风管当 b≥630 mm 和煨角成型边长 b≥800 mm、管段长度大于 1 200 mm 时，也应采取加固措施，可用与法兰同规格的加固框或加固筋，用焊接固定。当圆形风管的直径≤200 mm 时，可采用承插连接，插口深度为 40～80 mm。

若风管与法兰组对时，应注意下列事项：

①认真检查、核对风管中心线与法兰平面的垂直度以及法兰平面平整度。塑料法兰平面的平整度尤为重要，因为金属法兰端面如有一定偏斜量，螺栓紧固时由于金属弹性作用可被纠正，而塑料法兰端面平整度偏斜量稍大时，螺栓紧固时由于应力过于集中，无弹性变形，锁紧力大，有可能拉裂焊缝或使法兰局部产生崩裂。

②硬聚氯乙烯材料抗拉强度低，加之风管上的法兰除承受风管重力外，还要承受螺栓的拉

力。为防止法兰变形和提高其机械强度,当风管直径或大边长大于500 mm时,一般要在风管与法兰连接处增加焊接三角支撑,其支撑间距为300~400 mm。

③为保证法兰与法兰连接严密,法兰与风管焊接后,对高出法兰平面的焊缝,必须用木工刨将其刨平或打磨平整。

2)风管系统安装

硬聚氯乙烯等塑料风管系统安装与金属风管系统大致相同。由于塑料风管的力学性能和使用条件与金属风管的不同,在安装中应注意以下几点:

①塑料风管受温度影响易变形,支架间距应小于金属风管,立管、横管最大支承间距一般为2~3 m。

②塑料风管线膨胀系数大,支架抱箍不得过紧,要留一定间隙,以利其伸缩。直管段太长(大于20 m),温度较大时,每隔15 m要设1个伸缩节。

③塑料风管安装位置应与热力管道、发热设备保持一定距离,防止因受热发生变形。

④法兰垫料应选用与输送气体匹配的$\delta=3~6$ mm耐酸橡胶板或软聚氯乙烯板;连接螺栓优先选用塑料螺栓、增强尼龙螺栓,还可选用镀锌螺栓,螺栓与法兰接触处应有平垫圈。

⑤塑料风管过墙或穿越楼板时,应装金属套管或设保护圈。风管与套管之间应有10 mm左右的间隙,使管在轴向能自由伸缩。

⑥室外风管应适当增加壁厚,外表面可涂两遍铝粉漆或白油漆,以防因太阳辐射而加速老化。

6.5.3 玻璃钢风管、配件制作

玻璃钢风管及配件制作工艺为:模具制作—涂敷成型—固化脱模。制作的矩形风管外表平面度、管口对角线之差,圆形风管两直径之差、法兰平面度等应符合相关规定。

1)模具制作

圆形及矩形玻璃钢风管成型模具均使用内模。圆形风管内模是用适当偏小直径的钢管,或用外径等于圆形风管内径的木方、胶合板和铁板制作;矩形风管内模是用木方做成龙骨,再将木板或胶合板、钢板固定于龙骨上做成,内模尺寸等于矩形风管的内径尺寸。圆形或矩形风管的内模均应可以拆卸,以便脱模。

2)涂敷成型

在模具的外表面包上一层透明的玻璃纸,固定好后在其表面均匀涂满已调好的树脂涂料,然后敷上一层玻璃布,再涂一层树脂涂料。每涂一层树脂便敷一层玻璃布,布的搭头要相互错开并刮平。达到要求厚度后,用玻璃纸敷于树脂涂料外表面擀平压光。

在涂敷过程中,应将风管及其管段的法兰一起成型,接合处应有过渡圆弧。法兰应与风管轴线成直角。有机玻璃钢和无机玻璃钢风管厚度(根据圆形风管直径或矩形风管长边尺寸不同而不同)、无机玻璃钢风管玻璃纤维布层数(与圆形风管直径或矩形风管长边尺寸及玻璃纤维布厚度有关)、玻璃钢风管法兰及连接螺栓规格(依据圆形风管直径或矩形风管长边尺寸选择)见《通风与空调工程施工质量验收规范》(GB 50243—2002)。

3) 固化脱模

涂敷成型的玻璃钢风管经过一段时间的固压,达到一定强度后方可脱模。脱模时应先拆除预先准备好的脱模支撑点,以使模具与成型的风管分开,然后再退出模具,最后取下内外表面的玻璃纸。脱模后风管的多余部分或毛刺,可用手提切割机或砂轮机打磨。

6.5.4 玻璃钢风管安装

玻璃钢风管安装与金属风管系统的规定基本相同,需注意以下几点:

①矩形风管边长大于 900 mm,且管段长度大于 1 250 mm 时,要设加固筋。加固筋材料与风管材料相同,且间隔应均匀,并形成一个整体。

②玻璃钢风管法兰螺栓孔划线时,一定要用钢板制成模型,最好能制成钻模,划线与打孔一次完成。玻璃钢螺栓孔一般用手电钻打孔,而不用台钻,钻孔时很容易偏移,所以应特别注意划线与钻孔位置的准确。

③安装时若发现风管有树脂破裂、脱落及界皮分层等现象,应及时修复后再安装。

④风管连接法兰端面要平行,以保证连接后严密;法兰螺栓两侧应加镀锌平垫圈。

⑤支、吊架的形式、宽度与间距应符合设计要求,并应适当增加支、吊架与水平风管的接触面积。风管垂直安装,支架间距不大于 3 m。

⑥支管应自行设置支、吊架,其重力不得由主管来承担。

6.6 洁净空调系统制作及安装

洁净空调系统制作现场应保持清洁,远离尘源或位于上风侧;制作及安装人员应穿戴清洁工作服、手套和工作鞋等。洁净空调系统安装最突出的两个特点是:一要保证安装时和安装后系统内的清洁;二要保证系统各连接处的密封性。

6.6.1 风管及配件制作要求

制作风管的房间地坪上应铺橡胶垫,以保护风管不受损伤及环境清洁。制作风管用板材必须先清洗,去除板面上的油污和积尘。风管成型后应擦拭干净,再用吸尘器吹吸浮尘,最后用塑料薄膜将风管的开口处包封好,待安装时才能将安装的一端封口打开。制作时,板材应减少拼接,矩形风管底边宽度≤900 mm 时,不应有拼接缝;宽度 >900 mm 时,应减少纵向接缝,且不得有横向拼接缝。风管所用的螺钉、螺母、垫圈和铆钉均应采用镀锌或其他防腐措施,并不得采用抽芯铆钉。风管不得采用楞筋加固,加固筋或加固框不得设在风管内。无法兰连接不得使用 S 形插条、直角形平插条及立联合角形插条。1 000 级及以上空气洁净系统风管不得采用按扣式咬口。

风管、配件及法兰制作,各项允许偏差必须符合规范规定。法兰螺栓孔间距应≤120 mm,铆钉孔间距应≤100 mm,比一般风管法兰的螺栓孔、铆钉孔间距要小。风管与法兰连接的翻边应均匀、平整,不得有孔洞与缺口。风管的咬口缝、铆钉缝及法兰翻边四角等缝隙处清除干净后,应涂密封胶或采取其他密封措施。风阀及风口上凡与净化空气接触的活动件、固定件及调节拉杆等,应作防腐处理(镀锌、发蓝等),与阀体的连接处不得有缝隙。法兰连接、清扫口及检视门所有的密封垫料应选用不漏气、不产尘、弹性好并具有一定强度的材料,如橡胶板、闭孔海绵橡胶,厚度需根据材料弹性大小决定,一般为 4~6 mm,严禁使用乳胶海绵、泡沫塑料、石棉绳、油毡纸等含有孔隙和易产尘的材料。垫料接头必须制成楔形或榫形接口(见图 6.34(d)),接头应涂胶粘牢。

6.6.2　风管、配件及部件安装要求

为使风管不受污染,洁净系统安装应在门窗及地坪全部完成及风管支吊架预埋好后进行。风口安装前应清扫干净,其边框与建筑顶或墙面间的接缝处应加设密封垫或密封胶,不得漏风。带高效过滤器的送风口,应采用可调节高度的吊杆。风管安装结束保温前,还应按设计要求严格进行漏风检查。

6.6.3　设备安装要求

对洁净度有严格要求的空调系统,常在送风口前用高效过滤器消除空气中的微尘(为延长其使用寿命,常在高效过滤器前和粗效、中效过滤器串联使用)。高效过滤器是洁净空调系统的关键设备,其结构形式有普通形、刀架式、无隔板式、两分隔板式等。

高效过滤器出厂前须严格检验。其滤料一般采用超细玻璃纤维纸,非常精细,易损坏,因此系统未安装前不得开箱,并按出厂标志搬运和存放。高效过滤器必须在洁净室土建和净化空调系统施工安装完毕并经过全面清扫和运行 12 h 以上(吹净浮尘)方可安装。

安装时,应先认真检查过滤器的质量(滤纸和框架有无损坏,损坏的应及时修补),并应对过滤器框架或边口端面的平直性进行检查。端面平整度超过允许偏差 1 mm 时,为保证连接严密,只能修改或调整过滤器安装的框架端面,不得修改过滤器本身的外框,更不能因为框架不平整而强行连接,导致过滤器的木框损裂或过滤器滤料及密封部分损坏。高效过滤器的扩散板(保护网)在安装时也要擦拭干净,应保证气流方向与外框上箭头标志方向一致。用波纹板组装的高效过滤器竖向安装时,波纹板必须垂直地面,且不得反向。

高效过滤器与组装高效过滤器的框架,其密封一般采用顶紧法与压紧法。对于洁净度要求严格的100级、10级洁净系统,有的采用刀架式高效过滤器液槽密封方法。

1)顶紧法与压紧法安装

高效过滤器顶紧法能在洁净室内实施安装或更换,其安装方法如图 6.74 所示。压紧法只能在吊顶内或技术夹层内安装或更换,其安装方法如图 6.75 所示。

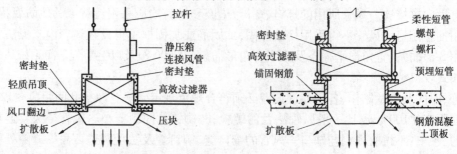

图 6.74　顶紧法安装高效过滤器　　　　图 6.75　压紧法安装高效过滤器

高效过滤器的密封垫漏风是造成过滤器效率下降的主要原因之一。密封效果的好坏与密封垫材料的种类、表面状况、断面大小、拼接方法、安装好坏、框架端面加工精度和光洁度都有密切关系。安装过滤器时,不得损伤滤料和密封胶。过滤器与框架的密封,一般采用闭孔海绵橡胶板或氯丁橡胶板密封垫,密封垫厚度为 6 ~ 8 mm,定位粘贴在过滤器边框上,安装后的压缩率应在 25% ~ 30% ,密封垫的拼装方法必须采用榫形或梯形。如不用密封垫而改用硅橡胶涂抹密封,涂抹前要先清除过滤器和框架上的杂物和油污,且涂抹饱满均匀。

2)液槽密封装置安装

液槽密封主要适用于洁净度要求高的垂直单向流洁净室,它克服了压紧法由于框架端面平整度差而使过滤器密封不严,或密封层老化泄露及更换拆装周期较长等缺点。

液槽密封装置如图 6.76 所示。铝合金板压制成的二通、三通、四通沟槽连接件用螺钉连接组装成一体后,用非牛顿密封液密封。液槽内的非牛顿密封惰性液不挥发、不渗油、无腐蚀、耐酸碱、无毒性,熔点高于 50 ℃ ,有一定流动性及良好介电性能和稳定电气绝缘性。液槽密封装置骨架构件的连接应尽量做到平整,框架液槽连接后应用硅橡胶或环氧树脂胶或其他密封胶来密封所有的接缝缝隙。最后将密封液用水浴加温至 80 ℃ 左右熔化后,迅速注入无水分、无污物的槽内并达到 2/3 槽深度,待密封液冷凝后,即可安装高效过滤器。

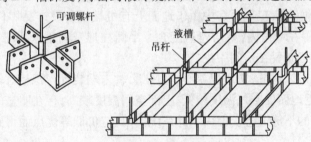

图 6.76　框架液槽结构

安装时,可从框架上面放下过滤器,也可根据过滤器的外形尺寸情况,从框架下面斜着把过滤器托过液槽再对准轻轻放下,应避免接触槽壁而形成泄漏边界。若需在槽内移动过滤器,应先轻轻上提一点,再慢慢重新插入槽内,切不可用力推动,以防止液体流出破坏过滤器。

如要更换过滤器,应提前准备好托板。当过滤器刀架从液槽中取出时,立即把托板放置在过滤器下面,避免刀架上黏附的液体滴入洁净室地面或污染已安装好的过滤器。为了保证高效过滤器刀架能在有限的空间内达到平面精度的要求,防止液槽系统运行时液面差接近最大值而使液槽露底鼓泡漏气或局部液体外溢。液槽就位后,纵横中心线的偏差应≤5 mm,垂直方向上液槽纵横中心线高差应≤3 mm。

3)高效过滤器渗漏检查

检漏工作是洁净系统洁净效果测定的基础。

高效过滤器的渗漏多是发生在过滤器本身或过滤器与框架、框架与围护结构之间的渗漏。因此,高效过滤器出厂前和安装在 100 级和高于 100 级洁净室的过滤器都必须检漏。

高效过滤器检漏,一般应用浊度计或粒子计数器对过滤器安装边框和全断面进行扫描检漏。对于超高效过滤器,扫描法有凝结核计数器和激光粒子计数器两种。检漏时,将采样口放在下风侧距离过滤器表面20~30 mm,以5~20 mm/s的速度移动,沿过滤器表面、边框和框架接缝处扫描。当仪器读数高于高效过滤器穿透率的10倍时,即认为有渗漏现象。对渗漏部位可用过氯乙烯胶或KS系列密封胶,88号胶,703、704硅胶密封。

6.7　通风空调新系统、新设备安装

通风空调设备和系统的能耗、健康、舒适一直是人们关注的问题,全新意义上的"节能、健康、舒适"的通风空调设备和系统一直以来是行业追求的目标。近年来,置换通风、水源辐射供冷、毛细管空调等新型舒适性节能通风空调方式有广泛的推广应用。

6.7.1　置换通风末端设备

1)第一代置换通风末端送风装置

第一代置换通风末端装置见图6.77,通常有圆柱形、半圆柱形、1/4圆柱形、扁平形及平壁形等。民用建筑中,置换通风末端装置一般为落地安装,可在房间下部侧面安置,当采用夹层地板时,也可安装在地面上;工业厂房中由于地面上有机械设备及产品零件的运输,可架空布置。1/4圆柱形可布置在墙角内,易与建筑配合。半圆柱形及扁平形用于靠墙安装。圆柱形用于大风量的场合并可布置在房间中央。

由于置换通风出口风速低,送风温差小,送风量大,末端装置体积相对较大,使建筑物有效使用面积减小,并且近地面处空气温度较低,上部空间温度较高,存在明显的垂直温度梯度,会造成一定的头暖脚凉的不舒适感。但由于此系统简单、造价低等优点而得到应用。

(a)圆柱形自由式风口　　　　(b)地板式风口　　　　(c)半圆柱式风口

(d)平板式风口　　　　(e)1/4圆柱式风口　　　　(f)座椅式风口

图6.77　第一代置换通风末端送风装置

2) 第二代置换通风末端送风装置

第二代末端送风装置主要是在不影响舒适性并保证室内空气品质高于混合通风系统的基础上提高了系统的冷却能力。室内的湿负荷和新风负荷及小部分冷负荷主要由置换通风系统承担,室内大部分冷负荷由冷却吊顶通过冷辐射来承担,大大减少了末端装置的设置数量,而且冷吊顶对消减室内垂直温度梯度具有明显作用。置换通风与冷却吊顶的结合可创造出一个既无吹风感又清洁舒适的室内空气环境,并具有显著的节能效果。

冷却顶板所占制冷份额为 50% ~55%,应防止结露,温度一般为 16 ℃ 左右,送风温度应低于 14 ℃。目前使用效果最佳的是以水做冷媒的冷却顶板系统。

3) 第三代置换通风末端送风装置

第三代末端送风装置是利用诱导原理,在该末端装置中设有空气喷射器,将大量室内空气与一次气流混合,从而提高送风的冷却能力。喷射器的安装位置可以在送风末端装置内,也可在送风管道内。室内空气与一次空气的大量掺混,可能会使换气效率下降,但只要将空气的混合限制在人员活动区域,其通风效率、换气指数还是要比传统的混合通风方式高。第三代送风装置正处于研制、开发应用阶段。

6.7.2　地板送风系统

地板送风对于改善热舒适性、通风效率与室内空气品质有很好的效果;和顶部送风相比,可节能 25% ~50%;空气处理设备和风管尺寸小,可节省安装空间,进而可相应减小建筑物层高,降低造价;风口的位置也可适应房间布置、装修、用途等方面的变化,与其他管路在空间上无矛盾,对吊顶高度也无要求,安装方便,便于清洗。

1) 地板送风系统类型

(1)按送风房间的类型分

①大面积区域送风。在大面积送风中,采用地板下空间作为静压箱。由于地板下空间的压力分布均匀,地板风口上无须再加静压箱,风口也可不使用调节阀。

②分室送风。对单个房间的控制需用静压箱,以做到分别控制各房间的送风量。风管系统有许多支管,风口上带调节阀使气流分布均匀。

③混合式送风。对于既有大面积区域送风又有分室送风要求的场合,房间内的地板风口由风管将气流送入其静压箱,而区域送风则通过地板下空间作为静压箱将空气送入。

(2)按地板下的设置分

①地板下设风管送风,送风量控制可靠,启动时间短,但风口位置固定、灵活性差。

②地面压出式直接送风(静压箱为正压)。地板下向上送风,通过对送风量和送风温度的控制,调节工作区温度,因结构热惰性,启动时间长。

③地板下设混风箱和风机(静压箱不需正压),即部分空气通过地面回地板下与一次空气混合(相当于二次回风),风机动力型末端设在地下。混风箱使一次空气和回风的混合易控制,使送风温度稳定。这种方式虽混风箱风量减小,但地板下装置复杂。

④地面与吊顶送风相结合方式,即照明等稳定的负荷由顶棚送风承担,办公机器的负荷由

下送风负担。回风均从吊顶回风口吸入。上送风可提供要求较低的背景空调,如将下送风进一步局部化,可充分满足人体需要。

2)地板散流器

按照静压箱的结构形式和散流器的工作状态,地板散流器分为主动式和被动式。主动式散流器通过风机将送风气流从静压箱送入室内空调区域,被动式散流器通过静压箱内的正压将送风气流从静压箱送入室内空调区域。

(1)旋流地板散流器

旋流地板散流器见图6.78(a),气流送出时速度和温度衰减快,与工作区的空气混合迅速,具有较好的扩散性,在地板送风系统中应用最广泛。用户可通过在散流器上安装风阀来控制局部送风量,也可直接使用自控系统调节送风量。

(2)VAV地板散流器

VAV地板散流器见图6.78(b),为变风量空调系统专用,采用自动末端风阀的开启,以保证当送风量增加或减小时,送风速度保持不变。方形地板格栅以射流形式向室内送风,用户可以通过改变格栅的方向来调整送风的射流方向。送风量可通过温控器调整,或者用户自己调整。

(3)条型地板格栅

条型地板格栅见图6.78(c),以射流形式向室内送风,通常安装在靠近外窗的周边区域,有很好的装饰效果。尽管流线型格栅通常带有风阀,但在实际设计及使用中很少调节风量,通常不用于建筑物人流密度大的内区。

(a)旋流地板散流器　　　　(b)VAV地板散流器　　　　(c)条型地板格栅

图6.78　地板散流器

风口安装可与地面相平,对于任务—环境空调(TAC)系统,按照不同的"任务"设计出安装于伸出地面不同位置的散流器,并且按照服务区域的不同选择风口类型。

风口分散布点方式目前应用最广,依据风口的特性(作用范围、风量等)及办公设备,按一定间隔分散布置。为避免室内空气通过散流器回流,要求地板散流器至静压箱口的距离最小为2 m。地板散流器的位置距人员不能过近,对旋流风口来说,距离应≥400 mm。

3)静压箱及风管

静压箱占用建筑空间太多,不经济;太少,则难以保证地板上各个送风口均匀送风。其高度主要由三方面因素确定:

①地板下通风空调设备(如末端送风装置、风机盘管、风管及风阀等)的最大尺寸;

②敷设在地板下通信电缆的要求;

③保证地板下空气畅通流动的附加净高,通常最小为76 mm。

静压箱一般采用的是架空地板,缝隙渗漏难以避免,这就影响了室内气流组织及系统能耗。所以采用合理的安装节点也是地板送风技术不容忽视的环节。地板的漏风率应在设计风量的5%以内。为了降低噪声,静压箱内的风速限定在7.6 m/s之内。

固定在地板基础上的风管或者其他固定装置的最大直径≤560 mm;对于风机箱等可移动的末端装置,其最大直径限制在480 mm以内。

4)应用范围

①最适合采用地板送风系统的空间有计算机房与其他信息技术或电子设备用房;敞开式大空间办公室;培训或会议场所;展览区域;办公辅助区域(配电间等)。

②电梯大厅、礼堂或法庭的坐席区域;犯人监房、安全走廊、安全控制中心等安全性区域;消防指挥中心、楼宇管理中心等快速反应用房可采用地板送风系统。

③不宜采用地板送风区域有:厕所、浴室等潮湿区域;厨房和备餐区;实验室;消防电梯;机械设备用房;集中库房和装卸区域、垃圾房;不间断电源,紧急发电机房类房间;健身中心;交通流量较大的区域如大厅、中庭及主要走廊、餐厅、儿童保育中心。

6.7.3　辐射吊顶空调系统

辐射吊顶空调系统可提供较高水平的舒适环境,并在初投资和运行费用上有一定优势,特别是由于水温和室内空气温差较小,因此可以使得冷机、热泵机组能在较高能效比下运行,甚至可以直接利用自然冷源、热源。

1)辐射吊顶结构及安装

一般来说,水流经特殊制成的吊顶板内的通道,与吊顶板换热,吊顶板表面再通过对流和辐射的作用与室内换热,通过控制吊顶板表面温度而达到控制室内热环境的目的。吊顶板的结构一般采用"三明治"结构,即中间是水管,上面是保温材料和上盖板,下面是吊顶表面板。由于冷辐射吊顶主要是通过辐射作用去除室内的显热负荷,通入的冷水水温不得低于室内空气露点温度。

金属冷辐射吊顶采用比重小而导热性能好的优质微穿孔铝材作为面板,并在其上粘贴一层消音棉以消除噪声。为保证铜盘管/塑料毛细管网栅内的冷量尽量充分而均匀地传递到铝面板,将铜盘管/塑料毛细管网栅嵌入特殊结构的瓦楞板沟槽中,并用特种黏合剂和上覆板固定住铜盘管/塑料细管网栅,最后在高温下固化黏合剂,形成结构强度和换热能力俱佳的成品辐射吊顶。面板和压制其上的铝翅片/瓦楞板表面均可微穿孔,可使室内空气通过微穿孔进入面板内,增加辐射板与室内空气间对流热交换的比例,增强换热。同时,微穿孔也起到了消声的作用。

安装时,冷热辐射吊顶板须有出厂水压测试合格文件,根据房间具体情况选择不同规格的冷热辐射吊顶板,根据系统允许的压降损失选择冷热辐射吊顶板的数量和连接方式(并联或串联)。吊顶之间采用快速接头和相应的软管连接,简单可靠。当任意一块冷热辐射吊顶板发生故障,可取下检修,不影响系统整体运行。

在具体工程中,可先安装龙骨吊架等,再将辐射吊顶板固定,并根据具体情况灵活安排,采取多块吊顶板的串联、并联组合连接。吊顶板作为供暖通风空调系统的末端装置,通过配套专用空气处理与换热机组,与建筑中供暖空调系统相连,以控制调节室内热环境、湿环境和空气品质。模块设计的专用空气处理和换热机组,集成了辐射吊顶系统所需的空气处理过程、换热与内循环水输送过程等。

2)系统特点

①适用范围广。适用于办公、商务等公用建筑,也适用于居室、宾馆、病房等休息、居住的空间;适用于不同地域、各种气候类型下的建筑物;适用于新建建筑和改造项目。

②健康舒适水平高。辐射供冷、供热可提供高热舒适水平的室内环境;解决了"怕吹冷风"和"怕吹热风"的问题;充足的新风供给和合理的气流组织设计,保证了居住者呼吸到足够的新鲜空气;低噪声;空间整体感好,视觉效果好。

③节能效果明显。冷热源效率提高;能源的梯级利用合理;自然能源、低品质能源的利用可能性提高。

④经济实用。与常规空调供热系统或国外产品相比,极具竞争力;施工简便,运行调节简单易行。

6.7.4 毛细管空调系统

毛细管网空调系统是一新型的节能空调系统,它以水为媒介,PPR、PERT 毛细管网栅为主要传热装置,以冷热辐射为主要特征供暖、供冷。系统包括冷热源、毛细管网栅、水循环管路系统(循环泵、板换)、新风调湿系统、自控系统。厚度一般为 3 ~ 4 cm,轻薄、柔软、荷载小,安装方式灵活,见图 6.79。

1)毛细管空调系统的优越性

①高舒适度。以低温辐射方式供暖、供冷,表面温度分布均匀,能实现最佳的舒适度。

②空气品质优良。新风量充足,在人体周围形成"空气湖",无噪声,无明显吹风感。

③节省空间。占用空间少,便于房间布置。

④安装简便。毛细管安装简便、快捷,可满足各种场合要求。

⑤节能。毛细管换热速度快,换热面积大,换热效率高。夏季供水温度高于常规系统,冬季低于常规系统,系统能效比高。

2)毛细管网空调系统安装及使用注意事项

安装毛细管网空调系统需要注意冷辐射表面凝露、毛细管阻塞、漏水修复、与装饰面层结合等问题。

(1)防止冷辐射表面凝露

这是使用毛细管网制冷首先要考虑的问题。关键点有:

①采用高温冷源,供水温度保证冷辐射表面在室温设计温度以下满足制冷要求,同时在室内露点温度以上不发生凝露。

②利用新风除湿,控制室内露点始终低于冷辐射表面温度。

（2）防止毛细管阻塞

①建议采用独立的小型循环系统，与大系统连接时通过板式换热器隔开。

②采用耐腐蚀的管道及阀部件，如塑料管、铜镀镍阀部件和连接件等。

③对系统的补水进行过滤，防止大颗粒物阻塞管道。

④系统中需要加防冻液或除氧剂，或采取真空脱气措施。塑料管透氧，采取以上措施可防止管道内滋生微生物形成生物黏泥。

（3）漏水修复

毛细管网一般安装在装饰层下面，漏水点寻找及恢复比较方便。毛细管漏水可断开，再通过热熔手段焊死。

（4）与装饰面层结合

毛细管网与装饰面层结合时可随面层形状随意安装，但要与装饰层结合紧密，避免产生空气隔层影响换热。面层抹灰时应注意有一定的厚度并使用聚合物砂浆，防止开裂。

（a）毛细管网　　　　　　（b）配吊顶板的毛细管网　　　　　（c）毛细管网安装

图6.79　空调用毛细管网

6.8　通风空调系统的试运行及调试

通风空调系统安装完毕，系统投入正式使用前，必须进行系统试运转及调试。其目的是使所有的通风空调设备及其系统能按照设计要求达到正常可靠地运行；同时，通过试运转及调试，发现并消除通风空调设备及其系统的故障、施工安装的质量问题以及工艺上不合理的部分。通风空调系统试运转及调试一般可分为准备工作、设备单体试运转、无生产负荷联合试运转、竣工验收、综合效能试验五个阶段。

6.8.1　准备工作

1）熟悉资料

熟悉通风空调工程全套资料，包括工程概况、施工图纸、设计参数、设备性能和使用方法等，特别应熟悉掌握通风空调工程中自动调节系统的有关资料。

2）现场会检

调试人员会同建设、设计、施工及监理单位,对已安装好的系统进行现场的外观质量检查,其主要内容包括:

①风管和通风空调设备安装是否正确牢固。

②风管表面是否平整、有破损,风管连接处以及风管与设备或调节装置的连接处是否有明显缺陷,洁净系统的风管、静压箱是否清洁、严密。

③各类调节装置的制作和安装应正确牢固,调节灵活,操作方便,特别是防火、排烟阀应关闭严密,动作可靠。

④除尘器、集尘器是否严密。

⑤绝热层有无断裂和松散现象,外表是否光滑平整。

⑥系统刷油是否均匀、光滑,油漆涂色与标志是否符合设计要求。

在检查中,凡质量不符合规范规定的,应逐项填写质量缺陷明细表,提请施工单位或设备生产厂家在测试前及时修正。

3）编制试调计划

编制试调计划的内容包括目标要求、时间进度、试调项目、试调程序和方法、试调仪器和工具以及人员分工安排等。

4）做好仪器、工具和运行准备

准备好试运转及调试过程中所需用的仪器和工具,接通水、电源及供应冷、热源。各项准备工作就绪和检查无误后,即可按计划投入试运转及调试。

6.8.2　设备单体试运转

设备单体试运转,其目的是检查单台设备运行或工作时,其性能是否符合有关规范规定以及设备技术文件的要求,如有不符,应及时处理使设备保持正常运行或工作状态。设备单体试运转的主要内容包括:

①通风机试运转。

②水泵试运转。

③制冷机试运转。

④空气处理室表面热交换器工作是否正常。

⑤带有动力的除尘器与空气过滤器的试运转。

6.8.3　无生产负荷联合试运转

通风空调系统的无生产负荷联合试运转应由施工单位负责,设计单位、建设单位参与配合。无生产负荷联合试运转的测定与调整包括如下内容:

①通风机风量、风压及转速测定。通风与空调设备风量、余压与风机转速测定。

②系统与风口的风量测定与调整。实测与设计风量偏差不应大于10%。

③通风机、制冷机、空调器噪声测定。

④制冷系统运行的压力、温度、流量等各项技术数据应符合有关技术文件的规定。

⑤防排烟系统正压送风前室静压的检测。

⑥对于空气净化系统,应进行高效过滤器的检漏和室内洁净度级别的测定。对于大于或等于100级的洁净室,还需增加在门开启状态下,指定点含尘浓度的测定。

⑦空调系统带冷、热源的正常联合试运转应大于8 h,当竣工季节条件与设计条件相差较大时,仅作不带冷、热源的试运转。通风、除尘系统的连续试运转应大于2 h。

6.8.4 竣工验收

在通风空调系统无生产负荷联合试运转验收合格后,施工单位应向建设单位提交下列文件及记录,并办理竣工验收手续。

①设计修改的证明文件和竣工图。

②主要材料、设备、成品、半成品和仪表厂合格证明或验收资料。

③隐蔽工程验收单和中间验收记录。

④分项、分部工程质量检验评定记录。

⑤制冷系统试验记录。

⑥空调系统的联合试运转记录。

6.8.5 综合效能试验

通风空调系统生产负荷条件下做的系统联合试运转的测定与调整,即为综合效能试验。带生产负荷的综合效能试验,应由建设单位负责,设计、施工及监理单位配合,按工艺和设计要求进行下列项目的测定与调整:

1)通风、除尘系统综合效能试验

①室内空气中含尘浓度或有害气体浓度与排放浓度的测定。

②吸气罩罩口气流特性的测定。

③除尘器阻力和除尘效率的测定。

④空气油烟、酸雾过滤装置净化效率的测定。

2)空调系统综合效能试验

①送、回风口空气状态参数的测定与调整。

②空调机组性能参数的测定与调整。

③室内空气温度与相对湿度的测定与调整。

④室内噪声测定。

对于恒温恒湿空调系统,还应包括:室内温度、相对湿度测定与调整;室内气流组织测定以及室内静压测定与调整。

对于洁净空调系统,还应增加:室内空气净化度测定,室内单向流截面平均风速和均匀度的测定,室内浮游菌和沉降菌的测定,以及室内自净时间的测定。

此外,对于防排烟系统,其测定项目有:在模拟状态下,安全区正压变化测定及烟雾扩散试验等。

以上试验的测定与调整均应遵守国家现行有关标准的规定及有关技术文件的要求。在试验中如出现问题,应共同分析,分清责任,采取处理措施。

习题 6

6.1 制作金属风管常用材料及适用范围是什么?

6.2 金属风管及配件的制作工序是什么?

6.3 金属配件制作时基本展开方法有哪些? 举例说明。

6.4 如图所示的圆形三通、内外弧矩形弯头如何展开?

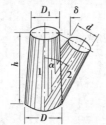 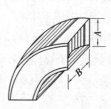

6.5 金属风管及配件闭合成型的具体方法是什么?

6.6 金属风管及配件连接有哪些咬口形式? 适用范围如何? 举例说明手工咬口加工过程。

6.7 金属法兰制作工序及方法是什么?

6.8 通风空调管道支架安装有哪些形式? 吊杆上端固定方法有哪些?

6.9 风管的安装程序如何? 安装时应注意哪些事项?

6.10 金属风管与法兰是如何固定的? 金属风管的无法兰连接有哪些方法?

6.11 一般通风空调系统中风管法兰垫料有何要求?

6.12 金属风管的加固条件及方法有哪些?

6.13 风管系统中各种控制调节阀有哪些? 其功能和安装位置如何?

6.14 常用风口的安装位置如何? 安装时应注意什么?

6.15 屋面安装排风风帽的做法是什么?

6.16 柔性短管主要应用在何处? 如何连接?

6.17 离心式风机、轴流式风机如何安装?

6.18 吊装空调机组、落地空调机组及组合式空调机组如何安装?

6.19 风机盘管有哪几种安装方式? 安装时应注意什么事项?

6.20 硬质聚氯乙烯风管及配件的制作过程是什么? 应注意哪些事项?

6.21 硬质聚氯乙烯风管连接及安装应注意什么? 玻璃钢风管安装的特殊要求是什么?

6.22 洁净式空调系统风管制作应注意哪些事项? 风管和设备安装时应注意哪些事项?

6.23 高效过滤器的安装方法有哪些?

6.24 目前有哪些通风空调新系统、新设备?

6.25 通风空调系统试运转及调试包括哪些内容?

7

工业锅炉安装

7.1 锅炉安装应具备的条件

锅炉产品应有国家质量监督检验检疫总局颁发的锅炉压力容器安全质量许可证书,锅炉所附的技术资料及制造图纸齐全。承担安装锅炉的施工单位,必须具有省、自治区、直辖市锅炉安全监察机构发给的施工许可证。土建工程除预留的设备托运孔道外,已基本完工,锅炉基础已验收合格。锅炉安装的施工方案已编制完成。施工所需的各种设备、材料均已到货,且具有合格证及有关技术资料。

7.2 整体锅炉安装

7.2.1 整体锅炉安装的内容与程序

本节以 KZL 型快装锅炉为例介绍整体锅炉的安装。快装锅炉的安装内容包括锅炉本体安装,平台扶梯、螺旋除渣机、省煤器的安装,以及鼓风机、风管、引风机、液压传动装置、除尘器、烟道、烟囱、管道、阀门及仪表等辅机和附属设备的安装。

施工时,首先安装锅炉本体、省煤器和平台,然后安装锅炉辅机和附属设备、水处理装置。安装完毕可进行水压试验及单机试车。合格后,可联动试车,最后烘炉、煮炉、升压、试汽及调整安全阀。安装程序可参考图 7.1 。

7.2.2 快装锅炉安装前的准备工作

1)锅炉的检查与验收

首先打开随锅炉带来的设备零部件包装箱,取出技术资料袋,找出装箱清单和锅炉设备图纸;检查锅炉是否为正规生产厂家的产品,有无锅炉压力容器安全质量许可证书;检查锅炉铭牌上的名称、型号、主要技术参数是否与质量证明书相符;按照装箱清单和图纸,逐件检查锅炉的零部件、仪表附件的规格、型号、数量是否与图纸相符,有无损坏现象。对于安全附件、阀门还应检查有无出厂合格证。快装锅炉是在制造厂内制造装配完后出厂的,耐火砖及保温层也都砌筑、充填完毕,其质量及体积较大,装卸及运输中难免震动,常会出现砖掉拱塌现象,检查时要特别注意。如果出现这种情况,在试运行前必须认真修复。对检查结果应做好记录和办理验收手续。如有缺件和损坏现象,应及时通知建设单位或制造厂家,协商解决办法,并办理核定手续。

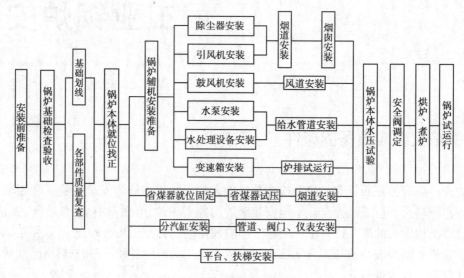

图 7.1　快装锅炉安装程序

2)快装锅炉的搬运

如图 7.2 所示是一台尚未砌筑炉砖及未保温包装的 KZL 锅炉,体积大且笨重。快装锅炉现场搬运时一般采用滚运的办法,如图 7.3 所示。因牵引负荷较大,通常使用卷扬机、倒链或绞磨作动力。快装锅炉具有条形的钢制炉脚,用千斤顶在炉脚前部或后部的翘头处将炉脚顶起,塞入滚杠即可进行滚运。由于快装锅炉外形尺寸较大,在砌筑锅炉房的围护墙时都预留有洞口,以便将锅炉运入。

图 7.2　KZL 锅炉本体

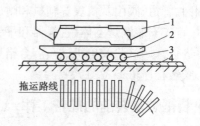

拖运路线

图 7.3　重设备滚运
1—设备;2—排子;3—滚杠;4—走道

锅炉基础高于地坪时,应用枕木、木板搭设斜面,将锅炉牵引到基础上就位。拖曳设备时应设置人工地锚,不得利用建筑物及电杆,以防损坏。

7.2.3 快装锅炉安装

1)快装锅炉本体安装

(1)基础放线

锅炉就位前,应先对锅炉基础进行检查验收,检查基础混凝土的强度;检查基础尺寸、标高等是否正确,如有偏差应进行校正。放线前,应将基础地面清扫干净,并用皮老虎吹去浮灰,再按设计图纸尺寸在基础上弹出纵向中心线和横向基准线(可以是前脸轮廓线,或是链条炉排的前轴中心线)。

(2)锅炉就位与找正

快装锅炉一般都是人工就位。就位前先在炉体上分别标出纵向中心线、横向基准线的基准点,再采用滚杠、千斤顶、枕木配合工作,将锅炉平稳地落在锅炉基础上,使炉体上所标基准点对准锅炉基础上的基准线。在锅炉就位的同时对锅炉进行找正工作,锅炉炉排前轴中心线与基础前轴中心线偏差不得超过 ±2 mm;锅炉纵向中心线与基础纵向中心线偏差不得超过 ±10 mm;坐标、标高、垂直度的偏差应符合表 7.1 的要求。

表 7.1 锅炉安装允许偏差

项 目		允许偏差/mm
坐 标		10
标 高		±5
中心线垂直度	立式锅炉全高	4
	卧式锅炉全高	3

(3)锅炉找平、找坡

快装锅炉横向找平应以锅筒为依据。当锅筒内最上一排烟管布置在同一水平线上时,可打开锅筒上部的人孔,将 600 mm 长的水平尺放在烟管上进行测定;也可打开前烟箱,在平封头上找出厂家标记的水平中心线,用玻璃管水位连通器测定水平线的两端,偏差在全长范围内应小于 2 mm。

快装锅炉纵向找坡的原则是使锅炉的排污口位于锅筒及联箱的最低点,前后相差 25 mm,便于沉积物排出。快装锅炉出厂时已考虑了排污坡度时,可水平安装。

找平、找坡时,应采用垫铁进行调整。垫铁每组的间距以 500 ~ 1 000 mm 为宜,找平后应将垫铁用电焊机点焊固定。

(4)锅炉平台、扶梯及栏杆安装

随快装锅炉一起附带的爬梯、平台、栏杆等,应按锅炉随带图纸进行安装,将其就位后拧紧螺栓,爬梯下端的支架应焊在锅炉本体上。

2)省煤器安装

快装锅炉的省煤器一般直接安装于基础上,也有安装在支架上的。直接安装于基础上的省煤器其位置及标高应符合设计图纸。当烟管为成品时,应结合烟管实际尺寸进行找平、找正。装在支架上的省煤器应先装支架,调整支架的位置与标高,使省煤器进口位置与烟气出口位置尺寸相符,然后用二次灌浆的方式将支架的地脚螺栓固定。省煤器现场组装可参见7.5节。

3)出渣机安装

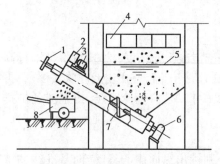

图7.4　螺旋出渣机

1—链轮;2—变速箱;3—电动机;

4—老鹰铁;5—水封;6—轴承;

7—螺旋轴;8—渣车

快装锅炉常用除渣机有螺旋出渣机(见图7.4)和刮板出渣机。一般是将电机、减速机、螺旋轴(或链条、刮板)、机壳及渣斗组装在一起整体出厂。安装前应先检查零部件是否齐全,外壳是否有凹坑及变形;核对出渣机法兰与炉体法兰螺栓孔位置是否一致,不合适时应进行调整。

螺旋出渣机的安装步骤为:

①先将出渣机从安装孔斜放到基坑内。

②将漏灰板安装在锅炉底板下部。

③安装锥形渣斗,上好渣斗与炉体的螺栓后,再将漏灰板与渣斗的连接螺栓上好。

④吊起出渣机的筒体,与锥形渣斗连接好。锥形渣斗的长方形法兰与筒体长方形法兰之间一定要加橡胶垫或油浸石棉盘根,不得漏水,并将自来水管接入渣斗内。

⑤安装出渣机的吊耳和轴承底座。安装轴承底座时,应使其与螺旋轴保持同心度。

⑥调整安全离合器的弹簧,用扳手转动蜗杆方形螺旋轴,应转动灵活,无碰壳现象。油箱内应注入符合要求的润滑油。

⑦安装稳妥后,接通电源和水源,检查旋转方向是否正确,离合器弹簧是否跳动,冷态试车2 h,无异常声响和不漏水为合格,并应做好试运转记录。

出渣机安装操作是在坑内操作,吊装要稳妥,注意安全。

7.2.4　快装锅炉辅机及附属设备安装

1)炉排变速箱安装

炉排变速箱安装前应打开端盖,检查齿轮、轴承及润滑油脂情况,发现异常应及时处理,油脂变质或积落污物时应清洗换油。炉排安装并找正后,将变速箱吊到基础上。对于链条炉排,根据炉排传动轴位置调整变速箱的位置和标高,以保证炉排轴与变速箱轴同心。合格后进行预埋螺栓的二次灌浆,混凝土凝固后,拧紧地脚螺母,并复查变速箱标高及水平度。

安装往复炉排的变速箱时应注意使偏心轮平面与拉杆中心线平行,以保证其正常运转。

2)引风机安装

锅炉引风机安装前应对风机的规格、型号、叶轮、机壳和其他部位的主要安装尺寸进行检查,看其是否与设计相符,运动部件是否灵活。

用人力穿抬杠或以吊装设备把风机和电机分别安放在基础上,把地脚螺栓上好,加垫铁进行机组的找平、找正,然后进行地脚螺栓的二次灌浆,待混凝土凝固后拧紧地脚螺栓。由于引风机吸入口与除尘器的出口相接,排出口与烟道、烟囱相接,在找平、找正时还应校正风机与除尘器、烟道等相互间的位置、标高等。

引风机安装完毕后,应进行试运行。运行前应清理机壳内部杂物;用手转动,叶轮不得与机壳有摩擦及碰撞;检查轴承是否充满润滑油脂;检查风机入口调节阀开闭是否灵活;皮带传动的风机应调整好其松紧度。接通电源,先作短暂启动,以检查风机叶轮旋向;关闭出风管上的调节阀。启动风机,待其运转正常后,慢慢打开调节阀。运行时还须随时检查风机振动、轴承润滑和轴承温升情况并做好记录。同时对螺栓的紧固程度进行检查。

3)鼓风机安装

鼓风机是锅炉的送风设备。鼓风机的传动方式大多是 A 型。鼓风机的安装是将电机用垫铁找平固定。鼓风机的吸入口侧应安装带调节阀及过滤网的短管,调节阀可以调节鼓风量,过滤网可以防止地面树叶、纸屑等物吸入风机壳内。风管或地下风道沟内壁应光滑,接缝应严密,鼓风机安装完毕,应接通电源进行试运转,其检查内容及要求与引风机基本相同。

4)除尘器安装

(1)旋风除尘器安装

旋风除尘器是净化锅炉烟气的常用设备之一。安装前,先检查支架的混凝土基础上的地脚预留孔(或预埋铁件)是否正确,再按照设计尺寸进行放线,安装支架。除尘器的支架一般由角钢组焊而成,型材相交处最好利用节点板焊接,这样不仅焊接牢靠,而且型材不易变形。支架基本装好后,可将除尘器吊装到支架上,拧好除尘器与支架的连接螺栓(见图7.5),同时安装从省煤器的出口或锅炉后烟箱的出口至除尘器之间的烟管和除尘器的扩散管。如果除尘器扩散管的法兰与除尘器进口法兰位置不合适,可适当调整除尘器支架的位置和标高。烟管法兰间用 $\phi10$ mm 石棉绳作垫料,连接要严密。

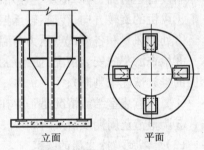

立面　　　　平面

图7.5　除尘器安装示意图

除尘器和烟道安装好后,检查除尘器及支架的垂直度,垂直度偏差不大于 1/1 000。合格后将地脚螺栓浇筑混凝土或与预埋铁件焊牢。

旋风除尘器的锁气器是除尘器的重要部件,其严密性与除尘效果密切相关。锁气器的连接要严密。翻板式锁气器的舌板应有橡胶板,配重要合适。

(2)袋式除尘器安装

近年来,耐高温材料在布袋上的应用,使得袋式除尘设备用于锅炉的烟气处理中。如图7.6 所示是在旋风除尘器后加装的脉冲长布袋除尘器,能更有效地去除锅炉烟气中的灰尘。

袋式除尘器多为箱式-钢支架组合出厂,现场按支架尺寸筑妥基础;将其吊装就位、固定;连接设备前后的烟风管;装接好出灰系统;将除尘器上的气包(见图7.7)用耐压胶管与空气泵连接。各种连接均须加填密封材料,确保密封,然后接通电源,安装、调试控制器。

锅炉用脉冲袋式除尘器内装有阻燃装置,可使气流均匀分布,并起到降低温度和阻止火星扩散的作用;袋式除尘器一般采用上抽袋方式,更换滤袋时,只需打开顶盖门,抽出骨架即可换袋;圆形骨架(见图7.8)便于装卸布袋;耐高温布袋口采用弹性胀圈,密封性较好;各排滤袋根据预先设定的周期,实现自动清灰。

图7.6　袋式除尘器

图7.7　气包及脉冲阀

图7.8　滤袋及骨架

新设备运行前,为防止发生意外,应做好试运转工作。主要检查以下内容:

①风机的旋转方向、转速、轴承振动和温度;

②处理风量和各测试点压力与温度是否与设计相符;

③检查滤袋的安装情况,使用后是否有掉袋、松口、磨损等情况发生(投运后可根据目测烟囱的排放情况来判断);

④要注意袋室结露情况是否存在,排灰系统是否畅通;

⑤调整清灰周期及清灰时间。

(3)麻石脱硫除尘器的安装

麻石是花岗岩的一种,具有硬度高、耐磨损、耐风化、耐腐蚀的特点。用麻石砌块砌筑的除尘器经久耐用、抗酸雾腐蚀、寿命长、易维护。麻石除尘器属于湿式水膜除尘设备(见图7.9),主要由文丘里装置、主筒体、上部注水槽、下部溢水孔、清理孔、副筒体和连接烟道等组成。在除尘用水中加配碱性溶液,可同时实现除尘和脱硫。改进后的麻石脱硫除尘器,在进口处增加了文丘里装置,提高了锅炉尾气进入除尘器的速度和湿度;增设了旋流柱和旋流板,加快了筒体内气体旋转速度的离心作用;增加了副塔结构,可降低尾气湿度;提高脱硫除尘效率,减少尾气对引风机的腐蚀。

图7.9　麻石水膜除尘器

麻石脱硫除尘器是在现场将加工好的花岗岩砌块组砌在一起而成,如图7.10所示。砌体除应按设计要求施工,同时配合相关供、排水管道安装,保证严

密性外,还需注意以下几点:

①麻石密度为 2.3 t/m³,应根据选用型号及安装地点地质情况进行除尘器基础设计;基础面一定要平整,低于地平 100 mm。

②除尘器的供水系统、风管、沉渣池、沉淀池、循环水池等附属设施应在安装施工前统筹规划、设计与实施。

③进、出口烟道的尺寸应根据厂家提供设备的法兰尺寸制作安装。

④筒体连接处采用辉绿岩水玻璃胶泥,按配方配制。

⑤环形溢流槽(见图 7.11)是关键部位,必须安装准确,确保在筒体内部溢水均匀以形成水膜,筒体外部无漏水。

⑥安装好后应检查质量是否符合要求,确保供水系统畅通,排灰口水封严密不漏。

⑦运行前,应先开引风机,再向供水系统供水。停炉时,应在关闭引风机前停止向系统供水。运行中,筒体绝对不允许断水,要定期检查溢流槽是否畅通,同时要经常观测烟温及烟气阻力情况。

图 7.10 砌筑中的麻石除尘器

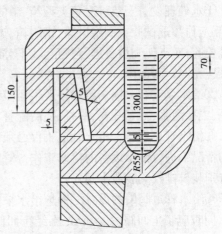

图 7.11 环形溢流槽

5)烟囱安装

小型锅炉的烟囱通常用钢板卷制而成,分节制作,各节之间可在现场组焊在一起或采用法兰连接。烟囱应安装于独立的基础或金属支架上。烟囱下部 1.5 ~ 2 m 以下应适当加粗,底部设有清灰门(也可使独立基础高出地面,将清灰门设其中)。不得将烟囱支撑于风机的机壳上,以免给引风机维修与更换带来不便;也可防止机壳变形,造成风机叶轮扫膛以致卡死,同时也可避免烟灰在机壳底部沉积而难以清理。

烟囱吊装前在地面上将每节烟囱组装好,法兰连接的烟囱要用石棉绳作垫料,调直后拧紧螺栓。可采用汽车吊或立拔杆的方法吊装,烟囱应用缆风绳固定,二者连接处加焊型钢箍圈;缆风绳连接于箍圈上,缆风绳不得少于 3 根,沿圆周均布,并有可靠的地锚。缆风绳采用 $\phi6 \sim 8$ mm 圆钢或钢绞线,最好每根绳上能加花篮螺栓,既可调节绳的松紧度,也可调整烟囱的垂直度。

引风机出口烟道要顺着风机旋转方向斜向上与烟囱相连接。

6)排污阀及排污管安装

锅炉安装时应按锅炉图纸的要求,在指定的排污管接口处安装定期排污阀。排污阀宜选用快速排污阀,排污阀的规格应不小于DN40。排污阀的开关手柄应在外侧,确保操作方便。定期排污是在短时间内通过较大流量的快速排污,以便冲走锅炉下部的沉渣,并能部分调整炉水的含盐量。定期排污阀一般由两个排污阀串联使用。

每台锅炉都应安装独立的排污管,排污管应尽量减少弯头,保证排污畅通。排污管一般接至排污降温池。几台锅炉的定期排污如合用一个总排污管时,一定要有妥善的安全措施,并保证检修其中任何一台锅炉时,其他锅炉的排污水不得串入检修的锅炉。

7)汽水系统安装

汽水系统包括给水系统和蒸汽系统。

(1)给水系统安装

①水处理设备安装。对各类型箱、罐的规格、型号、尺寸以及附件等进行核对、检查,敞口箱、罐应作渗透试验或满水试验,密闭箱、罐应按设计要求进行水压试验;清理、检查基础及地脚螺栓孔;对支架和设备进行找正、找平、灌浆固定;然后进行管道安装,注意成排安装的阀门阀杆应在同一平面内。

②给水泵安装。锅炉给水一般采用多级给水泵,其安装程序为找正、穿地脚螺栓、加垫铁找平、二次灌浆、拧紧螺栓、检查,随后配管。

③给水管道安装。给水管道不仅必须保证安全可靠地向锅炉供水,而且要能在不停止供水的情况下进行给水设备的检修工作。管路应有与水流方向相反的坡度;管路最高、最低点处应分别装设排气阀和泄水阀。

④给水管道阀门的设置。锅炉给水泵的出水管侧应装设截止阀(调节出水量且能迅速关闭),同时应装止回阀,且水应先流经止回阀再流经截止阀;每台锅炉的进水口处都应装设启闭阀门(截止阀或闸阀)以及止回阀。此处的截止阀或闸阀,一般仅作启闭用,特殊情况下作调节用,一般为闸阀。

(2)蒸汽系统安装

①蒸汽管道的设置。数台锅炉的主汽管汇集于一根蒸汽总管时,该总管称为蒸汽母管,蒸汽母管通往分汽缸。每台锅炉的主汽管和蒸汽母管之间的管道上一般应装两个阀门(以防某台锅炉停炉检修时,蒸汽从关闭失灵的阀门倒流而入),一个装在紧靠锅筒出口处,另一个装在紧靠蒸汽母管便于操作的地方;单台锅炉可只装一个阀门。工作压力不同的锅炉应有各自的蒸汽管路;通往各热用户、换热设备和锅炉自用汽管,应自分汽缸接出,尽量避免在蒸汽母管上开孔过多。蒸汽管道在锅炉房中采用支架或吊架支承,并尽量沿墙布置,管道应有与蒸汽流向一致的坡度。管路最高点应设排气阀,以便水压试验时排出系统空气;在最低点应设疏水器和放水阀,以便疏水。

②分汽缸安装。分汽缸是将锅炉蒸汽汇集于一处,又分送至各用户的调节设备。分汽缸是承受高温、高压的设备,属于压力容器。分汽缸上的进汽管和出汽管都必须从上部接出,底部设有疏水器接管,如图7.12(a)所示。分汽缸应装在便于管理和操作的地方,分汽缸前应留有足够的操作空间;靠墙布置时,靠墙侧应留有安装和检修距离;应使阀门手柄距地面高度

1.2～1.5 m,并用圆钢 U 形卡固定在支座上,如图 7.12(b)所示。接入分汽缸的蒸汽管可以不设阀门,但自分汽缸接出的蒸汽管均应装阀门;分汽缸上可以不设安全阀,但应装压力表;过热蒸汽系统应装温度计。

③换热器安装。换热器在锅炉房和热力站等处,用于加热热网系统循环水和锅炉给水。卧式壳管式汽-水换热器一般安装在混凝土基座上。如图 7.13 所示的螺旋螺纹管换热器是一种立式壳管式汽-水换热器,其换热效率高、体积小,它和板式换热器一样,多以机组形式组合在钢制支座上。现场安装比较简单,只需用地脚螺栓将机组支座固定并找平、找正即可。

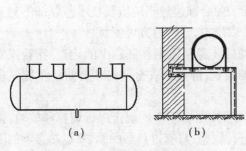

图 7.12 分汽缸及安装示意图　　　图 7.13 螺旋螺纹管换热器

7.2.5 锅炉仪表安装

1)压力表

压力表主要用来指示锅炉内介质的压力,是锅炉重要的安全附件之一,司炉人员把它比喻为锅炉的"眼睛"。锅炉常用弹簧管式压力表,安装应满足以下要求:

①压力表安装的位置应便于观察和冲洗,表盘应向前倾 15°。

②压力表的表盘直径大小,应能保证司炉人员能够看清表上的压力指示值,一般不小于100 mm。

③压力表的量程宜为锅炉工作压力的 2 倍。

④压力表与锅筒之间应安装存水弯(见图 7.14),使蒸汽或热水在存水弯内冷却积存,避免由于高温影响造成读数误差。

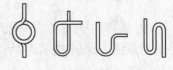

图 7.14 压力表存水弯形式

⑤压力表与存水弯之间应装三通旋塞,以便冲洗管路和检查校验、拆换压力表。

2)安全阀

安全阀是一种自动阀门,它利用介质本身的压力来排出额定数量的流体,防止系统内压力超过预定的安全值,当压力恢复正常后,自行关闭并阻止介质继续流出。

安全阀有两个作用,一是当锅炉压力达到预定限时,自动开启放出蒸汽,警告司炉人员及时采取措施;二是安全阀开启后能迅速泄放出足够多的蒸汽,使锅炉压力下降。因此,安全阀也是锅炉的安全附件之一,司炉人员将其比喻为锅炉的"耳朵"。

锅炉本体上一般应装两个安全阀,在过热器的出口、省煤器的进口或出口都必须安装安全阀。建议选用全启式安全阀,因为全启式安全阀的阀芯上有较大托盘(见图7.15),锅炉超压时可产生较大的上托力,阀芯升高较多,回座时对阀座的打击力小,不易损伤密封面;全启式安全阀的密封面较微启式宽,不易造成介质泄漏。

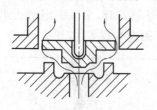

图7.15 全启式安全阀开启示意

安全阀安装和运行应注意以下事项:

①安全阀应垂直安装于锅炉顶部的安全阀接口上,中间不允许安装阀门和短管。

②安全阀的排泄管上不允许装阀门,排泄管应通至室外安全处排放。

③安全阀安装前必须经过当地质量技术监督部门对其进行校验并调定开启压力,合格后方可安装。

④杠杆式安全阀必须要有防止重锤自行移动的装置和限制杠杆越出的导架;弹簧式安全阀必须要有提升把手和防止随意拧动调整螺栓的装置;静重式安全阀必须有防止重铊飞出的安全装置。

蒸汽与热水锅炉安全阀的整定(开启)压力应当按照表7.2的规定进行调整和校验,锅炉上应当有一个安全阀按照表中较低的整定压力进行调整;对有过热器的锅炉,过热器上的安全阀应当按照较低的整定压力调整,以保证过热器上的安全阀先开启。

表7.2 安全阀整定压力

安全阀整定压力/MPa	蒸汽锅炉额定压力/MPa			热水锅炉
	≤0.8	0.8<P≤5.9	>5.9	
最低值	P+0.03 MPa	1.04P	1.05P	1.10P,且≥P+0.07 MPa
最高值	P+0.05 MPa	1.06P	1.08P	1.12P,且≥P+0.10 MPa

注:①表中 P 为工作压力;②摘自《锅炉安全技术监察规程》TSG G0001—201。

3)水位计安装

维持锅筒中的水位在一定范围内是保证锅炉安全运行的必要条件。水位计是一种反映液位的测量仪表,用来指示锅炉水位的高低,帮助司炉人员监视锅炉水位动态,以便控制水位,是锅炉的主要安全附件之一。每台锅炉至少应装两个彼此独立的水位计。锅炉上常用的水位计有玻璃管式、平板式和低地位式3种。

(1)玻璃管水位计的安装

玻璃管水位计构造简单(见图7.16),主要由一组旋塞阀(俗称考克阀)和玻璃管组成。考克阀由装在上部的汽旋塞及装在下部的水旋塞、放水旋塞组成,其中水旋塞和放水旋塞为一体。容量较小的快装锅炉多采用玻璃管水位计。

玻璃管用耐热玻璃制成,通常有内径15 mm 和20 mm 两种规格。玻璃管水位计旋塞与锅筒的连接方式有螺纹和法兰两种连接形式。法兰连接时,密封面垫片应采用耐压石棉橡胶垫板;螺纹连接时,旋塞螺纹上应缠绕密封带,防止泄漏,同时应保证上、下两个旋塞装玻璃管的接孔中心在同一轴线上,以避免玻璃管受扭曲而损坏。安装玻璃管时,先将汽、水旋塞的压盖分别套在玻璃管上,再装入玻璃管,并在靠近旋塞处的管上缠绕石棉绳,然后慢慢拧紧压盖,边拧边观察,应达到既不损坏玻璃管又不泄漏。

图 7.16　玻璃管水位

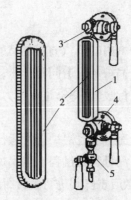

图 7.17　平板水位计
1—金属框;2—槽纹玻璃板;
3—汽旋塞;4—水旋塞;
5—放水旋塞

（2）平板水位计的安装

平板水位计如图 7.17 所示,一般在生产厂装配成整体。安装前须检查各汽、水通道是否畅通,旋塞应开关灵活,严密不漏;将水位计的汽、水阀的法兰盘用螺栓分别和锅筒的两个法兰盘连接起来,接合面加紫铜垫片,然后拧紧;最后在水位计的罩壳上准确标明"最高水位""最低水位"和"正常水位"。

（3）双色水位计的安装

双色水位计是我国在平板水位计的基础上研制的。它解决了汽、水界线不清的缺陷,在汽水共存时,水绿汽红（或汽绿水红）,界限分明,便于远距离和夜间观察。双色水位计的种类很多,主要有透射式双色水位计（又称透射折射式）、透反射式双色水位计等,其安装方式可参见产品说明书。

7.2.6　锅炉运行

1）暖管

从锅炉主汽阀到蒸汽总管（或分汽缸）的管道,在未通入蒸汽前是冷的,如不预先暖管,突然使温度和压力均较高的大量蒸汽冲进该管道,就会使管道和附件产生很大的热应力,发生水击甚至造成事故。因此,蒸汽管道在投用之前,必须进行暖管。

暖管的操作程序是:

①开启管道上的疏水阀,排除全部凝结水,直至正式供汽气时再关闭。

②缓慢开启主汽阀或主汽阀上的旁通阀半圈,使蒸汽低速流动。如管道发生震动或水击,应立即关闭主汽阀,同时加强疏水。待震动消除后,再慢慢开启主汽阀,继续进行暖管。暖管

时,应注意管道及其支架的膨胀情况,如有异常声响等现象应停止暖管,及时消除故障。

③慢慢开启分汽缸进汽阀,使管道汽压与分汽缸汽压相等,同时排除凝结水。

④各汽阀缓慢开启至全开后,应回转半圈,防止阀门因受热膨胀后卡住开关不灵活。

2)通汽与并汽

(1)通汽

通汽是指将锅炉内的蒸汽直接输入蒸汽总管或分汽缸的过程。通汽方式一是自冷炉开始,开启主汽阀,使锅炉与管道同时升压;二是在锅炉升压时,将主汽阀关闭,在接近工作压力时再开启主汽阀进行暖管,待管道中压力与锅炉压力相同时,开大主汽阀通气。

(2)并汽

并汽是指锅炉房有多台锅炉同时运行,蒸汽母管内已由其他锅炉输入了蒸汽,再将新建锅炉的蒸汽合并到蒸汽母管的过程。当锅炉汽压低于运行系统的汽压 0.05 ~ 0.1 MPa 时,即可开始并汽,先缓慢微启主汽阀进行暖管,待听不到汽流声时,再逐渐开大主汽阀。

7.2.7　燃油(气)卧式锅炉安装

我国目前生产的燃油(气)锅炉主要是中、小容量锅炉。由于无炉排,多以锅壳结构形式出厂,也不需要厚重的炉墙,其体积与质量比相同容量的燃煤锅炉轻小。如图 7.18 所示为燃气蒸汽锅炉,其安装工作量较小,主要是本体吊装就位与找正找平、燃烧器的安装以及安全附件安装、配管等工作。

图 7.18　燃气蒸汽锅炉示意

燃油、燃气锅炉的燃烧设备是燃烧器,其主体就是燃料(油或气)供给装置(喷嘴)和空气供给装置(调风器)。燃油燃烧器喷嘴的作用是利用较高的油压将油从喷孔中高速喷出,达到良好的雾化效果。燃烧所需的空气通过调风器送入炉膛,因此要求调风器能正确地控制风和油的比例,保证燃烧所需的空气连续均匀地与油混合,而且着火迅速,火焰稳定,燃烧完全。燃气燃烧的关键是将整股燃气分为若干股小气流以利与空气混合,并取得良好的燃烧效果,所以燃气喷嘴就是一个分流器。小容量锅炉(10 t/h 及以下锅炉)还将有关点火和控制装置也装在燃烧器上,形成所谓的一体式燃烧器。其外形像枪,又称枪式燃烧器(见图 7.19),是目前广泛采用的一种燃烧器。图 7.20 是枪式燃气燃烧器的俯视剖切图。

燃烧器安装前应进行检查,看型号是否正确,外观有无损伤,喷嘴、混合器有无堵塞现象。然后按照锅炉图纸要求将燃烧器准确地从锅炉的预留孔中装入,对称上紧连接螺栓,与炉体的连接应平顺严密,在支架上的固定要牢靠。燃料供应管路的安装应符合要求,控制阀门应可靠,所有接口应严密。燃油或燃气锅炉的燃烧器都必须装设可靠的点火程序控制和熄火保护装置;燃料供应管路上还需装设调压器和过滤器等。

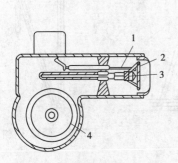

图7.19 枪式燃烧器外形
1—点火用电极;2—稳焰器;
3—喷射阀;4—鼓风机

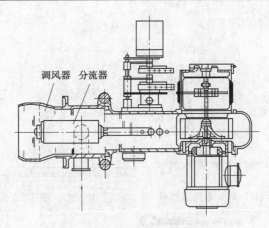

图7.20 枪式燃气燃烧器俯视剖切图

7.3 散装锅炉受热面安装

容量较大的锅炉,其本体体积都比较庞大,加上砌体结构,质量很大,往往受到运输等条件的限制,大都是以散件形式出厂。锅炉制造厂家提供总装图纸和零、部件,施工现场进行总装、检验及试运行工作。锅炉安装实际上是锅炉制造过程的延续。

锅炉由"锅"和"炉"两大部分组成,安装时先装"锅"(即锅炉的受热面安装),再装"炉"(即燃烧设备安装及筑炉)。锅炉是在一定温度和压力下工作的特种设备,停炉时各部件处于常温状态,运行时各组成部分却处于不同温度状态,各部件的热膨胀量有较大差异;锅炉受热面内部和外部都受到周围不同介质的侵蚀、腐蚀和磨损,运行条件极差;运行时,"锅"内储存有大量高温、高压的蒸汽和热水,一旦发生事故,后果极其严重。所以,锅炉安装的重点是"锅"。

锅炉安装质量的好坏,直接关系到锅炉的安全运行。为此,锅炉安装单位和参加安装的人员,都必须严格执行现行《锅炉安装工程施工及验收规范》(GB 50273—2009)的相关规定,确保安装质量。

7.3.1 施工准备工作

承接锅炉安装任务后,施工前要熟悉图纸和施工规范,编制施工组织设计;合理配备技工;做好材料及设备、施工机具等的准备;结合现场的实际情况,考虑生产和生活方便,可搭建临时设施。

7.3.2 锅炉设备的吊装

锅炉安装时,应配备必要的吊装工,对笨重部件实施吊装,配合安装,以保证施工安全。

锅炉吊装时,依据现场情况,可采用独脚拔杆、人字拔杆、牵缆式拔杆等桅杆形式(见图7.21至图7.23),索具多为钢丝绳、吊索(见图7.24)及卡环(卸甲)和钢丝绳卡扣(见图7.25

至图7.26)。

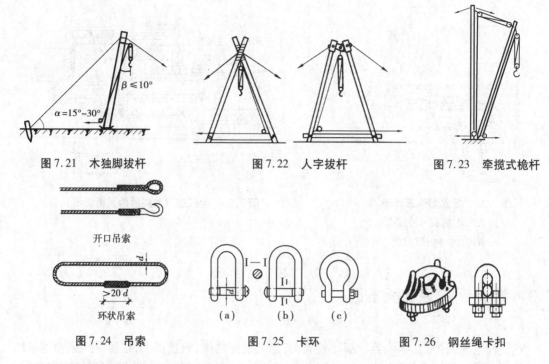

图7.21　木独脚拔杆　　　　图7.22　人字拔杆　　　　图7.23　牵揽式桅杆

开口吊索

环状吊索

图7.24　吊索　　　　　　图7.25　卡环　　　　　　图7.26　钢丝绳卡扣

7.3.3　锅炉基础验收及划线

锅炉的混凝土基础施工完成后,应按有关规定进行验收,然后根据设计要求在基础上放线,确定锅炉与锅炉房的相对位置。

基础验收包括四个部分:外观检查验收;相对位置及标高验收;基础本身几何尺寸及预埋件的验收;基础抗压强度的检验。

基础划线前将基础地面清扫干净,吹去浮土。用墨斗把已确定的基础纵向基准线从炉前到炉后弹划在基础上;并在炉墙前边缘弹画出一条与基础纵向基准线相垂直的直线,作为横向基准线(可用等腰三角形法检查其准确度,见图7.27中的 $AC=BC$);再分别画出锅炉基础预埋锚板中心线(或地脚螺栓的轮廓线、钢柱位置轮廓线)和辅助设备(包括减速器、风机、风烟道等)的安装位置线,并用量对角线的方法复查画线的准确度(见图7.27中的 $M_1=M_2$,$N_1=N_2$,$L_1=L_2$)。还需找到土建施工时的规定标高作为基准标高线。要注意线条的清晰(可用划针在地面、墙面上画),要保证画线的准确度。基础尺寸验收检查的内容及允许偏差应符合《锅炉安装工程施工及验收规范》(GB 50273—2009)(以下简称《规范》)的相关规定。

锅炉基础画线完毕,紧接着要砌筑炉底灰斗,并尽快结束,一旦锅炉钢架安装开始,灰斗砌筑就难以进行。

7.3.4　锅炉钢架安装

锅炉钢架是整个锅炉本体的骨架,不仅几乎承受着锅炉的全部质量,而且决定锅炉的外形尺寸,同时也是锅炉本体和其他设备安装找正的依据。锅炉钢架由立柱、横梁、联梁等组成(见图7.28)。根据锅炉钢架结构形式,结合施工现场的条件,钢架安装一般有组合安装和单件安装两种方法。

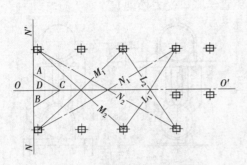

图 7.27　锅炉基础画线示意图

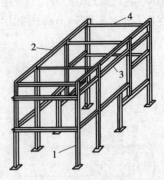

图 7.28　锅炉钢架
1—立柱;2—横梁;
3—辅助梁;4—支撑杆

钢架立柱与基础的连接固定方式有三种。一是用地脚螺栓灌浆固定;二是立柱底板与基础预埋钢板焊接固定;三是立柱与预埋钢筋焊接固定,要求将钢筋加热弯曲靠紧在立柱上,钢筋长度和焊缝尺寸均不应低于设计规定,钢筋弯折处不应有损伤。

立柱的标高可用水准仪或水连通器(一根乳胶管两端分别各接一个玻璃管组成)进行检测,如有出入,用增减垫铁的方法调整;立柱的垂直度可先在立柱顶部相互垂直的两个面上,向下各挂一个线坠,在立柱上、中、下部位用钢直尺测量铅垂线和立柱间的距离。凡已调整符合要求的柱、梁等,应先点焊固定,待全部调整合格并检查无误后将立柱固定,再对各构件进行焊接固定。锅炉钢架的安装尺寸应符合《规范》要求。

7.3.5　锅筒、集箱安装

1)锅筒、集箱检查

检查锅筒、集箱的外形尺寸及弯曲度;检查其内外表面有无裂纹、锈蚀、金属分层等缺陷;有无损坏痕迹,特别是短管接头的端面和角焊缝处;对管孔逐个编排编号;对管孔逐个除油、除锈,进行检查、测量,并将数据记录在展开图上。

2)锅筒与集箱的画线

为保证锅筒、集箱就位准确,须先在其上画出相关的标志线。锅筒在加工时都有用样冲敲出的冲眼(定位标记),按照锅筒总装位置图连接锅筒外壁面上标记点作为纵向基准线,再以两端的标记点沿锅筒圆周方向得出两个圆,并在两个圆上分别画出上、下、左、右四个等分点。把锅筒上相应的等分点连接起来(见图7.29),便得出了锅筒的四等分线,再找出各有关安装测量点(如纵向中心线、横向中心线、支座等)的位置,并做出清晰、明显的标记。

3)锅筒、集箱支座安装

因锅炉结构不同,锅筒、集箱的数量、布置方法以及它们之间的相对位置也不同,支座形式也就不同。单锅筒锅炉的锅筒可用支座或吊环来固定;双锅筒锅炉往往是一个锅筒支承在鞍座上或用吊环固定,而另一个锅筒则靠管束支承或吊挂。安装时,对后者先用临时支座固定

（见图7.30），以保证其安装位置的正确性，便于锅筒找正和装管与胀管。待水压试验前再拆掉临时支座（拆时不要强力拆出和用锤击，以免管子胀口受力松动）。

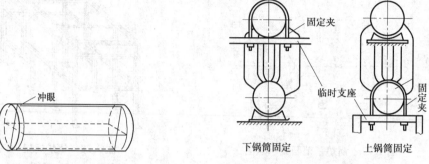

图7.29　锅筒划线示意　　　　　　　图7.30　锅筒临时支座

有些锅炉的集箱是用活动卡子固定在钢架上，也有些锅炉的集箱则是靠管排支撑或吊挂。集箱的临时支座也和锅筒一样，视现场条件采用合适的临时支撑。

锅筒、集箱的支座是放置在钢架横梁上的。先在横梁上画出支座位置的纵、横中心线，并用对角线法核对其平行度，把支座吊装到横梁上，按画线调整其位置、标高。合格后，将支座与横梁的连接螺栓紧固，用弧形样板检查支座与锅筒接触面的吻合情况。

4）锅筒、集箱安装

（1）锅筒、集箱吊装

当锅炉支座及临时支座安装找正、固定后，便可开始锅筒、集箱的吊装工作。锅筒的吊装顺序一般是先吊上锅筒，后吊下锅筒。若上锅筒支承于上锅筒横梁时，上锅筒吊装就位后，可以用上锅筒作为承重结构，进行下锅筒的吊装。

吊装时，绳索捆绑要牢固可靠，严禁钢丝绳从锅筒的管孔中穿过，钢丝绳不得碰到锅筒上的短管，钢丝绳捆的位置不能妨碍锅筒就位；当吊离地面300 mm左右时，要暂停一下，观察有无异常现象；起吊过程中不要让锅筒碰撞钢架；锅筒下落速度要缓慢，使之准确落在支座上。

（2）锅筒、集箱找正

锅筒、集箱的位置是否正确，直接关系着对流管束和水冷壁管的安装。对于对流管束与锅筒胀接的锅炉，锅筒位置的精确度尤为重要。如果锅筒的位置未调整正确，对流管束的管端就很难准确地插入管孔；若勉强插入，管端与管孔不垂直，难以保证胀口质量。找正锅筒、集箱位置的顺序是：先上锅筒，再下锅筒，而后是各集箱。找正内容和方法为：

①测量锅筒纵横中心线投影线与基础纵横基准线的距离。通常采用吊铅垂线方法将锅筒的纵、横中心线投影到基础面上，然后测量其与纵、横基准线的距离（见图7.31），锅筒和集箱安装的允许偏差应符合要求。

②锅筒找平。用水位连通器测量检查上锅筒两端封头上的水平中心线两端四点标记应在同一水平面上，误差不大于2 mm。若不平时，应在支座下增减垫铁调整。集箱找平的方法同锅筒。

③找正锅筒的标高。方法是根据立柱上所标记的1 m标高线进行测量和换算。

④找正锅筒间、集箱间、锅筒与集箱间的距离。可采用吊铅垂线法（见图7.32）测量两条挂线之间的距离即可。

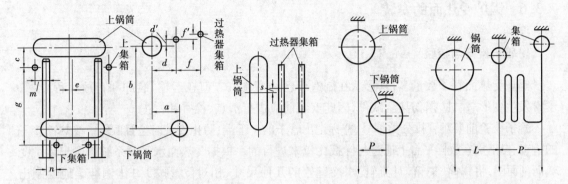

图 7.31　锅筒、集箱间的距离　　　　　图 7.32　测量部件间距

找正下锅筒和集箱时,以上锅筒为准,方法与上述相同。锅筒、集箱安装的允许偏差见表7.3。

表 7.3　锅筒、集箱安装的允许偏差

检测项目	允许偏差/mm
上锅筒的标高	±5
锅筒纵向和横向中心线与安装基准线的水平方向距离	±5
锅筒、集箱全长的纵向水平度	2
锅筒全长的横向水平度	1
上、下锅筒之间水平方向距离和垂直方向距离	±3
上锅筒与上集箱的轴心线距离	±3
上锅筒与过热器集箱的水平和垂直距离;过热器集箱之间的水平和垂直距离	±3
上、下集箱之间的距离;上、下集箱与相邻立柱中心距离	±3
上、下锅筒横向中心线相对偏差	2
锅筒横向中心线和过热器集箱横向中心线相对偏差	3

注:锅筒纵向和横向中心线两端所测距离的长度之差不应大于2 mm。

(3)锅筒、集箱安装注意事项

①锅筒、集箱在安装过程中,不得在其表面打火引弧。

②锅筒、集箱安装所用垫铁,每组不应超过三块。

③安装锅筒时,应按锅炉技术文件的规定留出纵向膨胀间隙,如规定不明确时,间隙数值按下式计算:

$$s = 0.012 \times L \times \Delta L + 5 (\text{mm}) \tag{7.1}$$

式中　s——间隙,mm;

　　　L——锅筒长度,m;

　　　Δt——锅筒内工作介质温度与安装时环境温度之差,℃。

④锅筒内部装置待水压试验合格后,再按设备技术文件规定的位置和数量进行装配。

7.3.6 锅炉受热面的安装

1)管子检查与校验

锅炉受热面管子数量多,其形状在制造厂已经弯制好。但在运输、装卸和存放过程中,管子常发生变形、锈蚀、损伤甚至缺件,因此安装前应进行清点、检查和校正。

管子校验前要对管排分类编号,并标记出管子的上下端,防止安装时位置颠倒。受热面管子的检查、校正是在放样平台上通过与样板比较来进行的。根据受热面水管的系统图画出锅炉受热面剖面图,将锅筒、集箱、对流管、水冷壁管的几何尺寸、相对位置按1:1比例准确地绘制出来。在每根管的轮廓线上下部位各点焊一对短角铁,以此为样板槽按编排好的类别对受热面管子进行检查(见图7.33)。凡容易放入样板槽内的并与大样的轮廓线重合的管子为合格。

受热面管子不应重皮,外表面不应有裂纹、压扁、严重锈蚀等缺陷,管口边缘不得有毛刺;胀接端管子的外径偏差、管子胀接的壁厚偏差、胀接管口的端面倾斜度 f(见图7.34)、弯曲管的外形偏差、弯曲管的不平度 a(见图7.35)等都应符合《规范》要求。

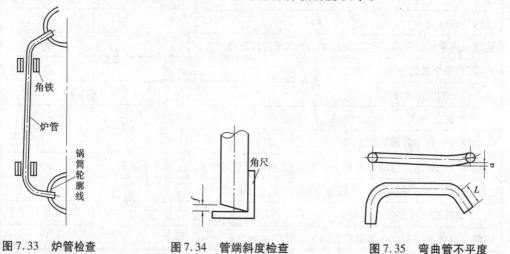

图7.33 炉管检查   图7.34 管端斜度检查   图7.35 弯曲管不平度

锅炉本体受热面管子应作通球试验,需要矫正的管子的通球试验应在矫正后进行。试验用球一般用钢材或木材制成,不应采用易产生塑性变形的材料,其直径应符合规定。过热器蛇形管做通球试验时,要用压缩空气把球吹过去。通球试验要由专人负责进行,实验用球应有编号,并认真填写通球试验记录。

2)对流管束安装

对流管束与锅筒的连接多为胀接,也可采用焊接,应根据设计要求确定。对流管束均采用单根方式安装。胀接安装操作见7.3.7节。

3)水冷壁安装

锅炉水冷壁有光管水冷壁和膜式水冷壁两种,工业锅炉常采用光管水冷壁。水冷壁由管束和集箱组成,管束与集箱的连接多为焊接,安装时可单根安装也可组合安装。

(1)水冷壁管单根安装

水冷壁管的单根安装方法是先装集箱后装管子,然后进行焊接固定。此法适用于一端是锅筒、一端是集箱的水冷壁,也适用于两端都是集箱的水冷壁。

水冷壁管安装前应先清除集箱内杂物及管子与管孔的锈蚀油污;复查管子的外形和长度是否符合要求;复核锅筒、集箱安装的中心位置、标高、水平度和相对位置。

水冷壁管分为单排管束和多排管束。单排管束集箱的排管焊接时采用跳焊法(见图7.36),可使焊接力量分散,减少集箱变形。多排管束集箱的排管焊接时应先焊Ⅰ排,再焊Ⅱ排,最后焊Ⅲ排(见图7.37)。每排焊法同单排管束。

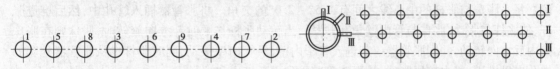

图 7.36　单排管束焊接顺序　　　　图 7.37　多排管束焊接顺序

当水冷壁管一端为胀接,另一端为焊接时,应先焊后胀。

水冷壁管、连接管组对焊接完毕后,调整拉钩使水冷壁管排列整齐、间距均匀,并保持在同一个平面内。然后将集箱的临时支承去掉,调整集箱的紧固螺栓使其符合设计要求。

(2)水冷壁组合安装

水冷壁组合安装是在地面将集箱和水冷壁管组装焊接在一起,再整体进行吊装安装,适用于上下都是集箱的水冷壁且现场吊装设备能力较强的情况。

水冷壁组合件应根据现场施工条件,采用适合、方便的方法及工具进行吊装。水冷壁组合件细长偏平,结构单薄,在搬运、起吊和翻转时容易变形,必须用型钢组件进行临时加固。水冷壁组件吊装就位之后,应立即挂好拉钩,进行临时固定,随后进行中心位置、水平位置、标高和相互间距的找正。

(3)受压元件的焊接

受压元件的焊接应符合《锅炉受压元件焊接技术条件》和《锅炉受压元件焊接接头力学性能试验方法》等现行国家标准的有关规定。

焊接受压元件的焊工,须持有锅炉压力容器焊工的合格证(有效期内的)。焊接前应制定焊接工艺指导书并进行焊接工艺评定,焊工应按焊接工艺指导书施焊。

焊缝外观质量检查,焊缝高度不应低于母材表面,焊缝与母材应圆滑过渡;焊缝及其热影响区表面应无裂纹、未熔透、夹渣、弧坑、气孔、咬边、焊瘤等缺陷。

锅炉受热面管子,还应在同部件上切取0.5%的对接头做焊缝性能鉴定。当现场切取检查试件确有困难时,可用模拟试件代替。外观质量检查合格后,锅炉受热面管子及锅炉本体范围内管道的焊缝尚需抽一定数量进行无损探伤检验(即 X 或 γ 射线检验)。

7.3.7　受热面管子与锅筒的连接

锅炉的受热面管子与锅筒的连接方式有焊接和胀接两种。采用焊接方式,可以得到高强度和良好的接头,但焊接后应力集中,抵抗疲劳的性能较差,更换管子也比较困难。焊接方式多用于高温高压的大型锅炉上。

胀接方式是将受热面管子插入锅筒的管孔内并对管端进行冷态扩张,利用管端塑性变形和锅筒管孔壁弹性的变形使其连接起来。采用胀接也能够得到较好的强度和严密性,且更换管子方便。对于工业锅炉,由于腐蚀和结垢影响,往往会发生炉管爆管的事故,采用胀接方式容易更换炉管。

1)胀管工具

受热面胀接的工具为胀管器,可采用手工胀接或电动胀接方法进行胀接。

胀管器的种类较多,常用胀管器为自进式固定胀管器和自进式翻边胀管器(见图7.38)。胀管器的中心轴称为胀杆,是锥度为1/25的圆锥体。胀杆的四周均匀地装置有3~5个圆锥体的胀珠。胀杆和胀珠在装配时,锥度方向是相反的,从而保证胀接后管子扩张段仍是圆柱形。每一胀珠与胀杆的中心线之间有1.5°~2.0°的交角。将胀管器插入管孔中,然后推进胀杆,使胀杆与胀珠、胀珠与管内壁相互贴紧。当转动胀杆作顺时针方向旋转时,胀珠则在胀珠巢内反方向转动,并同胀管器一起进入管子内壁,沿管内壁滚动,同时胀杆也从胀管器外套的内孔向里推进,着力挤压胀珠,从而使管壁受到不断挤压和扩张。

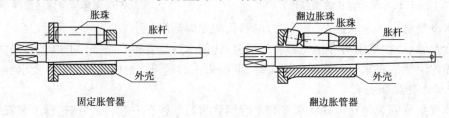

固定胀管器　　　　　　　　　　　　　　翻边胀管器

图7.38　胀管器

2)胀管原理

胀管实质上就是使管端在锅筒的管孔内进行冷态扩张,即用胀管器对管子进行旋转辗压扩张。胀接时,胀管器的胀珠给管壁以径向压力,由于管子材质较软,在挤压作用下,使管壁与管孔壁之间的间隙逐渐消除,管壁产生永久变形。如果继续胀下去,胀珠所加给管壁的径向压力,一部分使管径继续扩大,另外一部分则通过管壁传给管孔壁,使管孔扩张。在非过胀的情况下,管孔壁主要发生弹性变形,从而使管子与锅筒管孔间形成一个牢固而严密的接口,以便有能力承受热介质的压力、重力与热膨胀所产生的负荷。

3)胀管率

胀接时,为了保证管孔变形控制在弹性变形范围内并保证胀接的强度和严密性,通常在胀接操作中控制管子的胀管率在一定范围内。

胀管率应按测量管子内径在胀接前后的变化值计算(内径控制法),或按测量紧靠锅筒外壁处管子胀完后的外径计算(外径控制法)。

当采用内径控制法时,胀管率 H_n 应控制在1.3%~2.1%的范围内;当采用外径控制法时,胀管率 H_w 应控制在1.0%~1.8%的范围内。H_n、H_w 分别按下列公式计算:

$$H_n = \frac{d_1 - d_2 - \delta}{d_3} \times 100\% \tag{7.2}$$

$$H_w = \frac{d_4 - d_3}{d_3} \times 100\% \tag{7.3}$$

式中　H_n——采用内径控制法时的胀管率,%;

　　　H_w——采用外径控制法时的胀管率,%;

　　　d_1——胀完后的管子实测内径,mm;

　　　d_2——未胀时的管子实测内径,mm;

　　　d_3——未胀时的管孔实测直径,mm;

　　　d_4——胀完后紧靠锅筒外壁处管子实测外径,mm;

　　　δ——未胀时管孔直径与管子实测外径之差,mm。

4)胀接施工工艺

（1）锅炉胀管前的准备

①锅筒管孔清洗、检查、编号。锅筒管孔与管子之间有油垢等污物,将会严重影响胀接严密性和胀接强度。因此在管孔中安装管子前,应将管孔用汽油或清洗剂擦干净,直至发出金属光泽为止。

用内径千分表测量管孔的直径偏差、圆度、圆柱度（允许偏差见表7.4）,并将测量的数值填写在胀管记录表中或管孔展开图上,做到编号清楚、数据正确,以便选配胀管。

表7.4　胀接管孔的直径与允许偏差

单位:mm

管孔直径	32.3	38.3	42.3	51.5	57.5	60.5	64.0	70.5	76.5	83.6	89.6	102.7
允许偏差　直径		+0.34 0				+0.40 0				+0.46 0		
允许偏差　圆度		0.14				0.15				0.19		
允许偏差　圆柱度		0.14				0.15				0.19		

②管端退火。为使管端的硬度和塑性达到胀接要求,调整其机械性能,做到既不降低强度,又使塑性满足胀接要求,胀后不易产生裂纹等。胀接前,要对管端进行退火处理。管端退火时应受热均匀,温度控制在 600～650 ℃,并保持 10～15 min,退火长度为 100～150 mm。退火宜用电加热式红外线炉或纯度不低于99.9%的铅熔化后（即"铅浴法"）进行。工程中多采用"铅浴法",此法的管端不与火焰直接接触,不会形成氧化皮;加热均匀,温度稳定;操作简单,易于掌握,退火质量好。退火后的管端应有慢慢冷却的保温措施。

③管端的清理、打磨。胀接管端表面上的油泥、氧化层、锈点、斑痕、纵向沟槽等,会影响胀接接头的强度和胀接头的严密性。所以胀管前应将已退火的管端打磨干净,露出金属光泽,其打磨长度要比管孔的壁厚长 50 mm。打磨应尽量选用磨管机打磨（见图7.39）。手工打磨时,用板锉面沿管壁圆弧形将管端外表面的斑点、沟槽、锈层等锉掉,然后再用细平锉锉光,最后用砂布沿圆弧方向精磨修光。经过打磨的管端,外圆要保持圆形。

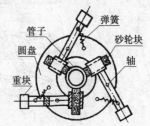

图7.39　磨管机磨盘示意图

④管孔与炉管的选配。由于管孔和管子都有一定的误差,如果随意直接装管,可能会发生间隙偏大或偏小现象,这将会对胀管率的控制产生影响。所以装管前应按管孔和炉管所测的数值进行选配,力求管孔与管壁间的间隙适中,以利于胀管和控制

胀管率,最大间隙不应超过表7.5中的数值。在进行管孔和管端直径的测量时,应在管孔及管端相互垂直的两个方向测量,以其平均值作为管孔和管子的内径、外径值。

表7.5　胀管管孔与管端的最大间隙

单位:mm

管子公称外径	32～42	51	57	60	63.5	70	76	83	89	102
最大间隙	1.29	1.41	1.47	1.50	1.53	1.60	1.66	1.89	1.95	2.18

⑤试胀。为了保证胀接质量,正式胀接前还需进行试胀工作,通过试胀掌握胀管器的性能;了解胀接材料的性能;确定合适的胀管率和控制胀管率的方法;验证预先选定的施工工艺和方法的可行性。试件一般随锅炉附带。

(2)装管

装管按胀管次序成排进行,当天装上的须当日胀完。装管的目的,一是量出管端伸入汽包内壁的长度,使它保持在规范要求的范围内;二是进一步核实管道弯度是否符合实际要求。管子的两个胀接端装入管孔时,应能自由伸入,没有卡住、偏斜现象,若不符合要求应按实际情况再调正。

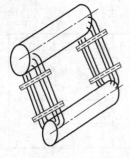

装管工作应在锅筒找平找正后进行。先用一组各种不同弯度的标准管在锅筒的两端试装一次,确认锅筒位置准确后再将其固定牢稳,以防胀接时晃动。装管时应先装基准管,通常以垂直于锅炉纵向中心线的最外侧两排管作为基准管,如图7.40所示。

为保证管端伸入锅筒后不再滑动,同时控制管端伸入锅筒的长度(见表7.6),并保证炉管排列整齐、纵横成行,间距符合图纸要求。先用如图7.41所示的胀管管卡将每排(列)管的两侧的两根炉管下端支撑在下锅筒上,管卡子可有1～2个支腿,安装时应使管卡的卡紧部分在管端扩胀部分以外。再使用角铁与U形

图7.40　基准管安装示意图

卡组合夹具(见图7.42)对其他炉管进行定位与固定。

表7.6　管端伸出管孔的长度

单位:mm

管子公称外径	32～63.5	70～102
伸出长度	7～11	8～12

图7.41　胀管管卡

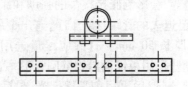

图7.42　炉管安装临时卡具

装管时一定要关注炉墙、炉拱、折焰墙(板)等处异形挂砖以及吹灰器支架的安放(置)配合,否则将会对筑炉和吹灰器安装造成影响。

(3)胀管

①胀管操作的基本要求。锅炉胀接前,应将锅筒内妨碍胀接操作的装置拆除,并将筒内清理干净;与操作无关的物品不要带入筒内,尤其是在上锅筒操作的人员,还应把鞋底清理干净;筒内照明应采用安全行灯。在胀管操作中,应严防油、水和灰尘渗入管、孔接触面。胀管过程中,上下锅筒内、锅筒外部人员均应相互配合,注意观察胀管情况或电动胀管机的电流值,防止发生超胀及过胀现象。为防止炉管在锅炉运行中从管孔中脱出,胀接的管端必须进行翻边,以增加胀接管端的抵抗力。

胀管器放入管内时应保持胀杆正对管孔中心,操作时应保持正确的相对位置;胀杆转动应平稳均匀,不得忽快忽慢或对胀杆施加压力;翻边胀接时终胀位置应与始胀位置相重合。

胀接时,同一根炉管应上下两端同时施胀;胀管的整个过程应有专人在锅筒外面用量具测量扩张端紧靠汽包壁处的管径,控制此处管外径的最小值达到预定值后,胀管即完成。对胀接所需要的各项测量值要及时、准确地记录下来,以便计算各管的胀管率。胀接合格的管端如图7.43所示。

②胀管操作的方法。目前锅炉安装过程中常用的胀管操作方法有一次胀接法、二次胀接法、一边推胀管法、控制管外径胀管法等。

一次胀接法是先胀锅筒两端的基准管排,然后在锅筒中心处平行于基准管排逐排对称地向锅筒两端胀接;或者从中间一排纵向排管开始逐排对称地对纵向管排进行胀接,使形状完全相同的管排一次胀完。每排胀接时均采用反阶式顺序(见图7.44)。由于先胀接锅筒两端基准管时,锅筒的固定情况较弱,应使基准管比预定的胀管值欠胀0.3 mm,待整台锅炉胀完后,刚度冲胀时再对其补胀到要求值。这样可防止两端基准管超胀现象发生。对于其他各排管子可一次胀到预定的胀管率。此法适用于外径控制法胀管。

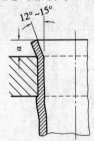

图7.43　正常胀管剖面

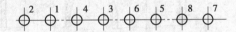

图7.44　单排反阶法

二次胀接法是先用固定胀管器对炉管扩张0.2 ~ 0.3 mm,目的是将管子与管孔壁之间的间隙消除,并初步将管子固定在锅筒上,再进行二次胀接。为防止胀口松弛,宜采用反阶式的胀接顺序(见图7.45)。固定胀管后应尽快进行翻边胀接,防止胀口生锈影响胀接质量。

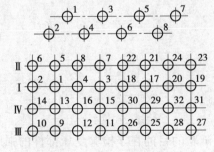

图7.45　反阶法胀管顺序

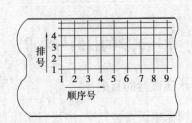

图7.46　管孔编号顺序

"一边推"胀接法的胀管顺序是从锅筒一端开始,横向逐排顺次推向另一端。将一个锅筒采取外部固定法固定,对另一个锅筒前后固定而垂直方向不固定、可自由升降。这样,在胀接中,既防止锅筒晃动、位移和扭转,又使每排管子因胀接而产生的形变应力可以由锅筒上下的位移来吸收而缓解减弱。

③胀管的测量与记录。为准确测量与记录,可用油漆在汽包内外壁上对管孔进行顺序编号,如图7.46所示,同一根炉管上下锅筒的编号应一致。

记录表式样见表7.7。同一排上的管孔记录可按顺序依次记在一张表上,不同排的管孔不宜记在同一张记录表上。上下锅筒的记录应分开装订成两本。管孔的胀接面内有缺陷,应在该孔位记录格的备注栏内作出记录。胀管记录表为胀管施工的重要原始记录,应妥善保存。

表7.7 胀管记录表

管孔编号	孔径/mm		选用的胀管值 Δ/mm	胀管完后根部的管外径/mm		补胀量/mm			胀管率 H/%	备注
	最大	最小		计划	实际	补胀前内径	补胀后内径	补胀量		
1	2	3	4	5	6	7	8	9	10	11

④胀接缺陷的处理。由于锅筒与管子材料硬度、胀管率的控制、管端深出长度、胀接方法、胀接速度、胀接温度、胀接顺序等影响,以及操作水平等原因,胀管中会出现欠胀(胀管不足)、偏胀、过胀、喇叭口裂纹,以及胀后管端内表面不平滑等缺陷,这些都须如实进行记录。对于出现的缺陷(见图7.47),应分析原因,确定处理办法,认真进行处理,并将处理情况也作记录。

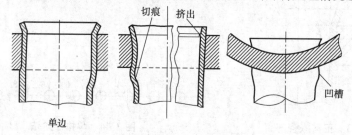

图7.47 胀管的缺陷

7.4 锅炉的水压试验

7.4.1 水压试验的目的与要求

1)水压试验的目的

锅炉受热面安装完毕,应进行水压试验。水压试验的目的在于检验受压部件的强度和焊口、胀口等的严密性。

由于水的可压缩性很小,在锅炉水压试验时,系统内充满压力较高的水,压力将均匀地传递到各个部位。如果承压部件上有细小空隙或焊口、胀口、法兰、阀门、人(手)孔、堵头等处不严密,水就会渗漏出来;或者承压部件的某个部位承受不住压力时,便会产生永久变形,甚至破裂。可根据水压试验时的渗漏、变形和损坏情况,检查出各受压部件的缺陷所在部位,以便及时处理、消除。水压试验是检验锅炉安装质量的重要环节,锅炉水压试验压力应符合表7.8的规定。

表7.8 锅炉本体水压试验的试验压力

锅筒工作压力/ MPa	试验压力
<0.8	锅筒工作压力的1.5倍,且不小于0.2
0.8 ~ 1.6	锅筒工作压力加0.4
>1.6	锅筒工作压力的1.25倍

注:试验压力应以锅筒或过热器集箱的压力表为准。

2)水压试验的范围

锅炉水压试验的范围为锅炉上一切受到内压的部件和附属装置。为预防水压试验时损坏安全阀,应拆下安全阀,将安全阀的接口用盲板临时堵住,其他阀门和安全附件应装在原位上和锅炉本体一起试压。锅炉各部件水压试验的试验压力应符合表7.9的规定。

表7.9 锅炉部件水压试验的试验压力

部件名称	试验压力
过热器	与本体试验压力相同
再热器	再热器工作压力的1.5倍
铸铁省煤器	锅筒工作压力的1.25倍加0.5 MPa
钢管省煤器	锅筒工作压力的1.5倍

7.4.2 水压试验的准备工作

水压试验应在受热管子的通球试验完成后进行,锅筒和集箱内的杂物、焊渣、污垢应清理干净;锅筒上的人孔盖和集箱上的手孔盖已装好,注意密封填料(盘根、垫片)的完整与严密,拧紧盖上的螺栓;除试用用的接口外,与锅炉本体上的连接的所有阀门(不含水位计考克)都应关闭,在锅炉最上部应装设排放气阀(可利用主汽阀或副汽阀);连接好试压管道,一般可将锅炉的进水口作为试压的临时进水口;加压泵宜就近安装,试压用的加压泵宜采用手压泵,不允许将锅炉的给水泵作为试验用泵;试压系统宜装设2只校验合格的压力表,量程应为试验压力的1.5~3倍,精度等级不低于2.5级。快装锅炉还需打开前后烟箱门,露出前后管板,以便在试压时观察管板胀管处有无渗漏。

配备好试验人员,落实分工、明确检查范围,并准备必需的检查和修理工具。

7.4.3 水压试验

水压试验的水温为15 ~ 40 ℃。水温过低,易产生结露现象;水温过高,渗漏的水滴易蒸发。锅炉房内的室温一般应高于 5 ℃。水压试验操作程序如下：

①打开供水阀门向炉内注水。注水时应打开排气阀门，满水后关闭排气阀。

②启动试压泵升压，升压应缓慢。当压力升到 0.3～0.4 MPa 时，应暂停升压，检查其严密性，必要时可紧一次人孔门、手孔门的螺栓；当压力升到锅炉的工作压力时，再次暂停升压，全面检查各部位有无漏水或变形现象。关闭水位计阀门，继续升压到试验压力并保持 20 min。保压期间压力下降不应超过 0.05 MPa。

③将压力回降到锅炉的工作压力进行密闭性试验，其间压力应保持不变，且受压元件金属壁面和焊缝处应无水珠和水雾，胀口不应滴水珠；无可见残余变形。

④试验合格后，打开排污阀进行放水。待水不流出时，慢慢打开放气阀，将锅炉内的水排尽；拆除临时管道，装好安全阀；关闭好前后烟箱的门。

试验过程中应认真做好记录，并及时办理验收手续。

7.5 锅炉辅助受热面安装

7.5.1 省煤器的安装

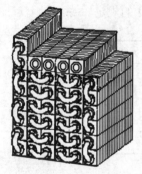

图 7.48　铸铁省煤器

省煤器是锅炉的尾部受热面，通常设置在对流管束后面的烟道中。省煤器能有效地吸收排烟中的余热，以提高给水温度，从而提高了锅炉的效率，节省了燃料。中、小型锅炉多采用铸铁肋片管式（非沸腾式）省煤器。这种省煤器由一根根顺序排列的外侧带有方形鳍片的铸铁管组成，各根管子之间用 180°铸铁弯头串接而成，如图 7.48 所示。省煤器承受的压力比其他受热面高，所以必须保证省煤器的安装质量。铸铁肋片式省煤器一般为散装到货，根据现场施工条件以及设备吊装能力分为单件安装和组合安装。无论采用何种方法，安装前应对每根管子和弯头进行检查与清理，管子上肋片的完整情况应符合表 7.10 的规定；弯头及铸铁管的法兰密封面不得有凹坑、径向沟痕。将肋片管内部及弯头内部的残砂清理干净；法兰密封表面应清理干净并露出金属光泽。安装前，肋片管应进行单根水压试验。

省煤器支承架现场组装。安装省煤器时，将肋片管逐根吊放在底座框上，按图纸要求放置稳妥。底层肋片管组合好后，即可将 180°弯头组对上去，弯头的两个法兰平面应在同一平面上。法兰之间要垫以涂石墨粉的石棉橡胶垫。组装弯头时，螺栓自里向外装入孔内。为了避免旋紧时打滑，可用一段圆钢将相邻两个螺栓头焊住（见图 7.49），以便于检修、拆卸，不可强力拧紧螺栓。省煤器肋片管的法兰四周槽内应嵌入石棉绳，以保证其严密

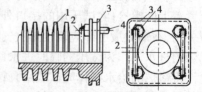

图 7.49　省煤器法兰螺栓焊接示意图
1—省煤器管；2—圆钢；
3—法兰；4—螺栓

性，防止漏烟。底层肋片管组装完成之后，按相同的方法和要求逐层进行组装。多层肋片管组装过程中视肋片管放置稳妥情况应用铅丝捆扎好，以防倒塌。省煤器组装各部位尺寸偏差应

符合表7.10的规定。

表7.10　铸铁肋片管式省煤器组装时允许偏差

项　目	允许偏差/mm
支承架的水平方向位置	±3
支承架的标高(以主锅筒为准)	±5
支承架的纵横向不水平度	长度的1/1 000
支承架两对角线不等长度	3
各肋片管中心线的不水平度(全长)	1
相邻两肋片管的中心距离	±1
相邻两肋片管的不等长度	1
每组肋片每端各法兰密封面偏移	5
每根肋片管上有破损的肋片数	5%
整个省煤器中有破损肋片的管数	10%

省煤器安装完成之后,应进行水压试验。试验方法、标准和要求同锅炉受热面。水压试验合格后,可利用水压对省煤器的安全阀进行调整,符合要求后应作铅封。对安全阀的起跳压力、回座压力,阀芯提升高度等都应做好记录,存入锅炉安装档案。

7.5.2　蒸汽过热器的安装

蒸汽过热器是将锅筒中引出的饱和蒸汽在压力不变的条件下加热成一定温度的过热蒸汽的装置。

工业锅炉常用的对流式过热器如图7.50所示。过热器是锅炉机组中金属壁温最高的部件之一,工作条件恶劣。过热器一般以集箱和蛇形管散件形式到货,中、小型锅炉的过热器也有组合到货的。依过热器的结构形式不同,可分为单件安装和组合安装两种方式。

过热器单件安装是指先将过热器集箱安装并找正之后,再进行蛇形管的组对与焊接安装。将集箱吊放到支承梁上就位,初步找正后进行固定,然后进行集箱位置的找正、找平工作。安装蛇形管时,先在过热器支承梁上设置临时支架,将蛇形管吊放到临时支架上,然后再将蛇形管与集箱上的短管或管孔进行对口焊接。对口时先以边管为基准进行,调整蛇形管的管距与集箱上管座或管孔相符后先点后焊,不得有错口、强行组对现象。

经检查合格后,将管卡、夹板及吊钩等附件按设计要求逐件吊挂在炉顶钢架上(见图7.51)后,拆除临时支架。

过热器安装完成之后,应按设计要求进行水压试验。试验合格后,用压缩空气将其中的水吹除干净,在冰冻期间应采取防冻措施。

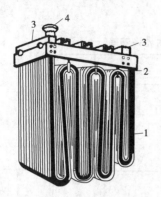

图 7.50　立式对流蒸汽过热器

1—蛇形管;2—吊架;

3—联箱;4—蒸汽入口

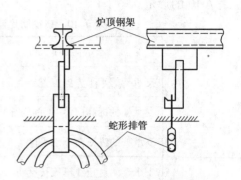

图 7.51　吊挂在炉顶钢梁上的过热器

7.5.3　空气预热器的安装

空气预热器一般安装在省煤器之后的烟道中,它的任务是把冷空气加热成一定温度的热空气,再送入炉内供燃料燃烧。它和省煤器一样,也是一种能有效降低排烟温度和提高锅炉效率的附加受热面。工业锅炉常用管箱式空气预热器,如图 7.52 所示。

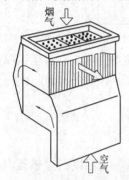

图 7.52　空气预热器

预热器安装时先在基础面上划出其投影的纵、横中心线作为找正的基准。按设计要求尺寸,首先在钢架立柱上确定预热器支承梁的标高位置,焊接支承梁托座,将支承梁进行试装找正,并做好标记,将支承梁移到一边放好;再将预热器吊起,将支承梁放到托座上并按试装标记位置进行组装焊接;在支承架两侧放置好石棉垫片,然后将预热器缓缓落于支承梁上,按基础面上的基准线对其找正就位。就位在地面基础上的预热器,吊离地面 300～500 mm 高度后,将基础表面按图纸要求处理好,缓缓就位,找正垫平。

预热器找正合格后,对其附件进行安装。先按设计要求将胀缩节与预热器对口焊接,按图纸要求安装进出风口和风管。进出风口安装时应垫好石棉绳,防止漏风。装好后可用压缩空气进行试漏工作。调整风压达到设计要求,用肥皂水涂在胀缩节接口、进出风口等连接部位,检查有无泄漏现象。预热器安装完成之后,进行全面检查,其安装质量应符合图纸要求和表 7.11 的规定。

表 7.11　钢管式空气预热器安装的允许偏差

项　目	允许偏差/mm
支承框的水平方向位置	±3
支承框的标高	0 -5
预热器的垂直度	高度的 1/1 000

7.6 燃烧设备安装

锅炉的燃烧设备包括把燃料送入炉膛的燃料供应设备和燃料的燃烧场所,以及灰渣的排出设备等。对不同的燃料和燃烧方式,燃烧设备的构成也不同。

7.6.1 炉排安装

层燃炉排的种类有固定炉排、固定双层炉排、链条炉排、往复炉排、滚动炉排、下饲炉排以及抛煤机等,其中以链条炉排使用最广泛。

链条炉排按结构形式分为链带式、横梁式和鳍片式三种。如图 7.53 所示为链条炉排的结构,图(a)为链带式炉排结构,由主动炉排片和从动炉排片,用圆钢拉杆串联在一起,形成一条宽阔的链带,围绕在前链轮和后滚筒上;图(b)为横梁式炉排结构,它与链带式炉排的主要区别在于其采用了较多刚性较大的横梁,炉排片装在横梁的相应槽内,横梁固定在传动链条上,由装在前轴上的链轮带动。

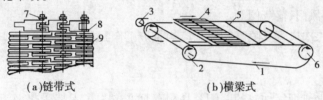

图 7.53 链条炉排结构示意图
1—链条;2—主动链轮;3—变速机构;4—炉排;5—横梁;
6—从动轮;7—圆钢拉杆;8—主动链环;9—炉排片

如图 7.54 所示为鳍片式炉排,通常由 4~12 根相互平行的链条(类似自行车链条结构)组成。炉排片通过夹板组装在链条上,前后交叠,相互紧贴,呈鱼鳞状,各相邻链条之间用拉杆与套管相连,使链条之间的距离保持不变。工作中,当炉排片行至尾部向下转入空程以后,便依靠自重反转过来,倒挂在夹板上,能自动清除灰渣并冷却。

链条炉排安装前,先复查炉排前、后轴承及减速箱的基础位置、尺寸、标高、水平度等;对炉排片、横梁、夹板等配件进行清点,各配件配合处的毛边、毛刺磨掉,以保证各部位配合良好,活动自如。炉排安装一般从下向上安装,依次为下部导轨、炉排墙板与支架、主动轴和链轮(见图 7.55)、从动轴、链条、铸铁滚筒、炉排片、挡渣铁(俗称老鹰铁)、上部导轨、固定板、密封块、防渣箱等部件,连接传动装置。

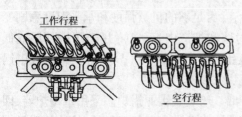

图 7.54 鳍片式炉排的工作过程

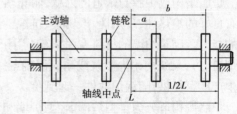

图 7.55 链轮构造示意图

安装时应注意：

①前、后轴的水平度、平行度、标高应严格控制，以防止炉排运行时跑偏。

②炉排片组装应松紧适度，宽窄均匀，两侧的调整螺丝调整得当，转动应灵活。

③炉排架与两侧防焦箱的间隙要调整合适，防止卡住炉排。

④边炉条与密封铁之间的间隙应适当，以防炉排热胀或煤渣移动损坏炉墙。

⑤注意与送风室的隔风板配合安装。

⑥挡渣铁应整齐地贴合在炉排面上，在炉排运转时不应有顶住、反倒现象。

炉排在筑炉前应进行冷态试运转（链条炉排不少于 8 h，往复炉排不少于 4 h），试运转速度不应少于两级。

7.6.2　其他设施的安装

1）按锅炉设计图纸的要求进行设备安装

①前拱吊砖架。

②煤闸门及其操纵机构、上煤斗及扇形挡板等上煤机构。

③炉排风管、挡风门、落灰门等。

④链条炉中的二次风管及喷嘴的安装应与筑炉工作配合。

2）吹灰器安装

锅炉受热面被火或烟气加热的一侧容易积存烟灰。为了保持受热面清洁、提高锅炉传热效率，必须对易积灰的受热面（如对流管束、过热器、省煤器等）进行定期除灰。吹灰方式有蒸汽吹灰、空气吹灰和药物清灰三种方法。安装时，将吹灰器的底座按照图纸要求安放平稳，不得松动；套管与底座连接要密封严密；吹灰器的水平度允许偏差不应大于 3 mm；吹灰器各喷嘴应处在管排空隙的中间。还应注意与炉墙砌筑进度的配合。

7.7　筑炉与绝热

7.7.1　筑炉

筑炉就是砌筑锅炉的炉墙和炉拱。筑炉工作应由专业筑炉工来承担。

炉墙是构成炉膛与烟道的外壁，阻止热量向外散失，并使烟气按照指定的方向流动。炉墙应有良好的绝热性、耐热性、严密性、抗蚀性和防震性，并有足够的机械强度和承受温度急剧变化的能力。砌筑炉墙的材料有耐火砖（用于炉膛内衬墙和烟道中）、红砖（用于炉墙外层或低温烟道上），砌筑用耐火砂浆或耐火混凝土用耐火土、铬铁矿砂等调制。异型耐火砖一般由锅炉生产厂家提供，随锅炉散件一起到货。

炉墙按构造分为重型炉墙、轻型炉墙和管承式炉墙。组装式工业锅炉多采用重型炉墙，即炉墙砌筑在锅炉基础上，全部质量由基础承担。轻型炉墙也称钢架承托式炉墙，炉墙的质量由水平托架分层传递到锅炉钢架上。管承式炉墙的全部质量都均匀地分布在受热面管子上，然后由管子将质量传递到锅炉钢架上。炉拱是炉膛前、后墙的凸出部分,目的在于改善燃料的燃烧条件。炉拱一般用标准耐火砖或异型耐火砖砌筑,也有用耐火混凝土浇筑而成的。

筑炉应注意的事项有:

①筑炉应在锅炉水压试验合格后进行,砌筑应按要求,横平竖直、错缝搭接、灰浆饱满。为增强炉墙的稳定性,沿高度方向每隔一定距离用耐火砖对内外层砖作以拉接(见图7.56)。

②需砌入炉墙的零部件、管子等应安装完毕,凡砌在炉墙内的柱、梁、炉门框、窥视孔、管子、集箱等与耐火砌体接触的表面,均应铺贴石棉板和缠绕石棉绳。

③折焰墙(板)、拱板等用的异形挂砖应在受热面管子安装时配合安放并作临时固定。

④炉墙的四个角沿整个高度应留热伸缩缝,缝宽25 mm,缝内填塞石棉绳,以保证严密性。

⑤红砖外墙砌筑时,应在适当部位埋入 $\phi20$ mm 的短节钢管或暂留出一块丁砖不砌,作为烘炉的排气洞,烘炉完毕应将孔洞堵塞。

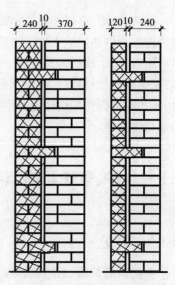

图7.56 重型炉墙示意图

⑥炉墙砌筑完成后,须按要求进行养护。

7.7.2 漏风试验

筑炉完成后尚需进行漏风试验,以检查炉膛及烟道系统的严密性。

1)漏风试验应具备的条件

①引风机、送风机单机调试运转符合要求;

②烟道、风道及其附属设备的连接处和炉膛等处的人孔、洞、门等应封闭严密;

③一、二次风门操作应灵活,开闭指示应正确;

④锅炉本体的炉墙、灰渣井的密封应严密,炉膛风压表应调校并符合要求;

⑤空气预热器、冷风道、烟风道等内部应清理干净、无异物,其人孔、试验孔应密闭严密。

2)冷热风系统漏风试验

冷热风系统由送风机、吸送风道、空气预热器、一次风管、二次风管等组成。启动送风机,使系统维持30~40 mm 水柱的正压,并在送风入口撒入白粉或烟雾剂。检查系统的各缝隙、接头等处,应无白粉或烟雾泄漏。

3)炉膛等处的漏风试验

炉膛及各尾部受热面烟道、除尘器至引风机入口为同一系统。启动引风机,微开引风机调节挡板,使系统维持30~40 mm 水柱的负压,并用蜡烛火焰、烟气靠近各接缝处进行检查,各处蜡烛火焰、烟气不应被吸偏摆。

对漏风试验发现的漏风缺陷,应进行标记,同时做好记录;针对缺陷,分别采取补焊、整修、填塞密封材料、紧固等措施进行修整。

7.7.3　绝热层施工

锅筒、集箱、金属烟道、风管和管道等需要绝热的部件在强度试验和严密性检验后,可进行绝热施工。绝热层施工前应清除被绝热件表面的油污与铁锈,并按设计涂刷耐腐蚀涂料。绝热可用石棉灰、珍珠岩等材料。采用成型制品时,捆扎应牢固,接缝相错,里外层压缝,嵌缝饱满;采用胶泥状材料时,应涂抹密实,圆弧均匀,厚度一致,表面平整。绝热层施工时,阀门、法兰、人孔等可拆件的边缘应留出空隙,绝热层断面应封闭严密;支、托架处的绝热层不得影响活动面自由伸缩。

7.8　烘炉、煮炉和热态严密性试验

7.8.1　烘炉

新砌筑的炉墙、烟道砌体以及保温结构,都含有较多的水分,如果在投入运行前不除去这些水分,则在点火受热后,水分会大量蒸发形成蒸汽,由于体积膨胀而使炉墙、烟道和保温结构裂缝、变形,甚至倒塌。因此,需要通过烘炉把炉墙中的水分慢慢烘干,以防止炉墙烟道损坏。

1)烘炉前的准备工作

烘炉前,锅炉本体及其附属装置(燃烧、通风、汽水、仪表等系统)应全部安装完毕,且冷态试运转合格;炉膛、烟道和风道内部已清扫干净,膨胀缝中的砖屑杂物已除净;锅筒和集箱上的膨胀指示器已经装好,如设备未附带时,应在锅筒和集箱上便于检查的地方装设临时膨胀指示器,并将其调至零位;应开启省煤器旁通烟道挡板,关闭主烟道,若无旁通烟道时,必须将省煤器再循环管接通;在炉墙上设置测温点和灰浆取样点;编制烘炉方案,绘制升温曲线;做好烘炉的组织工作。

2)烘炉方法与要求

根据热源情况,可采用火焰、热风和蒸汽三种方法进行烘炉。工业锅炉应用最广泛的是火焰烘炉。火焰烘炉的程序为:

①注水。将锅筒上的放气阀和过热器的疏水阀打开,将经过处理的软化水注入锅内至最低安全水位并将水位表冲洗干净。省煤器内也应注满水。

②点火。在炉膛内架好木柴,用油棉纱将木柴引燃,利用自然通风使烟气缓慢流动,用烟道挡板(开启度约1/4)调节火焰。

③升温。按照升温曲线维持小火燃烧,缓慢升温。点火2~3天后,可以添加少量燃煤,逐渐取代木柴烘烤,烟道挡板开启度适当调大。烘炉过程中切忌大火急烘而使水分急剧蒸发后体积骤增,水汽和烟气排放不及时会使炉墙、烟道因内压过高而变形、裂缝,甚至崩塌。

烘炉过程中的温度情况,应按过热器(或相应位置)后的烟气温度测定。不同炉墙结构,其温升控制也不同,应严格按照升温曲线进行控制。随着烘炉的进行,锅水温度也会逐渐升

高,一般应控制在烘炉的第三天,锅水才有轻度沸腾。当水位下降时,可补充给水,以免发生缺水事故。

④烘炉所需时间应据炉墙结构、砌体干湿程度和自然通风干燥程度确定,宜为14~16天,整体安装的锅炉宜为2~4天。若炉墙潮湿、气候寒冷,烘炉时间还应适当延长。

烘炉期间应将燃料分布在炉膛中间,燃烧要均匀,不可时续时断,忽冷忽热;整个烘炉期间,锅炉应保持不起压;尽量少开检查门,以防冷风浸入而导致炉墙裂缝;经常检查膨胀指示器以及炉墙砌体的膨胀情况,当出现异常现象,如炉墙裂纹、变形等,应减慢升温速度或暂停烘炉,查明原因,采取相应措施。链条炉排燃料中不得有铁钉等金属杂物,还须定期转动,以防烧坏。

3)烘炉合格标准

炉墙在烘炉时不应出现裂纹和变形,达到下列规定之一时为合格:

(1)炉墙灰浆试样法

在燃烧室两侧墙中部的炉排上方1.5~2 m处和过热器两侧炉墙中部,取耐火砖、红砖的丁字交叉缝处的灰浆样品各约50 g测定,其含水率应低于2.5%。

(2)测温法

在燃烧室两侧中部炉排上方1.5~2 m处,测定红砖墙外表面向内100 mm处温度达到50 ℃,并继续维持48 h;或测定过热器两侧耐火砖与隔热层接合处的温度达到100 ℃,并继续维持48 h。

7.8.2 煮炉

煮炉是为了去除锅炉受热元件及其水循环系统内积存的污物、铁锈及安装过程中残留的油脂,以确保锅炉内部清洁,保证锅炉的安全运行和获得品质优良的蒸汽,并使锅炉具有较高的热效率。煮炉是将碱性溶液加入锅水中煮沸,使锅内的油脂和碱起皂化作用而沉淀,再通过排污方法将杂质排出的过程。

在烘炉的末期,可结合烘炉同时进行煮炉,以缩短烘炉和煮炉的时间、节约燃料。蒸汽锅炉的煮炉程序为:

1)加药

加药量应符合锅炉技术文件的规定,未明确时应符合表7.12的规定。按照锅炉内最低水位的容水量计算出锅炉需要的加药量。加药时,锅内的软水应在最低水位,将药品用热水溶解成溶液从上锅筒一次加入,不得直接把固体药品加入锅内。配药和加药时要注意做好防护工作。

表7.12 煮炉时锅水的加药配方

药品名称	每立方米水的加药量/kg	
	铁锈较薄	铁锈较厚
氢氧化钠	2~3	3~4
磷酸三钠	2~3	2~3

注:①药品按100%纯度计算;
②无磷酸三钠时,可用磷酸钠代替,用量为磷酸三钠的1.5倍;
③单独用碳酸钠煮炉时,每立方米水中加6 kg碳酸钠。

2）煮炉

加药完毕即可煮炉,要注意防止药液进入过热器。煮炉时间一般要 2 ~ 3 天,在 0.1 MPa 压力下煮 24 h,再在 50% 工作压力下煮 24 h,然后逐步压火煮炉。0.1 MPa 下煮炉时,最好在 高水位煮,以便将汽包上部都煮到。当压力达到 0.2 MPa 时,应打开连续排污阀,直到煮炉结 束。煮到 48 h 后每隔 2 h 应开启一次定期排污阀进行排污,排污时间一般为 30 s。煮炉过程 中每天需对水位计进行 1 ~ 2 次冲洗;应定期取样进行水质分析,当炉水碱度小于 45 mol/L 时 应补充加药。小型锅炉的煮炉时间可缩短到 2 天。

3）冲洗

煮炉结束后,即可停火,使锅炉压力表显示至零。待炉火温度降到 70 ℃ 以下时,即可打开 排污阀排放炉水。当锅筒完全冷却后,交替进行连续上水和排污,直至水质达到运行标准。然 后打开排污阀将水放尽,打开人孔盖和手孔盖,清除锅筒和集箱内的沉积物,并用清水冲洗锅 炉内部和与药液接触过的阀门。待放出的水清澈干净,即可关闭排污阀,注入软化水,待锅炉 试运转。

7.8.3　锅炉的热态严密性试验

锅炉本体安装完毕后进行的水压试验是在冷状态下利用水压来检查锅炉各承压部件的严 密性。为确保锅炉设备运行的安全可靠性,还必须了解锅炉各部件在热状态下的热胀情况是 否正常,所以在锅炉试运行前还需进行热态严密性试验。这种试验应当在煮炉合格后进行。 试验步骤如下:

①升压至 0.3 ~ 0.4 MPa,对锅炉范围内的法兰、人孔、手孔和其他连接螺栓进行一次热态 下的紧固。

②继续升压至工作压力,检查人孔、手孔、阀门、法兰等处垫料的严密性,同时观察锅筒、集 箱、管道和支架、支座等的热胀情况。

③有过热器的锅炉,应用蒸汽吹扫过热器。吹扫时,锅炉压力宜保持在工作压力的 75% 左右,吹扫时间应不少于 15 min。

对密闭性试验的结果及处理情况应作认真记录,并存入锅炉设备档案。严密性试验合格 后,对安全阀进行最终调整并加铅封。

7.9　锅炉试运行

锅炉试运行是在正常运行条件和额定负荷下,对锅炉安装和制造质量进行的检查,在正常 运行条件下考核锅炉本体所有零部件的强度和严密性,同时检验附属设备的运行情况,特别是 运转机械在运行时有无振动和轴承过热现象。锅炉试运行包括锅炉的启动、在额定蒸汽参数 和负荷下连续运行一定小时数、停炉等过程。

7.9.1　点火前的检查与准备

试运行前应做好检查工作,排气阀、总给水阀、省煤器再循环阀、疏水器等均应开启,排污阀等均应关闭;烟、风道上的挡板及传动机构动作应灵活,开度指示应正确;备足燃料。

7.9.2　加(进)水

锅炉进水一般由锅炉给水泵给入,进水应为软化水,进水温度不应超过 90 ℃,以防止锅筒、集箱等因受热不均而产生过大的热应力,引起变形,甚至产生裂纹而漏水。锅炉的进水速度不能太快,开始阶段应缓慢。进水时间应根据水温、气候及锅炉形式而定。一般锅炉进水持续时间为 1 ~ 1.5 h,冬季进水时间应较夏季长。锅炉进水量应先控制在最低水位线处,因为锅炉点火后,锅水受热膨胀,水位会上升,甚至超过最高安全水位线。一旦出现这种情况,应通过排污来调整。

进水完毕,将给水阀门关闭,进行检查,校对水位。如发现水位下降,则说明有漏水现象,应检查排污阀、放水阀等是否关紧。反之,水位上升,则给水阀可能未关严,应检查并予以消除。

7.9.3　点火与升压

锅炉在点火前,应先启动引风机,调整其挡板开度,维持一定的炉膛负压,使锅炉烟道强制通风 5 ~ 10 min,以驱除残留在炉内和烟道中的杂物。随后再启动鼓风机,调整总风压,使其维持在点火时所需风压。

锅炉水温应逐渐上升,直到锅筒内部开始产生蒸汽。当蒸汽从排气阀中冒出时,即关闭排气阀,可适当加强通风和火力,准备升压。升压是指从锅炉点火到汽压升至工作压力的过程。

升压过程中应对水位计、压力表、弯管等进行冲洗;检查各连接处有无渗漏,对人孔盖、手孔盖及法兰的连接螺栓应拧紧一次;对给水设备和排污装置等进行检查。

锅炉在额定负荷下连续运行 48 h,整体出厂的锅炉为 4 ~ 24 h。在此期间,如果没有发现不正常现象,并能保证在正常参数下工作,即可认为安装质量合格。安装单位与使用单位便可同时进行总体验收,办理锅炉的移交手续。

7.10　锅炉竣工验收

锅炉在未办理工程验收手续前,严禁投入使用。

锅炉的质量验收必须按照《锅炉安装工程施工及验收规范》(GB 50273—2009)等技术文件的有关规定及标准进行。锅炉安装质量验收分为阶段验收和总体验收。阶段验收是指安装工程进行到某一阶段时进行的局部检验;总体验收是指在锅炉试运行基础上进行的全面质量检验,并作出能否交工的结论。关键性的阶段验收(如水压试验)和总体验收都要请当地锅炉压力容器安全监察部门派员参加。

总体验收合格后,由安装单位整理《锅炉安装质量证明技术文件》,交使用单位永久保管,并作为使用单位向当地质量技术监督部门办理登记申请《锅炉使用登记证》的证明文件之一。

习题 7

7.1　快装锅炉安装的内容有哪些？其安装程序如何？

7.2　试述快装锅炉本体安装工艺。

7.3　除渣机安装有哪些步骤？

7.4　引风机安装有什么要求？

7.5　锅炉给水管道阀门布置有什么要求？

7.6　压力表、安全阀安装各有什么要求？

7.7　玻璃管水位计由哪些部件组成？

7.8　试述反透射式双色水位计原理。

7.9　水位报警器安装有什么要求？

7.10　麻石脱硫除尘器砌筑时,应注意的关键部位是什么？

7.11　简述暖管操作程序。

7.12　安装应注意哪些事项？

7.13　锅炉安装现场采用的起重桅杆有哪些形式？

7.14　锅炉安装必须在基础上画出哪三条线？其主要作用是什么？

7.15　钢架立柱与基础的连接固定方式有哪几种？怎样检测其安装质量？

7.16　锅筒、集箱找正的意义是什么？

7.17　锅筒支座安装时应注意哪些事项？

7.18　受热面管子安装前为什么要进行校验？如何校验？

7.19　试述水冷壁管安装的步骤。

7.20　胀管的作用是什么？胀管的原理是什么？

7.21　胀管率如何计算？

7.22　锅炉胀管前应做哪些准备工作？

7.23　锅炉胀管有哪些方法？

7.24　锅炉水压试验的目的是什么？水压试验包括哪些范围？

7.25　简述锅炉水压试验的程序。

7.26　简述铸铁鳍片式省煤器单件安装的步骤。

7.27　简述过热器单件安装的步骤。

7.28　简述空气预热器安装的步骤。

7.29　链条炉排安装时应注意哪些事项？

7.30　筑炉应注意哪些事项？

7.31　为什么要烘炉？火焰烘炉应如何操作？

7.32　为什么要煮炉？怎样煮炉？

7.33　锅炉为什么要做热态严密性试验？

7.34　什么叫锅炉的升压？升压过程应如何操作？

8

空调用制冷系统安装

　　空调用制冷系统的形式按使用特点分为整体式、组装式和散装式制冷系统。整体式制冷系统一般是将压缩机、冷凝器、蒸发器和辅助设备组装在同一个底座的整体式设备，安装于基础之上。组装式制冷系统是将压缩机、冷凝器、油分离器、贮液器、过滤器等分为一组，称为压缩—冷凝设备；而将蒸发器、膨胀阀等分为另一组，称为制冷设备，现场安装需要用管子将两组设备连接起来。散装式制冷系统是将压缩机、冷凝器、蒸发器及辅助设备单体安装，设备之间需用管子连接。这三种制冷系统，以散装式系统安装最复杂。本章主要介绍散装式制冷系统安装。

　　制冷系统具有以下特点：

　　(1) 严密性

　　制冷系统是与大气隔绝的密闭系统，内部充满制冷剂，高压部分的压力大于大气压，低压部分呈真空状态。如果系统不严密，就会造成制冷剂泄漏或空气渗入，影响制冷系统的正常运行。另外，有的制冷剂(如氨)不仅具有毒性，而且易燃易爆。氟利昂无色无味无毒，具有很强的渗透性，当其含量在空气中超过 30% 时(容积密度)，会引起人员窒息休克。因此，必须保证制冷系统的严密性。

　　(2) 清洁性

　　制冷系统设备和管道内部的氧化皮、焊渣及其他杂质必须清除干净，否则会引起汽缸、活塞、气阀、膨胀阀和油泵等部件的磨损，缩短使用寿命，或造成管路堵塞，影响整个制冷系统的正常运转。

　　(3) 干燥性

　　氟利昂不溶于水，若系统内含有水分，就会在系统低温部分结冰，形成冰塞。因此，系统内应保持高度干燥。对已洗净并经过干燥处理的设备和管道，应逐一严格封口，妥善保存。施工中，切勿长时间打开机器及设备的氟利昂一侧，以免空气中的水分渗入。系统安装完毕，充注制冷剂前应严格抽除系统中的不凝性气体和水分。

　　(4) 回油性

　　氟利昂一般溶于油，与润滑油常一起在系统内循环。管道安装时，应能使润滑油很好地返回曲轴箱，否则润滑油会在管道中沉积，增加流动阻力，或积聚在冷凝器和蒸发器的传热面上，形成油膜，影响传热，降低制冷效果，甚至造成压缩机失油，导致轴承和滑动部件损坏。

8.1 制冷设备安装

8.1.1 制冷压缩机安装

压缩机是蒸汽压缩式制冷的主要组成部分,用于压缩和输送制冷剂。制冷压缩机按工作原理分为活塞式、离心式、螺杆式等。其中,活塞式制冷压缩机应用最早,具有使用温度范围广、技术成熟等特点,应用比较广泛。现以活塞式制冷压缩机的安装为例,介绍压缩机的安装工艺。其他类压缩机安装可参照活塞式压缩机安装。

活塞式制冷压缩机在运转过程中,由于往复惯性力和旋转惯性力作用,会使机器产生振动、噪声,甚至位移。为了防止振动和噪声通过基础和建筑结构传入室内影响周围环境,应设置减震基础或在机座下设隔振垫,如图 8.1 所示。

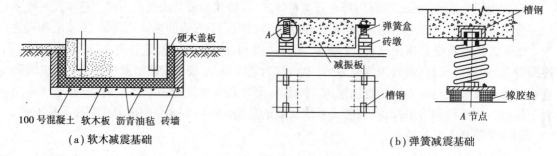

（a）软木减震基础　　　　　　　　（b）弹簧减震基础

图 8.1 减震基础

活塞式制冷压缩机的安装步骤如下:

1)放线就位

设备基础验收合格后,先按照平面坐标位置,以建筑物轴线为准在设备基础上放出纵横中心线、地脚螺孔中心线及设备底座边缘线等,如图 8.2 所示。将活塞式制冷压缩机牢固绑扎后吊放在基础上,使其中心线与基础中心线相符。吊装时,用软木或破布等垫在绳索与设备表面接触处,以免擦伤表面油漆。若出现纵横偏差,可用撬棍伸入压缩机底座和基础之间空隙处适当位置进行拨正,如图 8.3 所示。两台以上的同型号机组安装应在同一标高上,允许偏差为 ±10 mm。然后装好地脚螺栓,用强度等级标号高于基础一级的混凝土将地脚螺栓孔灌实。

2)测量水平度

用水平仪测量压缩机的纵横水平度,其偏差应 <0.1% 。不符合要求时,用斜垫铁调整。当水平度达到要求后,将垫铁点焊固定,然后拧紧地脚螺栓。

3)传动装置安装

当压缩机与电动机不在一个共用底座上时,需进行传动装置安装。常用传动装置有联轴器和皮带轮两种。

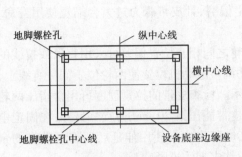

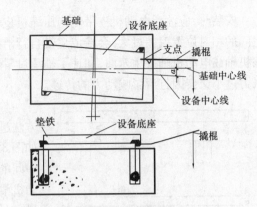

图8.2　基础放线　　　　　　　　　图8.3　设备拨正

（1）联轴器安装

常用弹性联轴器如图8.4所示。它在压缩机和电动机轴上各装半个联轴器，中间插入几只起缓冲减震作用的套有橡皮弹性圈的柱销。

联轴器的安装关键是要保证压缩机和电动机的两轴同心，否则弹性橡皮容易损坏，并引起压缩机振动。安装调整时，应将压缩机固定，仅调整电动机的位置，如图8.5所示。将千分表的支架固定在电动机半联轴器的柱销上，千分表的测头触在飞轮的内侧角上，旋转一周，如果两轴不同心，在转动过程中，由于橡皮的弹性，千分表指针必然出现摆动，可根据指针摆动的大小和方向来判定两轴不同心度的偏差大小和偏差方向，通过不断调整电动机的位置来使两轴同心。理论上，在转动过程中，千分表的指针应无摆动，但实际上由于两轴绝对同心不易达到，而且是弹性连接，即使两轴绝对同心，转动时千分表的指针也会出现轻微摆动。因此，当千分表的摆动在±0.3 mm内时，认为合格。为了提高精度，也可用两只千分表同时进行校正，将一只千分表的测头触在联轴器端面的垂直方向；另一只千分表的测头触在水平方向。这种方法比单表校正费事，但比较精确。

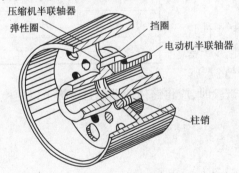

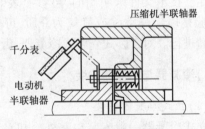

图8.4　弹性联轴器　　　　　　　　图8.5　测两轴同心度

（2）皮带轮安装

常用三角皮带传动。三角皮带有 O、A 、B 、C 、D 、E 、F 七种型号。O 型传递功率最小，后几种型号传递功率依次递增。三角皮带推荐型号及适用的功率范围见表8.1。

表8.1　三角皮带推荐型号表

传动功率/kW	0.4~0.75	0.75~2.2	2.2~3.7	3.7~7.5	7.5~20	20~40	40~75	75~150	150以上
推荐型号	O	O、A	O、A、B	A、B	B、C	C、D	D、E	E、F	F

安装时,应注意电动机皮带轮与压缩机皮带轮之间的相对位置和皮带的拉紧程度。两轮之间的相对位置偏差过大,会造成皮带自行滑脱,并加速皮带的磨损;皮带拉得过紧,会造成压缩机轴或电动机轴发生弯曲,加速主轴承过早地发生偏磨,且皮带张力过大会缩短使用寿命,张力过小又会因打滑影响动力的传递。

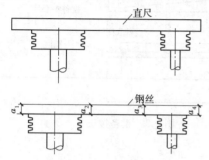

图 8.6 皮带轮偏差的检查

检查两轮之间相互位置偏差可采用直尺或拉线的方法进行,并调整电动机位置使两轮位于同一直线上,如图 8.6 所示。检查皮带的拉紧程度可用食指压两轮中间的一条皮带能压下 20 mm 为宜。另外,在固定电动机滑轨时,应留出皮带使用伸延后调整电动机的余量,以便于调整皮带的松紧度。

4)设备清洗

对于油封式活塞压缩机,如在技术文件规定的期限内,外观完好、无损伤和锈蚀时,可只洗缸盖、活塞、汽缸内塞、吸排气阀、曲轴箱等。对所有的紧固件进行检查,保证油路畅通,并更换曲轴箱内的润滑油。如已超过技术文件规定的期限或外观有损伤和锈蚀时,应进行全面检查,解体清洗。按照技术文件的规定,调整好各部分之间的间隙。

8.1.2 附属设备安装

制冷系统中的附属设备包括冷凝器、贮液器、蒸发器、油分离器等,均属于受压容器,安装前应进行强度试验和严密性试验,试验方法参见第 2 章。当设备在制造厂已做过强度试验,无损伤和锈蚀现象,并在技术文件规定的期限内安装,可只做严密性试验。

强度试验采用水压试验,试验压力应按技术文件规定确定。技术文件未明确的,可参照表 8.2 确定。严密性试验是以干燥空气或氮气为介质,可参照系统的严密性试验进行。对于卧式壳管式冷凝器,做严密性试验时,应将筒体两端的封盖拆下以便检漏。

表 8.2 强度试验压力值

单位:MPa

工作压力 P	试验压力 P_s
<0.6	1.5P
0.6~1.2	P+0.3
>1.2	1.25P

1)冷凝器与贮液器安装

(1)立式冷凝器安装

立式冷凝器一般安装在室外冷却水池上的槽钢支架上或不完全封顶的钢筋混凝土水池盖上。

在槽钢上安装如图 8.7 所示,先在混凝土水池口上部预埋长 300 mm、宽度与池壁厚度相同、厚度为 10 mm 的钢板预埋件。将槽钢按冷凝器底板地脚螺栓孔尺寸及位置钻孔,并放在预埋钢板上,再将冷凝器吊装到槽钢上,并用螺栓固定,然后对冷凝器找垂直;不符合要求时用垫铁调整,合格后将槽钢、垫铁及预埋钢板用电焊固定。

在钢筋混凝土水池盖上安装,先预埋地脚螺栓,待牢固后将冷凝器吊装就位。冷凝器就位前应在四角地脚螺栓旁放上垫铁,以调整冷凝器的垂直度,垂直后拧紧地脚螺栓将冷凝器固定。垫铁留出的空间应用混凝土填塞。

立式冷凝器安装应垂直,允许偏差不得大于 1/1 000。测量偏差的方法是在冷凝器顶部吊一线锤,测量筒体上、中、下三点距锤线的距离,X、Y 方向各测一次,如图 8.8 所示,a_1,a_2,a_3 差值不大于 1/1 000。

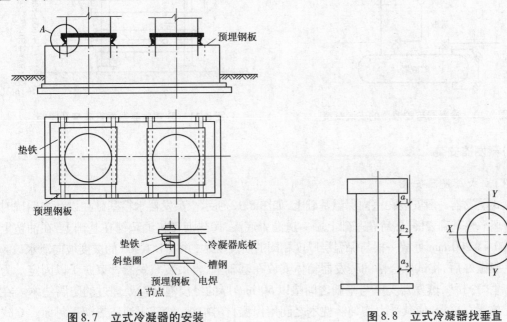

图 8.7　立式冷凝器的安装　　　　　图 8.8　立式冷凝器找垂直

(2)卧式冷凝器与贮液器安装

卧式冷凝器与贮液器一般安装于室内。为满足两者的高差要求,卧式冷凝器可安装于钢架上,也可直接安装于高位的混凝土基础上。为充分节省机房面积,通常将卧式冷凝器与贮液器一起安装于垂直于地面的钢架上,如图 8.9 所示。当集油罐在设备中部或无集油罐时,卧式冷凝器与贮液器应水平无坡安装,允许偏差不大于 1/1 000;当集油罐在一端时,设备应设1/1 000 的坡度,坡向集油罐。

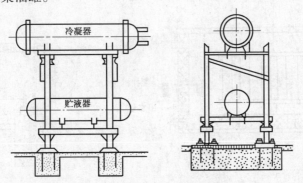

图 8.9　卧式冷凝器与贮液器安装

冷凝器之间或冷凝器与贮液器之间有高差要求,安装时应严格按照设计要求进行,不得任意更改高度。一般情况下,冷凝器的出液口应比贮液器的进液口至少高 200 mm,如图 8.10、图 8.11 所示。

因卧式高压贮液器顶部的管接头较多,进液管焊在设备表面上,出液管多由顶部表面插入筒体下部,一般进液管直径大于出液管的直径,安装时注意不要接错。

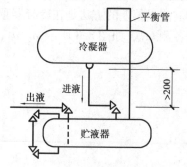

图 8.10 冷凝器与贮液器的安装高度

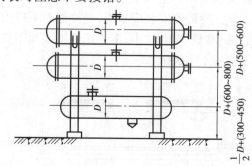

图 8.11 卧式冷凝器垂直高度及间距

2)蒸发器安装

(1)立式蒸发器安装

立式蒸发器一般安装在室内保温基础上,如图 8.12 所示。蒸发器水箱基础在设计未明确时可先清理平整基础表面,然后在基础上刷一道沥青底漆,用热沥青将油毡铺在基础上,在油毡上每隔 800~1 200 mm 处放一根与保温层厚度相同的防腐枕木,并以 1/1 000 的坡度坡向泄水口。

基础做好后,将试压合格的蒸发器箱体安放在基础上,再吊装蒸发器管束并予以固定。为防止产生"冷桥",蒸发器支座与基础之间垫以 50 mm 厚的经浸泡沥青处理过的防腐垫木。在垫木上放置石棉板,使其受力均匀。枕木之间用保温材料填满,然后用油毡热沥青封面。立式蒸发器本身不带水箱盖板安装时,为减少冷损失,通常是用 5 mm 厚并经过刷油防腐的木板作为活动盖板。

水箱安装就位前应做渗漏试验,可采用煤油渗透或充水观察法。将各排蒸发管组吊入水箱内,并用集气管和供液管连成组,然后垫实固定。要求每排管组间距相等,并以 1/1 000 的坡度坡向集油器,以利于排油。

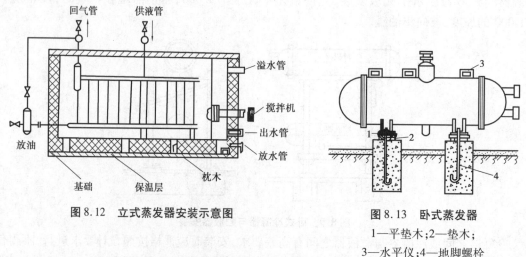

图 8.12 立式蒸发器安装示意图

图 8.13 卧式蒸发器
1—平垫木;2—垫木;
3—水平仪;4—地脚螺栓

安装立式搅拌器应先将刚性联轴器分开,取下电动机轴上的平键,用油砂布、汽油或煤油将其内孔和轴进行仔细的除锈和清洗。清除干净后再用刚性联轴器将搅拌器和电动机连接起来,检测联轴器接触间隙,以保证两轴的同心度。搅拌器不应有明显的摆动,然后调整电动机位置,使搅拌器叶轮外圆和导流筒的间隙一致。调整好后将安装电动机的机架型钢与蒸发器水箱焊接固定。

（2）卧式蒸发器安装

卧式蒸发器一般安装在室内混凝土基础上,用地脚螺栓与基础连接,如图 8.13 所示。为防止"冷桥",蒸发器支座与基础之间应垫以 50 mm 厚、面积不小于蒸发器支座面积的防腐垫木。安装水平度要求与卧式冷凝器及高压贮液器相同。一般在筒体的两端和中部选 3 点,用水平仪直接测量,取 3 点的平均值作为设备的实际水平度。不符合要求时,可用平垫铁调整。平垫铁应尽量与垫木的方向垂直。

3）油分离器安装

油分离器常安装于室内或室外的混凝土基础上,用地脚螺栓固定,如图 8.14 所示。安装油分离器时,应区分形式(洗涤式、离心式或填料式),进、出口接管位置,以免将管接口接错。对于洗涤式油分离器,安装时应特别注意与冷凝器的相对高度。一般洗涤式油分离器的进液口应比冷凝器的出液口低 200～250 mm,如图 8.15 所示。油分离器应垂直安装,垂直度允许偏差不大于 1.5/1 000,可用吊垂线的方法测量,符合要求后拧紧地脚螺栓将油分离器固定在基础上,然后将垫铁点焊固定,用混凝土将垫铁留出的空间填实。

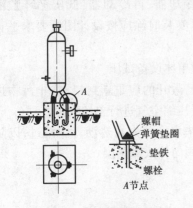

图 8.14　油分离器的安装

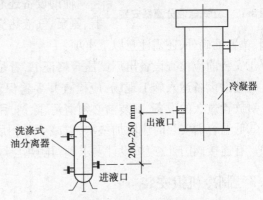

图 8.15　洗涤式油分离器与冷凝器安装高度

4）空气分离器安装

常用空气分离器有立式和卧式两种,一般安装在距地面 1.2 m 左右的墙壁上,用螺栓与支架固定,如图 8.16 所示。

5）氨液分离器安装

立式氨液分离器应垂直安装,如图 8.17 所示,其铅垂度允许偏差不大于 1.5/1 000。设备支腿与支架接触处应加防腐绝缘垫木,厚度为 50～100 mm,面积不小于支腿面积。支架安装标高应符合设计要求,如设计未明确,支架标高应使设备底部高于排管顶部 1～2 m。设备上的附件都应装在保温层外。靠墙安装时,支架尺寸应考虑保温层厚度,连接管口不应靠墙。如用浮球阀供液时,浮球阀中心标高不应高于氨液分离器进液管。

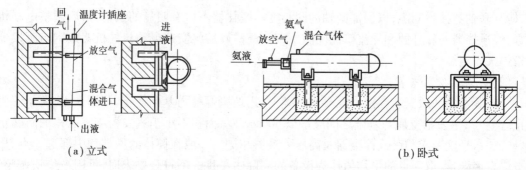

图8.16 空气分离器的安装

6)集油器及紧急泄氨器安装

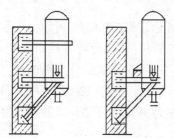

图8.17 立式氨液分离器安装

集油器一般安装在地面混凝土基础上,高度应低于系统各设备,以便收集设备中的润滑油,其安装方法与油分离器相同。紧急泄氨器一般垂直地安装于机房门口便于操作的外墙支架上,其上的阀门高度一般不应超过1.4 m。进氨管、进水管、排出管均不小于设备的接管直径。排出管必须直接通入下水道。

辅助设备还包括中间冷却器、再冷却器、低压循环贮液器、氨泵、气液热交换器等。安装时除应按设计图纸要求平直牢固、位置准确外,还需注意以下事项:

①安装前应检查设备出厂试压合格证书,看是否应补做单体设备试压。

②辅助设备运入施工现场,应检查并妥善保管。封口已敞开的应重新封口,防止污物进入。对放置过久的设备,安装前必须清污、除锈,用0.6 MPa压缩空气进行单体吹污。

③低温容器安装时应增加垫木,以减少"冷桥"现象。垫木应预先在热沥青中浸过,以防腐蚀。有连接阀门处,应按设计要求预留隔热层厚度,以免阀门伸入隔热层。

8.1.3 制冷机组安装

1)活塞式制冷机组安装

活塞式制冷机组如图8.18所示,因其成本低,生产规模大,已被广泛用于空调制冷系统中。

(1)机组安装

活塞式制冷机组一般安装在混凝土基础上。为了防止振动和噪声对室内环境的影响,应设置减振基础或在机座下垫以隔振垫,安装方法参见活塞式压缩机的安装。

(2)安装注意事项

①机组吊装时要防止底座变形,吊装钢丝绳应设于蒸发器或冷凝器筒体支座外侧,并注意仪表盘、油管、水管等部件不得受力,钢丝绳与机组接触点应垫上木板。

②机组应在汽缸等加工面上找平,也可以在公共底座上找平,允许偏差为1/1 000。

③对充有保护性气体的冷水机组,在设备技术文件规定期限内,外观完整和氮封压力无变化的情况下,可不做压缩机的内部清洗,只做机壳外表面擦洗。擦洗时应防止水分混入内部。

2)离心式制冷机组安装

离心式制冷机组的主机是离心式制冷压缩机,如图 8.19 所示。由于介质是连续流动的,流量比容积式机械要大。为了产生有效的动量转换和转速,安装要求较高。离心式制冷压缩机吸气量一般为 0.03 ~ 15 m³/s,转速为 1 800 ~ 30 000 r/min,吸气压力为 14 ~ 700 kPa,排气压力小于 2 MPa,压缩比为 2 ~ 30,几乎可采用所有制冷剂。

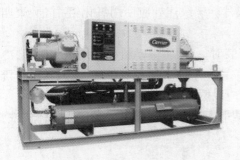 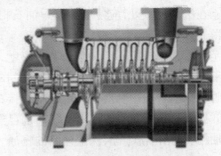

图 8.18 活塞式制冷机组   图 8.19 离心式压缩机内部结构

(1)机组安装

离心式制冷机组多安装在室内混凝土基础上或软木、玻璃纤维砖等减振基础上,用地脚螺栓与基础固定,用垫铁调整机组的水平度,基础的结构形式和机组的安装方法与活塞式制冷压缩机基本相同。离心式制冷压缩机属于高速回转机械。机组的安装需进行隔振处理,如图 8.20 所示。

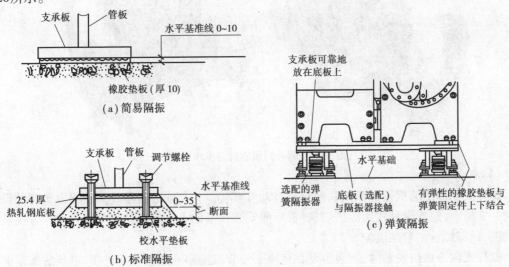

图 8.20 机组隔振处理

(2)安装注意事项

①机组拆箱应按自上而下的顺序进行。应注意保护机组的管路、仪表及电器设备不受损坏,拆箱后按装箱单清点附件的数量,并检查机组充气有无泄漏等现象。机组充气内压应符合设备技术文件的规定。

②拆箱后连同原有的箱底板拖到安装地点,吊装钢丝绳要设在蒸发器和冷凝器筒体外侧,

仪表板、管路等不应受力,钢丝绳与设备的接触点应垫以木板。

③机组吊装就位后,进行找正,设备中心线应与基础中心线重合。

④机组应在与压缩机底面平行的加工面上找平,纵横向水平度均小于1/1 000;压缩机在机壳的中分面上找平,横向水平度应小于1/1 000。

⑤在连接压缩机进气管前,应从吸气口观察导向叶片和之下的执行机构、叶片开度与指示位置,按设备技术文件的要求调整一致并定位,最后连接电动执行机构。

⑥在法兰连接处,应使用高压耐油石棉橡胶垫片。螺纹连处应使用氧化铅-甘油、聚四氟乙烯薄膜等填料。

⑦如果整个机组不在一个公共底座上,分组安装时,一般主电动机和压缩机为一组,冷凝器和蒸发器为一组。应注意两组设备之间的标高位置和平面上的相互位置,以保证压缩机的吸入管和排出管能顺利地与两组设备相接,测量时应以两组设备接管法兰的端面为准。

⑧如果半封闭离心式压缩机出厂前已经做过动平衡试验,现场安装一般不做解体清洗,但应把油箱、油路清洗干净,保证油路的畅通。

3)螺杆式冷水机组安装

螺杆式压缩机与冷水机组如图8.21所示。它以一对相互啮合的转子在转动中产生周期性的容积变化,实现吸气、压缩和排气过程,主要由机壳、螺杆转子、轴承、能量调节装置等组成。螺杆压缩机具有结构简单、工作可靠、效率高和调节方便等特点。

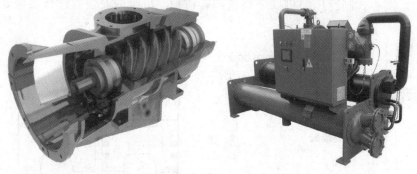

图8.21　螺杆式压缩机与冷水机组

(1)机组安装

螺杆式制冷压缩机通过弹性联轴器与电动机直联。它与油分离器及油冷凝器等部件设置在同一支架上,组成螺杆式制冷压缩机组,一般安装在基础上。具体做法可以参照厂方提供的基础图,地脚螺栓一般随机配带。

螺杆式制冷机组安装时,一般需要在机座下安装减振垫。随着技术进步,机组的振动大为减少,有的机组已不需要安装减振垫,直接将机组安装在基础上紧固地脚螺栓即可。

(2)安装注意事项

①螺杆式冷水机组的配管一般采用法兰连接,也可焊接或螺纹连接。与机组连接的水管宜采用软管接头,可减少机组的振动和噪声传递。

②螺杆式冷水机组安装应找正、找平,其纵、横向水平度偏差均应<1/1 000。

③螺杆式冷水机组接管前应先清洗吸、排气管;管道应作必要的支承,不可将其重力施予机组,以防机组变形,影响电机和压缩机对中。

4)溴化锂吸收式制冷机组安装

溴化锂吸收式制冷原理是利用溴化锂水溶液在常温下,特别是在温度较低时,吸收水蒸气的能力很强,而在高温下又能将所吸收的水分释放出来的特性,以及利用制冷剂水在低压下汽化吸收周围介质热量的特性实现制冷。双效吸收式制冷机组如图8.22所示。

(1)机组安装

溴化锂吸收式制冷装置有整体设备和组装设备两种。整体设备可整体吊装,再找平找正,安装方法和离心式制冷机组基本相同。组装式设备应按照下筒体(蒸发器与吸收器)—上筒体(发生器与冷凝器)—热交换器—屏蔽泵—真空泵—管道和部件的顺序安装。

图8.22 双效溴化锂制冷机组

机组出厂前,内部已充注了压力为0.04 MPa的氮气,每台机组都装有压力表。机组运输时,一般不装箱。在机组就位与安装前,应检查机组压力,一旦发现机组在运输过程中由于损坏而发生泄漏,要立即与制造厂家联系,防止机组发生锈蚀,影响机组的正常使用。同时,还应检查电气仪表是否损坏。

在机组起吊及就位时,应保持机组的水平。当放下机组时,底座全部表面应同时轻触地面或基础表面。应注意细管、接线和仪表等易损件有无损坏。

溴化锂吸收式机组运动部件少、振动小、噪声较小、运行较平稳。机组就位前,应清理基础表面的污物,检查基础标高和尺寸是否符合设计要求,并检查基础平面的水平度。需在基础支承平面上各放一块面积稍大于机组底脚、厚度约10 mm的硬橡胶板,然后把机组放在其上。

机组就位后,需进行水平校正。机组的水平度是保证机组性能和正常运行的重要环节之一。例如,溴化锂溶液在发生器中上下折流前进,本身就有一定的阻力,若机组不平,会加大溶液在两端的液位差,还可能引起冷剂水的污染及高温换热器的汽击;机组不平会使蒸发器减少冷剂水的贮存量,从而影响机组的变工况运行;特别是冷凝器水盘很低时,冷剂水会从端部流出影响蒸发器内介质流动。若机组水平检测不合格,可用钢制长垫片进行调节。无起吊设备时,可以在机组的一端底座下半部焊上槽钢,用两只千斤顶均匀缓慢地将机组顶起,再调节机组的水平,直至合格为止。

(2)安装注意事项

①设备就位后,应按设备技术文件规定的基准面(如管板上的测量标记孔或其他加工面)找平,其纵向和横向水平度偏差均应<0.5/1 000;双筒吸收式制冷机应分别找正上、下筒的水平。

②真空泵就位后,应找平。抽气连接管应采用金属管,其直径应与真空泵的进口直径相同;如果必须采用橡胶管作吸气管,应采用真空胶管,并对管接头处采取密封措施。

③屏蔽泵应找平。电线接头处应做防水密封。

④制冷系统安装后,应进行设备内部清洗,将清洁水加入设备内,开动发生器泵、吸收器泵和蒸发器泵,使水在系统内循环反复多次并观察水的颜色,直至设备内部清洁为止。

⑤热交换器安装时,应使装有放液阀的一端比另一端低20~30 mm,以保证排放溶液时易于排尽。

⑥蒸汽管和冷媒水管均应隔热保温,保温层厚度和材料应符合设计要求。

8.2 制冷管道及阀门安装

制冷管道将主机(压缩机)和附属设备等有机地连接起来,构成制冷系统。由于系统内制冷剂不允许泄露,因此管路系统严密性要求高;制冷管道安装应能保证系统安全、可靠地运行。

8.2.1 制冷管道安装

1)管材的选用

制冷管道材料选择应考虑管子的强度、耐腐蚀性及管子内壁的光滑度。目前常用的制冷管材有紫铜管和无缝钢管等。

(1)氨制冷系统

氨制冷系统的管道不得采用铜管。工作温度 $t \geq -50$ ℃,采用优质碳素钢无缝钢管;$t < -50$ ℃,可采用经热处理的无缝钢管或低合金钢管(如90Mn钢)。管道弯头一般采用冷弯或热煨弯头,弯曲半径应不小于 $4D$,不得使用焊接弯头或褶皱弯头。管子三通宜采用顺流三通。管道法兰应采用 PN2.5 MPa 的凹凸面平焊方形或对焊法兰。垫片采用耐油石棉橡胶板,安装前用冷冻油浸泡后再加涂石墨粉。氨管道所用的阀门、仪表均为专用,管径 DN25 以上采用法兰连接,DN25 以下采用螺纹连接。

(2)氟利昂系统

管径 DN≤25 mm 时,采用紫铜管;DN>25 mm 时,采用无缝钢管。冷却水和盐水管道采用焊接钢管、镀锌钢管或无缝钢管。

2)管道除污

制冷系统内若存在细小的杂质会磨损设备,对系统及设备造成危害,因此,安装前应进行除锈、清洗、干燥、封存等工作。

(1)钢管除污

大口径钢管常用人工或机械方法除污。人工除污使用钢丝刷在钢管内往复拖拉。机械除污则使钢丝刷在钢管内旋转。钢管内铁锈污物清除后,再用铁丝绑住蘸了煤油的抹布拉擦(注意不可来回拉,每拉一次都应用煤油刷净),然后用干压缩空气吹扫钢管内部,以喷出的空气在白纸上无污物为合格。最后将钢管用塑料布扎牢封存待用,防止再次锈蚀。

对小口径钢管、弯头等配件,可用干净的抹布蘸上煤油将其内壁擦净。如管内残留的污物不能完全除净时,可用20%的硫酸溶液,在温度为40~50℃的条件下进行酸洗,一般10~15 min 可将污物除净。酸洗后应对钢管进行中和处理。

(2)紫铜管除污

紫铜管在煨弯过程中,烧红退火后内壁有氧化皮。清除氧化皮的方法有两种:一是酸洗,即把紫铜管放在浓度为98%的硝酸(占30%)和水(占70%)的混合液中泡数分钟,取出后再用碱水中和,并用清水冲洗、烘干;另一种是用纱头拉洗,即用纱头绑扎在钢丝上浸以汽油,将钢丝伸入管内从另一端穿出,纱头应被紧紧地从管内拉过。重复拉洗数次(每次拉都要将纱头在汽油中清洗过),最后用干纱头拉一次。

3)管道的连接

(1)焊接

焊接强度高、严密性好,在制冷系统的管道连接上广泛使用。无缝钢管宜采用电焊,不宜采用气焊,因为气焊的应力难以消除。为保证铜管焊接的强度和严密性,多采用承插式焊接,如图8.23所示。承插式焊接的扩口方向应迎向制冷剂流动方向(即介质从插口流向承口),插接长度应不小于管外径,一般等于管外径。焊接连接必须保证焊透,且不得有咬边、夹渣、气孔等缺陷。

(2)法兰连接

法兰连接用于管道与设备、附件或法兰阀门的连接。法兰之间的垫圈一般采用2~3 mm厚的高、中压耐油石棉橡胶板,氟利昂系统也可采用0.5~1 mm厚的紫铜片或铝片。

(3)螺纹连接

螺纹连接用于DN≤25 mm的管道与设备、阀门的连接。当无缝钢管与设备、附件及阀门的内螺纹连接时,如果无缝钢管不能直接套螺纹,则必须用一段加厚黑铁管套螺纹后才能与之连接。黑铁管一端与无缝钢管焊接,另一端与设备等丝接。连接时需在螺纹上涂一层一氧化铅和甘油相混合搅拌而成的糊状密封剂或缠以聚四氟乙烯胶带才能保证接头的严密性。

(4)喇叭口扩口螺母连接

喇叭口扩口螺母连接有全接头连接和半接头连接两种,如图8.24所示。一般常用半接头连接。这两种形式的螺纹连接,均可通过旋紧接扣不用任何填料而使接头严密不漏。螺纹连接的填料采用黄粉(一氧化铅)和甘油的调和料,不得使用白厚漆和麻丝。

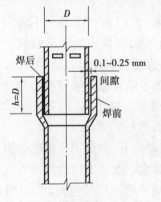

图8.23 管道承插式连接

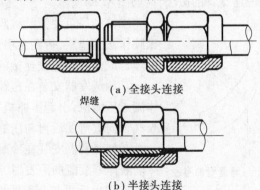

(a)全接头连接

(b)半接头连接

图8.24 喇叭口扩口螺母连接

4)管道安装要求

制冷管道安装应符合以下要求:

①制冷机与附属设备之间制冷剂管道的连接,其坡度与坡向应符合设计及设备技术文件要求。设计未明确时,应符合表8.3的规定。

表8.3　制冷剂管道的坡度、坡向

管道名称	坡向	坡度
压缩机吸气水平管(氟)	压缩机	≥10/1 000
压缩机吸气水平管(氨)	蒸发器	≥3/1 000
压缩机排气水平管	油分离器或冷凝器	≥10/1 000
冷凝器至贮液器的水平供液管	贮液器	≥(1～3)/1 000
油分离器至冷凝器的水平管	油分离器	(3～5)/1 000
贮液器至蒸发器的水平管	蒸发器	≥2/1 000
机器间调节站的供液管	调节站	(1～3)/1 000
调节站至机器间的回气管	调节站	(1～3)/1 000

②制冷剂液体管不得向上装成 Ω 形,气体管道不得向下装成 U 形(特殊回油管除外),如图8.25所示。液体支管应从干管的底部或侧面接出,气体支管应从干管顶部或侧部接出。以免产生"气囊"和"液囊",阻碍液体和气体的流动。

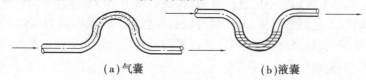

(a)气囊　　　　　　　　(b)液囊

图8.25　管道内的气囊和液囊

③尽量减少弯管。若要使用弯管,其弯曲半径宜为(3.5～4)D,椭圆率不大于8%。由干管接出三通支管的做法,应如图8.26所示。

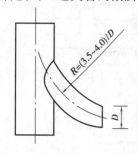

$R=(3.5～4.0)/D$

D

图8.26　弯管弯曲半径

④氟利昂可使天然橡胶溶解、膨胀,所以氟管道系统不能用天然橡胶作法兰垫料,否则会引起制冷剂泄漏,应采用氯丁橡胶或丁腈橡胶等合成橡胶。螺纹连接的密封填料宜采用聚四氟乙烯生料带。

⑤如蒸发器安装在压缩机之上,为了防止压缩机停机后制冷剂液体流入压缩机,引起压缩机下次启动时发生液击,应将蒸发器出口的吸气管向上弯曲后再与压缩机相接,如图8.27所示。

⑥如蒸发器安装在冷凝器或贮液器之下,为防止压缩机停机后制冷剂液体继续流向蒸发器,应将冷凝器或贮液器出口的液体管向上弯曲2 m以上后再与蒸发器相接,或在液体管上安装电磁阀,如图8.28所示。

⑦吸、排气管道设置在同一支吊架上时,为减少排气管高温影响和便于散热,要求上、下安装的管间净距离不应小于200 mm,且排气管在上;水平安装的管间净距离不应小于250 mm,且排气管在外,如图8.29所示。

⑧凡需保温的管道,支、吊架处必须垫以经过防腐处理的木制衬瓦,如图8.29所示,以防止产生"冷桥"。衬瓦的尺寸应满足保温厚度的要求。

⑨为了便于操作管理,应在管道外表面或保温层外表面涂上不同的颜色并画上表明介质

流向的箭头进行标识。制冷系统管道油漆的种类、遍数、颜色和标记等应符合设计要求。

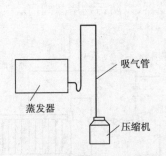

图8.27　蒸发器在压缩机之上的吸气管

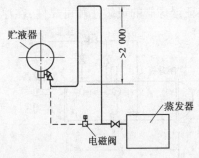

图8.28　蒸发器在贮液器之下的供液管

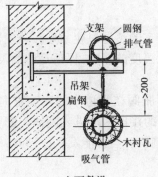

（a）上下敷设　　　　　　　（b）水平敷设

图8.29　吸排气管同支架敷设

8.2.2　阀门安装

1）一般规定

（1）清洗及密封

各种阀门（有铅封的安全阀除外）安装前均需拆卸进行清洗，以除去油污和铁锈。阀门清洗后用煤油做密封性试验，注油前先将清洗后的阀门启闭4~5次，然后注入煤油，经2 h试验无渗漏为合格。如果密封性试验不合格，应进行检修；对于有密封线的阀门（如止回阀、电磁阀、电动阀等），应研磨密封线；对于用填料密封的阀门，应更换其填料，然后重新试验，直到合格为止。

（2）方向及高度

对介质有流动方向性要求的阀门，应按规定的流动方向安装，不得装反。由于氟利昂制冷剂渗透能力特别强，所以氟利昂专用阀门一般不用手柄，而是用扳手调节后，用阀帽将阀的顶部封住，这样可以有效地增强防漏效果。另外，阀门的安装高度应便于操作和维修。

2）阀门安装

（1）浮球阀安装

安装浮球阀时，应注意其安装高度，不得任意安装。如设计未明确时，对于卧式蒸发器，其高度如图8.30所示，可根据管板间长度 L 与筒体直径 D 的比值确定，见表8.4。对于立式蒸发器,其安装高度如图8.31所示,可按与蒸发排管上总管管底相平来确定。

为保证浮球阀的灵敏性和可靠性,在浮球阀前设有过滤器,以防污物堵塞阀门。

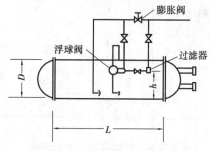

图8.30　卧式蒸发器浮球阀的安装

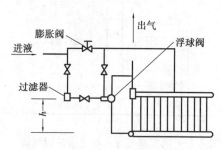

图8.31　立式蒸发器浮球阀的安装

（2）热力膨胀阀安装

热力膨胀阀应安装在蒸发器进液口的供液管段上,它的感温包应紧贴在蒸发器出气口的吸气管段上,并和管道一起保温,不能隔开,以减小环境温度的影响,保证足够的灵敏度,如图8.32（a）所示。

表8.4　卧式蒸发器的浮球阀安装高度

L/D	高度 h
<5.5	0.8D
<6.0	0.75D
<7.0	0.7D
<7.0	0.65D

①阀体安装。膨胀阀在管道中的安装方向,应使液体制冷剂从装有过滤网的接口一端进入阀体。膨胀阀的调节杆应垂直向下,不得倒装。当可能发生振动时,阀体应固定在支架上。

②感温包的安装。应特别注意安装位置,位置不正确将会引起供液量不稳定,使制冷效率降低,并易导致汽缸产生湿冲程。感温包常用安装方式有以下三种:

a.将感温包包扎在吸气管道上,如图8.32（b）、（c）所示。其特点是安装、拆卸方便,应用较多,但温度传感较慢,

因而降低了膨胀阀的灵敏度。

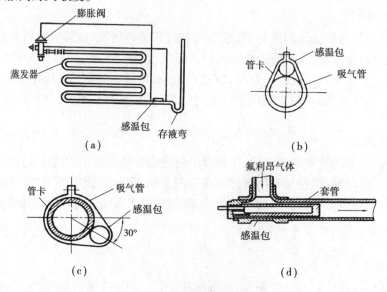

图8.32　感温包安装

当吸气管外径≤22 mm 时，感温包应安装在吸气管的顶部，如图 8.32(b)所示。当吸气管外径 >22 mm，感温包应安装在吸气管的侧下部，如图 8.32(c)所示。

b.将感温包直接插入吸气管道内，使感温包和过热蒸汽直接接触，其温度传感速度最快，但安装和拆卸都较困难，一般不宜采用。

c.将感温包安装在套管里，如图 8.32(d)所示。对于 -60 ℃ 以下的低温设备，为提高感温包的灵敏度，可采用此法。

感温包安装还应注意以下两点：

a.当感温包采用包扎在吸气管道上的安装方法时，由于压缩机吸气管道、感温包、毛细管的传热有一定的过程，所以膨胀阀感温包传递温度信号存在一定的滞后现象。为减弱这一现象，先需将包扎感温包的吸气管道段上的氧化皮清除干净，以露出金属本色为宜，并涂上一层铝漆作保护层，用以减少腐蚀和接触不良的现象；再用两块 0.5 mm 厚的铜片将吸气管和感温包紧紧包住，并用螺钉拧紧，以增强传热效果(对于管径较小的吸气管也可用一块较宽的金属片固定)。为使感温包测温不受外界环境温度的干扰，还要用绝热材料将感温包与吸气管外面都包好，并绑扎牢固。此外，毛细管的位置还应比感温包高些，这样，在感温包内汽化了的制冷剂才能顺利地流过毛细管，将压力信号传至膜片。

b.感温包必须安装在水平吸气管道且无积液处。因为有积液存在时，吸气管反映的温度并不是真正的过热度，结果就会引起膨胀阀误动作。在遇到蒸发器后的管道向上弯曲时，弯管的最低处就可能存有积液，此时可将管道水平段稍作延长，若因条件限制不能延长管段，可按图 8.32(a)所示设置存液弯。

8.3 空调水系统安装

8.3.1 水泵及附属设备安装

在空调水系统中，水泵主要用于系统冷、热水及冷却水的循环动力。常用水泵有单级单吸离心泵和立式离心泵等。

1)水泵安装

离心泵机组分带底座和不带底座两种形式。一般小型离心泵出厂时均与电动机装配在同一铸铁底座上；口径较大的泵出厂时不带底座，水泵和电动机直接安装在基础上。

安装带底座的小型水泵时，先在基础面和底座面上画出水泵中心线，然后将底座吊装在基础上，套上地脚螺栓和螺母，调整底座位置，使底座上的中心线和基础上的中心线一致；进行二次灌浆，待凝固后用水平仪在底座加工面上检查其是否水平，不水平时可在底座下用垫铁找平。无共用底座水泵的安装顺序是先安装水泵，待其位置与进出水管的位置找正后，再安装电动机。

电动机安装要将其轴中心调整到与水泵的轴中心线在同一条直线上。通常是靠测量水泵与电动机连接处两个联轴器的相对位置来完成，即把两个联轴器调整到既同心又相互平行。调整时，要多次转动。两联轴器间的轴向间隙要求为：小型水泵(吸入口径在 300 mm 以下)间隙为 2~4 mm;中型水泵(吸入口径在 350~500 mm)间隙为 4~6 mm;大型水泵(吸入口径在 500 mm 以上)间隙为 4~8 mm。电动机找正后,拧紧地脚螺栓和联轴器的连接螺栓。

2)水泵阀门安装

水泵进口管线上的隔断阀规格应与进口管道直径相同。当泵出口直径与出口管道直径相同时,阀门规格同管道直径;当泵出口直径比出口管道直径小一级时,阀门规格应和泵出口直径相同;当泵出口直径比出口管道直径小二级或更多时,阀门规格按表 8.5 选用。离心泵出口管线上的止回阀,其规格与隔断阀的直径相同。

表 8.5 泵出口直径小于出口管径时阀门规格的选用

出口管直径/mm	50	80	100	150	200	250
阀门规格/mm	40	50	80	100	150	200

3)水泵配管

水泵配管应在水泵安装后进行。安装时,管道与泵体不得强行组合连接,且管道重力不得附加在泵体上。水泵出水管应安装止回阀和阀门,且止回阀应安装在靠近水泵的一侧。水泵进、出管上要按设计要求安装真空泵、压力表、温度计等。泵启动前,应关闭压力表(真空表)旋塞,启动出水正常后再打开。水泵吸水管安装应满足以下要求:

①为防止吸水管中积存空气而影响水泵运转,吸水管应具有沿水流方向连续上升的坡度接至水泵入口,坡度不应小于 5/1 000。

②水泵的吸水管变径时,应采用偏心大小头,并使平面朝上,带斜度的一段朝下,以防止产生"气囊"。

③吸水管靠近水泵进水口处,避免直接安装弯头,应有一段长 2~3 倍管道直径的直管段,防止水泵进水口处流速分布不均匀,使阻力增大、流量减少。

④吸水管应尽量减少配管及弯头,以达到减少管道压力损失的目的。

⑤采用引水启动的水泵,吸水管末端应安装底阀。底阀与水底距离一般不小于底阀或吸水喇叭口的外径。

4)泵体和管道的减振与防噪声

(1)泵体的减振

水泵和电机的减振安装方法有砂箱基础减振、橡胶减振垫减振、橡胶剪切减振器减振和弹簧减振器减振等,如图 8.33 所示。

橡胶剪切减振器有 JQ、JJQ 等型号。弹簧减振器的结构包括由弹簧钢丝制成的弹簧和护罩两部分。护罩由铸铁或塑料制成,弹簧置于护罩中。减振器底板下贴有厚 10 mm 的橡胶板,起一定的阻尼和消声作用。减振器配有地脚螺栓,可根据用户的需要将减振器用地脚螺栓与地基、地面、楼面、屋面等连接,也可不用地脚螺栓,直接将减振器置于支承结构上。减振器用于室外时,可配置防雨罩。它具有结构简单、刚度低、坚固耐用等特点,使用环境温度为 -35~60 ℃。

(2)水泵管道的减振

除水泵的配管采用挠性接头、伸缩接头等减振接头与泵体相连外,管道的支架还可采用如

图 8.34 所示的减振措施。

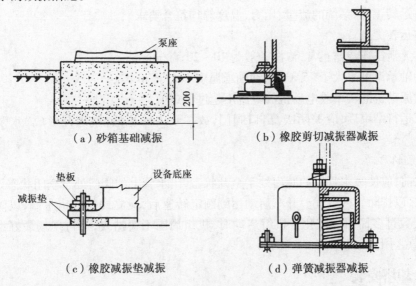

（a）砂箱基础减振　　　　（b）橡胶剪切减振器减振

（c）橡胶减振垫减振　　　　（d）弹簧减振器减振

图 8.33　泵体减振设施

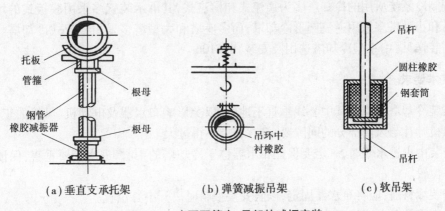

（a）垂直支承托架　　　（b）弹簧减振吊架　　　（c）软吊架

图 8.34　水泵配管支、吊架的减振安装

5)水泵机组的试运行

水泵机组的试运行是交工验收中必不可少的重要工序。

(1)水泵启动前的检查

①对水泵与电机的同心度进行复测,这是水泵机组安全运行的首要条件。

②确认电机与泵旋转方向是否一致,若相反,可将电机的任意两根接线调换即可。

③各紧固件连接部位有无松动现象。

④润滑良好,润滑油按规定加入。

⑤管路清洗干净、无杂物,保证畅通。

⑥安全保护装置是否齐备、可靠。

⑦盘车灵活,声音正常。

(2)水泵机组的试运行

水泵试运行合格标准是:泵在设计负荷下连续运转不应少于 2 h;一般情况下,离心泵、轴流泵连续运转 8 h,深井泵连续运转 24 h。

①设备运转正常,系统的流量、压力、温度等均符合要求。

②泵体运转无杂音。

③泵体无泄露或渗露正常,渗漏一般为 10~20 滴/min。

④滚动轴承温度不大于 75 ℃,滑动轴承温度不大于 70 ℃;

⑤泵的原动机的功率或电动机的电流不超过额定值。

水泵试运行结束后,应关闭吸、出口阀门,放尽泵内的积液,整理并形成"水泵试运行记录"。

（3）水泵的启动

启动之前,应使吸水管上的阀门处于全开状态,出水管上的阀门处于全闭状态。先向吸水管内灌满水,以排除管内空气。开车启动达到额定转速后,应立即打开出水阀,以防止水在水泵内循环次数过多而引起汽化。机组启动时,机组周围不要站人,运行现场最好设有急停开关,以作应急之用。

8.3.2　冷却塔安装

空调制冷系统所用的冷却塔多为逆流式和横流式,其淋水装置多采用膜板式的填料。一般单座塔和小型塔多采用逆流圆形冷却塔,而多座塔和大型塔多采用横流式冷却塔。中小型冷却塔安装详见《中小型冷却塔选用及安装》02S106。

1）技术要求

①安装冷却塔时应使其中心线垂直于地面,以免影响布水器及电动机、风机的正常工作。应注意风机叶片与风筒部分的间隙要一致,相差不得过大。

②安装中央进水管时,一定要保证布水器位于冷却塔的中心,进水管要垂直,保证布水管处于水平位置。

③安装填料前,应将布水器固定,以防安装填料时离开中心位置。

④布水管按名义流量开孔,如冷却水量与名义流量相差较大,可在现场通过扩孔或堵孔的办法解决。要达到布水器转速合适,布水均匀,塔下各点冷却后的水温接近。

2）设备基础验收

设备基础一般由土建施工。当混凝土养护期满,强度达到 75% 以上时,由土建单位提出书面资料进行交接工作。交接时,要对照设计进行基础检查验收,并填写"基础验收记录"。不符合设计要求的基础不得验收。

3）冷却塔及其部件安装

（1）本体安装

冷却塔应避免安装在通风不良和出现湿空气回流的场合,否则会降低冷却塔的冷却能力。冷却塔一般安装在冷冻站的屋顶上,以形成高压头,克服冷凝器的阻力损失。安装时,应根据施工图指明的坐标位置就位,并应找平找正,设备要稳定牢固,冷却塔的出水管口及喷嘴方向、位置应正确。

（2）薄膜式淋水装置的安装

薄膜式淋水装置有膜板式、纸蜂窝式、点波式和斜波纹式等不同形式。

膜板式淋水装置一般用木材、石棉水泥板或塑料板等材料制成。石棉水泥板以波形板为好，安装在支架梁上，每4片连成一组，板间用塑料管及橡胶垫圈隔成一定间隙，中间用镀锌螺栓固定。

纸蜂窝淋水装置安装时，可直接架于角钢、扁钢支架上或直接架于混凝土小支架梁上。

点波淋水装置的单元高度为150～600 mm，小点波一般为250 mm。安装总高度当采用逆流塔时为500～1 200 mm，采用横流塔时为1 000～1 500 mm。常用的安装方法有框架穿针法和枯结法两种。

斜波纹淋水装置的单元高度为300～400 mm，安装总高度为800～1 200 mm，安装方法同点波淋水装置。

（3）配水装置安装

冷却塔配水装置有槽式和池式两种。槽式配水装置的水槽一般高350～450 mm，宽100～120 mm，槽内正常水深120～150 mm。配水槽中的管嘴直径不小于15 mm。管嘴布置成梅花形或方格形，管嘴水平间距为：大型冷却塔800～1 000 mm；中小型冷却塔500～700 mm；管嘴与塔壁间距＞500 mm；槽形配水装置的管嘴，安装时应与下方的溅水碟对准。

池式配水装置只用于横流冷却塔。管嘴在配水池上做梅花形或方格形布置，在管嘴顶部以上的最小水深为80～100 mm。配水池的高度应大于最大计算负荷时的水深，并留出保护高度100～150 mm。

（4）布水装置安装

布水装置有固定管式布水器和旋转管式布水器两种。固定管式布水器的喷嘴按梅花形或方格形向下布置，布置形式应符合设备技术条件或设计要求。一般喷嘴间的距离按喷水角度和安装的高度来确定，要使每个喷嘴的水滴相互交叉，做到向淋水装置均匀布水。常用的喷嘴在不同压力下的喷水角度见表8.6。

表8.6　布水器常用的喷嘴喷水角度

喷嘴出口直径 接管直径/mm	不同压力下的喷嘴喷水角度/(°)			喷嘴质量/kg
	3 m	5 m	7 m	
瓶式 $d=16/32$	36	40	44	0.88
瓶式 $d=25/50$	30	33	36	2.09
瓶式 $d=18/40$	58	63	69	1.34
瓶式 $d=20/40$	59	64	70	1.69

旋转管式布水器喷水口可采用开有条缝的配水管，条缝宽一般为2～3 mm，条缝水平布置；也可是开圆孔的配水管，孔径为3～6 mm，孔距8～16 mm。单排安装时，孔与水平方向的夹角为60°；双排安装时，上排孔与水平方向夹角为60°，下排孔与水平方向夹角为45°。开孔面积为配水管总截面积的50%～60%；或采用喷嘴布水，按设备技术条件或设计要求安装。

（5）通风设备安装

根据冷却塔形式的不同，通风设备有抽风式和鼓风式两种。采用抽风式冷却塔，电动机盖及转子应有良好的防水措施,通常采用封闭式鼠笼型电机,而且接线端子用松香或其他密封绝缘材料密封。采用鼓风式冷却塔,为防止风机溅上水滴,风机与冷却塔体距离一般不小于2 m。

(6)收水器安装

收水器一般装在配水管上、配水槽中或槽的上方,阻留排出塔外空气中的水滴,起到水滴与空气分离的作用。在抽风式冷却塔中,收水器与风机应保持一定的距离,以防止产生涡流而增大阻力,降低冷却效果。

8.3.3 分水器、集水器安装

分水器和集水器属于压力容器,加工单位在供货时应随设备提供资质证明、产品合格证和测试报告。分水器和集水器均为卧式,形状大致相同,一般采用椭圆形封头;当公称压力小于0.07 MPa,也可采用无折边球形封头。

分水器、集水器的接管位置应尽量安排在上下方向,其连接管的规格、间距和排列关系,应依据设计要求和现场实际情况加工订货。注意考虑各支管的保温和支管上附件的安装位置,一般按管间保温后净距≥100 mm确定。

分水器、集水器一般安装在钢支架上。支架的形式有落地式和挂墙式两种,如图8.35所示。

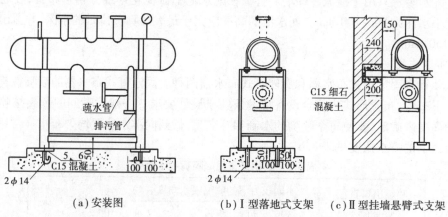

(a)安装图 (b)Ⅰ型落地式支架 (c)Ⅱ型挂墙悬臂式支架

图8.35 分水器、集水器安装

8.3.4 水处理设备安装

冬季空调系统中循环的热水必须是经过处理达标后的软化水。因此,空调水系统要设置水处理设备来去除钙、镁等盐类;同时,水处理设备还要去除水中的悬浮物、油类、有机物和气体等杂质。

水处理设备的各种罐宜安装在混凝土基础上。混凝土基础要根据设备的尺寸浇筑。浇筑基础时,可按罐的支腿立柱埋设螺栓,也可预埋设钢板,以便固定罐体;基础表面要平整,同类罐的基础高度应一致,混凝土基础强度达75%以上,方可安装。水处理设备吊装时,应注意保护设备的仪表和玻璃观察孔等部位。设备就位找平后再拧紧地脚螺栓固定。与水处理设备连接的管道,应在罐体试压、冲洗完毕后连接。如在冬季安装,应将设备内的水放空,防止冻坏。

水处理设备的离子交换树脂是利用盐水冲洗再生的,应采用耐腐蚀的非金属管或有衬里的设备、管道、管件、阀门等。其他材料应符合设计要求,有材质证明或出厂合格证,并按规范规定进行检验。化学处理法水处理设备的配管应符合下列要求:

①衬里设备、管道或管件在搬运就位时应避免强烈振动及碰撞。

②安装时,严禁敲击、加热、焊接或矫形。

③钢制衬里管段制作可分为直管段和管件管段两种类型。直管段两端配置光面平法兰或活套法兰制成。管件管段采用与直管段材质配置光面平法兰或松套法兰,也可以采用焊接管件制作,但焊缝内部必须处理。制作后要在预制两端标上标记,作为安装时的标识。

④衬里管道及管件安装前,要将内部清理干净,并应逐件检查衬里情况,衬里不应有破损和缺陷。

⑤衬里管道安装时,应按预制加工时的标记依次进行,不得混淆或颠倒。安装的管道要与支、托架紧密接触,连接的法兰径向同心,密封面结合均匀严密,紧固螺栓的力度适宜,不得损伤衬里。

8.4 热泵机组安装简介

热泵是以冷凝器放出的热量来供热的制冷机。热泵装置可充分利用低位能量而节约高位能量,具有冷暖联供和环保、节能等优点,应用十分广泛。常用的有空气源热泵冷热水机组、水源热泵机组和地源热泵机组等。

8.4.1 空气源热泵

空气源热泵机组分为冷热水机组和冷媒机组,其安装内容包括室内机组和室外机组的安装。对于冷热水机组,室内空调末端设备的安装与普通空调系统安装基本相同。对于冷媒空调系统的室内末端设备的安装,则应按照产品样本要求和有关技术规程进行,并注意多联机的主机与各室内机组的允许高差和室内机之间的高差以及冷凝水的排放。

小型一体化室外机组可参照家用空调器室外机的安装方法,采用落地或挂墙安装在建筑预留的空调机位置上。安装时,胀杆螺栓及钢支架要牢固,能承受室外机组的运行质量和振动荷载,还应注意室外机组的气流流向,不要形成不利于室外机散热的温度场,有条件的还应将冷凝水的冷量加以利用。

大型室外机或机组的安装位置应保证通风良好,还应考虑机组噪声对周围的影响以及室外机组对建筑立面的影响。大型机组一般放在屋顶,并做混凝土基础、支墩,施工时不能破坏建筑的防水层。

8.4.2 水源、地源热泵

水源、地源热泵是利用水或其他冷媒与深井地下水、冷却循环水、地表水和土壤进行冷热交换的冷热源系统。大系统的热泵主机机组安装同制冷设备安装,小型热泵系统或热泵空调设备的安装同空调系统末端设备安装。这里仅介绍换热器安装。

换热器分为普通换热器和土壤换热器。当采用抽取地下水然后经换热器换热后回灌时,可采用普通的高效换热器。土壤换热器的安装应尽可能遵循设计要求。平面图上应标明开挖地沟或钻凿竖井的位置,通往建筑物或机房的入口位置和在规划建设工地范围内所有地下公用事业设备的位置,以保证钻洞、筑洞、灌浆、冲洗和填充换热器施工的要求。

（1）水平式换热器安装

水平式换热器如图8.36和图8.37所示。施工程序:按平面图开挖地沟和在沟内敷设塑料管道;按施工规范完成全部连接缝的熔焊;在回填之前进行管线试压;将供回水管线连接到循环集管上,并一起安装在机房内;在所有埋管地点的上方做出标志,或者标明管线的定位带,然后回填。

如果有多个不同埋深,应先回填下一层管道的埋土并认真夯实后,再进行上一层管道的安装,埋土厚度一般为150 mm。回填时,应仔细清除尖利的岩石块和其他碎石。对曲线形或螺旋形的换热器,则需采取不同的回填程序。

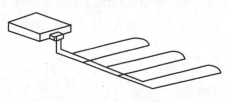

图8.36 水平直管换热器

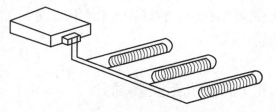

图8.37 水平螺旋管换热器

（2）垂直式换热器安装

施工程序:按平面图钻凿出各个竖井,并把U形管换热器安装到竖井中,沿着竖井边的地沟敷设供、回循环管线,管间应有间距;将供、回循环管熔接到循环集管上;连接循环集管和管线,并将管线引入建筑物内;热泵的进出水管上都应预留压力和温度测孔和关断阀门;在回填地沟之前,将管线和循环集管充水并试压;在钻井时可能会产生大量水和泥渣,应设适宜的清理设施;垂直换热器系统中的竖井应使用导管自底向上灌浆,灌浆材料的选择取决于地下条件、灌浆材料特性和土壤换热器的预期运行温度。合适的灌浆可以加强土壤和换热器之间的热接触,防止污染物从地面向下渗漏,防止含水层之间水的移动。一般用含有95%水泥和5%膨润土拌和成的灌浆,在钻井完成和安装了每一个换热器之后立即进行;应该用直径不小于25 mm的聚氯乙烯管做导管,下竖井之前便将其连接到U形管换热器上。竖井的灌装如图8.38、图8.39所示。

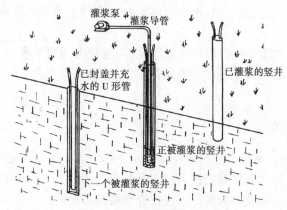

图8.38 竖井的灌装示意图

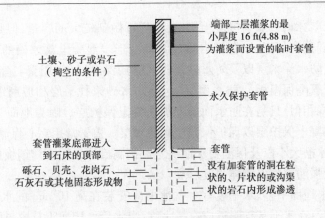

图8.39 竖井灌浆封面示意图

换热器埋在冻土层以下非常密实或坚硬的土壤或岩石内运行时,应使用水泥基料灌浆;埋在冻土层以上的地块运行时,则使用比水泥灌浆价廉的膨润土为基料的灌浆。

（3）埋地换热器的试压填充

垂直换热器安装的管道应在到达工地后进行试压,一般用空气作为试压介质。垂直换热器中的循环管路采用水进行试压检漏,试验压力一般为 0.6 ~ 0.7 MPa,并稳压 4 h,压降不大于 0.035 MPa 为合格。安装后的土壤换热器应立即进行试压和空气清洗,然后回填,并向系统充入适当浓度的抗冻剂,在需要的地方加入防腐剂。

（4）地表水换热器的安装

地表水换热器系统的安装应以设计为准,按图示管沟及换热器环路的位置,以及供水与回水环路干管在机房建筑物的入口位置敷设。在管网中一般使用特殊的塑料管材,泵壳和板式换热器上一般使用不锈钢管材料。管沟内管道连接和地表水换热器的管道连接,一般采用热熔技术。对板式换热器来说,金属端板和换热板之间还应有足够的移动空间。

8.5 冰蓄冷空调系统安装简介

将冷量以显热或潜热的形式储存在某种介质中,并能够在需要时释放出冷量的空调系统称为蓄冷空调系统,简称蓄冷系统。通过制冰方式,以相变潜热储存冷量,并在需要时融冰释放出冷量的空调系统称为冰蓄冷空调系统,简称冰蓄冷系统。蓄冷介质通常有水、冰及共晶盐相变材料等。蓄冷系统一般由制冷、蓄冷以及供冷系统组成。制冷、蓄冷系统由制冷设备、蓄冷装置、辅助设备、控制调节设备四部分通过管道和导线(包括控制导线和动力电缆等)连接组成。通常以水或乙烯、乙二醇水溶液为载冷剂,除了能用于常规制冷外,还能在蓄冷工况下运行,从蓄冷介质中移出热量(显热和潜热);待需要供冷时,可由制冷设备单独制冷供冷,或蓄冷装置单独释冷供冷,或二者联合供冷。供冷系统包括空调末端设备、输送载冷剂的泵与管道、输送空气的风机、风管和附件以及控制和监控的仪器仪表等。与常规空调系统不同的是,冰蓄冷系统增加了蓄冰槽和冰盘管的安装,乙二醇水溶液的充注,以及低温送风系统的施工。

8.5.1 蓄冰槽安装

蓄冰槽是冰蓄冷系统实现蓄冰功能的关键设备。蓄冰槽常用混凝土和钢制槽体两种。对于大型冰蓄冷系统,蓄冰槽一般为混凝土构造,这样可做到较大的容量,但是大容量的蓄冰槽需要增加槽的壁厚并进行加固,以免因自重过大而变形。混凝土蓄冰槽的墙面由防水层(包括防水砂浆找平层、防水涂料层以及防水砂浆找平层),保温层(常用聚氨酯保温,可以现场发泡,也可以是干挂聚氨酯保温板),防水面层(包括防水砂浆找平层和玻璃钢防水面层)组成。底面结构与墙面基本相似,只是在防水面层上加混凝土保护层。因为地面一般要承受大部分冰的重力,所以加混凝土保护层以保护保温层和防水层。盖子常用夹心保温彩钢板,各个结构层的具体厚度依据冰槽大小以及保温要求而决定。钢制槽体采用不锈钢板或碳钢板进行焊接制作,需考虑采用加强筋以确保槽体强度。

蓄冰槽安装要求地面平整、水平度好。蓄冰槽应安装在高 10 mm 的水平基础上,必须能承受槽体的运行质量,在水平基础附近应有排水沟、上水管。槽间距及槽与墙的距离不得小于400 mm。蓄冰槽顶与天花板至少保持 1.0 ~ 1.5 m 的距离,以满足接管与安装的要求,如图8.40 所示。混凝土蓄冰槽要求槽上空间尺寸适当加大,以满足冰盘管的整体吊装。若选用现场拼装式箱体,应遵照厂家提供的技术手册或产品说明书中的规定。

蓄冰槽与下面的支撑必须进行隔冷处理,以免局部形成冷桥,槽的本体必须进行绝热保温设计以减少冷损失。乙二醇溶液在蓄冰过程中通常在 −5.56 ~ −2.19 ℃ 范围内,与周围环境的温差大,如果隔热效果不好,在平时的运行中会造成非常大的浪费,所以蓄冰槽本体的保温厚度应大于标准工况的冷冻水的保温厚度,保温层应严密,尽量减少冷损失。

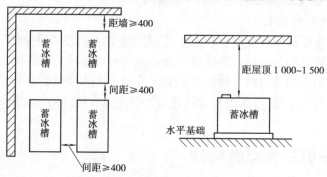

图 8.40　蓄冰槽安装

8.5.2　冰盘管安装

冰盘管是冰蓄冷系统实现蓄冰功能的关键部件,其安装质量关系到整个系统能否有效运行。冰盘管到现场后,如现场不具备安装条件,需将冰盘管放在仓库内,四周用钢管将其隔离起来,防止在搬运其他材料、设备时碰到,造成设备损伤。冰盘管安装程序如下:

1)冰盘管吊装前的准备

将蓄冰槽内部清理干净。根据设计图纸,将所有冰盘管的位置在地面上准确放线画出;将承重混凝土梁的位置画出,以便能够把盘管组准确安装在承重混凝土梁的上面。

2)冰盘管吊装

冰盘管起吊后,从设备吊装孔中进入蓄冰槽底部(见图8.41)。对于叠加在一起的盘管组,先将第一个盘管吊放在蓄冰槽底部的小"坦克"(见图8.42)上,再将第二个盘管吊放在第一个盘管上面,用螺栓连接固定,最后利用小"坦克"将盘管组水平位移到设计位置。用齿条式起重机微调盘管组,使盘管组间距分布均匀。冰槽内冰盘管水平移动时,注意轻拿轻放,移动盘管时切勿碰撞,以免损坏设备或防水层。

图8.41　冰盘管吊装示意图　　　　图8.42　设备搬运专用小"坦克"

3)系统配管与阀门安装

按设计要求将冰盘管、主管、阀门连接,配管过程中严格按照设计要求,使每组冰盘管之间的供回液管道路程为同程式,保证流量平衡。供液管安装截止阀,回液管安装静态平衡阀,若发生流量不平衡问题,可通过平衡阀进行调节。制冰前,一般液位传感器的安装位置在液面以下约300 mm处。

4)冰盘管系统整体试压

安装完毕后,对焊缝进行清理,喷涂富锌保护层,并对冰盘管进行气压试验,保压5 min后观察焊接质量,保持蓄冰槽与外部管道系统完全隔离。系统管路安装完毕后,对蓄冰槽内所有设备、阀门与管道进行压力试验,介质为空气。

冰盘管组装完成后,采用整体热浸镀锌进行防腐。必须保证镀锌层密度均匀,表面光滑无瑕点,锌的附着量大于572 g/m²,镀锌层的厚度大于80 μm,捶击试验后不脱落。后期保温顶板施工时,在冰盘管上临时放置防护网,防止坠落物砸到设备,同时吊装顶板时应缓慢升降。

8.5.3　系统清洗

冰蓄冷系统对管道洁净度要求较高,特别是乙二醇系统,其管道必须冲洗干净。此外,由于冰盘管易发生堵塞,这就给冲洗提出了更高的要求。

首先,冰盘管设备不加入任何清洗或化学镀膜。由于蓄冰槽内管道为系统最低点,所以不加入整体清洗,管道系统采用单独清洗。当外部管道物理清洗合格后,再加入整体化学镀膜。具体做法如下:

①将冰盘管设备进出口法兰处进行封堵,并在进出口处加设临时旁通管,在系统最低点设置泄水口。

②系统冲洗水泵采用备用水泵,将非冲洗用水泵进出口阀门全部关闭。

③物理清洗、化学清洗与镀膜。开启补水口及泄水口,直至泄水口水质透明无杂物为合格。

④冰盘管设备清洗。将系统内水放空,拆去设备进出口盲板及旁通管,用高压氮气进行吹扫,直至合格为止。

⑤拆去钢丝网过滤器,对系统再进行冲洗,冲洗合格后进行二次试压。二次试压合格方可进行保温工序的施工。

8.5.4 乙二醇水溶液的充注

冰蓄冷系统常用工业抑制性的乙二醇水溶液作为载冷剂,可以防止乙二醇显酸性从而保护蓄冰系统中的金属部件。低于20%浓度的乙二醇流体会引起细菌滋生,超过60%浓度的乙二醇会降低热效率且不能降低冰点,故常用25%浓度的乙二醇。乙二醇水溶液灌注前必须清洗干净管道,预膜厚度要达到要求。

乙二醇溶液充注前除制冷主机、水泵本体、热交换器内的一部分水无法排放干净外,其余乙二醇系统管道中的所有水必须排放干净,然后将冰蓄冷系统中的所有排污阀门关闭,打开所有乙二醇初次吸水泵进出口阀门、蓄冰罐前后阀门、制冷主机的进出口阀门以及所有电动阀和系统最高点的排气阀门。先利用水泵及软管将80%的纯乙二醇注入水箱中(直接从入孔打入),再向水箱内注入纯净水,直至灌满水箱后,开启补水泵对系统加压补水。压力升至系统静压前,开启乙二醇系统循环泵循环约2 h,2 h后每0.5 h检测乙二醇浓度一次,并做详细检测记录。观察其冰点是否满足系统需要。如果冰点小于指定范围,需要再加入适量乙二醇,使浓度达到预定值。

因纯乙二醇溶液价格昂贵,约7 100元/t。在系统中,如果检修或系统渗漏会造成很大的不必要的经济损失,同时对环境造成污染。施工中,管道及设备支架应设立牢固,同时系统应进行严格的严密性试验。如果可能,在乙二醇溶液充注前进行水溶液的试运转,观察整个系统的运转情况和自控系统的测点及电动阀门的动作配合。

8.5.5 注意事项

①系统应设置膨胀水箱,还应设置溶液补给箱作为膨胀水箱外的溢流箱,在系统亏液或浓度降低时进行补液。设置溶液补给箱具有以下作用:既可方便地给系统补充乙二醇溶液,又便于检查乙二醇溶液浓度;当系统溶液体积膨胀时,膨胀箱中的溶液容纳不下而溢流至补给箱;在系统检修或维护中的补液及乙二醇液体的回收再利用,有利于减少运营成本,并满足环保要求。

②电动调节阀等阀门的密闭性能应符合要求。在整个系统冻冰及融冰的过程中,乙二醇侧在一定阶段内会运行在3.7~6.5 ℃温度范围内,在板换的另一侧的冷冻水通常在6.5~10 ℃运行。如果板换的乙二醇侧关闭不严有泄漏,会造成板换冷冻水一侧结冰,冻裂设备。电动阀门的两侧应设置检修阀和旁通阀,以便系统检修和人工手动运行。电动阀门必须有方便的手动调节装置。

③系统运行中要对乙二醇溶液的浓度进行监测。乙二醇系统在运行时,乙二醇溶液会有部分变质和挥发,使乙二醇溶液的浓度降低,凝固点温度提高,无法保证冷水机组的防冻保护。在系统运行中,要求管理人员定期检测乙二醇浓度的变化,及时进行补充。主要观测点是冷水机组出口处、板换乙二醇侧出水口、蓄冰槽的泄水口和水泵的进口。

④在系统运行过程中,应严密监测板换冷冻水侧的运行情况,如发现水流速度过低,出口

温度过低,应及时进行检查,以防止由于水温过低发生板换冷冻水侧的冻结,从而损坏设备。

⑤在系统运行过程中,由于冰盘管完全封闭在槽体内,只能通过检测参数了解其运行情况,无法直观进行监测。一旦冰盘管损坏,水将进入乙二醇溶液。所以在冰盘管的安装过程中,应严格执行操作规程,保证冰盘管的完好。

8.6 制冷系统试运行

制冷系统经过拆卸、清洗、检查、测量、装配之后,必须进行系统试运行,以鉴定系统的装配质量和运转性能。

8.6.1 单机试运行

单机试运行分为无负荷试运行和空气负荷试运行。单机试运行前,应检查设备安装质量、内部清洁情况、机体各紧固件是否拧紧、运行是否灵活、仪表和电气设备是否调试合格,在汽缸内壁添加少量冷冻机油,并应做好试车记录。下面以活塞式制冷压缩机为例说明。

1)无负荷试运行

应先拆去汽缸盖和吸、排气阀并固定缸套。先启动压缩机运转 10 min,停车检查温升和润滑情况,无异常后继续运行不少于 2 h,检查运行是否平稳、主轴承温升是否正常、油封是否有滴漏、油泵供油是否正常。停车后,检查汽缸是否有磨损。

2)空气负荷试运行

将吸、排气阀组安装固定后,按设备技术文件的规定调整活塞的止点间隙,压缩机的吸气口应加装空气滤清器。启动压缩机,当吸气压力为大气压力时,其排气压力应为:有水冷却者绝对压力应为 0.3 MPa;无水冷却者绝对压力为 0.2 MPa,连续运转不得少于 1 h。油压调节阀的操作应灵活,调节油压宜比吸气压力高 0.15~0.3 MPa。能量调节装置的操作应灵活、正确。压缩机各部位的允许温升应满足下述条件:有水冷却时,轴承、轴封、润滑油温升应不大于 40 ℃;无水冷却时,轴承、轴封温升不大于 50 ℃,润滑油温升不大于 60 ℃。汽缸套的进、出口水温分别不大于 35 ℃ 和 45 ℃。压缩机运行应平稳,吸、排气阀跳动正常,各连接部位、轴封、缸盖等应无漏气、漏油、漏水现象。试运行后,应拆除空滤和油滤,更换润滑油。

8.6.2 系统试运行

系统试运行分为系统吹污、气密性试验、真空试验、充注制冷剂四个阶段。

1)系统吹污

制冷系统经过安装后,其内部难免留有焊渣、铁锈、氧化皮等杂质,如果不清除干净,运行时可能损伤阀门阀芯,或"拉毛"汽缸镜面,或堵塞过滤器。为此,在制冷系统试运转前必须进行仔细吹污。吹污时,所有阀门(安全阀除外)处于开启状态。氨系统吹污介质为干燥空气,氟利昂系统可用氮气,吹污压力为 0.6 MPa。一般选择最低点作为排污口,可将白布置于排污口外 300 ~ 500 mm 处观察 5 min 判断是否吹净。白布上无污物为合格。吹污时难免有少量杂物滞留在阀门里,因此吹污结束后将阀芯拆下清洗并吹干。

2)气密性试验

对于氨系统,可用干燥的压缩空气、CO_2 或 N_2 作为试验介质,氟利昂系统应用 CO_2 或 N_2 作为试验介质。试验压力见表 8.7。试验时间共计 24 h,前 6 h 压降不大于 0.03 MPa,后 18 h 压力无变化(除去因环境温度变化而引起的误差外)为合格。因环境温度变化而影响的压差可按式(8.1)修正:

$$p_2 = p_1(273 + t_2)/(273 + t_1) \tag{8.1}$$

式中　p_1, t_1——试验开始时的压力(MPa)、温度(℃);

　　　p_2, t_2——试验终了时的压力(MPa)、温度(℃)。

表 8.7　系统气密性试验压力

系统压力	活塞式制冷机			离心式制冷机
	R717	R22	R12	R11
低压系统	1.18		0.91	0.091
高压系统	1.77		1.57	0.091

3)真空试验

真空试验是将系统试压时残留的气体、空气和水分抽出,以保持系统内的纯洁干燥。当无法用真空泵做真空试验时,可以选用系统中的一台压缩机代替真空泵。氨系统的试验压力不高于 0.008 MPa,24 h 后压力基本无变化,氟系统的试验压力不高于 0.005 3 MPa,24 h 后回升不大于 0.000 5 MPa 为合格。

4)充注制冷剂

首先充适量制冷剂检漏。氨系统加压到 0.1 ~ 0.2 MPa,用酚酞试纸检漏。氟利昂系统加压到 0.2 ~ 0.3 MPa,用喷灯式卤素检漏仪检漏。检查无渗漏后方可继续加液。如有渗漏,则抽尽所注制冷剂,检查修补后再试。

(1)系统充制冷剂

如图 8.43 所示,氨是靠氨瓶内的压力与系统内的压力差进入系统的,随着系统内氨量的增加,需要降低系统内的压力。当系统内的压力升至 0.3 ~ 0.4 MPa 时,应关闭贮液器上的出液阀,使高低压系统分开,然后打开冷凝器及压缩机冷水套的冷却水和蒸发器的冷冻水,开启压缩机使氨瓶内的氨液进入系统后,经过蒸发、压缩、冷凝等过程送至贮液器中贮存起来。因贮液器的出液阀被关闭,贮液器中的氨液不能进入蒸发器蒸发,在压缩机的抽气作用下,蒸发器内压力必然降低,利用氨瓶中的压力与蒸发器内的压力差便可使氨瓶中的氨进入系统。

大型氟利昂制冷系统利用设在贮液器与膨胀阀之间的液体管道上的充剂阀充注,其操作方法与氨系统相同。对于中小型的氟利昂制冷系统,一般不设专用充剂阀,制冷剂从压缩机排气截止阀或吸气截止阀上的多用孔道充入系统,如图 8.44 所示。从排气截止阀多用孔道将液体制冷剂充入系统,称为高压段充注;从吸气截止阀多用孔道将气体制冷剂充入系统,称为低压段充注。

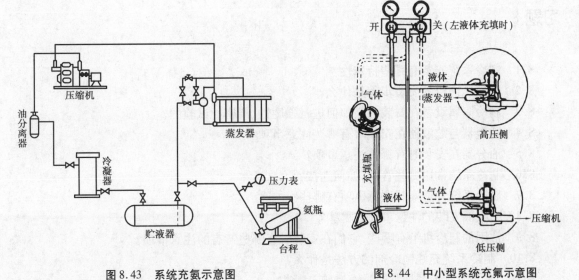

图 8.43　系统充氨示意图　　　　图 8.44　中小型系统充氟示意图

（2）充注注意事项

①制冷剂的充入量必须符合规定，否则会对制冷系统产生不良影响。充注过程中，可用称重、测压力、测流量或观察蒸发器结露等方法判断其充注量是否合适。

②充注时，应注意防止空气和杂质混入。因空气中的水分进入系统后会加剧金属腐蚀，对氟利昂系统还会造成冰塞，影响系统正常运行，甚至损坏压缩机。氨系统虽不会产生冰塞，但会使蒸发压力和蒸发温度升高，制冷量下降，功耗增加。为防止吸入空气和水分可采取以下方法：

a. 先利用少量制冷剂将临时连接管冲洗一下，以排出管内的空气。

b. 充注时，在管路中临时串接一只特制的干燥过滤器，容积要大一些，让制冷剂先通过干燥过滤器再进入系统而除去水分。

③充注氟利昂液体时，切不可启动压缩机，以防发生事故。

5）系统试运行

只有在系统内充注了额定的制冷剂后，才可进行系统试运行。运行前，应首先启动冷凝器的冷却水泵及蒸发器的冷冻水泵或风机，并检查供水量、风量是否满足要求。凡有油泵设备的，应先启动油泵，检查压缩机油面高度、压缩机电动机运转方向等，确认无误后方可运行。正常试运行应不少于 8 h。在运行过程中要注意油温、油压、水温是否符合要求。由于带制冷剂与单机试运行不同，不同的制冷剂其排气温度的控制值不同。制冷剂为 R717、R22 时排气温度不得超过 150 ℃；如为 R12 时，则不得超过 130 ℃。系统试运行正常后，停车时需按下列顺序进行：先停制冷机、油泵（离心式制冷系统应在主机停车 2 min 后停油泵），再停冷冻水泵、冷凝水泵。

试运行结束后，应清洗滤油器、滤网，必要时更换润滑油。对于氟利昂系统尚需更换干燥过滤器的硅胶。清洗完毕后，将有关装置调整到准备启动状态。

习题 8

8.1　制冷系统安装有哪些特殊性？

8.2　制冷压缩机的安装步骤是什么？

8.3　制冷附属设备在安装前是如何进行强度性、严密性试验的？

8.4　冷凝器与贮液器在安装时有哪些注意事项？

8.5　油分器在安装时有哪些注意事项？

8.6　制冷系统常用哪些管材，如何连接？

8.7　制冷系统管道安装注意事项有哪些？

8.8　膨胀阀安装的注意事项有哪些？

8.9　常用的制冷机组有哪些，它们在安装时有哪些特有的注意事项？

8.10　制冷系统充注制冷剂的方法是什么？

8.11　水泵及管道减振与防噪声措施有哪些？

8.12　水泵试运行程序是什么？

8.13　冷却塔的安装技术要求是什么？

8.14　分、集水器的安装形式有哪些？

8.15　制冷系统试运行有几个阶段？

管道与设备的防腐和绝热 9

9.1 管道与设备防腐

9.1.1 腐蚀与防腐

1) 金属腐蚀

金属表面腐蚀是金属与空气中的水分结合产生的氧化生锈及与酸、碱、盐类反应产生的腐蚀。金属腐蚀有化学和电化学腐蚀两类。前者是指不包含电化学反应,由化学作用引起的腐蚀。后者是指至少包含一种阳极反应和一种阴极反应、由电化学作用引起的腐蚀。

2) 金属腐蚀的危害

在安装工程中,金属腐蚀将造成系统泄漏、能源浪费、功效降低和寿命减少。对于输送有毒、有害、易燃、易爆介质的管道,一旦泄漏,不仅污染环境、危及人身安全,甚至造成重大事故。因此,必须采取有效措施,防止或减缓金属腐蚀。

3) 常用防腐方法

安装工程常用金属防腐方法是涂料法。明装管道和设备一般刷油漆涂料。暗装或地下管道通常刷沥青涂料。常用油漆见表1.32。设备、管道的防腐措施见表9.1和表9.2。

9.1.2 管道及设备表面的预处理

管道和设备表面预处理可以清除金属表面污物、增大金属表面的摩擦系数、提高涂料的附着力、使涂料与金属表面良好结合,保证涂层质量和防腐效果。常用预处理方法如下:

1) 清洗

清洗是指采用溶剂、乳剂或碱性清洗剂等清洗钢材表面,以去除表面油脂、灰土等污物。

表9.1 非绝热设备及管道防腐措施

名 称	敷设环境	底 漆		面 漆	
		种 类	层 数	种 类	层 数
设备及管道 (100 ℃ < t ≤ 160 ℃)	室内架空	铁红酚醛底漆或防锈漆,灰酚醛防锈漆,铁红醇酸底漆	2	各色油性或脂胶调和漆	2
	室外架空		2	各色醇酸磁漆	2
设备及管道 (0 ℃ < t ≤ 100 ℃) (管沟内仅指管道)	室内架空	铁红环氧树脂底漆	2	银粉调和漆	1
	室外架空		2	各色醇酸磁漆	2
	管沟敷设		2	煤焦沥青漆	2
支吊架	—	铁红酚醛防锈漆	2	调和漆	1
埋地管道	直埋敷设	根据土壤腐蚀性处理			

表9.2 绝热设备及管道外保护层防腐措施

保护层结构	使用环境	保护层表面防腐涂料	
		种 类	层 数
油毡、玻璃布等复合保护层	室内架空	醇酸磁漆或调和漆	2
	室外架空		2
	管沟敷设	沥青冷底子油或乳化沥青	2
金属薄板保护层	室内外架空管道	薄钢板内外表面刷铁红醇酸底漆	2
		薄钢板外表面刷醇酸磁底漆	2

注:绝热设备及管道在绝热前需进行除锈处理,并刷两遍防锈漆。

2)除锈

(1)锈蚀等级

钢材表面的锈蚀等级见表9.3。

表9.3 钢材表面锈蚀等级

等 级	状 态
A(微锈)	表面大面积覆盖着氧化皮,几乎没有铁锈
B(轻锈)	已发生锈蚀并且氧化皮已开始脱落
C(中锈)	氧化皮已因锈蚀而剥落,或者可以刮除,并在正常视力观察下可见轻微点蚀
D(重锈)	氧化皮已因锈蚀而剥落,并且在正常视力观察下可见普遍发生点蚀

注:摘自《涂覆涂料前钢材表面处理 表面清洁度的目测评定 第1部分:未涂覆过的钢材表面和全面清除原有涂层后的钢材表面的锈蚀等级和处理等级》(GB/T 8923.1—2011)

(2)常用除锈方法

①手工除锈:利用手动工具,采用敲、磨、铲、刮等方式进行除锈。

先用冲击性手动工具,如手锤、铲刀、砂轮等除掉钢材表面上的分层锈和焊接飞溅物,再用钢丝刷、粗砂纸、铲刀或类似的手动工具,刷、磨或刮除掉钢材表面所有松动的氧化皮、疏松的锈和旧涂层。其特点是工具简单、操作方便,但劳动强度大、工效低且质量不稳定。手工除锈适用于不便于机械作业的场合,是工程中常用的除锈方法。

②动力工具除锈:利用动力工具,采用冲击或摩擦等方式进行除锈。

用由动力驱动的旋转式或冲击式工具,如旋转钢丝刷、砂轮等,除去钢材表面上的分层锈和焊接飞溅物以及松动的氧化皮、疏松的锈和旧涂层。在动力工具不易到达处,需用手动工具进行补充清理。动力工具除锈方法的适应范围同手工除锈。

③喷(抛)射除锈:利用压缩空气,把河砂、石英砂等喷射到金属表面,依靠砂粒的冲击和摩擦作用进行除锈,多用于加工厂、预制厂等需要大面积除锈的场合。

④化学除锈(又称为酸洗):利用酸性溶液与钢材表面的锈污(氧化物)发生化学反应,使之溶解在酸液内;另外,酸与金属作用产生的氢气可使氧化皮脱落。酸性溶液有盐酸、硫酸和磷酸等。酸洗前应清除钢材表面的油脂、污垢等杂质。酸洗后应用淡水充分冲洗,并作中和钝化、干燥处理。酸洗适用于形状复杂的设备及零部件除锈。

(3)除锈处理质量要求

钢材除锈处理方法与质量等级代号和质量要求见表9.4。

表 9.4　钢材表面除锈处理方法、质量等级代号和质量要求

除锈方法与质量等级代号			质量要求
手工/动力处理	St	彻底 St2	表面无可见油、脂和污物,无附着不牢的氧化皮、铁锈、涂层和外来杂质
		非常彻底 St3	同 St2,但表面处理彻底得多,表面应具有金属底材的光泽
喷射处理	Sa	轻度 Sa1	表面无可见油、脂和污物,无附着不牢的氧化皮、铁锈、涂层和外来杂质
		彻底 Sa2	表面无可见油、脂和污物,几乎无氧化皮、铁锈、涂层和外来杂质。任何残留污染物应附着牢固
		非常彻底 Sa2.5	表面无可见油、脂和污物,无氧化皮、铁锈、涂层和外来杂质,任何污染物的残留痕迹应仅呈现为点状或条纹状的轻微色斑
		表观洁净 Sa3	表面无可见油、脂和污物,无氧化皮、铁锈、涂层和外来杂质,表面具有均匀的金属光泽
化学处理		Pi	完全去除油脂、氧化皮、锈蚀产物等一切杂物,表面呈现均匀的色泽

注:摘自 GB/T 8923.1—2011

9.1.3　管道及设备表面刷油

油漆是一种有机涂料。刷油(漆)是安装工程常用的防腐方法。它利用漆膜把金属表面与空气、水分和腐蚀介质等隔离,保护金属表面免遭腐蚀。油漆的颜色还可起标识作用。

油漆种类选择及刷油遍数应符合设计要求,可参考表1.32、表9.1和表9.2。

1)施工方法

防腐涂料的施工方法有刷涂、刮涂、浸涂、淋涂和喷涂等。施工现场常用刷涂法和喷涂法,

其中以手工刷涂应用最为普遍。基本工序是底层除污(锈)、涂刷防锈漆和面漆等。

（1）手工刷涂

手工刷涂时，先用稀释料将油漆调配到适宜的稠度，再用毛刷分层刷涂。刷涂应由内向外、自上而下、从左到右、纵横交错、往复进行。每层不宜过厚，涂层应均匀，不得漏涂和流挂。刷涂应分层进行，先刷底漆、后刷面漆。前一遍油漆干透后再刷下一遍。

手工刷涂的特点是工具简单、操作方便，油漆对管材的润湿能力强，适用范围广，但生产效率低。涂刷质量与操作者的经验和熟练程度等有关。

（2）喷涂法

喷涂法有空气、静电、高压和粉末喷涂等，施工现场多采用空气喷涂。

空气喷涂是利用压缩空气通过喷枪把涂料喷散成雾状涂覆到管道或设备表面。空气的压力为 0.2~0.4 MPa，喷枪距物体表面 250~400 mm，移动速度为 10~15 m/min。喷枪如图 9.1 所示。

空气喷涂的漆膜均匀、表面平整、效率高，适用于各种形状物件的特点。但漆膜较薄，要多次喷涂才能达到需要的厚度。

图 9.1 油漆喷枪

2）刷油要求

①刷油前应清除物体表面的锈蚀、焊渣、毛刺、油污和灰尘等，并保持表面干燥。

②刷油宜在气温 15~30 ℃、相对湿度不大于70%、无灰尘和烟雾污染的环境下施工。

③刷油应完整覆盖物体表面，无漏刷、起皱、流淌等缺陷，厚度应符合设计要求。

④安装前预先集中刷油的管道、设备应留出焊缝位置，安装后试压之前不得刷油。

3）管道涂色及标志

管道或设备表面的识别色用以识别管道或设备内物质的种类。识别符号用以识别管道或设备内物质的名称和状态。

根据管道或设备内物质的一般特性，工业管道的基本识别色分为 8 类，见表 9.5。

表9.5 工业管道的基本识别色

编 号	1	2	3	4	5	6	7	8
物质种类	水	水蒸气	空气	气体	酸或碱	可燃气体	其他液体	氧
基本识别色	艳绿	大红	淡灰	中黄	紫	棕	黑	淡蓝
颜色标准编号	G03	R03	B03	Y07	P02	YR05	—	PB06

注：摘自《工业管道的基本识别色、识别符号和安全标识》（GB 7231—2003）。

（1）工业管道的基本识别色标志

可采用全长标志、色环标志、色牌标志、带箭头色牌标志和挂牌标志。

采用后四种基本识别色标志方法时，两个标志之间的最小距离应为 10 m，且标志点应该包括所有管道的起点、终点、交叉点、转弯处、阀门和穿墙孔两侧等的管道上和其他需要标志的部位。标志的最小尺寸应能清楚观察识别。

（2）工业管道的识别符号

工业管道的识别符号由物质名称、流向和主要工艺参数等组成。

物质名称以汉字全称或化学分子式标示，如氮气、硫酸或如 N_2、H_2SO_4 等。流向标志用箭头表示，双向流向的以双向箭头表示。物质压力、温度、流速等主要工艺参数的标志，可按需自行确定。上述字母、数字的最小字体以及箭头的最小外形尺寸，应以能清楚观察识别为准。

9.1.4 管道及设备防腐

1）埋地管道的防腐

在土壤的酸、碱、湿度、空气渗透和杂散电流等作用下，埋地管道主要受到电化学腐蚀。一般防腐方法是在管子外部做沥青防腐层。沥青防腐材料有沥青玛蹄脂、环氧煤沥青等。

（1）沥青防腐层的类型及结构

埋地管道的腐蚀程度与土壤的性质有关，需按土壤的腐蚀性采取相应的防腐措施。土壤的腐蚀性和防腐等级应依据地质资料确定，也可参考表 9.6。

表 9.6　土壤的腐蚀性和防腐等级

电阻法/$(\Omega \cdot m^{-1})$	>100	100~20	20~10	<10
腐蚀性	低	一般	较高	高
防腐等级	普通	普通	加强	特加强

埋地管道防腐层结构及等级见表 9.7。

表 9.7　沥青防腐层结构及等级

单位:mm

防腐层等级	结　　构	防腐层厚度	厚度允许偏差
普通级	沥青底漆—沥青涂层—外包保护层	3	-0.3
加强级	沥青底漆—沥青涂层—加强包扎层—沥青涂层—外包保护层	6	-0.5
特加强级	沥青底漆—沥青涂层—加强包扎层—沥青涂层—加强包扎层—沥青涂层—外包保护层	9	-0.5

注:①自管道金属表面算起;②沥青涂层每层厚度为 3 mm。

（2）沥青防腐层施工

应在管道安装、试压合格后进行，施工程序如下：

①管子表面进行除污（锈），直至露出金属光泽。

②为防止管子再次氧化，应立即涂刷底漆。底漆厚度为 0.1~0.2 mm，涂刷应均匀，无漏刷、气泡、流痕等缺陷。

③底漆完全干燥后，涂敷沥青层。涂层要厚薄均匀、无气泡、针孔、"瘤子"等缺陷。前遍涂完并干燥后再涂下遍，各层漆应涂刷 2~3 遍达到规定的漆膜厚度，不得一遍涂成。漆膜厚度达到规定要求时，需趁热将烘干的玻璃丝布呈螺旋状缠绕在管子上。玻璃丝布两面应浸透沥青，缠包应紧密、无皱褶，压边宽度为 10~15 mm。

④其他沥青防腐层与加强包扎层(玻璃丝布)的施工方法基本同上,但玻璃丝布的缠绕方向应与上一层相反,并应在沥青冷却到 60 ~ 70 ℃时进行缠包。

2)管道、设备的防腐蚀衬里

对于储存、输送酸、碱等强腐蚀性介质的碳钢管道、设备,防腐蚀措施通常是在其内部做防腐蚀衬里,如 PVC 衬里、铅衬里(包括衬铅、搪铅)、玻璃钢衬里、橡胶衬里和耐酸砖板衬里等。施工方法见有关专业书籍,此处从略。

9.2 管道与设备绝热

9.2.1 绝热的目的

保温和保冷统称为绝热,是为减少设备或管道与周围环境的热交换而采取的技术措施。保温是指为减少设备、管道及其附件向周围环境散热或降低表面温度,在其外表面采取的包裹措施。保冷是指为减少周围环境中的热量传入低温设备及管道内部,防止低温设备及管道外壁表面凝露,在其外表面采取的包裹措施。

绝热的目的主要是:

①减少冷、热损失,节约能源。采取有效的绝热措施可使设备或管道的冷、热损失显著减少,降低能耗、节约能源。

②防止设备或管道内液体结冻。当设备或管道内液体低速流动、间歇运行或储存有可能结冻时,通常需采取保温措施。

③防止设备或管道外表面结露。当设备或管道表面温度达到或低于空气的露点出现结露现象时,应采取防结露措施。

④满足工艺要求,提高经济效益。为满足生产工艺要求、保证介质温度、生产效率和供热质量,应采取绝热措施。

⑤改善工作环境,保障人身安全。对高、低温设备或管道进行绝热处理,可改善工作条件并能够防止烫、冻伤事故的发生。

⑥提高燃烧性能等级,防止火灾发生。绝热能够把高温管道、设备的表面温度降至安全状态,防止引发火灾并提高燃烧性能等级。

9.2.2 绝热材料

绝热材料是指对热流具有显著阻抗性的材料或材料复合体,包括保温和保冷材料。

1)绝热材料的性能要求

(1)热导率小

绝热材料应热导率小。热导率越小,绝热效果越好。

(2)密度小

绝热材料多为轻质多孔材料,密度一般不大于 300 kg/m³。低密度多孔绝热材料除了能够容纳较多的空气、具有较好的绝热性能外,还有利于减轻绝热结构的自重和荷载。

（3）具有一定机械强度

绝热材料及其制品应在自重及外力作用下不发生变形或破坏、便于施工和使用寿命长，因此应具有一定的机械强度，抗压强度一般不小于 0.3 MPa。

（4）吸水率低、耐水分浸蚀

由于水的热导率远大于空气，绝热材料吸水后，内部气孔被水挤占，导致绝热性能降低且易损坏。因此，应选用吸水率小和耐水分浸蚀的绝热材料。

（5）耐热性能好、不燃（或难燃）

在使用温度范围内不变形、不变质、不燃烧。

（6）性能稳定、不腐蚀金属

绝热材料除自身耐腐蚀、无毒无害外，在使用条件下应性能稳定、寿命长，对管道、设备无腐蚀，对周围环境无污染。

（7）施工方便、造价低

绝热材料应加工容易、施工方便、就地取材、价格低廉。可选用各种绝热材料制品，如保温板和管壳等，以方便施工、减少损耗。

2）绝热材料的分类

①按化学成分不同，分为有机、无机材料两大类。保温工程多采用无机绝热材料，如石棉、岩棉、玻璃纤维、硅酸钙等。保冷工程多用有机绝热材料，如聚苯乙烯泡沫塑料、聚氨酯泡沫塑料、橡塑发泡材料等。

②按使用温度分，有高、中、低温绝热材料。对应的使用温度为 700 ℃以上、100～700 ℃和 100 ℃以下。

③按形状分，有松散材料（如纤维、颗粒等）和成品材料（如瓦块、砌块、板材、管壳、毡、席、被、绳、砖等）。

④按施工方法分，有预制装配材料，涂抹、浇注、喷涂、缠包、捆扎和填充材料等。

3）常用绝热材料

常用绝热材料的种类及性能见表 9.8。

表 9.8　常用绝热材料的种类及性能

名　称	使用密度 /(kg·m⁻³)	使用温度 /℃	燃烧性能 等级	导热参考方程 /[W(m·℃)⁻¹]	适用 条件
玻璃棉制品	45～90	≤300	A	$\lambda = 0.031 + 0.000\ 17t_m$	金属/ 塑料 表面
超细玻璃棉制品	60～80	≤400	A	$\lambda = 0.025 + 0.000\ 23t_m$	
泡沫橡塑制品（PVC/NBR）	40～95	-40～105	B_1、B_2	$\lambda = 0.038 + 0.000\ 12t_m$	
酚醛泡沫制品	40～70	-180～150	B_1	$\lambda = 0.026\ 5 + 0.000\ 083\ 9t_m$	
复合硅酸盐制品	150～160	-40～800	A	$\lambda = 0.048 + 0.000\ 15t_m$	
聚乙烯泡沫制品	30～50	-50～100	B_1、B_2	$\lambda = 0.025 + 0.000\ 23t_m$	
岩棉制品	61～200	≤350	A	$\lambda = 0.036 + 0.000\ 18t_m$	

续表

名　　称	使用密度 /(kg·m⁻³)	使用温度 /℃	燃烧性能 等级	导热参考方程 /[W(m·℃)⁻¹]	适用 条件
聚氨酯泡沫制品	30~60	-65~110	B_1、B_2	$\lambda = 0.0275 + 0.00009t_m$	金属 表面
聚苯乙烯泡沫制品	≥30	-65~70	B_1、B_2	$\lambda = 0.039 + 0.000093t_m$	
泡沫玻璃制品	180	-200~400	A	$\lambda = 0.061 + 0.00011t_m$	
硅酸铝制品	≤192	≤800	A	$\lambda = 0.022 + 0.0002t_m$	
微孔硅酸钙制品	≤220	≤550	A	$\lambda = 0.054 + 0.00011t_m$	
憎水珍珠岩制品	≤220	≤400	A	$\lambda = 0.057 + 0.00012t_m$	

注:①使用密度指本表选用密度。

②燃烧性能见《建筑材料及制品燃烧性能分级》(GB 8624—2012)。

③t_m—绝热层内、外表面温度的算术平均值。

建筑材料及制品的燃烧性能等级见表9.9。

表9.9　建筑材料及制品的燃烧性能等级

燃烧性能等级	名　　称
A	不燃材料(制品)
B_1	难燃材料(制品)
B_2	可燃材料(制品)
B_3	易燃材料(制品)

注:摘自《建筑材料及制品燃烧性能分级》(GB 8624—2012)。

4)选用注意事项

保温、保冷材料及其制品的热导率、密度、抗压强度、吸水率、氧指数和燃烧性能等级等均应符合相关标准和规范的要求。

9.2.3　绝热结构

由管道或设备表面算起,绝热结构包括:防腐层—绝热层—防潮层(保冷或潮湿环境)—保护层—防腐、识别层。

(1)绝热层

保温或保冷层是绝热结构的主体,用于减少管道或设备的冷、热损失并使绝热后的表面温度不超过规定值。绝热层应有足够的热阻和机械强度,良好的耐腐蚀和防水、防火性能。

(2)防潮层

防潮层是为防止水蒸气迁移而设的结构层。防潮层设在保冷层或潮湿环境保温层的外部,用以防止绝热材料因受潮性能下降或损坏。常用防潮层材料见表9.10。

表 9.10　常用防潮层材料

防潮层	燃烧性能等级	包覆的绝热材料	使用场合
铝箔玻璃布	A	软质及半软质	干燥区
夹筋双层铝箔	B₁		
夹筋单层铝箔	B₂		
阻燃性塑料布		硬质及闭孔型	
三元乙丙橡胶防水卷材	B₃	软质、半软质及硬质	潮湿区及管沟等
沥青胶、防水冷胶玻璃布			
沥青油毡			

（3）保护层

保护层是为防止绝热层或防潮层受气候影响、机械外力等遭受损坏而设置的外围护层。保护层材料见表 9.11。

表 9.11　常用保护层材料

保护层名称	燃烧性能等级	厚度/mm			使用年限/年
		DN≤100	DN>100	设　备	
不锈钢板	A	0.3~0.35	0.35~0.5	0.5~0.7	>12
铝合金板	A	0.40~0.50	0.5~0.6	0.8~1.0	>12
镀锌钢板	A	0.30~0.35	0.35~0.5	0.5~0.7	3~6
玻璃钢	B₁	0.40~0.50	0.5~0.6	0.8~1.0	≤12
玻璃丝布	A	0.10~0.20	0.1~0.2	0.1~0.2	≤12
石灰麻刀胶泥	—	10~20	20	20	—
石棉水泥胶泥	—	10~20	20	20	—

（4）防腐、识别层

防腐层是指保护层外部的防腐涂层。识别层是指在保护层外涂刷的色标和符号，用于识别管道和设备内介质流向和类别。防腐层可兼作识别层。

9.2.4　绝热工程施工

常用施工工艺和方法如下：

1）绝热层施工

（1）涂抹法

涂抹法是把绝热材料与水按一定配比调成胶泥涂抹在管道、设备表面的施工方法，适用于散状绝热材料，属湿法施工。其特点是整体性好，绝热层结合紧密，且不受物体形状限制，但速度慢、工期长，已较少采用。

（2）绑扎法

绑扎法是用镀锌铁丝等把绝热材料绑扎在管道、设备表面的施工方法，适用于预制瓦块或板材保温，属干法施工。其特点是速度快、工期短，基本不受气温影响，主要用于热力管道和设备绝热。

（3）粘贴法

粘贴法是用黏结剂把绝热材料粘贴在管道、设备表面的施工方法，适用于各种预制成品绝热材料，属干法施工。其特点与绑扎法类同，但绝热材料与金属壁面结合紧密，主要用于空调、制冷系统绝热。

常用黏结剂有沥青玛碲脂、环氧树脂等。粘贴前先在金属壁面涂刷黏结剂，涂刷应均匀、饱满，覆盖整个粘贴面及四周接缝。绝热材料接缝应错开、平整。

（4）钉贴法

钉贴法是用在管道、设备表面粘贴的保温钉固定绝热材料的施工方法，适用于预制成品绝热材料，属干法施工。钉贴法用保温钉代替黏结剂固定绝热材料，特点是速度快、工期短、造价低，主要用于矩形风管绝热。保温钉有塑料和钢制品，如图9.2所示。

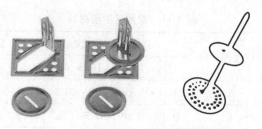

图9.2　保温钉

采用粘接施工时先用黏结剂将保温钉粘贴在风管表面，再用手或木方把绝热板材压在保温钉上，使保温钉穿透绝热板而露出，然后用自锁片压紧、固定。保温钉数量应符合施工规范要求。

为使绝热板固定牢靠，其外表面可用镀锌钢带或尼龙包扎带绑扎。绑扎时绝热板四角应垫以镀锌铁皮包角以防绝热层变形。

保温钉可采用焊接法施工，其特点是速度快（每分钟可焊12~40个）、工序少（铺装、固定一次性完成）、质量好、可使用卷材且外观平整，并可对粘接不牢或脱落部分进行修理。保温钉焊接施工如图9.3所示。

保温钉焊接施工工艺：焊枪接地后，接通电源，调整电压；把绝热层平整地铺设在风管表面；把保温钉装在焊枪上，穿过绝热层至风管表面，待指示灯变为绿色，按动开关焊接。

施工时绝热层铺设应平整，保温钉要充分与风管表面接触，按动开关后，将焊枪迅速从保温棉中抽出，以免破坏风管表面。

（5）套管法

套管法是把绝热管壳套在管道上的施工方法，适用于管道绝热，属干法施工，是目前常用的管道绝热方法，如图9.4所示。

绝热管壳有岩棉、玻璃棉、橡塑等，材质、厚度应符合设计要求，管壳内径应等于管道外径。施工时把绝热管壳沿纵向锯开，套在管道之上并用镀锌铁丝绑扎，或采用铝箔胶带、缠玻璃丝布包覆。管壳的纵向切口和环横向接缝均应包覆严密。纵向接缝应位于管道侧下方。

 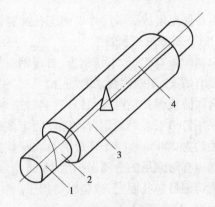

图9.3　保温钉焊接施工	图9.4　套管式绝热结构
1—风管;2—保温钉;3—焊枪;4—绝热卷材	1—管道;2—防锈漆;3—管壳;4—铝箔胶带

对室内暗装管道,当采用铝箔复合绝热管壳时,可不再设防潮层和保护层。

此外还有缠包法(适用于卷状保温材料,如各种棉毡)、填充法(适用于松散的粒状和纤维状保温材料,如矿渣棉、玻璃棉等)、发泡法(适用于聚氨酯泡沫塑料)、灌注法(如泡沫混凝土)和风管内保温施工法等,详见有关专业书籍。

2)防潮层施工

采用沥青玻璃丝布时,在绝热层上先涂刷不超过 3 mm 厚的沥青玛碲脂,用玻璃丝布呈螺旋状压茬缠绕在涂层上。立管应自下而上缠绕,环向和竖向搭接(压茬)宽度为 30 mm,最后在玻璃丝布外涂刷一层沥青玛蹄脂,厚度同上。

采用油毡防潮层时,立管应自下而上施工,横管上的搭接缝应朝下,搭接尺寸均为 30～50 mm。接缝需用沥青玛蹄脂粘牢、密封,并用镀锌铁丝或绑扎带固定牢靠。采用塑料布时,横管搭接缝应朝下,搭接尺寸为 30～50 mm,用黏结剂粘牢,接口应密封。

3)保护层施工

(1)玻璃丝布保护层

把带状玻璃丝布以螺旋状缠包在绝热层或防潮层外表面形成的保护层,适用于室内不易碰撞的管道。缠包玻璃丝布时,由一端开始先缠两圈,再以螺旋状向前缠包,起点和终点需用镀锌铁丝绑扎,并不小于两圈。缠包搭接(压茬)宽度为布带宽度的1/3～1/2。玻璃丝布缠包应平整、无皱纹和鼓包,松紧适当。

(2)沥青油毡＋玻璃丝布保护层

把块状沥青油毡和带状玻璃丝布缠包在绝热或防潮层表面的保护层,适用于室外管道。玻璃丝布外表面通常刷耐候性有机涂料。施工时先把油毡按需要的宽度裁成块状,然后包裹到管道上,并用镀锌铁丝绑扎,绑扎间距为 250～300 mm。油毡的纵、横向搭接长度为 50 mm。接缝应位于管道侧面。接口向下并用沥青或沥青玛碲脂封口。包裹油毡后再缠包玻璃丝布。

(3)抹面保护层

把石棉石膏或石棉水泥等胶泥涂抹在绝热层或防潮层外表面形成的保护层(壳),适用于室外及有防火要求的非难燃材料绝热的管道和设备。施工时先把石棉、石膏或石棉、水泥与水按一定配比和成胶泥,若保温层或防潮层的外径＜200 mm,可直接涂抹胶泥;若外径≥200

mm,需在保温层或防潮层外表面绑扎镀锌铁丝网后涂抹胶泥。

（4）金属薄板保护层

金属薄板有铝板、不锈钢板、普通钢板和镀锌钢板等，适用于部分室外、室内容易碰撞的管道以及有防火、美观等要求的场合。

金属薄板保护层可采用钉口（自攻螺丝）或挂口（咬口）安装。板材应预先加工。

采用钉口安装一般用自攻螺丝固定接缝，用手电钻钻孔，孔径为 0.8 倍螺纹直径。自攻螺丝间距约为 200 mm，每个环缝的自攻螺丝数量不应少于 3 个。

对内有防潮层的金属保护层，为防止自攻螺丝刺破防潮层，可采用挂口即咬口安装；也可采用镀锌钢带包扎固定，或垫以防护层。

4）防腐、识别层施工

防腐、识别层一般是指保护层外部的涂层，施工方法参见 9.1 节。

9.2.5 绝热工程技术要求

1）施工准备

①绝热材料必须具有合格证和质量检验报告，方可在指定部位使用。
②绝热层施工应具备以下条件：
a.设备及管道强度和严密性试验合格。
b.设备及管道表面除污、除锈和涂刷防腐层已完成。
c.设备及管道支、吊架及结构件、仪表接管部件均已安装完毕，并设置经防潮、防蛀处理过的硬木垫块绝热。

2）保温工程

（1）保温层施工
①保温厚度应符合设计规定《工业设备及管道绝热工程设计规范》（GB 50264—2013）。设计厚度大于 80 mm 时，应分层施工、接缝彼此错开。
②高于 3 m 的立式设备、垂直管道和夹角大于 45°、长度超过 3 m 的管道应设支承圈，间距为 3~6 m，如图 9.5 所示。
③硬质材料施工应预留伸缩缝。对热力管道的保温直管段，应每隔 5~7 m 留出间隙为 5 mm 的伸缩缝。弯头处应分段，中间留 20~30 mm 的伸缩缝。伸缩缝内应用柔性材料填塞。
④水平管道保温层的纵向接缝不得位于管道垂直中心线的 45°范围内。采用大管径的多块成形绝热材料时，可不受此限制，但应偏离管垂直中心线，如图 9.6 所示。
（2）保护层施工
保护层材质与厚度应符合设计要求。镀锌钢板或铝板保护壳的接缝应搭接，以防雨水进入。

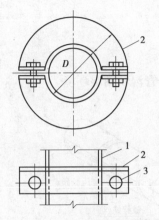

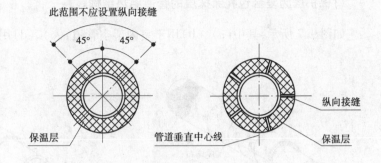

图 9.5　抱箍式支承圈示意图　　　　图 9.6　管道保温层的纵向接缝位置
1—管道;2—支承圈;3—螺栓孔

3)保冷工程

(1)保冷层施工

①保冷层厚度应符合设计规定。设计厚度大于 80 mm 时,应分层施工,接缝应彼此错开。

②保冷层施工时,应同层错缝,上下层盖缝。接缝应以黏结剂、密封剂填实、挤紧、刮平、粘牢、密封,接缝宽度不得大于 2 mm。

③保冷工程的金属固定件不得穿透保冷层。

④保冷工程的支、吊、托架等处应采用硬质绝热垫块,或采用经防潮、防蛀处理过的硬质木垫块支撑。

⑤采用聚氨酯泡沫塑料现场浇注或喷涂作保温层时,施工前应进行试浇或试喷。

⑥保冷层应按设计要求预留伸缩缝。伸缩缝应用软质泡沫塑料条填塞严密,或挤入发泡型黏结剂。外面用 50 mm 宽的不干胶粘贴密封。伸缩缝还需再保冷。

⑦下列情况之一,应按膨胀移动方向的另一侧留出适当的膨胀间隙:

a.填料式或波纹管补偿器。

b.当滑动支架高度小于保冷层厚度时。

c.保冷结构与墙、梁、栏杆、支撑等固定构件及管道所通过的孔洞之间。

(2)防潮层施工

①涂抹防潮层的外表面应平整、均匀、严密,厚度达到设计要求。

②对包扎型防潮层,包扎材料的接缝搭接宽度应 >50 mm,搭接处必须粘贴密实。卧式设备及水平管道的纵向接缝应在两侧搭接、缝口向下。立式设备和垂直管道的环向接缝应为"上搭下"。粘贴方式可采用螺旋形缠绕或平铺。

(3)保护层施工

大面积金属保护层应采用波形或槽形壳板装配而成。保护层的结构和紧固形式应满足伸缩缝和膨胀间隙的要求。接缝应搭接或咬接。紧固保护层时严禁刺破防潮层。

9.2.6 绝热结构示例

1）保护层为复合包扎涂抹层的管道绝热结构

如图9.7所示，其中(a)、(b)用于室内架空管道，(c)、(d)用于管沟和潮湿环境。

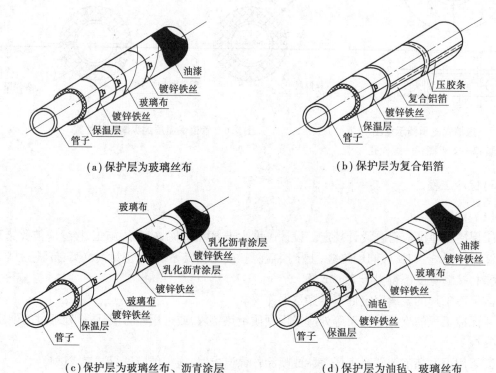

（a）保护层为玻璃丝布   （b）保护层为复合铝箔

（c）保护层为玻璃丝布、沥青涂层   （d）保护层为油毡、玻璃丝布

图9.7 保护层为复合包扎涂抹层的管道绝热结构

2）保护层为金属薄板的管道绝热结构（见图9.8）

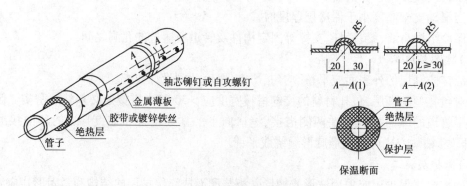

图9.8 保护层为金属薄板的管道绝热结构

3) 弯头、三通绝热结构(见图9.9)

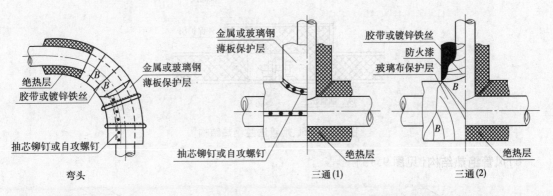

（a）金属或玻璃钢保护层　　　　（b）复合保护层（用于室外或管沟）

图9.9　弯头与三通绝热结构

4) 管道法兰、阀门绝热结构(见图9.10和图9.11)

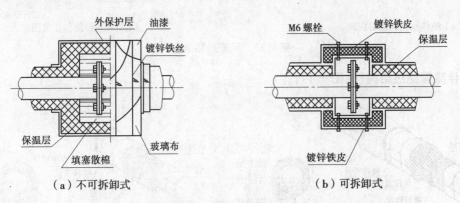

（a）不可拆卸式　　　　（b）可拆卸式

图9.10　管道法兰绝热结构

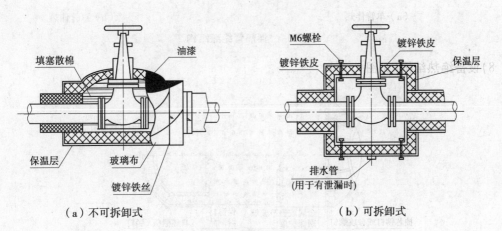

（a）不可拆卸式　　　　（b）可拆卸式

图9.11　阀门绝热结构

5) 风、烟管法兰绝热结构(见图9.12)

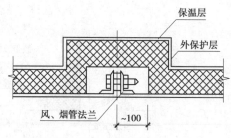

图9.12　风、烟管法兰绝热结构

6) 风管绝热结构(见图9.13)

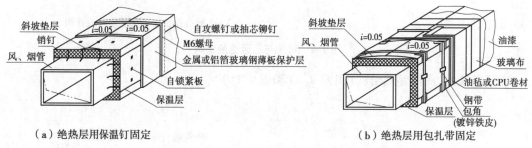

（a）绝热层用保温钉固定　　　　　　　　　　　（b）绝热层用包扎带固定

图9.13　风管绝热结构

7) 伴热管绝热结构(见图9.14)

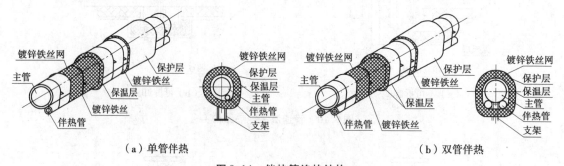

（a）单管伴热　　　　　　　　　　　　　　（b）双管伴热

图9.14　伴热管绝热结构

8) 设备绝热结构(见图9.15)

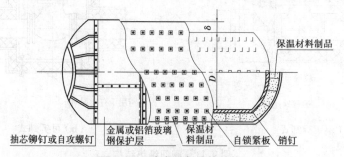

图9.15　卧式设备绝热结构

9)保冷管道支架绝热结构(见图9.16)

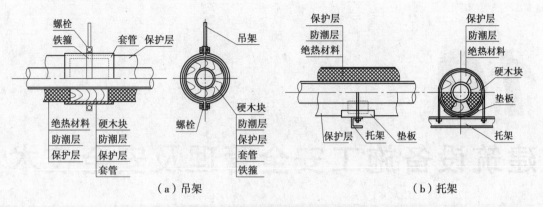

（a）吊架　　　　　　　　　　　　　　　（b）托架

图9.16　保冷管道支架绝热结构

习题9

9.1　金属管道、设备的腐蚀有哪两大类？各由什么引起？

9.2　为什么要对管道、设备进行防腐？

9.3　管道、设备的常用防腐方法有哪些？

9.4　如何对管道、设备表面进行除污？

9.5　常用除锈方法有哪几种？各适用于什么情况？

9.6　管道、设备刷油或防腐应具备什么条件？

9.7　常用刷油方法有哪几种？如何选用？

9.8　简述一般非绝热管道、设备常用刷油的种类及遍数。

9.9　简述绝热管道、设备常用刷油的种类及遍数。

9.10　简述埋地管道的防腐处理方法。

9.11　如何确定管道的识别色？

9.12　简述管道、设备防腐、保护层的作用和材料选用。

9.13　简述管道及设备绝热的目的和作用。

9.14　简述对绝热材料的基本要求。

9.15　保温、保冷结构由哪几部分组成？

9.16　常用绝热材料有哪些，如何选用？

9.17　常用防潮层材料有哪些，如何选用？

9.18　常用保护层材料有哪些，如何选用？

9.19　简述绝热材料的类型及其施工方法。

9.20　简述管道、设备防潮层的作用和常用施工方法。

9.21　简述管道、设备保护层的作用和常用施工方法。

9.22　简述风管的绝热施工方法。

9.23　管道保冷结构在支架处应如何施工。

9.24　简述法兰、阀门的绝热施工方法。

10

建筑设备施工安全管理及安全技术

10.1 建筑设备施工安全管理

建筑设备安装涉及起重、焊接、电气、拆卸及调试等多种作业内容。施工中多种危险作业会交叉进行,危险作业点多、发生事故因素多。在制作、安装与设备调试三个阶段中发生的安全事故常见的有:

①没有施工图或有施工图但不按图施工引发事故。

②不执行或执行但未达到相关标准与施工质量验收规范要求而引发安全事故。

③没有严格执行材料入库检验制度和设备开箱验收手续,特别是压力容器的验收,必要时还须进行单体试验,合格后才能安装。

④制作与安装时操作不当出现安全事故,如机械剪板、机械咬口时手被剪伤、压伤、划伤;被起吊重物坠落击伤;人高空坠落;脚手架及安装高凳坍塌;触电、烫伤、火灾等。

⑤系统调试时操作不当出现安全事故。如制冷压缩机、锅炉爆炸;系统试压由于系统过脏及系统泄漏引发事故;过载跳闸,输送电压过低,控制回路线路有误,触点动作不灵以及不送风,不换热,不冷却,不加湿(去湿),风量、风压、风速不均匀等各类事故。

这些事故会导致人员伤亡,造成机械设备、原材料、产品、建筑物的破坏,甚至带来严重的经济损失和社会影响。为了减少一般事故,杜绝重伤、死亡事故发生,保护劳动者安全与健康,必须重视设备在安装作业过程中的安全管理,建立健全安全质量管理制度和各项安全操作规程,规范安装人员施工作业安全行为,加强安装质量和安全管理。

10.1.1 安全生产管理的法律框架

安全生产管理作为经济生活的一部分,是管理范畴的一个分支,应遵循管理的一般规律和基本原理,同时安全生产管理作为安全生产法的重要内容之一,应严格按照法律要求的内容和程序依法进行,违者须承担法律责任。为减少和避免安全事故的发生,国家及行业通过一系列法律法规,加大对安全生产监督和管理的力度。

1）国家有关安全生产法律

目前国家有关安全生产的法律有：《中华人民共和国宪法》《中华人民共和国劳动法》《中华人民共和国建筑法》《中华人民共和国安全生产法》。

2）国务院有关安全生产法规及条例

①"三大规程"。包括《建筑安装工程安全技术规程》《企业职工伤亡事故报告和处理规定》及《工厂安全卫生规程》。

②"国家两个标准"。包括《企业职工伤亡事故分类标准》及《企业职工伤亡事故调查分析规则》。

③"五项规定"。国务院发布的《关于加强企业生产中安全工作的几项规定》习惯上称为"五项规定"。其主要内容是：安全生产责任制、安全技术措施计划、安全生产教育、安全生产检查及伤亡事故调查处理。

④《安全生产许可证条例》。

⑤《生产安全事故报告和调查处理条例》。

3）建设部有关安全生产文件

目前住房和城乡建设部有关安全生产的文件有：《建筑安装工人安全操作规程》《工程建设重大事故报告和调查程序规定》《建筑安全生产监督管理规定》《建设工程施工现场管理规定》《施工现场临时用电安全技术规范》《建筑施工高处作业安全技术规范》《龙门架及井架物料提升机安全技术规范》《建筑施工安全检查标准》《建筑施工门式钢管脚手架安全技术规范》《建筑施工扣件式钢管脚手架安全技术规范》。

4）法律责任

（1）行政责任

行政法律责任包括行政处罚（罚款、责令停止施工、责令停业整顿、降低资质等级、吊销资质证书、吊销营业执照、没收违法所得等）和行政处分（警告、记过、降级、降职、撤职、留用察看、开除等）。

（2）物质责任（经济责任）

物质责任有责令赔偿损失、降薪、罚款等几种。

（3）刑事责任

刑罚主刑有管制、拘役、有期徒刑、无期徒刑、死刑等，附加刑有罚金、剥夺政治权利、没收财产等。

10.1.2　建筑设备施工安全管理

建筑设备施工安全管理是指建设行政主管部门、建筑安全监督管理机构、建筑设备施工企业及有关单位对建筑设备安装及调试过程中的安全工作，进行计划、组织、指挥、控制、监督等一系列的管理活动。内容包括纵向管理、横向管理及施工现场管理三个方面。

①纵向管理是指建设行政主管部门及其授权的建筑安全监督管理机构对建筑设备施工行

业的安全监督管理。

②横向管理是指建设单位、设计单位、建筑设备施工企业等与建筑设备施工有关各方的安全责任和义务。

③施工现场管理是指在施工现场控制人的不安全行为和物的不安全状态,以减少一般事故,杜绝伤亡事故。这是安全管理的关键。

施工现场安全管理工作包括安全施工的监督管理,安全教育培训,事故分析处理及劳动卫生、环境、文明生产等。建筑设备施工单位须有开工许可证、安全生产许可证、消防安全证等;须具备安全生产条件及专业的建筑安装队伍;须结合设备安装工程的专业特点,建立安全组织机构,对现场施工制订各项措施,各项措施应细化成技术措施、组织措施、经济措施及合同措施;须严格按建筑安装工程施工安全强制性标准和安全操作规范执行。

1)施工现场的安全管理细则

施工现场应严格按照相关文件规定制作各类工程标志牌,如安全记录牌、防火须知牌等;场内道路要坚实、畅通;加工场地应平整;工地的材料、设备等按施工组织设计中平面布置图划定的位置整齐堆放,有标识、管理制度,资料齐全并有台账;各种洞、井、坑、平台等要设置拦挡物,并应设醒目的警戒标志;在构筑物上固定索具装备及在楼板上堆放沉重设备或材料,要征得土建部门的同意;高处作业或多层交叉作业要设安全栏杆、安全网、防护棚和警示围栏,脚手架、脚手板应符合安全规定;夜间施工要有足够照明;需用爆破方法开挖坚硬岩石或冻土管沟,必须严格执行爆破安全技术操作规程,并采取安全防护和警戒措施;严格按项目施工组织设计用水、用电,设专人对现场用水、用电进行管理。

施工现场应有保卫、消防制度,有负责人和组织机构,有检查落实和整改措施。易燃、易爆物品(如乙炔、氧气及油漆、稀释剂等)要单独存放在指定地点,并设警告标志,由专人管理;对易燃易爆等重点部位,应配置必要的消防器材,并对员工进行消防培训;在有可燃气体可能泄漏处施工(如电、气焊)时,一定要采取防火措施,并要按规定划出防火区,且禁止明火;各种电动机械设备必须有可靠有效的安全接地和防雷装置。

施工现场环境保护与环境卫生方面要有有针对性的环保措施,建立环保体系并有检查记录。如施工及生活废水、污水、废油按规定处理后排放到指定地点;夜间施工应向有关部门申请;施工区内废料和垃圾及时清理等。施工现场(包括生活区宿舍、食堂等)应符合相关卫生标准,应建立卫生管理制度,明确卫生责任人,划分责任区,有卫生检查记录。

施工现场应对产生噪声的施工机械采取有效的控制措施,施工尽量安排在白天进行。

2)工作人员的安全管理细则

施工组织者和负责人在制订施工方案的同时,应认真制订安全施工方案和安全规则,报上一级有关部门审核批准后,方可施工。施工前,施工组织者和负责人根据工程的特点进行技术交底的同时,还要向施工人员进行安全交底,并制订具体的安全技术措施。

每天施工作业前,施工负责人应根据当日作业内容,对操作者进行安全教育,指出工作区内的危险部位和危险设备,并检查施工时安全状况。施工人员进入现场要服从领导和安全检查人员的指挥,不得酒后作业,不得在禁止烟火的地方吸烟动火,不得随意进入危险场所,不得触摸非本人操作的设备、电闸、阀门、开关等,对违章作业的指令有权拒绝,有责任制止他人违章作业。

作业人员和现场人员接受安全教育培训后施工时更应将其付诸实际生产中,除严格遵守安全生产操作规程、不违章作业外,还要做好安全防护。进入施工现场,作业人员必须穿工作服,戴合格的安全帽并系好帽带,随身口袋不得携带任何物品(包括手表),正确使用个人劳动保护用品如防护镜、防护面罩、石棉防火衣、口罩、防毒面具、绝缘手套、绝缘胶鞋、照明灯等;应随时注意运转中的机械设备,避免被设备绞伤或尖锐的物体划伤;工作前后要清点工具、零配件和其他物品,以防有异物进入设备内造成事故。

施工设备的操作工人和特殊工种工人须取得相应的操作资格证书方可从事施工工作。

3) 安装的安全管理细则

(1) 管道及部件搬运、堆放

管道及部件安装前应按系统或楼层、区域划分,将管道及部件运至现场。用人力抬扛时,要清理好道路,单人肩扛要注意避免钢管两端碰伤他人。多人搬运要用力一致,轻拿轻放,不得任意抛扔。加工现场条件允许用平板车运输,要将管道、铁皮等绑牢,管道装车不宜太高,不得坐人或装载其他较重物件。搬运、装卸铁皮、管道及构件等时要戴手套。各种规格的钢管要分类堆放,堆码高度不得超过2 m,人不能上去蹬踩。堆码的底层钢管两侧均要用木楔子挤牢。从钢管堆中取管子时,应按顺序拿。

(2) 打洞

打修楼板孔眼时,上层楼板眼盖好,下层应有人看护,保证相应部位不得有人和物。打眼时锤、錾应握住,严禁工具等从孔中掉落至下一层。

(3) 管道、设备及部件安装

安装前,安装单位应向有关部门索要安全技术资料并认真审核,并要对施工现场(特别是电气等危险区域)进行认真勘察,并做好记录。

管道及部件安装前要对使用的设备、工具等进行安全检测,进行维护和保养;机器与设备应及时开箱检查,做好记录,对暂时不能安装的设备要妥善保管,做好防水、防晒、防锈、防尘等保护措施;对运输后发现有损伤及存放时间超过两年的受压容器,如油分离器、冷凝器等,必须先做强度试验和气密性试验,合格后才能安装,试验的压力应按照制造厂的规定进行;应检查支、吊架是否牢固,有无脱落危险。

管道吊装就位后,应立即用正式支、吊架固定住再接口,不准用铁丝等临时绳索固定。用绳索拉或人抬预制立管就位时,要检查绳索是否结实、是否绑牢,要抬稳扶牢,铁钎固定立管要牢固可靠,防止脱落。在管井操作时,必须盖好上层井口的防护板。

在屋面上安装风管、风帽、风机时,除戴好安全帽、系好安全带外,还必须注意将露水、霜、雪、青苔清扫干净,必要时揭去部分瓦片,同时要使用可靠的索具将风管绑好,待安装完毕后,再拆除索具和摘下安全带挂钩。上棚操作前要检查檩条是否牢固,并铺上木板,防止踏空或踏在非承重的地方。在顶棚内操作不准吸烟。

搬动和安装大型通风空调设备,应有起重工配合进行,应明确分工并设专人指挥,密切配合;吊起后应轻轻地安放在支架上,设备固定好后才能卸去捆扎的绳子。

在设备运转地带工作,应先将设备停止运转。如果生产条件不允许设备停止运转,应在其停止工作时进行安装。机械的传动部分应加设防护罩。

施工过程中,还要定期对所用机械和安全设施进行检查。应注意手、脚不要被法兰、支架、板材等砸伤、压伤、刺伤、夹伤、碰伤。

制冷剂充灌期间避免泄漏并应戴防护用品,以防产生氨中毒、氟利昂窒息、制冷剂的冷灼伤等事故;严禁明火和吸烟,避免氨遇明火等的爆炸事故。严禁在含有制冷剂的系统中,无抽空和处理前动用电气焊作业,以防发生燃火爆炸事故。

锅炉安装在配置氢氧化钠煮炉溶液时,要有防护措施,如胶靴、胶手套和护目镜。

各系统的安全装置应符合设计及安装要求。

(4)系统调试

调试人员使用仪器、设备时要遵守安全操作规程,试运转时应严格按调试程序进行。

调试和试运行前,必须检查、清理工作现场,包括场地清洁、道路畅通无阻,要求通风良好、门窗开动灵活。应对所有阀门(包括仪表阀)的开启状态进行检查,调整并挂牌,说明阀门的作用和开启状态。

调试和试运行中,无关人员严禁进入现场。严格按规定压力进行。管道吹扫时,排放口应接至安全地点,不得对着人和设备。冲洗水的排放管,应接至可靠的排水井或排水沟里。管道试压时,若发现异常应立即停止试压,严禁使用失灵或不准确的压力表。试压中,应集中注意力观察压力表,防止超压。开启空调机组前,调试人员不应位于风机的进风方向,以防吸入,更要检查空调机内有无临时工人休息。进行通风系统风压试验时,工作人员不得面对风口,避免管道内部聚集的铁屑和垃圾吹伤眼睛。新建或大修的制冷系统必须经过试压检漏,严禁用氧气或制冷剂代替氮气和干燥压缩空气试压检漏以防发生爆炸事故。当确认系统无泄漏时,方可充灌制冷剂。

(5)其他

硬聚氯乙烯风管在加热过程中要戴好防护用具,严防烫伤;玻璃钢风管制作过程中会产生粉尘或纤维飞扬,现场制作人员必须戴口罩操作;玻璃钢风管制作场地比较潮湿,照明电线及动力电缆必须架空敷设或采取其他防潮措施。

使用四氯化碳等有毒溶剂对铝板除油时,应注意露天进行,若在室内,应开启门窗或采用机械通风。制作工序中使用的胶黏剂应妥善存放,注意防火且不得直接在阳光下暴晒。熔化锡锭时,锡液不许着水,防止飞溅、气化、爆炸。使用煤油、汽油、松香水、丙酮等对人体有害的材料时,应配备相应的防护用品。使用喷灯时,不能把汽油加得太满(约80%),打气不能太足。点喷灯前,应先清扫周围易燃物,防止发生爆炸事故。

10.2 建筑设备施工安全技术

10.2.1 施工机具操作安全技术

施工机具安全操作一般规定为:

①中小型机械使用前,必须认真检查各部件和电动机的安装是否符合安全规定,安全防护设施是否齐全有效;必须经过试运转,合格后方准正式操作。

②机械应由专人负责使用管理,正确维护保养,各润滑点经常加油脂。

③各种机械不准超载运行,运行中发现电机有异响杂音或异常发热及其他故障时,应立即停车进行检修或降温。

④各种机械在检修、停电、间歇或下班时,必须切断电源,开关箱必须加锁。

⑤各种机械的电气设备必须有接地或接零的保护装置,接地电阻不得大于 4 Ω。

⑥各种机械的开关箱内必须保持清洁,不准存放杂物。

⑦用汽油发动的机械不得采用明火作照明;内燃机械的废气应排至室外。

⑧远距离或高空作业时,必须有专人指挥,明确指挥及联系信号。

⑨各种机械的操作人员,操作前禁止喝酒,机械开动后必须思想集中,不得擅离职守。女员工应戴工作帽,特长辫发应盘入帽内。

⑩新工人及学徒工必须在有操作经验的技工指导下操作,不得独自任意开动机器,经训练合格后,方准单独操作。

1)常用手工工具安全操作技术

(1)锤

应检查锤柄是否牢靠;手掌如有汗迹及锤柄、锤面、锤击工件有油污时必须擦净,以防锤子脱出滑落伤人。不可锤击硬化的金属表面,以避免锐利金属颗粒飞出。

(2)通用起重滑车

使用前,要严格按滑轮的起重量进行选择和使用;要检查滑轮的滑槽、轮轴、夹板、吊钩、吊环等零件是否有裂纹、损伤或变形,轴的定位装置正确与否。滑轮受力后,要检查各运动部件的工作情况,有无卡绳、磨绳或脱槽现象,必要时可用撬杠来调整。对于受力方向变化大和高空作业场所,禁止用吊钩型滑轮,必须使用时,要采取防脱绳措施,要有可靠的封闭装置。

(3)绞盘

绞盘应装有制动器,中途要停止工作,须将制动器制动。推动绞盘应注意逐步均匀加力卷绕钢丝绳,停止时逐步平稳放慢。当钢丝绳卷绕不动,须停车检查。

(4)手摇绞车

使用前,手摇绞车必须锚固稳固牢靠;应检查各传动部分是否完好及润滑情况,并确认钢丝绳在卷筒上的卷绕方向和牢固性。作业时,操作人员必须清楚地看到起吊或拖移的重物,施力应均匀,起吊重物在悬空状态不制动前不得任意放松手柄;重物下降时,卷筒钢丝绳不能全部放出,至少应保持缠绕在卷筒上3~4圈,并应将手摇把倒转,闸把闸紧,脱开制动器,调节下降速度,手不能离开摇把;停止工作后,应取下手柄,放入工具箱。

(5)千斤顶

应特别注意放置千斤顶的基础必须稳定、牢固;不得超负荷使用;不得超过有效顶程;手柄摇动均匀用力,避免上下冲击而引起事故和导致千斤顶损坏。

(6)手拉葫芦、手扳葫芦

手拉葫芦使用前须对机件(吊钩、链条、制动器等)及润滑情况进行仔细检查。起重时应检查上下吊钩是否挂牢挂正,重物是否挂好;拉动手链应垂直,用力均匀、缓慢,以免起吊链条卡环或跳动。其制动器部分应经常检查,保持干净,防止制动器失灵发生重物自坠现象。手扳葫芦使用前应根据负荷大小选用适当吨位的手扳葫芦;检查壳体紧固螺钉是否拧紧;手柄动作是否正常。运行中应保持配套钢丝绳清洁,防止黏附泥浆及油垢进入机内,影响使用或加剧夹钳的磨损。当钳口磨损,承载力小于额定值的80%时,应更换钳口;当钢丝绳直径减小10%时,应更换钢丝绳。

(7)起重桅杆

起吊重物常与卷扬机或绞磨配合使用,起重时机身稳固,不超荷载。

(8)钢丝绳、白棕绳、钢丝绳夹、卸扣

钢丝绳应按其主要技术参数选用,严禁超负荷使用。使用过程中,应防止钢丝绳与电焊线接触;与金属锐角、柱角、房屋角、碎石经常摩擦的部位,须采取保护措施;不要在已经破损或不符合使用要求的滑轮上穿过;防止钢丝绳在绞车(卷扬机)卷筒上缠绕不正或由于牵引方向不对,而出现钢丝绳脱出滑轮卡环、压扁、折断现象;起重作业中,不应有冲击动作。

白棕绳容易局部损伤或磨损,也易受潮及化学侵蚀,使用前必须仔细检查;使用于滑车组的白棕绳,为了减少其所承受的附加弯曲力,滑轮的直径应比绳直径大10倍以上,穿过滑轮时,不应脱离轮槽;使用中,如发现白棕绳有连续向一个方向扭转的情况时,应抖直;有绳结棕绳不得穿过滑车或狭小的地方;在绑扎各类物件时,应避免白棕绳直接和物件的尖锐边缘接触,接触处应加帆布或薄铁皮、木片等衬物;不得在尖锐、粗糙的物件上或地上拖拉,起重机械力较大时,不得使用白棕绳。

另外,在起重吊装作业中,应根据起重用途的不同选用合适的绳索打结方法(直结、活结、死结等近20种),以保证安全。

钢丝绳夹主要用来夹紧钢丝绳末端,将两根钢丝绳固定在一起,由U形螺栓及两只螺母组成。一般每个绳夹应拧紧至卡子内钢丝绳压扁1/3为标准;离套环最近处的绳夹应尽可能紧靠套扣,紧固绳夹时要考虑每个绳夹的合理受力;在规定绳夹数量之外(不得少于两个),另加1个保安绳夹,并留安全弯。当绳夹有松动时,安全弯保安段被拉直以便检查。

卸扣是起重作业中广泛使用连接索具,应根据技术参数正确选用,不要超负荷;任何部位有裂纹、变形、螺纹脱扣或销轴和扣体断面达原尺寸的3%~5%时,不得使用。

(9)划针

应避免划针尖刺伤手掌和手指。

(10)拍板

拍板如有裂纹应及时更换,以免刺伤手臂。

(11)喷漆枪

使用时,首先必须将各连接件、紧固部件全部拧紧,并与压缩空气机用软管接通;不能在明火或具有易燃、易爆气体或可能产生爆炸性气体的场所使用;在室内或空间狭小的地方喷涂时,应设有适当通风设施,并不准吸烟;喷枪在使用时产生足够压力,绝不允许将喷嘴对准自己或其他任何人;使用有毒液体喷涂时,应穿戴好防护用品。

(12)手工铆接

风管与法兰铆接或铆法兰加固圈时,防止铁皮飞入眼中。

2)常用电动工具安全操作技术

(1)电动套丝机

电动套丝机的安放位置应平整、牢固,不要暴露在雨、雪或潮湿环境中作业。操作者只许穿紧口工作服,不要戴手套,操作者的长发不允许自由放开。

（2）型材切割机

型材切割机禁止在腐蚀性气体及潮湿或受雨淋的场所使用，并要保证操作场所光线充足；要保证底盘工作面整洁；操作时戴好护目眼镜等防护用品，并不得穿宽大的衣服以防被高速旋转的砂轮片卷住。启动前，检查电源线应完好无损，接地线连接可靠，电源线不允许接触砂轮片；按被切割工件要求，将工件牢固夹在钳口中，摆放平整，切割时磨削火花溅放区范围内不准站人；切割工件时，用力要均匀、适度，确保操作安全。操作者在作业时，不要在无人看管电动型材切割机的情况下离开切割现场，如要离开则必须切断电源，完全停止后方可离开；不允许拆除砂轮片保护罩及传动带罩壳进行操作；电动型材切割机使用完毕后，不允许用拖拉电源线的方式来移动切割机；砂轮片标有出厂日期，超出期限的砂轮片由于增强树脂性能改变，应重新进行回转试验，以确保使用安全。

（3）角向磨光机

使用前要仔细检查砂轮片，应无裂痕、裂口；砂轮超过一年不宜使用；在作业过程中，不能用力过猛，不能使砂轮受到撞击，以免砂轮崩裂引起伤亡事故。

（4）台式砂轮机、落地砂轮机

使用前应先检查砂轮，凡有受潮、变形、裂纹、破碎、磕边、缺口或接触过油、碱类的砂轮均不得使用，并不得将受潮的砂轮片自行烘干使用；应检查螺栓及砂轮防护罩等是否完整良好；安置应平稳牢固；砂轮装好后必须先试空转，人员站在侧面或斜侧面位置，检查确认无异常后方可使用；磨削工件应缓慢接近砂轮，不得猛烈撞击；要戴防护眼镜，不准戴手套，严格禁止两人或多人使用砂轮机同时操作；砂轮不圆、过薄或因磨损过多，露出夹板边缘 25 mm 时，应更换砂轮。

（5）台钻

台钻钻孔时不要用手或其他器物接触或拨弄旋转钻头上的铁屑，不要用嘴吹，要用刷子清除铁屑；操作人员严禁戴手套工作，衣袖要扎紧，要戴工作帽；严禁操作人将面部靠近钻杆，以免钻下的金属屑伤人。

（6）立式钻床

立式钻床操作人员严禁戴手套操作，严禁用手清理切屑；工作时必须戴好工作帽，避免钻头绞住头发；装夹钻头前，仔细检查钻头夹、钻套配合表面有无碰伤和拉痕，钻头刀口是否完好，以防钻削时，钻头折断伤人；机床正在动转而工件松动时，严禁用手扶持或在运转中紧固。

（7）电锤、冲击电钻

电锤、冲击电钻钻孔前，应先了解被钻部位是否有电源线；在混凝土钻孔时，注意避开钢筋位置；尤其在由下向上凿孔和侧向作业时必须戴好防护眼镜和防尘面罩；要有防电保护装置；操作时只许单人使用，不能多人合力使用。

3）常用加工机械安全操作技术

（1）剪板机

工作人员注意避免在翻料、落料或转身时将人碰伤。操作面上不准放置工具等物品；剪切时，剪切人员掌稳板料，防止小毛刺扎手，如两人配合下料时更要互相协调，下料人员必须随时将料头运走。

（2）折方机、卷板机

操作时要把钢板放平稳后再开车；折方人员应互相配合并与折方机保持距离，以免被翻转的钢板和配重击伤；卷板机两侧不准站人；卷圆人员手不要放在被卷钢板上，滚圆后禁止用卡子当扳边卡头；机械停止转动后，方可检查工件的圆度。

（3）法兰弯曲机、法兰冲孔机

操作法兰弯曲机时，应注意不要刮手，手不要随料前进；法兰卷成形时，要注意将法兰拿稳，以免掉下伤人。冲孔时，不能将手伸入模具内。

（4）咬口机、压口机

板料扶稳，注意保护手指。

10.2.2　施工安全技术

1）土方工程安全施工技术

在管道安装、维修和更新改造中，经常需要进行土方开挖，在开挖作业中须注意安全。

（1）准备工作

①做好必要的水文、地质和地下隐蔽工程的资料收集和调查工作，搞清是否有给排水、供热、供煤气管道以及电缆、光缆等。

②若有地下水和管道工程泄水情况，应做好排水设施、机具和材料等的准备工作。

③做好隐蔽工程交底和安全技术交底工作。

（2）施工注意事项

①抛土距坑边不得少于 0.8 m，高度不得超过 1.5 m。

②如发现有管道或物体，应立即停止开挖，与有关部门联系妥善处理后方可继续施工。

③经常检查沟槽边坡，发现有裂纹和落土情况，应立即采取安全防护措施或减小边坡。

④在有地下水或雨季施工时应有排水措施，特别是对水敏感性强的土壤更应及时排除。

⑤当开挖沟槽较深或距建筑物、构筑物较近时，应与建筑结构有关单位联系，采取相应的技术措施，必要时应修改沟槽位置。

⑥在地沟中作业时，需设置有足够照明度的电压为 12 V 安全电压的照明设施。

⑦在沟槽中同时作业的人员不得少于 2 人，不得在沟槽内坐卧休息及取暖。

⑧开挖管道沟槽或路堑时，要根据土质、地下水情况和开挖深度确定合理的边坡坡度，要注意可能导致土方坍塌的原因，及时采取技术措施。

⑨挖掘土方应自上而下进行，严禁采用挖空底脚、上部塌落的违规操作方法。

（3）土方开挖和回填安全技术

①土方开挖深度不超过相关规范规定，根据开挖深度、土质及施工情况确定是否放坡。

②当受场地限制，挖方不允许放坡时，则应采用支撑加固。根据挖深和土壤、水文等情况，选择合适的支撑加固方法（横撑、竖撑和板桩撑三种）。

③管沟过深时上下管沟应用梯子，严禁借支撑上下。

④安装支撑时应支撑好一层下挖一层，拆除支撑时应按自上而下的顺序逐步拆除。更换支撑时，应先装上新的，再拆除旧的。

⑤在紧靠沟槽边缘，不应行走和安放施工机械。若采用汽车吊下管，停汽车沟边应平整，

且应留有不小于0.8 m的沟边通道。

⑥人工夯实时要动作一致,按照一定方向进行,每层填土厚度不得大于200 mm。

⑦当开挖沟槽遇地下管线和沟边有电杆时,应采取保护加强措施。

⑧向沟内下管时,使用的绳索必须结实,锚桩必须牢固,管下面的沟内不得有人。

2)高空作业安全施工技术

在距坠落高度基准面2 m或2 m以上的高处进行的作业即为高空作业。

(1)准备工作

①凡高空作业人员,均需作身体检查。凡患有心脏病、高血压、低血压等病人以及年老体弱、精神不佳、酗酒等人员都不准参加高空作业。

②遇大雾和6级以上大风天气,不准进行露天高空作业。

③检查所用登高工具和安全用具(如安全帽、安全带、脚手架、脚手板、安全网等)是否牢固、可靠,是否符合有关安全规定和安全要求。

(2)高空作业安全技术

①高空作业人员应系好安全带,须将钩绳的根部连接在背部尽头处,并将绳子牢系在坚固的建筑结构件或金属结构架上;行走时应把安全带缠在身上,不准拖着走。衣袖和裤脚要扎好,穿防滑鞋;未经允许不准擅自搭乘运料设施上下。

②高空作业人员不得站在梯子的最上二级工作,也不得有2人以上同时在一个梯子上工作。使用"人字梯"时,必须将两梯间的安全挂钩挂牢。

③高空作业使用的工具和零件应放在随身携带的工具零件袋中,不便入袋的工具和零件应放在就近的稳妥处,严禁上下投掷,必要时要用绳索绑牢或放入带挂钩的容器中,通过升降机或吊车吊运。

④高空堆放的物品、材料或设备,不准超过承载体的允许负荷;堆积物和施工操作人员不应聚集在一起形成集中负荷。

⑤高空作业人员距普通电缆至少应保持1 m以上、距普通高压电缆2.5 m以上、距特高压电缆5 m以上的安全距离。运送管道、金属件等导电材料,严防触碰电缆。在车间内进行高空作业时,应注意远离吊车滑线,防止触电。如必须在吊车附近作业时,应事先联系停电,并设专人看管电源开关或设警示牌。

⑥高空进行电气焊作业,严禁其下方或附近有易燃易爆物品,必要时要有人监护或采取隔离措施。禁止把焊接电缆、气体胶管及钢丝绳等混绞在一起或缠在焊工身上操作。

3)吊装作业安全施工技术

在管道、设备等安装与维修工程中,常需采用吊装作业来运送或移动管道、配件、部件等。吊装机械必须由专人掌握,作业人员应认真执行操作规程和安全规定。

(1)准备工作

①作业前应根据工程特点制订出安全操作的方案和要领,做到一丝不苟,认真负责。

②熟悉各种指挥信号(旗语或笛声),统一指挥,互相配合,准确地按指挥信号作业。

③必须严格检查各种索具及设备是否完好、可靠,是否符合安全技术规定。起重机具所用绳索、钢丝绳必须完好并有足够的备用强度,不准超负荷使用。

④起吊区域周围,应设临时围障,严禁非工作人员入内。

⑤注意天气情况,遇有大风和雨天时,不得在露天进行吊装作业。

(2)吊装作业安全技术

①系结管材和设备时应使用特制的长环,不宜采用绳索打结方法。起重物的重心要低。

②不准在起重物就位固定前擅离岗位。不准在起重物悬空的情况下中断作业,如必须中途停止,应将吊杆或绳索临时绑牢并固定在结构上,但必须在当天收工前处理完毕。

③起吊重物时,非操作人员严禁进入吊装区域,更不能在起吊物件处站立与行走。

④用卷扬机作牵引时,中间不经过滑轮不准作业;滑移物件时,绳索套结要找好重心,并应在坚实、平整的路面上直线前进;卸车或下坡时应加保险绳,防止"溜车"。

⑤千斤顶的顶盖与重物间应垫木块,要缓慢顶升。多台同时顶升时,动作要协调一致。

⑥使用起重扒杆时,定位正确,封底牢固。不得在受力后产生扭曲、沉、斜等现象。

⑦在金属容器内或潮湿区域进行吊装作业,应用 12 V 低电压安全灯,在干燥环境中也不应超过 25 V。

⑧要注意起重机械、起重物和电线的间距。

⑨在水平方向移动重物时,须使重物与障碍物的净空不小于 0.5 m。在起吊和下放时要缓慢行动,并注意周围环境,不要破坏其他建筑物、设备和砸压伤手脚。

⑩起吊时要有人将起重物扶稳,严禁甩动;正式起吊前应先进行试吊,试吊距离一般离地 200～300 mm,应仔细检查倒链或滑轮受力点和捆绑绳索、绳扣是否牢固,风管的重心是否正确、无倾斜,确认安全无误后方可继续起吊。

4)电气焊作业安全施工技术

在电焊、气焊作业中要防止发生触电、烧伤、火灾、爆炸、中毒等恶性事故,作业人员要严格按安全技术要求进行操作。

(1)准备工作

①焊接操作人员属特殊工种人员,必须经过体检合格并经安全技术培训考试合格后才能进行独立操作。焊接压力容器和管道时,需要持有压力容器焊接操作合格证。

②应戴好工作帽、手套,穿好绝缘胶鞋等劳动保护用品。电焊时应戴面罩,除渣时应戴平光眼镜,仰面焊时应扣紧衣服和袖口,戴好防火帽;气焊时要戴适度的有色眼镜。

③操作前,应先办理动火证。方圆 5 m 内不应有有机灰尘、垃圾、木屑、棉纱、汽油和油漆等易燃、易爆物品,方圆 10 m 内不准有氧气瓶、乙炔发生器等。

④作业前须检查所有设备、氧气瓶、乙炔发生器及橡胶软管接头、阀门及紧固件是否紧固牢靠,检查时只准用肥皂水检查,严禁用火检验漏气。在氧气瓶及其附件、橡胶软管和工具上,均不得沾有油脂性泥垢。

⑤电焊机的电源线路安装和检修必须由电工完成。开关应装在防水防火的闸箱内,严禁两台或多台电焊机共用一把刀开关。

(2)电气焊作业安全技术

①作业中应严格遵守焊工安全操作规程和有关电石、乙炔发生器、水封安全器、橡胶软管和氧气瓶的安全使用规则,以及焊割具安全操作规程。

②开启氧气或乙炔气阀门要轻缓,人要站在侧面,禁止使用易产生火花的工具去开启。

③严禁用火燎烤或用工具敲击冻结的设备或管道,应以40 ℃的温水溶化冻结的氧气阀或管道,以热水、蒸汽或23% ~30%氯化钠热水溶液解冻或保温乙炔发生器、回火防止器。

④氧气瓶、乙炔气瓶(或乙炔发生器)应存放于阴凉通风处,要远离电源、火源和传热设备,严禁与易燃气体、油脂及其他易燃物质混放在一处,运送时也必须单独进行,并应避免受到剧烈振动和冲击。氧气瓶和乙炔气瓶应相距3 m以上。

⑤作业中如检查、调整压力器件及安全附件时,应取出电石篮,采取措施清除余气后方可进行。

⑥工作完毕,要留有充分时间观察,确认无复燃危险,方可离去,并应把氧气瓶和乙炔发生器放在指定地点并拧上气瓶上的安全帽,乙炔发生器应泄压、放水、取出电石篮。

⑦焊接、切割密闭空心工件时,须留有排气孔。在密闭空间或设备内焊接作业,应有良好的通排风措施,并设专人监护。在潮湿地方及大管径内施焊,焊工应站在绝缘胶板或木板上操作,以免触电,并设专人监护。需要照明的电源电压应不高于12 V。焊接铜、铅、锌、铝等有色金属工件时,必须戴加厚口罩或防毒面具,并加强通风换气。

⑧在放有易燃器材的房间内不准施焊。管道或设备上的油漆未干时不准施焊。当设备、管道内有水、可燃物质或有压力时不准施焊。在3~5级风力时,露天施焊应搭设工作棚。当风力为5级以上、雨天和雪天时,应停止露天施焊。

⑨经常移动的电焊机须设防雨罩,其裸线和传动部分须设有不接触的防护罩。

⑩交流电焊机工作电压不超过80 V,直流电焊机工作电压不超过110 V,电焊机运转时的温度不超过60 ℃。电焊机要有接地线,当发现外壳有电时,应立即切断电源进行检修。

5)防火防爆安全施工技术

在管道、设备等安装与维修中,引起火灾和爆炸事故隐患较多。由于其连锁反应或互为因果,火灾和爆炸事故往往会同时或连续发生,其危害极大,必须采取相应的安全技术措施,以避免和阻止可燃、易燃、易爆物质的燃烧或爆炸,做到防患于未然。

(1)消除引发火灾和爆炸的诱因

①采用蒸汽、过热水、中间载热体或电热等加热方法加热易燃液体。如必须采用明火加热,须采取妥善的安全技术措施。

②凡在严禁烟火区或盛装过易燃易爆物质的设备、容器中动火时,必须事先清洗或吹扫置换,进行空气分析,并准备好灭火器材,直至确认安全可靠后方可动火。动火结束时,应及时清理作业现场,熄灭余火,切断动火所用气源或电源。

③在有爆炸危险场所、贮罐内检修管道或设备时,所用的电气设备必须为防爆型的。

④在爆炸危险区作业,禁止用铁器敲击或摩擦,防止产生火花。搬运盛装可燃气体和易燃液体的金属容器时,不准抛掷、拖拉和振动,防止互相碰撞。

⑤经常检查电气设备是否有过载、短路及接触不良等现象,防止产生电弧和电火花。

⑥易燃易爆介质进出容器时,应有缓冲装置,防止猛烈冲击可能产生静电。

⑦安装煤气、乙炔、氧气、燃油等管路、设备时,一定要装好静电接地装置。汲取汽油的管道和盛装汽油的容器、设备,必须可靠接地。安装输送粉尘,特别是煤粉、镁粉等管道时,也应安装静电接地装置。

⑧用喷灯加热或熔焊时,必须事先清除作业区周围的可燃物质,并一定要利用喷灯上的油

碗预热。向喷灯加油时,应待喷灯冷却后于安全地带加油。

⑨严禁将电缆、电线在地面上拖拉,电缆、电线必须是架空敷设。

(2)妥善处理易燃易爆物品

①封闭处理法。为阻止易燃易爆物质的扩散,可将其密封在一定的容器或设备中,避免建筑物内或大气中易燃易爆物质的含量达到爆炸浓度下限。

②稀释(置换)处理法。用加强通风换气、惰性气体置换、吹扫等方法来降低设备或建筑物中易燃物质的浓度。

③隔离处理法。为防止易燃易爆物质的扩散与蔓延,可采用不燃材料或惰性气体等物质进行隔离。

④代用法。用不燃或难燃溶剂代替易燃溶剂。

6)防腐保温安全施工技术

在防腐保温施工中,最容易发生的事故有火灾、爆炸、中毒、触电、烫(灼、刺、喷溅)伤、高坠。防腐保温施工的一般安全技术为:

①在有毒气体场所施工或接触腐蚀性材料时,须戴劳动防护用品,必要时专人监护。

②溶剂、油漆等易燃物品应有专人保管,其存放地或作业地的10 m范围内不得动火。

③油漆库或油漆工房所用电气设备应为防爆型,若用量少,也可为防护型。

④不得站在保温材料上操作或行走。

⑤高空防腐保温作业,须遵守架设脚手架、脚手台和单扇或双扇爬梯的安全技术要求,须将油漆桶缚在牢固的物体上,沥青桶不要装得太满,应检查装沥青的桶和勺子放置是否安全。涂刷时,下面要用木板遮护,不得污染其他管道、设备或地面。

⑥地下设备、管道绝热前应先确认无瓦斯、毒气、易燃易爆等危险品后方可操作。

⑦在室内或容器内喷涂,要保持通风良好,喷涂作业周围不得有火种,并有消防措施。

习题 10

10.1　什么是建筑设备施工安全管理?

10.2　建筑设备施工安全管理的主要内容是什么?

10.3　简述建筑设备施工现场的安全管理细则。

10.4　简述对工作人员的安全管理细则内容。

10.5　简述管道、设备及部件安装的安全管理细则内容。

10.6　简述系统调试操作的安全管理细则内容。

10.7　起重滑车安全操作的基本要求是什么?

10.8　常用电动工具安全操作应注意什么?

10.9　常用加工机械安全操作应注意什么?

10.10　高处作业的含义是什么?如何保障高处作业的施工安全?

10.11　吊装安装构件和管道时的悬空作业应怎样进行防护?

10.12　建筑设备施工电气焊作业安全与防护技术是什么?

10.13　施工现场易燃、易爆、剧毒等危险物,应遵守哪些规定?

附录 主要参考规范、技术标准

1. GB 704—2008 热轧扁钢尺寸、外形、重量及允许偏差
2. GB 7231—2003 工业管道的基本识别色、识别符号和安全标识
3. GB 8624—2012 建筑材料及制品燃烧性能分级*
4. GB 15558.1—2015 燃气用埋地聚乙烯(PE)管道系统 第1部分:管材
5. GB 15558.2—2005 燃气用埋地聚乙烯(PE)管道系统 第2部分:管件
6. GB 15558.3—2008 燃气用埋地聚乙烯(PE)管道系统 第3部分:阀门
7. GB 50126—2008 工业设备及管道工程绝热施工规范
8. GB 50155—2015 供热通风与空气调节术语标准*
9. GB 50185—2010 工业设备及管道绝热工程施工质量验收规范
10. GB 50236—2011 现场设备工业管道焊接工程施工及验收规范*
11. GB 50242—2002 建筑给水排水及采暖工程施工质量验收规范
12. GB 50243—2002 通风与空调工程施工质量验收规范
13. GB 50261—2005 自动喷水灭火系统施工及验收规范
14. GB 50264—2013 工业设备及管道绝热工程设计规范*
15. GB 50273—2009 锅炉安装工程施工及验收规范
16. GB 50274—2010 制冷设备、空气分离设备安装工程施工及验收规范
17. GB 50275—2010 压缩机、风机、泵安装工程施工及验收规范
18. GB 50738—2011 通风与空调工程施工规范*
19. GB/T 706—2008 热轧型钢
20. GB/T 708—2006 冷轧钢板和钢带的尺寸、外形、重量及允许偏差
21. GB/T 709—2006 热轧钢板和钢带的尺寸、外形、重量及允许偏差
22. GB/T 1047—2005 管道元件 DN(公称尺寸)的定义和选用
23. GB/T 1048—2005 管道元件 PN(公称压力)的定义和选用
24. GB/T 2518—2008 连续热镀锌钢板及钢带

25. GB/T 2705—2003 涂料产品分类、命名和型号
26. GB/T 3089—2008 不锈钢极薄壁无缝钢管
27. GB/T 3091—2015 低压流体输送用焊接钢管*
28. GB/T 3420—2008 灰口铸铁管件
29. GB/T 3422—2008 连续铸铁管
30. GB/T 3985—2008 石棉橡胶板
31. GB/T 5117—2012 非合金钢及细晶粒钢焊条
32. GB/T 5836.1—2006 建筑排水用硬聚氯乙烯(PVC-U)管材
33. GB/T 5836.2—2006 建筑排水用硬聚氯乙烯(PVC-U)管件
34. GB/T 6483—2008 柔性机械接口灰口铸铁管
35. GB/T 7306.1—2000 55°密封管螺纹 第1部分:圆柱内螺纹与圆锥外螺纹
36. GB/T 8163—2008 流体输送用无缝钢管
37. GB/T 8174—2008 设备及管道保温效果的测试与评价
38. GB/T 8175—2008 设备及管道绝热设计导则
39. GB/T 8923.1—2011 涂覆涂料前钢材表面处理 表面清洁度的目视评定第1部分:未涂覆过的钢材表面和全面清除原有涂层后的钢材表面的锈蚀等级和处理等级
40. GB/T 9119—2010 板式平焊钢制管法兰*
41. GB/T 10002.1—2006 给水用硬聚氯乙烯管件
42. GB/T 10002.2—2003 给水用硬聚氯乙烯管件
43. GB/T 10002.3—2011 给水用硬聚氯乙烯(PVC-U)阀门*
44. GB/T 10123—2001 金属和合金的腐蚀基本术语和定义
45. GB/T 12771—2008 流体输送用不锈钢焊接钢管
46. GB/T 12772—2008 排水用柔性接口铸铁管及管件
47. GB/T 13295—2013 水及燃气管道用球墨铸铁管、管件和附件*
48. GB/T 13663—2000 给水用聚乙烯(PE)管材
49. GB/T 13663.2—2005 给水用聚乙烯(PE)管道系统 第2部分:管件
50. GB/T 14976—2012 流体输送用不锈钢无缝钢管*
51. GB/T 16800—2008 排水用芯层发泡硬聚氯乙烯(PVC-U)管材
52. GB/T 17395—2008 无缝钢管尺寸、外形、重量及允许偏差
53. GB/T 18033—2007 无缝铜水管和铜气管
54. GB/T 18477.1—2007 埋地排水用硬聚氯乙烯(PVC-U)结构壁管道系统 第1部分:双壁波纹管材
55. GB/T 18742.1.2.3—2002 冷热水用聚丙烯管道系统(第1部分:总则;第2部分:管材;第3部分:管件)
56. GB/T 18997.1—2003 铝塑复合压力管(铝管搭接焊式铝塑管)
57. GB/T 18997.2—2003 铝塑复合压力管(铝管对接焊式铝塑管)
58. GB/T 20801.1—2006 压力管道规范—工业管道
59. GB/T 21835—2008 焊接钢管尺寸及单位长度重量
60. JB/T 308—2004 阀门型号编制方法

61. CJJ 12—2013 家用燃气燃烧器具安装及验收规程*
62. CJJ 28—2014 城镇供热管网工程施工及验收规范*
63. CJJ 33—2005 城镇燃气输配工程施工及验收规范
64. CJJ 34—2010 城镇供热管网设计规范*
65. CJJ 55—2011 供热术语标准*
66. CJJ 94—2009 城镇燃气室内工程施工及验收规范
67. CJ/T 136—2007 给水衬塑复合钢管
68. CJJ/T 29—2010 建筑排水硬聚氯乙烯管道工程技术规程*
69. CJJ/T 81—2013 城镇供热直埋管道工程技术规程*
70. CJJ/T 104—2014 城镇供热直埋蒸汽管道技术规程*
71. SYT0407—2012 涂装前钢材表面预处理规范*
72. JGJ 142—2012 辐射供暖供冷技术规程*
73. DBJ 01—605—2000 新建集中供暖住宅分户热计量设计技术规程
74. DBJ/T01—49—2000 低温热水地板辐射供暖应用技术规程
75. TSG G0001—2012 锅炉安全技术监察规程*

＊—2010 年 9 月以后更新的标准、规范。

参考文献

[1] 刘耀华.施工技术及组织(建筑设备)[M].北京:中国建筑工业出版社,1988.

[2] 王智伟,刘艳峰.建筑设备施工与预算[M].北京:科学出版社,2002.

[3] 董重成.建筑设备施工技术与组织[M].哈尔滨:哈尔滨工业大学出版社,2006.

[4] 曹兴.建筑设备施工安装技术[M].北京:机械工业出版社,2005.

[5] 张秀德.安装工程施工技术及组织管理[M].北京:中国电力出版社,2002.

[6] 张金和.图解供热系统安装[M].北京:中国电力工业出版社,2007.

[7] 刘庆山,刘屹立,刘翌杰.暖通空调安装工程[M].北京:中国建筑工业出版社,2003.

[8] 王志勇.通风与空调工程 安全·操作·技术[M].北京:中国建材工业出版社,2006.

[9] 王天富,买宏金.空调设备[M].北京:科学出版社,2003.

[10] 邵宗义.实用供热、供燃气管道工程技术[M].北京:化学工业出版社,2005.

[11] 张廷元.城镇燃气输配及应用工程[M].北京:中国建筑工业出版社,2007.

[12] 李帆,管延文.燃气工程施工技术[M].武汉:华中科技大学出版社,2007.

[13] 奚士光.锅炉及锅炉房设备[M].北京:中国建筑工业出版社,1995.

[14] 陆荣根.施工现场分部分项工程安全技术[M].上海:同济大学出版社,2002.

[15] 王绍周,关文吉.管道工程设计施工与维护[M].北京:中国建材工业出版社,2000.

[16] 强十渤.安装工程分项施工工艺手册(第一分册):管道工程[M].北京:中国计划出版社,1992.

[17] 北京同力制冷设备公司.新编空调制冷设备安装使用维修手册[M].北京:宇航出版社,1994.

[18] 北京市建筑设计院.建筑设备施工安装手册[M].北京:中国建筑工业出版社,1982.

[19] 李善化,康慧.集中供热设计手册[M].北京:中国电力出版社,2006.

[20] 李联友.建筑设备安装工程施工技术手册[M].北京:中国电力出版社,2007.

[21] 瞿义勇.实用通风空调工程安装技术手册[M].北京:中国电力出版社,2006.

[22] 建筑工程常用数据手册编写组.暖通空调常用数据手册[M].2版.北京:中国建筑工业出版社,2002.

[23] 动力管道设计手册编写组.动力管道设计手册[M].北京:机械工业出版社,2006.

[24] 中国建筑标准设计研究所.全国民用建筑工程设计技术措施(暖通空调·动力)[M].北京:中国计划出版社,2007.

[25] 王磊,李良红.水暖及通风空调工程安装便携手册[M].北京:中国建筑工业出版社,2007.

[26] 北京土木建筑学会.通风与空调工程施工操作手册[M].北京:经济科学出版社,2004.

[27] 黄剑敌.暖、卫、通风空调施工工艺标准手册[M].北京:中国建筑工业出版社,2003.

[28] 张助学,张竞霜.简明通风与空调工程安装手册[M].北京:中国环境科学出版社,2005.

[29] 何耀东.暖通空调制图与设计施工规范应用手册[M].北京:中国建筑工业出版社,2002.

[30] 动力管道设计手册编写组.动力管道设计手册[M].北京:机械工业出版社,2006.